Jörg Schwenk

Sicherheit und Kryptographie im Internet

Von sicherer E-Mail bis zu IP-Verschlüsselung

3., überarbeitete Auflage

STUDIUM

VIEWEG+
TEUBNER

Bibliografische Information der Deutschen Nationalbibliothek
Die Deutsche Nationalbibliothek verzeichnet diese Publikation in der
Deutschen Nationalbibliografie; detaillierte bibliografische Daten sind im Internet über
<http://dnb.d-nb.de> abrufbar.

Prof. Dr. Jörg Schwenk
Ruhr-Universität Bochum
Lehrstuhl für Netz- und Datensicherheit
Universitätsstr. 150
44801 Bochum

E-Mail: joerg.schwenk@ruhr-uni-bochum.de

1. Auflage 2002
2., erweiterte und verbesserte Auflage 2005
3., überarbeitete Auflage 2010

Lektorat: Ulrike Schmickler-Hirzebruch | Nastassja Vanselow

Vieweg+Teubner Verlag ist eine Marke von Springer Fachmedien.
Springer Fachmedien ist Teil der Fachverlagsgruppe Springer Science+Business Media.
www.viewegteubner.de

Umschlaggestaltung: KünkelLopka Medienentwicklung, Heidelberg
Druck und buchbinderische Verarbeitung: MercedesDruck, Berlin
Gedruckt auf säurefreiem und chlorfrei gebleichtem Papier.
Printed in Germany

ISBN 978-3-8348-0814-1

Für Beate

Vorwort

Die Kryptographie war lange Zeit eine Wissenschaft für Spezialisten. Bis in die zweite Hälfte des letzten Jahrhunderts beschäftigten sich mit ihr nur Militärs und Diplomaten. Mit dem Aufkommen der elektronischen Datenverarbeitung und der digitalen Kommunikation kamen weitere Spezialisten hinzu: Bankangestellte, Datenschützer, Mobilfunker, Pay-TV-Anbieter und auch die ersten Hacker.

Mit dem Erfolg des Internet änderte sich die Situation grundlegend. Jetzt hatte jeder die Gelegenheit, persönliche Nachrichten per E-Mail zu versenden, oder Waren mit einem Mausklick im World Wide Web zu kaufen.

Gleichzeitig wuchs das Bewusstsein, wie unsicher das neue Medium ist: Durch Abhörpläne der nationalen Regierungen (die ähnlich wie beim Brief- und Fernmeldegeheimnis auch hier Einschränkungen im Rahmen der Verbrechensbekämpfung durchsetzen wollten) und durch kriminelle Aktivitäten (wie z.B. den Diebstahl von Kreditkartennummern von Webservern).

Kryptographie im Internet

Zum Glück wurde im Jahr 1976 die Public Key-Kryptographie erfunden, die sich bestens für das offene Internet eignet. Die erste Implementierung des bekanntesten Public Key-Verfahrens RSA wurde unter dem Namen „Pretty Good Privacy (PGP)“ bekannt und begann, sich unter den Internet-Nutzern zu verbreiten.

Damit begann der Siegeszug der Kryptographie im Internet: „Privacy Enhanced Mail“ und „Secure MIME“ für E-Mail, sowie SSL für das World Wide Web folgten. Schließlich wurde das Internet-Protokoll IP selbst mit den verschiedenen IPSec-Standards abgesichert.

Heute stellen neue Anwendungen, die in ununterbrochener Folge entwickelt werden, immer neue Sicherheitsanforderungen: Sicherheit für Streaming-Anwendungen (Multicast, DRM), Sicherheit für die Einwahl ins Firmennetz (L2TP) und für Wireless LANs (WEP), Sicherheit vor Viren (Code Signing) und Sicherheit von Webservices (XML Signatur und Verschlüsselung). Ein Ende dieser Entwicklungen ist nicht abzusehen, und Spezialisten auf diesem Gebiet sind Mangelware.

Sicherheit im Internet

Das Wort „Kryptographie“ steht nicht zufällig im Titel dieses Buches. Es soll eine thematische Spezialisierung beschreiben, denn ein Buch mit dem Titel „Sicherheit im Internet“ müsste einige Kapitel umfassen, die dieses Buch nicht enthält.

Firewalls stellen heute den wichtigsten Baustein im Internet-Sicherheitskonzept jeder Firma dar. Sie fehlen in diesem Buch ebenso wie Virenscanner, Intrusion Detection Systeme und das Thema „Sichere Konfiguration von Servern“. Ich musste auf sie aus Zeit- und Platzgründen verzichten.

Ziel dieses Buches

Trotz der Beschränkung auf kryptographisch fundierte Themen kann ein gut 200 Seiten starkes Buch natürlich nicht den Anspruch erheben, eine Referenz für alle behandelten Verfahren darzustellen: Maßgeblich bleibt im Zweifelsfall der im Text angeführte „Request for Comments“ der IETF, der zitierte wissenschaftliche Artikel oder das Dokument des Standardisierungsgremiums.

Mein Ziel bei diesem Buch war, dem Leser eine fundierte Einführung in diese Gebiete zu geben. Damit soll er in die Lage versetzt werden, sich anschließend mit geringer Mühe in den

Referenzdokumenten zurechtzufinden und mit ihrer Hilfe das passende Sicherheitssystem zu konzipieren oder zu implementieren.

Das Buch eignet sich daher gut als Grundlage für eine Vorlesung zu den wichtigsten Sicherheitsstandards im Internet. Studenten können sich auf dieser Basis neue Internet-Standards seminaristisch erarbeiten oder sich unabhängig über dieses in Zukunft immer wichtiger werdende Thema informieren.

Diesem Ziel dienen auch die zahlreichen Abbildungen, mit denen ich jeweils versucht habe, das im Text Gesagte (oder zu Ergänzende) graphisch möglichst anschaulich und einprägsam darzustellen. Diese graphische Komponente fehlt allzu oft in technischen Standards. Auch habe ich mich bemüht, beim sprachlichen Stil möglichst einprägsam und bildhaft zu bleiben, manchmal auf Kosten der (trockenen) Präzision.

Vom Stoff her habe ich mich in schwierige (IPSec IKE) und von Geheimniskrämerei gekennzeichnete (DRM) Bereiche vorgewagt. Die Spezialisten auf diesen Gebieten mögen mir eventuell vorhandene Fehler oder Ungenauigkeiten verzeihen. Zur Vermeidung solcher Fehler habe ich mir soweit wie möglich die entsprechenden Datenstrukturen auch an einem echten (d.h. auf einer Internet-Verbindung abgefangenen) Beispiel angesehen.

Dieses Buch ist streng praxisorientiert, d.h. es wird nur die heute im Internet tatsächlich eingesetzte Kryptographie behandelt. Nur an einer Stelle bin ich (vielleicht zum Ärger der Praktiker und zur Freude der Kryptologen) von diesem Prinzip abgewichen und habe einen Bereich der Kryptologie etwas ausführlicher behandelt: Die Verallgemeinerungen des Diffie-Hellman-Verfahrens auf mehr als zwei Teilnehmer im Kapitel über Multicast-Sicherheit. Dies scheint mir aber zumindest mittelfristig gerechtfertigt, da es immer mehr Gruppen-orientierte Dienste im Internet gibt (Konferenzen, Teleworking, Chatrooms, Online-Spiele) die heute über keine oder nur über eine zentralisierte Sicherheit verfügen.

Zum didaktischen Konzept dieses Buches gehören auch die angeführten erfolgreichen Angriffe auf Sicherheitsstandards (PGP, SSL, PPTP, WEP): Aus den Fehlern anderer Standards kann man lernen. Diese Darstellungen sollen also nicht dazu verleiten, eigene Angriffe auf bestehende Infrastrukturen zu starten, sondern der Leser soll sie beim Entwurf eigener Konzepte stets im Hinterkopf behalten.

Online-Aktualisierungen

Um dieses Buch ständig um neue Entwicklungen zu ergänzen, wird es unter www.nds.rub.de Material zu neuen Themen geben. Ergänzendes Material für Vorlesungen (Folienvorträge) ist dort ebenfalls zu finden.

Danksagung

Ich möchte an dieser Stelle allen ehemaligen und jetzigen Kollegen, allen Forschungspartnern und auch meinen Studenten danken. Durch die Diskussionen mit ihnen und die Arbeit in den gemeinsamen Projekten bin ich zu diesem Buch angeregt worden. Mein besonderer Dank gilt (in alphabetischer Reihenfolge) Hans Delfs, Michael Hortmann, Bernhard Löhlein, Tobias Martin, Erik Neumann, Ralf Schaffelhofer, Roland Schmitz und Beate Schwenk für ihre konstruktive Kritik zu einzelnen Kapiteln. Ohne ihre Hilfe hätte ich dieses Buch nicht schreiben können.

Vorwort zur 2. Auflage

Mit dieser zweiten Auflage bot sich die Möglichkeit, zwei neue Kapitel zu DNSSEC und Webservices mit aufzunehmen.

Das Domain Name System als wichtiger Dienst, ohne den das Internet und das World Wide Web nicht funktionsfähig sind, ist schon lange als unsicher bekannt. Die Versuche, dies durch die Einführung von DNSSEC abzusichern, könnten mit der aktuellen Überarbeitung des Standards durch die IETF in eine entscheidende Phase eintreten.

Webservices koppeln Geschäftsprozesse von Firmen über das Internet in äußerst flexibler Weise miteinander. Der Initiative des WWW-Konsortiums und der Firmen Microsoft und IBM ist es zu verdanken, dass rechtzeitig auch die Sicherheit thematisiert und ein XML-basierter Rahmen dazu definiert wurde.

Neben diesen inhaltlichen Ergänzungen wurden Grafik und Layout verbessert und Fehler der ersten Auflage korrigiert. Dass das Buch wohl noch nicht ganz fehlerfrei ist, liegt an der enormen Stofffülle, die hier in komprimierter Form dargeboten wird.

Geholfen haben mir durch Korrekturlesen (wieder in alphabetischer Reihenfolge) André Adelsbach, Marc Erdmann, Sebastian Gajek, Ulrich Greveler, Mark Manulis, Michael Psarros, Christoph Wegener und Petra Winkel, die außerdem bei der Erstellung der Grafiken intensiv mitgewirkt hat. Ihnen allen meinen herzlichen Dank.

Ganz besonders danke ich meiner Frau Beate, die mir zuhause den Rücken frei gehalten hat, und der dieses Buch gewidmet ist.

Vorwort zur 3. Auflage

Die dritte Auflage wurde umfassend überarbeitet, und die Referenzen wurden, so weit dies möglich war, auf den neuesten Stand gebracht.

In Kapitel 4 wurde der Bleichenbacher-Angriff auf den SSL-Handshake im Detail aufgenommen, da dieser Angriff sowohl für die Theorie als auch für die Praxis enorme Bedeutung hat.

Kapitel 5 wurde um eine kurze Beschreibung von IKEv2 ergänzt, Kapitel 8 auf die neue DNSSEC-Terminologie umgestellt. XML und Webservices entwicklen sich schnell weiter, so dass auch hier neue Standards wie SAML eine stärkere Berücksichtigung fanden. Das kurze, abschließende Kapitel 10 wurde um Trusted Computing erweitert, und um DRM gekürzt.

All dies wäre nicht möglich gewesen ohne die Mitarbeit der folgenden, in alphabetischer Reihenfolge genannten Personen: Tibor Jager, Meiko Jensen, Florian Kohlar, Lijun Liao, Andreas Noack, Sven Schäge, Christoph Wegener und Petra Winkel. Mein Dank geht an sie alle.

Bochum, Januar 2010 Jörg Schwenk

Inhaltsverzeichnis

1 Kryptographie im Internet

In diesem Kapitel soll etwas eigentlich Unmögliches versucht werden, nämlich auf engstem Raum einen Überblick zu den Themen Internet, Kryptographie und Zertifikate zu bieten. Dazu bräuchte man mindestens zwei Bücher, und deshalb werden wir uns hier auf Grundzüge beschränken.

Der Abschnitt über das Internet bietet daher nur einige Fakten zu den Themen IP und TCP (bzw. UDP) und zur Einordnung der verschiedenen Internet-Technologien in das OSI-Schichtenmodell. Dieses Modell wird uns dann als „roter Faden" durch das Buch begleiten, um die Fülle der Sicherheitstechnologien sinnvoll ordnen zu können: Wir beginnen bei der „sichtbaren" Anwendungsschicht und arbeiten uns dann Stufe um Stufe hinunter zu den „versteckten" Netzwerkschichten. Auf die verschiedenen Internet-Protokolle, die auf diesen Ebenen angesiedelt sind, gehen wir jeweils am Anfang der Kapitel näher ein.

Nur kurz angerissen werden kann das Thema „Bedrohungen im Internet", da die vielen mittlerweile bekannten Angriffstechniken ebenfalls ein Buch füllen würden. Wir werden jedoch die wichtigsten Angriffe vorstellen, da sie es ja sind, gegen die uns die Kryptographie schützen soll.

In den Abschnitten zur Kryptographie sind die wichtigsten Fakten zu den im Internet verwendeten Algorithmen und Protokollen zusammengetragen. Die Algorithmen werden nur als „Black Box" eingesetzt, ihr innerer Aufbau wird nicht dargestellt. Wir verweisen an den entsprechenden Stellen auf die Spezialliteratur. Themen, die dort zu knapp behandelt werden, wie z.B. die HMAC-Konstruktion und X.509-Zertifikate, behandeln wir wegen ihrer zentralen Bedeutung für das Internet ausführlicher.

1.1 Was ist das „Internet"

Unter dem Begriff „Internet" versteht man die Gesamtheit aller öffentlichen Netzwerke, die das Netzwerkprotokoll IP und die beiden Transportprotokolle TCP oder UDP verwenden. Neben TCP/IP gibt es im Internet noch weitere Protokolle auf anderen Ebenen des OSI-Schichtenmodells, und es gibt natürlich auch Netzwerke, die nicht TCP/IP verwenden (und deshalb nicht zum Internet gehören). Die „Intranets" der Firmen zählen, auch wenn sie TCP/IP verwenden, nicht zum Internet, da sie nicht öffentlich zugänglich sind.

7 Anwendungsschicht	Anwendungs-schicht	Telnet, FTP, SMTP, HTTP, DNS, NFS
6 Darstellungsschicht		
5 Sitzungsschicht		
4 Transportschicht	Transportschicht	TCP, UDP
3 Vermittlungsschicht	IP-Schicht	IP
2 Sicherungsschicht	Netzzugangs-schicht	ATM, PPP, Frame Relay, Ethernet, IEEE 802.3, X.25
1 Bitübertragungssch.		

Bild 1.1: Das TCP/IP- Schichtenmodell und seine Einordnung in das 7-Schichtenmodell der OSI. Bestimmend für das Internet sind die Schichten 3 und 4.

Bild 1.1 gibt das OSI-Schichtenmodell und seine Anpassung an die Internet-Welt wieder. Von den ursprünglich sieben Schichten (für die die ISO jeweils eigene Protokolle spezifizierte) blieben im Lauf der Entwicklung des Internet nur vier übrig, da es sich in der Praxis als schwierig erwies, die Schichten 5 bis 7 sauber zu trennen. (So enthält z.B. das World Wide Web Elemente aus den Schichten 5, 6 und 7.) Auch die Schichten 1 und 2 sind in der Praxis oft zusammengefasst (z.B. bei Ethernet).

Bei einer typischen Verbindung im Internet zwischen einem Client-PC und einem Server kommen verschiedenste Technologien zum Einsatz. Bild 1.2 zeigt ein typisches Beispiel für eine Internet-Verbindung:

- Ein privater Nutzer ist mit seinem PC über das Telefonnetz mit seinem Internet Service Provider (ISP) verbunden. Für die Einwahl benötigt er eine ISDN- oder Modemkarte. Die Software des ISP baut darüber eine PPP-Verbindung (Point-to-Point Protocol, vgl. Kapitel 7) auf.
- Der Einwahlrechner stellt eine Verbindung mit einem Router her. Er nutzt dazu ein gängiges Weitverkehrsprotokoll eines Telekommunikationsanbieters, z.B. ATM.
- Der Router steht in unserem Beispiel (das in diesem Punkt nicht sehr typisch ist, denn in der Regel wird eine Verbindung über mehrere Router hinweg aufgebaut) schon im „Local Area Network“ (LAN) des Serverbetreibers, und ist daher über das LAN-Protokoll Ethernet mit dem Server verbunden.

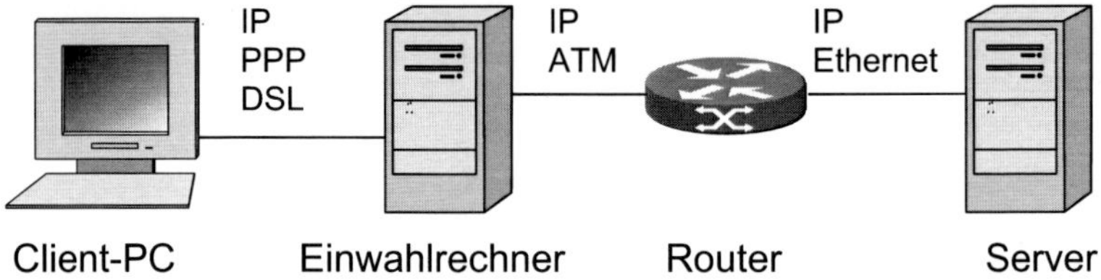

Bild 1.2: Typisches Beispiel für die bei einer Client-Server-Verbindung verwendeten Technologien im Internet.

Der Erfolg des Internet rührt zu einem beträchtlichen Teil daher, dass der Nutzer über diesen ganzen Zoo von Protokollen nichts wissen muss: Die gesamte Datenkommunikation im Internet läuft über das IP-Protokoll, und es reicht, dieses Protokoll verstanden zu haben, um den Weg von Daten durch das Internet nachvollziehen zu können.

IP ist ein zustandsloses Protokoll, d.h. der Absender erfährt nicht, ob sein Paket angekommen ist oder nicht. (Ein IP-Paket ist also eher mit einer Postkarte zu vergleichen als mit einem Postpaket.) Auch kann man über die IP-Adresse, die 32 (IPv4) bzw. 128 (IPv6) Bit lang ist, nur ganze Rechner adressieren, und nicht einzelne Anwendungen auf diesen Rechnern. Daher wird noch mindestens ein weiteres Protokoll benötigt, und zwar eines der beiden Transportprotokolle TCP oder UDP.

UDP ist ebenfalls ein zustandsloses Protokoll, d.h. auch hier erhält der Absender keine Information darüber, ob sein Paket angekommen ist oder nicht. Das will er in vielen Fällen auch gar nicht: Insbesondere bei Multimedia-Anwendungen wie z.B. dem Abruf eines Videoclips von einem Server möchte der Server nicht mit vielen Rückmeldungen belästigt werden, und wenn einmal ein Paket verloren geht, so wird das Bild beim Empfänger nur kurz gestört.

TCP dagegen bietet den Service „Einschreiben mit Rückschein“: Für jedes gesendete Datenpaket erhält der Absender eine Quittung, ein so genanntes „Acknowledgement“. Bleibt dieses Acknowledgement zu lange aus, so nimmt der Sender an, das Paket sei verloren gegangen, und überträgt es erneut. Dadurch dauert die Übertragung in manchen Fällen deutlich länger als mit UDP, aber jedes Paket kommt an. Damit diese Bestätigungen gesendet werden können, müssen sich Sender und Empfänger zunächst einmal auf die Form dieser Quittungen einigen (genauer auf die Startnummer, mit der sie beginnen, die übertragenen Bytes zu zählen). Sie müssen daher Kontakt miteinander aufnehmen, also eine Verbindung aufbauen. Deshalb wird TCP auch als verbindungsorientiertes Protokoll bezeichnet.

IP Header:	TCP Header:	Daten: z.B.
IP-Quelladresse	TCP-Quellport	http (WWW) *oder*
IP-Zieladresse	TCP-Zielport	SMTP (E-Mail) *oder*
TTL	Sequenznummer	FTP *oder*
Protocol: TCP	Länge	RTP (Audio, Video)
	Ack-Nummer	

Bild 1.3: Schematischer Aufbau eines TCP/IP-Pakets.

Bild 1.3 zeigt, in vereinfachter Form, den Aufbau eines TCP/IP-Pakets. Diesem Paket können während seines Transports durch das Internet weitere Header vorangestellt und wieder entfernt werden. In unserem Beispiel aus Bild 1.2 wären dies z.B. für ein IP-Paket, das vom Client zum Server gesendet wird, zunächst ein DSL- und PPP-Header, dann ein ATM-Header, und schließlich ein Ethernet-Header. Uns interessiert hier lediglich das eigentliche TCP/IP-Paket.

Der IP-Header enthält zunächst einmal die wichtigen Adressangaben: Jeder Computer im Internet besitzt eine (für jeden Zeitpunkt) eindeutige IP-Adresse. Spezielle Rechner im Internet, die Router genannt werden, ermitteln anhand der IP-Zieladresse den Weg, den das Paket durch das Internet zum Zielrechner nehmen muss. Diese „Routing-Verfahren" sind dezentral ausgelegt, d.h. es gibt keine zentrale Instanz, die Wege durch das Internet festlegt. Dies war auch erklärtes Ziel bei der Entwicklung des „Arpanet", des Vorläufers des Internet.

Tipp: Mit dem Befehl `tracert www.joerg-schwenk.de` im Kommandozeilenmodus von Windows oder UNIX kann man sich den Weg eines Datenpakets zum WWW-Server der angegebenen Domain anzeigen lassen.

Die IP-Quelladresse wird vom Zielrechner benötigt, um dem Sender antworten zu können, und sie wird von den Routern benötigt, um ggf. eine Fehlermeldung an den Absender zu schicken. Eine mögliche Fehlermeldung wäre z.B. „TTL expired", die Lebensdauer des IP-Pakets ist abgelaufen, ohne dass das Paket den Zielrechner erreicht hat. Der TTL-Wert gibt dabei die maximale Anzahl von Routern an, die ein IP-Paket durchlaufen darf. Dieser Wert sollte so klein wie möglich gewählt werden, um eine Überlastung des Internet mit ziellos umherwandernden IP-Paketen zu verhindern. Schließlich wird im IP-Header noch angegeben, ob TCP, UDP oder ein anderes Protokoll folgt.

Der TCP-Header dient dazu, dem Zielrechner mitzuteilen, für welches Programm das IP-Paket bestimmt ist. So weiß z.B. ein Server, dass ein IP-Paket mit Zielport 21 für das FTP-Programm, eines mit Zielport 80 aber für das HTTP-Programm (den eigentlichen Webserver) bestimmt ist. Analog definiert das Paar (IP-Quelladresse, TCP-Quellport) eindeutig das Programm auf dem Client-Rechner, an das die Antwort geliefert werden soll.

Bei TCP werden Bytes übertragen, die fortlaufend (beginnend mit der bei der Kontaktaufnahme ausgehandelten Nummer) durchnummeriert werden. Die Sequenznummer gibt dabei die Nummer des ersten in diesem Paket enthaltenen Datenbytes an; zusammen mit der Längenangabe kann der Empfänger so die Nummern aller Bytes im Paket berechnen. Die Ack-Nummer quittiert das letzte empfangene Byte, gibt also die Nummer dieses Bytes an.

Tipp: Mit so genannten Sniffer-Programmen wie z.B. Wireshark [Wireshark] kann man den gesamten Datenverkehr an der Netzwerkkarte des PCs mitschneiden. Das Programm stellt diese Daten dann auch sehr übersichtlich dar (IP-Header, TCP-Header, ...).

Es muss hier betont werden, dass alle diese Einträge verändert werden können. Sie sind nicht gegen Manipulation geschützt. Zusammen mit der Tatsache, dass der Weg eines solchen TCP/IP-Pakets durch das Internet nicht vorhersagbar ist, ergibt sich ein großes Potenzial für Angriffe. Einige davon werden wir im nächsten Abschnitt behandeln.

Dies soll als kurze Einführung in die Welt des Internet genügen. Wo es erforderlich ist, werden wir in den einzelnen Kapiteln noch einmal näher auf die Internet-Protokolle eingehen.

1.2 Bedrohungen im Internet

Das Internet entstand zunächst als Forschungsnetz. Die Wissenschaftler waren froh, ein gut funktionierendes Kommunikationsmedium nutzen zu können. Keiner dachte zunächst an das enorme Gefahrenpotenzial, das heute mit den Abermillionen weitgehend anonymer Nutzer gegeben ist.

Die Bedrohungen lassen sich grob in zwei Kategorien aufteilen, in passive und aktive Bedrohungen.

1.2.1 Passive Angriffe

Alle Daten werden im Internet im Klartext übertragen. Das ist nicht anders als bei einer Modemverbindung über eine Telefonleitung. Es gibt aber einen wichtigen Unterschied zwischen beiden Übertragungsarten: Bei einer Telefonleitung ist es relativ schwierig, an die Daten heranzukommen. Man muss im Keller des Hauses den Telefonanschluss anzapfen, einen gesicherten Verteilerkasten auf der Straße öffnen, oder man muss sich Zugang zur Vermittlungsstelle des Telekommunikationsanbieters verschaffen. All das ist nicht unmöglich, aber für einen Angreifer mit dem hohen Risiko verbunden, ertappt zu werden.

Im Internet dagegen ist das Mithören sehr einfach. Befindet man sich z.B. in einem LAN, so werden die IP-Pakete oft im Rundfunkmodus über das ganze LAN gesendet. Jeder, der Zugriff auf dieses LAN hat, kann alle Daten (einschließlich der Passwörter) leicht mitlesen. Entsprechende Tools, die legalerweise vom Netzwerkadministrator zur Fehlersuche eingesetzt werden, sind leicht aus dem Internet zu beschaffen [Wireshark]. Geradezu absurde Dimensionen hat dieses Problem mit der Einführung von drahtlosen LANs angenommen. Hier genügt es laut Presseberichten, mit einer zur Richtantenne umgebauten Chipsdose in der Nähe von Firmen zu stehen, um den gesamten LAN-Verkehr mitlesen zu können. (Auf drahtlose LANs gehen wir in Kapitel 7 näher ein.)

Die Router des Internet stehen, im Gegensatz zu den Vermittlungsstellen der Telefonfirmen, auch in öffentlich zugänglichen Räumen, z.B. in Universitäten. Jeder, der Zugang zu diesen Räumen hat, kann den IP-Verkehr mitlesen. Es gibt keine praktikable Möglichkeit, die Route eines IP-Pakets so festzulegen, dass es nur gesicherte Räume passiert. Durch Manipulation der Routing-Tabellen kann darüber hinaus IP-Verkehr gezielt umgeleitet werden.

Wie man sieht, ist der Zugriff auf IP-Daten relativ leicht und weitgehend risikolos. Die wichtigste Aufgabe der in diesem Buch besprochenen Verfahren ist es daher, diesen passiven Zugriff zu unterbinden.

1.2.2 Aktive Angriffe

Aktive Angriffe manipulieren Daten, die im Internet zur Verfügung stehen, oder Pakete, die gesendet werden. Wir wollen hier einige Möglichkeiten beschreiben.

IP Spoofing

Beim IP Spoofing wird der IP-Header eines Pakets manipuliert. Meistens wird die IP-Quelladresse geändert. Dadurch ist es für einen Angreifer möglich, IP-Pakete an ein Opfer zu senden, die nicht zu ihm zurückverfolgt werden können. IP Spoofing ist die Basis für viele weitere Angriffe.

Port Scans

Port Scans dienen dazu, die „offenen Türen" eines an das Internet angeschlossenen Rechners zu ermitteln. Dies geschieht durch automatisierte Tools, die systematisch Nachrichten an bestimmte IP-Adressen und Portnummer senden und die Antworten auswerten.

Port Scans sind nicht illegal, sie dienen aber meist der Vorbereitung von Angriffen. Nahezu jeder Rechner, der längere Zeit im Internet sichtbar ist, ist davon betroffen.

DNS Poisoning

Domain Name Server (DNS) liefern auf Anfrage zu einem „Domain Name" wie z.B. www.joerg-schwenk.de die passende IP-Adresse (vgl. Kapitel 8). Sie sind mit einem Telefonbuch vergleichbar, in dem man zu einem Namen die Telefonnummer finden kann. Erst mit der Telefonnummer kann man dann die gewünschte Person anrufen.

DNS Poisoning verändert die Einträge in bestimmten DN Servern, oder täuscht DNS-Antworten vor (z.B. mittels IP Spoofing). Dadurch können Daten, die eigentlich für www.joerg-schwenk.de bestimmt waren, an die IP-Adresse des Angreifers umgeleitet werden.

DoS (Beispiel: TCP Half Open Connection)

Denial-of-Service-Angriffe dienen dazu, bestimmte Rechner im Internet (z.B. den WWW-Server der Konkurrenzfirma) lahm zu legen, damit dieser seine Aufgabe nicht mehr erfüllen kann.

Ein einfaches Beispiel für einen solchen Angriff nutzt den TCP-Verbindungsaufbau aus, der drei Nachrichten beinhaltet: In der ersten Nachricht sendet der Client eine Nachricht, die seinen Vorschlag für den Startwert der Sequenznummer enthält. In der zweiten Nachricht bestätigt der Server diese Sequenznummer, in dem er den um 1 erhöhten Wert als Acknowledgement zurücksendet, und einen Vorschlag für seine Sequenznummer macht. Wenn der Client dies mit einem Acknowledgement der (um 1 erhöhten) Sequenznummer des Servers beantwortet, ist der TCP-Verbindungsaufbau beendet.

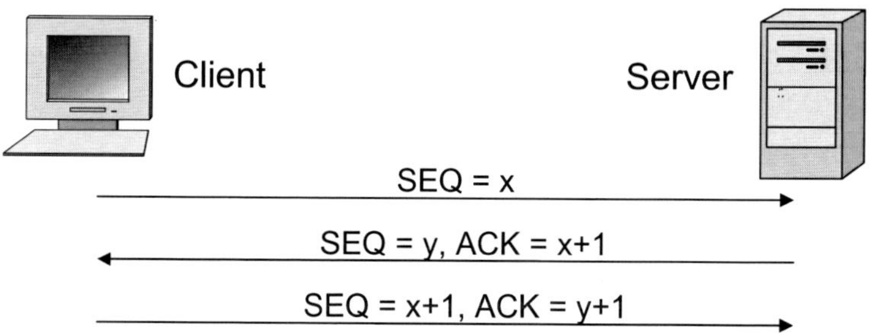

Bild 1.4: TCP-Verbindungsaufbau. Der Server muss die Zahlen y und x+1 speichern.

Ein Angreifer kann hier die Tatsache ausnutzen, dass der Server sich für jeden Verbindungsaufbau zwei Zahlen merken muss, nämlich die Sequenznummer des Client und den eigenen Vorschlag für die Sequenznummer.

Er generiert nun (mit Hilfe von IP Spoofing) sehr viele „erste Nachrichten" mit zufällig gewählten Sequenznummern und verschiedenen, gefälschten IP-Quelladressen. Der Server beantwortet alle diese Anfragen, und merkt sich jeweils zwei Zahlen. Irgendwann ist der verfügbare Speicher des Servers voll, und er kann keine weiteren TCP-Verbindungswünsche mehr annehmen. Er ist somit nicht mehr erreichbar.

Die Antworten des Servers an die gefälschten IP-Adressen gehen entweder ins Leere und werden von einem Router gelöscht, oder sie landen bei einem fremden Rechner und werden ignoriert.

1.3 Kryptographie

Die im vorigen Abschnitt angeführten (schon klassischen) Beispiele für Bedrohungen im Internet illustrieren auch die Gründe für die Sicherheitsprobleme: Daten sind öffentlich zugänglich und können von Unbefugten gelesen werden, sie sind nicht gegen Veränderungen geschützt und man weiß eigentlich nie so genau, woher sie kommen.

Möchte man die Gründe für diese Bedrohungen beseitigen, so kommt man nicht umhin, Methoden der Kryptographie einzusetzen. Diese (heute mathematisch fundierte) Wissenschaft stellt Verfahren bereit, um folgende Ziele zu erreichen:

- **Vertraulichkeit**. Mit Verschlüsselungsalgorithmen ist es möglich, Daten so zu verändern, dass nur noch der Besitzer eines bestimmten kryptographischen Schlüssels sie lesen kann.
- **Authentizität**. Nachrichten, die mit einem Message Authentication Code (MAC) oder einer digitalen Signatur gesichert sind, können nur von einem Absender stammen, der die erforderlichen Schlüssel besitzt (Authentizität des Teilnehmers). Sie wurden auf ihrem Weg durch das Internet garantiert nicht verändert (Authentizität der Nachricht.)
- **Anonymität**. Das Internet bietet neben der Anonymität für Angreifer auch die Möglichkeit, enorme Datenmengen über einzelne Nutzer zu sammeln. Die meisten normalen Nutzer des Internet sind überrascht zu erfahren, wie viele Informationen ein Webbrowser unbemerkt an den Server überträgt. In berechtigten Fällen muss es daher auch möglich sein, die Anonymität eines Internet-Nutzers zu garantieren (z.B. bei der Kontaktaufnahme mit einer Beratungsstelle für Suchtprobleme). Auch hierfür bietet die Kryptographie Verfahren.

Die Kryptographie kann grob in zwei Bereiche unterteilt werden: Die symmetrische Kryptographie, deren Methoden nur dann funktionieren, wenn die zwei oder mehr Teilnehmer über den gleichen Schlüssel verfügen, und die asymmetrische oder Public-Key-Kryptographie, bei der zwischen privaten und öffentlichen Schlüsseln unterschieden wird. Beide Bereiche unterscheiden sich auch grundlegend in den eingesetzten mathematischen Hilfsmitteln.

Als dritter Bereich seien hier noch die kryptographischen Protokolle aufgeführt, bei denen eine festgelegte Abfolge von kryptographisch gesicherten Nachrichten ausgetauscht werden muss, um ein bestimmtes Ziel zu erreichen. Je nach Protokoll werden hier Methoden der symmetrischen oder Public-Key-Kryptographie eingesetzt.

Hier noch einige Literaturempfehlungen zum Thema Kryptographie: A. Beutelspacher „Kryptologie" [Beu02] als leicht lesbare Einführung in das Gebiet; F. L. Bauer, „Entzifferte Geheimnisse. Methoden und Maximen der Kryptologie" [Bau00] zur Geschichte und klassischen Kryptographie; J. Buchmann, „Einführung in die Kryptographie" [Buc01] und H. Delfs, H. Knebl „Introduction to Cryptography" [DK02] als Referenzen aus Deutschland, und schließlich die Klassiker B. Schneier „Angewandte Kryptographie" [Sch96], die

Neuerscheinung *Introduction to Modern Cryptography* von Katz und Lindell [KL07], und das exzellente Handbook of Applied Cryptography von A. J. Menezes, P. van Oorschot und S. A. Vanstone [MOV01]. Speziell auf moderne kryptographische Protokolle ausgerichtet ist das Buch „Moderne Verfahren der Kryptographie“ [BSW04].

1.4 Symmetrische Kryptographie

Charakteristisch für die symmetrische Kryptographie ist, wie schon oben erwähnt, dass alle Beteiligten den gleichen kryptographischen Schlüssel besitzen müssen. Dieser Schlüssel muss vorher ausgetauscht werden, was in der Praxis ein Problem darstellt. In größeren IT-Systemen ist symmetrische Kryptographie nur dort erfolgreich einsetzbar, wo eine sternförmige Kommunikationsstruktur existiert, z.B. beim Mobilfunk (zwischen dem Betreiber und seinen Kunden) und im Pay-TV (zwischen dem Sender und seinen Abonnenten). Im Internet spielen symmetrische Verfahren auch eine wichtige Rolle, sie müssen aber durch Public-Key-Verfahren ergänzt werden.

1.4.1 Symmetrische Verschlüsselung

Die symmetrische Verschlüsselung ist eine sehr alte Disziplin, die nach alten Quellen schon in Sparta, und später systematisch durch Julius Cäsar[1], eingesetzt wurde. Sie setzt voraus, dass Sender und Empfänger einer Nachricht, und nur diese beiden, ein gemeinsames Geheimnis, den sogenannten *Schlüssel*, besitzen. Man kann die Verschlüsselung einer Nachricht, wie in Bild 1.5 dargestellt, als Versenden einer in einen Tresor eingeschlossenen Nachricht visualisieren.

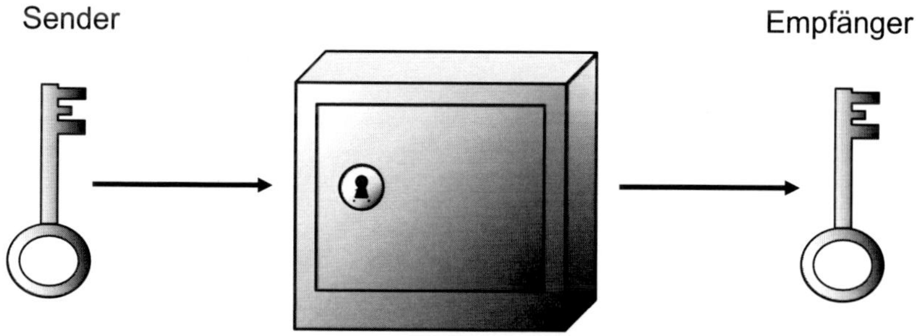

Bild 1.5: Visualisierung der symmetrischen Verschlüsselung einer Nachricht.

Die Veranschaulichung der symmetrischen Verschlüsselung in Bild 1.5 stellt eine Merkhilfe für die Eigenschaften der symmetrischen Verschlüsselung dar: Es ist klar, dass man zum Öffnen des Tresors den gleichen Schlüssel benötigt, mit dem er auch verschlossen wurde. Ein Aspekt soll hier aber noch hervorgehoben werden: Die Sicherheit eines Verschlüsselungs-

[1] Sueton beschreibt dies wie folgt (De Vita Caesarum: Divus Julius LVI, zitiert nach http://de.wikipedia.org/wiki/Verschiebechiffre):

> "... *si qua occultius perferenda erant, per notas scripsit, id est sic structo litterarum ordine, ut nullum verbum effici posset: quae si qui investigare et persequi velit, quartam elementorum litteram, id est D pro A et perinde reliquas commutet.* "
> "... *wenn etwas Geheimes zu überbringen war, schrieb er in Zeichen, das heißt, er ordnete die Buchstaben so, dass kein Wort gelesen werden konnte: Um diese zu lesen, tausche man den vierten Buchstaben, also D, gegen A aus und ebenso mit den restlichen.*"

verfahrens steckt nicht, wie das Bild vielleicht suggerieren könnte, in den dicken Stahlwänden des Tresors, sondern im Schloss, also im Verschlüsselungsalgorithmus selbst. Die Funktionsweise eines solchen Schlosses zu erläutern würde den Rahmen dieser Einführung sprengen. Hier sei auf die oben angeführte Literatur zum Thema Kryptographie verwiesen.

Wir wollen im Folgenden die Notation

$$c = E_k(m)$$

verwenden um zu beschreiben, dass der Chiffretext c aus der Nachricht m durch Verschlüsselung mit dem Schlüssel k entsteht.

Die Verschlüsselungsalgorithmen zerfallen in zwei große Gruppen, Blockchiffren und Stromchiffren.

1.4.2 Blockchiffren

Bei einer Blockchiffre wird die zu verschlüsselnde Nachricht vorher in Blöcke fester Länge eingeteilt. Typische Werte sind hier 64 oder 128 Bit (8 oder 16 Byte). Falls die Länge der Nachricht kein Vielfaches der Blocklänge ist, müssen nach einem festgelegten Verfahren noch entsprechend viele Bits aufgefüllt werden („Padding").

Die bekanntesten Blockchiffren sind der „Data Encryption Standard (DES)" [DES77] und sein Nachfolger, der „Advanced Encryption Standard (AES)" [NIST01].

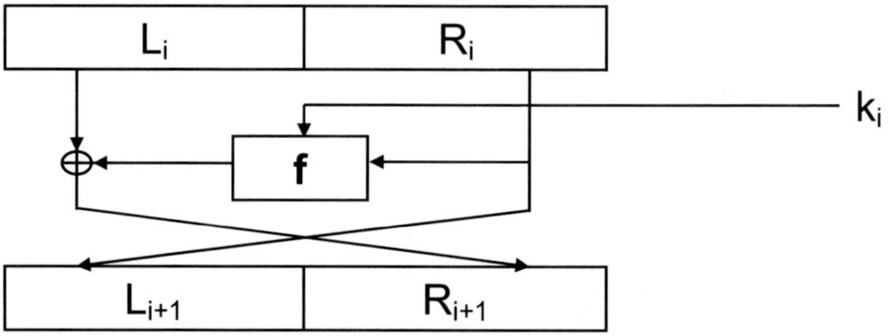

Bild 1.6: Die Feistel-Grundstruktur des DES-Algorithmus. In jeder Runde werden rechte und linke Hälfte der Daten vertauscht, und auf die linke Hälfte wird das Ergebnis $f(k_i,R_i)$ bitweise XOR-verknüpft. k_i ist dabei der Rundenschlüssel, und eine „gute" Funktion f ist ausschlaggebend für die Stärke des Verschlüsselungsalgorithmus.

Der DES wurde 1977 vom amerikanischen „National Institute of Standards and Technologies (NIST)" veröffentlicht. Er verwendet eine Blocklänge von 64 Bit und eine Schlüssellänge von 56+8 Bit, d.h. ein DES-Schlüssel besteht aus 56 zufälligen Bits und 8 „Parity Check Bits". Die Schlüssellänge von 56 Bit stellt das größte Manko des DES dar: Am 19. Januar 1999 wurde ein DES-Schlüssel auf einem nicht allzu teuren Spezialrechner (auf dem der DES parallel in Hardware implementiert war) durch vollständige Schlüsselsuche in nur 22 Stunden und 15 Minuten berechnet [EFF99].

Die Zeit war mehr als reif für einen Nachfolger, und in einem öffentlichen Wettbewerb wurde dieser ermittelt: Für das Design des AES wurde der Entwurf von J. Daemen und V. Rijmen ausgewählt. Der AES erlaubt Block- und Schlüssellängen von 128, 192 und 256 Bit. Er basiert nicht mehr auf einer Feistel-Struktur, sondern auf Matrix-Arithmetik. Die vollständige Spezifikation findet man unter [AES], Hintergrundinformationen unter [NIST01].

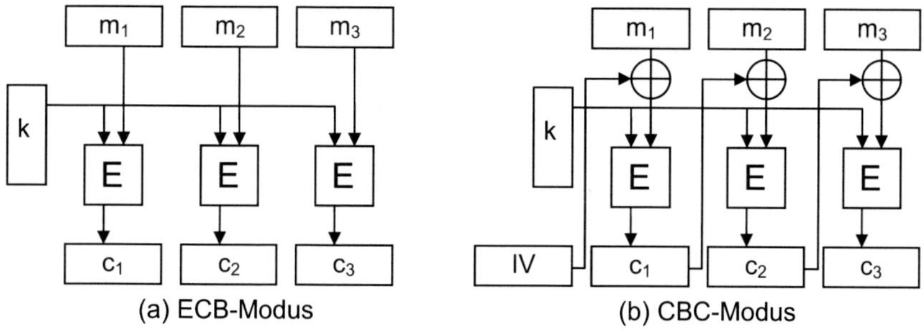

Bild 1.7: Der (a) Electronic Codebook-Modus (ECB) und der (b) Cipher Block Chaining-Modus von Blockchiffren.

Blockchiffren können in verschiedenen Modi eingesetzt werden. Die beiden wichtigsten Modi sind in Bild 1.7 dargestellt.

Im Electronic Codebook-Modus wird jeder Block der Nachricht einzeln verschlüsselt. Diese zunächst völlig natürlich erscheinende Lösung birgt aber viele Risiken. So kann ein Angreifer einzelne Chiffretextblöcke entfernen oder umordnen, ohne dass dies bei der Entschlüsselung auffallen würde.

Ein Beispiel eines (tatsächlich realisierten) Angriffs auf ein ECB-verschlüsseltes Passwort sah wie folgt aus: Eine durch Passwort geschützte PC-Anwendung hatte sowohl den Username als auch das Passwort in einer Datei ECB-verschlüsselt abgespeichert. Beim Aufruf des Programms wurde immer der Username entschlüsselt und im entsprechenden Feld der Eingabemaske dargestellt, während das eingegebene Passwort nur mit dem verschlüsselten Wert verglichen wurde. Ein Hacker kam auf die Idee, die Reihenfolge der Blöcke in der verschlüsselten Datei zu vertauschen. Dies hatte zur Folge, dass jetzt das Passwort in der Eingabemaske unverschlüsselt angezeigt wurde, während die Anwendung auf die Eingabe des Username wartete.

Um solche Angriffe zu verhindern, wurden verschiedene Modi eingeführt, um die einzelnen Chiffretextblöcke zu verketten. Neben dem CBC-Modus sind dies der Cipher Feedback-Modus (CFB) und der Output Feedback-Modus (OFB). Bei den beiden letzteren Modi wird ein Initialisierungsvektor (IV), entweder direkt (OFB) oder in Kombination mit dem Klartext (CFB), iteriert mit dem vorgegebenen Schlüssel verschlüsselt, und das Ergebnis (oder auch nur r Bits davon) wird mit dem Klartext XOR-verknüpft. Diese Modi sind in [MOV97] genauer beschrieben.

Auf den wichtigen Cipher Block Chaining-Modus (CBC) soll hier noch näher eingegangen werden. Bei diesem Modus wird jeweils der Chiffretextblock, der gerade verschlüsselt wurde, mit dem nächsten Klartextblock XOR-verknüpft, und dieses Ergebnis wird dann verschlüsselt. Für den ersten Klartextblock wird dazu der Initialisierungsvektor IV verwendet. Bei Verwendung des CBC-Modus wird durch Veränderung der Reihenfolge der Chiffretextblöcke das Ergebnis der Entschlüsselung ab dem ersten falschen Block verändert. Die Entfernung eines oder mehrerer Chiffretextblöcke zerstört den darauf folgenden Klartextblock, so dass auch diese Manipulation erkannt werden kann. Negativ schlägt zu Buche, dass ein falsch übertragenes Bit gleich zwei Klartextblöcke beeinträchtigt, aber dieser Gefahr kann man ja durch eine geeignete Transportcodierung entgegenwirken.

1.4.3 Stromchiffren

Der Prototyp aller Stromchiffren ist der One-Time Pad, der im militärischen und diplomatischen Bereich für die vertrauliche Übertragung von Dokumenten der höchsten

Geheimhaltungsstufe eingesetzt wurde. Der One-Time Pad ist der sicherste Algorithmus überhaupt, denn man kann mathematisch beweisen, dass er unknackbar ist.

Die Idee des One-Time Pad ist einfach: Will man eine Bitfolge verschlüsseln, so wählt man eine zufällige Bitfolge der gleichen Länge aus, und XOR-verknüpft die beiden Folgen; das Ergebnis ist der Chiffretext. Jede Schlüsselfolge darf dabei nur einmal, für einen einzigen Klartext, verwendet werden.

Warum ist dieses Verschlüsselungsverfahren unknackbar? Zur Beantwortung dieser Frage müssen wir uns überlegen, was passiert, wenn wir mit dem falschen Schlüssel entschlüsseln.

Will man durch Ausprobieren aller möglichen Schlüssel den richtigen finden, so muss man etwas über den Klartext wissen, der verschlüsselt wurde: Man führt eine so genannte „Known Plaintext-Attacke" durch, d.h. man entschlüsselt den vorgegebenen Chiffretext so lange mit jeweils verschiedenen Schlüsseln, bis der gesuchte Klartext, oder ein plausibler Klartext (z.B. nur englische Wörter), ausgegeben wird. In diesem Fall kann man davon ausgehen, dass der gesuchte Schlüssel gefunden wurde.

Beim One-Time Pad kennen wir den Klartext nicht, da der gesuchte Schlüssel hier zum ersten und einzigen Mal zum Einsatz kommt. Wir haben höchstens partielle Informationen über den Klartext, z.B. dass es sich bei ihm um einen ASCII-Text handelt.

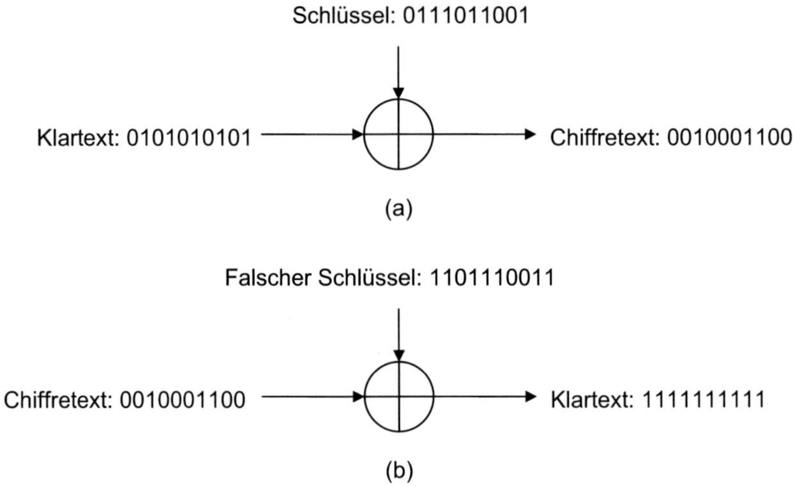

Bild 1.8: (a) Korrekte Verschlüsselung mit dem One-Time Pad. (b) Inkorrekte Entschlüsselung mit dem falschen Schlüssel.

Aber für jeden ASCII-Text der gleichen Länge wie der Chiffretext gibt es eine Schlüsselfolge, die diesen ASCII-Text in den vorgegebenen Chiffretext verwandelt! Alle möglichen ASCII-Texte könnte also der Klartext sein, „Hallo Welt" genauso gut wie „Alter Papa", oder wie „AbCdEfGhIj". Ein Angreifer, weiß somit nie, ob er den richtigen Schlüssel oder Klartext gefunden hat.

Der One-Time Pad hat einen gravierenden Nachteil: Das Schlüsselmanagement ist extrem aufwendig. Für jede Nachricht, die Sender und Empfänger austauschen möchten, muss vorher auf sicherem Wege (z.B. in einem Diplomatenkoffer) eine Bitfolge gleicher Länge ausgetauscht werden. (Für den diplomatischen Verkehr des deutschen Außenministeriums wurden früher jeweils paarweise Lochstreifenrollen mit Zufallszahlen beschrieben, wobei ein

Exemplar im Außenministerium verblieb, und das andere in die jeweilige Botschaft transportiert werden musste.) Dies macht den Einsatz des One-Time Pad teuer und unpraktisch.

In der Praxis löst man das Problem des Schlüsselmanagement dadurch, dass man aus einem „normalen" kryptographischen Schlüssel, und einen jeweils anderen Startwert, eine „pseudozufällige" Bitfolge berechnet und diese als Schlüssel für das One-Time Pad benutzt.

Die Sicherheit dieser Stromchiffren beruht jetzt auf der Qualität dieser Pseudozufallsfolgen: Auch wenn man bereits ein sehr langes Stück dieser Folge kennt, darf es nicht möglich sein, daraus auf den kryptographischen Schlüssel zu schließen, oder auf die nächsten Bits der Folge zu schließen.
Pseudozufallsfolgen kann man mit Hilfe von Blockchiffren, oder auch mit zahlentheoretischen Mitteln erzeugen (beweisbare Qualität). In der Praxis werden oft Schieberegister (die sehr einfach in Hardware zu implementieren sind) mit einer geeigneten Rückkopplungsfunktion eingesetzt.

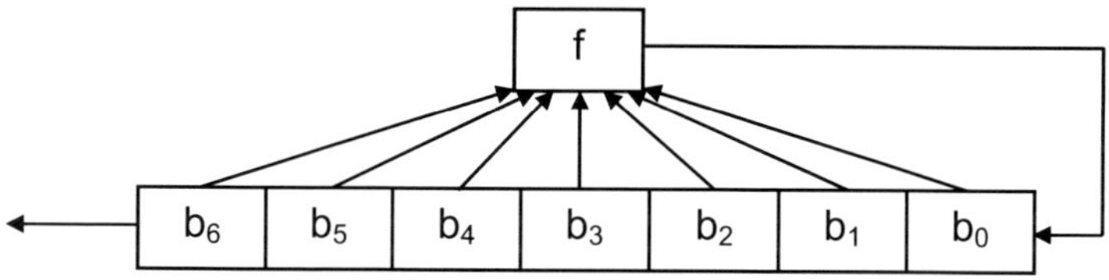

Bild 1.9: Schematische Darstellung eines Schieberegisters. In jedem Takt werden die Bits $b_0, \ldots, b_6$ um eine Stelle nach Links verschoben. Das Bit b_6 wird so ausgegeben, und ein neues Bit b_0 wird über die Rückkopplungsfunktion f aus den zuletzt gespeicherten Bits berechnet.

Im Bereich der Internetsicherheit, in dem die Funktion zur Erzeugung der Pseudozufallsfolge in Software implementiert werden muss, ist die Stromchiffren RC4 [RC4] von Ron Rivest (vgl. **7.2**) wichtig.

1.4.4 Hashfunktionen

Zur symmetrischen Kryptographie gehören auch die *Hashfunktionen*. Der von einer Hashfunktion aus einem beliebig langen Datensatz berechnete Hashwert, der eine feste Länge (in der Praxis 128 oder 160 Bit) besitzt, ist eine kryptographische Prüfsumme, ähnlich den Prüfsummen aus der Codierungstheorie. Da der Hashwert aber gegen bewusste Veränderungen des Datensatzes schützen soll (im Gegensatz zu den zufälligen Änderungen, die in der Codierungstheorie abgefangen werden), muss er gewisse Eigenschaften besitzen. Zu einem gegebenen Hashwert gibt es zwar theoretisch viele Datensätze, die diesen Hashwert besitzen, aber es muss praktisch unmöglich sein,

- aus dem Hashwert y einen solchen Datensatz x mit $hash(x) = y$ zu berechnen (Einwegeigenschaft),
- zu einem Datensatz x mit $hash(x) = y$ einen zweiten Datensatz x' mit $hash(x') = y$ zu finden (schwache Kollisionsresistenz), oder
- zwei Datensätze x und x' zu berechnen, die den gleichen Hashwert besitzen (starke Kollisionsresistenz).

„Praktisch unmöglich" bedeutet dabei, dass es weder mit heutigen Computern, noch mit Rechnern der nahen Zukunft möglich sein soll, dies in einem sinnvollen Zeitrahmen zu berechnen. Man kann dies auch in der Sprache der Komplexitätstheorie, eines Teilbereichs der theoretischen Informatik, formalisieren [BDG88].

Eine gute Hashfunktion zu konstruieren ist eine der schwierigsten Aufgaben der Kryptographie. Daher gibt es nur eine knappe Handvoll Hashfunktionen, die in der Praxis aber äußerst wichtig sind: MD5 [RFC 1321], SHA-1 [SHA93] und RIPEMD-160 [RIPEMD]. Durch den Nachweis eklatanter Schwächen im MD4 durch Hans Dobbertin wurde der Kreis der einsetzbaren Hashfunktionen weiter verkleinert [Dob96]. Auch MD5 weist deutliche Schwächen auf [Dob96a, Kli05], so dass heute allgemein der Einsatz von SHA-1 (oder noch besser: seiner Nachfolger [SHA02]) empfohlen wird. Darüber hinaus startete im Jahr 2008 ein internationaler Wettbewerb, um den Nachfolger der SHA-Familie zu bestimmen (http://csrc.nist.gov/groups/ST/hash/sha-3/index.html).

1.4.5 Message Authentication Codes

Ein *Message Authentication Code* (MAC) ist eine kryptographische Prüfsumme, in die neben dem Datensatz auch noch der geheime (symmetrische) Schlüssel von Sender und Empfänger einfließen. Ein MAC kann daher im Gegensatz zu einem Hashwert nur von Sender oder Empfänger berechnet und auch nur von diesen beiden verifiziert werden.

Man kann einen MAC prinzipiell auf zwei verschiedene Arten berechnen: Durch iterierte Berechnung einer (symmetrischen) Verschlüsselungsfunktion, oder durch Anwendung einer Hashfunktion auf Schlüssel und Daten in einer festgelegten Reihenfolge.

Als Beispiel für einen MAC der ersten Art sei der CBC-MAC angeführt. Er entsteht dadurch, dass man den gesamten Datensatz mit einer Blockchiffre im CBC-Modus verschlüsselt, und nur den letzten Chiffretextblock abspeichert: Dies ist der MAC.

Die wichtigste Methode, einen MAC mit Hilfe einer Hashfunktion zu bilden („schlüsselgesteuerte Hashfunktion"), ist die HMAC-Konstruktion [RFC 2104]. Ihre Sicherheit wurde kryptographisch nachgewiesen. Da alle einfacheren Kombinationen von Daten und Schlüssel kryptographisch angreifbar sind, ist die Verwendung der HMAC-Konstruktion dringend zu empfehlen.

Der Wert HMAC-H (wobei H hier für eine beliebige Hashfunktion steht, also z.B. HMAC-MD5 oder HMAC-SHA1) für den Datensatz `text` wird wie folgt berechnet:

$$\text{HMAC-H}(\texttt{text}) := \text{H}(\texttt{K} \oplus \texttt{opad}, \text{H}(\texttt{K} \oplus \texttt{ipad}, \texttt{text}))$$

Dabei wird zunächst der Schlüssel K durch Anfügen von Nullen am Ende auf die Input-Blocklänge der verwendeten Hashfunktion verlängert. Dann wird dieser Wert bitweise mit `ipad` XOR-verknüpft, wobei `ipad` aus hinreichend vielen Bytes `0x36` besteht[2]. An das Ergebnis wird nun der Datensatz `text` angefügt, und das Ganze wird zum ersten Mal gehasht.

Anschließend wird der verlängerte Schlüssel bitweise XOR-verknüpft mit `opad`, einer hinreichend langen Wiederholung des Bytes `0x5C`. Das Ergebnis der ersten Anwendung der Hashfunktion wird angefügt, und beides zusammen ein zweites Mal gehasht.

Die HMAC-Konstruktion wird im Bereich der Internetsicherheit sehr häufig eingesetzt, z.B. auch zur Ableitung neuer Schlüssel. Dies kann noch damit zusammenhängen, dass starke Hashfunktionen nicht der US-Exportkontrolle unterlagen, starke Verschlüsselungsverfahren aber schon. Es war also eine gute Idee, möglichst viel über Hashfunktionen zu implementieren. Außerdem ist Hashen meist schneller als Verschlüsseln.

[2] Die Notation 0x36 bedeutet hier und im Rest des Buches, dass 0x36 eine Hexadezimalzahl ist, also den Dezimalwert $3 \cdot 16 + 6 = 54$ besitzt.

1.5 Public-Key Kryptographie

Bis zum Jahr 1976 ging man, zumindest in der Öffentlichkeit, davon aus, dass Sender und Empfänger immer einen gemeinsamen geheimen Schlüssel benötigen, um vertraulich miteinander kommunizieren zu können. Dann erschien der Artikel „New Directions in Cryptography" von W. Diffie und M. Hellman [DH76], und die Welt der Kryptologie hatte sich verändert.

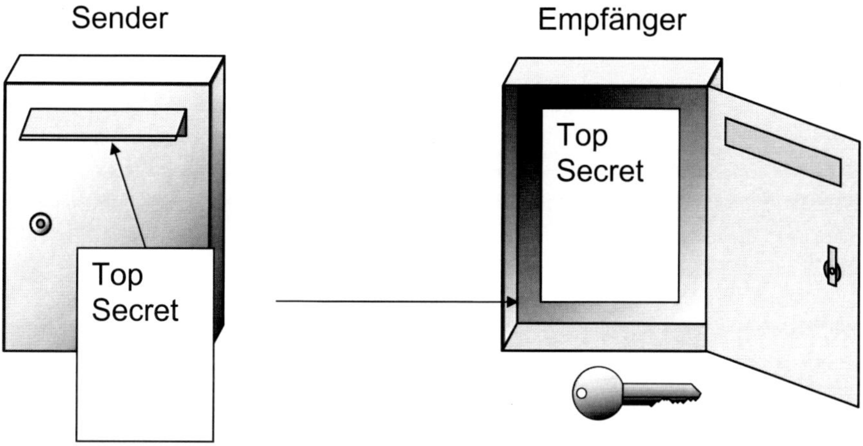

Bild 1.10: Visualisierung der asymmetrischen (oder Public Key-) Verschlüsselung als Einwurf einer Nachricht in einen Briefkasten.

Dieser Artikel war wegweisend. Er stellte nicht nur das erste Public-Key-Verfahren vor (die Diffie-Hellman-Schlüsselvereinbarung), sondern beschrieb auch schon weitere Möglichkeiten dieser neuen Disziplin, wie die Public-Key-Verschlüsselung und die digitale Signatur. Diese Entdeckung lag damals in der Luft, da auch R. Merkle fast zur gleichen Zeit auf eine ähnliche Idee kam [Mer78].

Die Begriffe „Public-Key-Verfahren" und „asymmetrische Verfahren" beschreiben dabei das Gleiche: Kryptologische Verfahren, bei denen die Schlüssel nicht symmetrisch auf Sender und Empfänger verteilt sind, sondern „asymmetrisch" ein öffentlicher Schlüssel („Public Key") potenziell vielen Teilnehmern zugänglich ist, während der private Schlüssel nur einer einzigen Person oder Instanz „bekannt" ist.

Es war trotzdem nicht einfach, diese neuen Ideen zu akzeptieren, und so wurde 1978 aus dem Versuch heraus, die Spekulationen von Diffie und Hellman zu widerlegen, der wohl berühmteste Public-Key-Algorithmus geboren: Das zunächst als „MIT-Algorithmus" bezeichnete Verfahren von R. Rivest, A. Shamir und S. Adleman, der RSA-Algorithmus.

1.5.1 Asymmetrische Verschlüsselung

Die asymmetrische Verschlüsselung kann man wie in Bild 1.10 dargestellt visualisieren: Ein Sender verschlüsselt eine Nachricht, indem er sie in einen öffentlich zugänglichen Briefkasten (der dem öffentlichen Schlüssel entspricht) wirft. Nur der Eigentümer des Briefkastens, der den dazu passenden privaten Schlüssel besitzt, kann diesen öffnen und die Nachricht lesen.

1.5.2 Digitale Signatur

Um eine digitale Signatur eines Datensatzes zu erstellen, wird zunächst sein Hashwert gebildet. Dieser Hashwert wird dann mit dem privaten Schlüssels signiert. (Bei RSA ist dies äquivalent zum Verschlüsseln des Hashwertes mit dem privaten Schlüssel.) Überprüft werden kann die digitale Signatur mit Hilfe des öffentlichen Schlüssels.

Bild 1.11: Visualisierung der digitalen Signatur als gläserner Tresor. Nur der Besitzer des privaten Schlüssels kann eine Nachricht hinein legen und damit signieren.

Wichtige Eigenschaften der handschriftlichen Unterschrift besitzt die digitale Signatur ebenfalls. Hierzu gehört z.B. die Tatsache, dass eine Unterschrift nur von einer einzigen Person erzeugt, aber von vielen verifiziert werden kann.

Es gibt aber auch Unterschiede: Während die handschriftliche Unterschrift in der Regel immer ungefähr gleich aussieht, und nur dadurch mit einem Dokument verknüpft wird, dass sie auf dem gleichen Blatt Papier steht wie dieses, hängt der Wert der digitalen Unterschrift direkt vom Wert des zu signierenden Dokuments ab.

Ein wichtiger juristischer Unterschied ist der, dass die handschriftliche Unterschrift direkt von einer Person stammt, die damit eine Willenserklärung abgibt. Die digitale Signatur wird dagegen von einer Maschine berechnet, und kann so im Extremfall auch gegen den Willen einer Person geleistet werden, z.B. durch eine Fehlfunktion der Software oder Schadsoftware wie Viren oder Trojanische Pferde.

1.5.3 Diffie-Hellman Schlüsselvereinbarung

Das erste Problem, das mit Mitteln der Public-Key-Kryptographie gelöst wurde, war das Problem der Schlüsselvereinbarung: Musste wirklich an einer zentralen Stelle zwei Kopien desselben Schlüssels generiert werden, um dann mittels Geheimkurier an Sender und Empfänger verteilt zu werden?

Die Antwort, die Diffie und Hellman in ihrem berühmten Artikel [DH76] auf diese Frage gaben, war ein klares „Nein“. Man muss nur bereit sein, gewisse Ergebnisse zur Komplexität von zahlentheoretischen Problemen zu akzeptieren.

Das zahlentheoretische Problem, das beim Diffie-Hellman-Schlüsselaustausch zum Einsatz kommt, ist das Problem des diskreten Logarithmus modulo einer großen Primzahl p: Es ist (durch Einsatz der bekannten effizienten Algorithmen) sehr einfach, aus den Zahlen g und x den Wert $y = g^x \bmod p$ zu berechnen. Dagegen ist es „praktisch unmöglich“, aus den Zahlen y und g einen Wert x mit $y = g^x \bmod p$ zu berechnen.

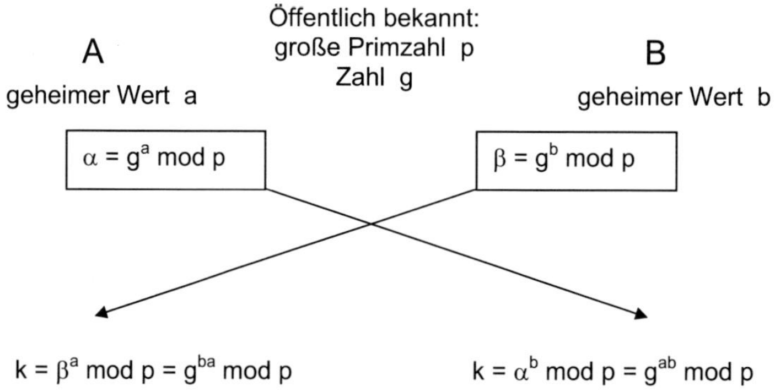

Bild 1.12: Das Diffie-Hellman-Schlüsselvereinbarungsverfahren zur Berechnung eines gemeinsamen Schlüssels k für die Teilnehmer A und B.

Mit anderen Worten: Die diskrete Exponentialfunktion ist leicht, der diskrete Logarithmus praktisch unmöglich zu berechnen. Funktionen, die die Eigenschaft haben, in der einen Richtung leicht und in der anderen Richtung praktisch nicht berechenbar zu sein, bezeichnet man in der Kryptographie auch als Einwegfunktionen. (Ein anderes Beispiel für Einwegfunktionen sind die Hashfunktionen.)

Anmerkung: Für diese wie für alle anderen nachfolgenden zahlentheoretischen Probleme ist die Berechnung der Umkehrfunktion natürlich nur dann „praktisch unmöglich", wenn die eingesetzten Zahlen hinreichen groß sind. In der Praxis kommen hier Zahlen zum Einsatz, die binär dargestellt eine Länge zwischen 1024 und 2048 Bit haben. Als auch für die Zukunft sicher werden dabei heute Bitlängen ab 2048 Bit eingeschätzt.

Die Sicherheit des in Bild 1.12 beschriebenen Diffie-Hellman-Verfahrens beruht somit auf der Tatsache, dass die diskrete Exponentialfunktion eine Einwegfunktion ist. Das Verfahren liefert das gewünschte Ergebnis, nämlich einen gemeinsamen Schlüssel für A und B, weil diese spezielle Einwegfunktion noch die zusätzliche Eigenschaft hat, dass die Reihenfolge der beiden Exponenten vertauscht werden darf.

1.5.4 RSA

Der bekannteste Public-Key-Algorithmus beruht auf einem anderen zahlentheoretischen Problem, auf dem Problem der Faktorisierung von großen Zahlen. Auch hier liegt wieder eine Einwegfunktion vor: Es ist einfach, zwei große Zahlen zu multiplizieren, aber praktisch unmöglich, eine solche große Zahl wieder in ihre Primfaktoren zu zerlegen.

Dieses Problem wird aber nicht direkt eingesetzt, sondern in einer von dem Mathematiker Leonhard Euler (1707-1783) stammenden modifizierten Form (Satz von Euler): Ist eine Zahl n das Produkt von zwei Primzahlen p und q, so gilt für jede Zahl x

$$x^{(p-1)(q-1)} \bmod n = 1.$$

Der RSA-Algorithmus macht sich diesen Satz wie folgt zunutze:

In der Schlüsselerzeugungsphase werden zunächst zwei große Primzahlen p und q berechnet (dazu gibt es schnelle Algorithmen), und ihr Produkt $n = pq$ wird gebildet. Danach wird eine Zahl e, die teilerfremd zu n sein muss, ausgewählt. Zusammen mit dem Produkt n bildet sie den öffentlichen Schlüssel (e,n).

Dann berechnet man mit Hilfe des Euklidischen Algorithmus eine weitere Zahl d, für die

$$e \cdot d \bmod (p-1)(q-1) = 1$$

gilt. Dies bedeutet mit anderen Worten, dass $e \cdot d = k(p-1)(q-1) + 1$ ist, für eine uns unbekannte Konstante k. Die Zahl d ist der private Schlüssel.

Verschlüsseln kann man eine Nachricht m nun, indem man einfach

$$c = m^e \bmod n$$

berechnet. Die Entschlüsselung ist sehr ähnlich, man muss hier

$$m' = c^d \bmod n$$

berechnen.

Von einer erfolgreichen Entschlüsselung können wir natürlich nur dann sprechen, wenn m=m' gilt. Warum diese Gleichheit gilt, ist in Bild 1.13 näher erläutert.

$$m' = c^d \bmod n = (m^e)^d \bmod n = m^{k(p-1)(q-1)+1} \bmod n = m^{k(p-1)(q-1)} \cdot m \bmod n = 1 \cdot m = m$$

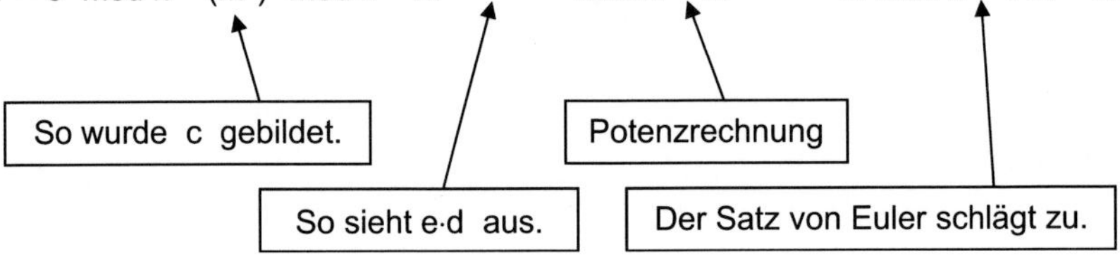

Bild 1.13: Der Beweis, dass die Entschlüsselung des RSA-Verfahrens korrekt ist.

Mit Hilfe des RSA-Verfahrens kann man auch leicht eine digitale Signatur realisieren: Man bildet zunächst den Hashwert h = hash(m) der zu signierenden Nachricht, und berechnet die Signatur, indem man diesen Hashwert „entschlüsselt":

$$sig = h^d \bmod n.$$

Die Überprüfung der Signatur erfolgt dadurch, dass zunächst erneut der Hashwert des Dokuments gebildet wird, und dann der Wert sig durch Potenzierung mit dem öffentlichen Schlüssel e „entschlüsselt" wird. Die Signatur war gültig, wenn diese beiden Werte übereinstimmen. Der Beweis der Korrektheit dieser Vorgehensweise erfolgt analog zu Bild 1.13, nur mit vertauschten Rollen von e und d.

An dieser Stelle sei direkt darauf hingewiesen, dass bei anderen Signaturverfahren das Signieren keineswegs als „Entschlüsseln mit dem privaten Schlüssel" erklärt werden kann. Wegen der enormen Popularität von RSA ist dieses Missverständnis aber immer noch weit verbreitet.

1.5.5 ElGamal

Um das nötige Gegengewicht zur Eleganz, Einfachheit und Popularität von RSA zu schaffen, sollen hier die Verschlüsselungs- und Signaturverfahren von ElGamal angeführt werden [ElG85], die wie das Diffie-Hellman-Verfahren auf dem Problem des diskreten Logarithmus beruhen.

Das Public-Key-Verschlüsselungsverfahren ist dabei eine direkte Weiterbildung des Diffie-Hellman-Verfahrens: Statt die Werte $y = g^x \bmod p$ nur einmal zu verwenden, werden sie als öffentliche Schlüssel publiziert, und x wird als privater Schlüssel geheim gehalten.

Um eine Nachricht zu verschlüsseln, muss man nur die zweite Hälfte des Diffie-Hellman-Verfahrens nachholen: Aus einer geheimen Zufallszahl r bildet man zum einen $z = g^r \bmod p$, und zum anderen den symmetrischen Schlüssel $k = y^r \bmod p$. Die Nachricht wird dann mit k (symmetrisch) verschlüsselt, und dieser verschlüsselten Nachricht c wird z vorangestellt.

Aus dem Paar (z,c) kann der legitime Empfänger die Nachricht entschlüsseln, indem er zunächst ebenfalls den Schlüssel k als $k = z^x \bmod p$ berechnet, und dann damit c entschlüsselt.

Die Idee, mit Hilfe des diskreten Logarithmus ein Signaturverfahren zu bauen, ist dann schon wesentlich trickreicher: Im ElGamal-Signaturverfahren [ElG85] wird eine Nachricht nicht, wie beim RSA-Verfahren, durch Vertauschen der Reihenfolge von Ver- und Entschlüsselung unterschrieben, sondern durch eine komplexere Operation. Dies hat zur Folge, dass man aus der Signatur der Nachricht nicht auf diese zurück schließen kann. Zur Erzeugung und Verifikation einer digitalen Unterschrift werden der gleiche private Schlüssel x und der gleiche öffentliche Schlüssel $y = g^x \bmod p$ verwendet wie beim ElGamal-Verschlüsselungsverfahren.

Zur *Erzeugung* einer Unterschrift für eine Nachricht m geht ein Teilnehmer T dabei wie folgt vor: Zunächst wählt er eine zu p–1 teilerfremde Zufallszahl r und bildet

$$k = g^r \bmod p.$$

Danach berechnet er

$$s = ((m - x \cdot k) \cdot r^{-1}) \bmod p-1.$$

Die digitale Unterschrift der Nachricht m besteht aus dem Paar (k, s), und es gilt

$$(r \cdot s + x \cdot k) \bmod p-1 = m.$$

Der Empfänger der signierten Nachricht (m, (k, s)) kann die Unterschrift *prüfen*, indem er die beiden Werte $g^m \bmod p$ und $y^k \cdot k^s \bmod p$ bildet und vergleicht, ob diese Zahlen identisch sind. Bei einer gültige Signatur funktioniert das, weil

$$y^k \cdot k^s \bmod p = g^{xk} \cdot g^{rs} \bmod p = g^{xk+rs} \bmod p = g^m \bmod p$$

gilt. (Zum Verständnis des letzten Schrittes muss man sich in Erinnerung rufen, dass eine Reduktion der Basis mod p im Exponenten einer Reduktion mod p-1 entspricht.)

Der Trick bei diesem Signaturverfahren besteht darin, dass nur derjenige die Zahl s berechnen kann, der den privaten Schlüssel x kennt. Um die Sicherheit dieses privaten Schlüssels auch bei mehrmaliger Verwendung zu garantieren, muss zusätzlich noch eine Zufallszahl r (die jedes Mal verschieden ist) in die Berechnung von s mit einfließen, um zu verhindern, dass aus zwei verschiedenen Signaturwerten s der private Schlüssel berechnet werden kann.

Es gibt eine große Anzahl von Varianten des ElGamal-Signaturverfahrens [HMP95]. Im Gegensatz zum RSA-Verfahren kann man in der Grundform des ElGamal-Verfahrens aus der Signatur die Nachricht (bzw. ihren Hashwert) nicht zurückgewinnen. Varianten, die diese „message recovery"-Eigenschaft besitzen, werden in [NR96] beschrieben.

1.5.6 DSS und DSA

Eine besonders effiziente Variante des ElGamal-Verfahrens, die auf eine Idee von C. Schnorr zurückgeht [Schn90], wurde in den USA zum *Digital Signature Standard* ([FIPS91], vgl. auch [KH92]).

Der öffentliche Schlüssel bei diesem Verfahren besteht aus den vier Werten (p, q, g, y):

- p ist eine Primzahl, deren Länge zwischen 512 und 1024 Bit liegt.
- q ist eine Primzahl der Länge 160 Bit, mit der zusätzlichen Eigenschaft, dass sie ein Teiler von $p-1$ ist.
- g ist ein Element der Ordnung q in Z_p^*, d.h. es gilt $g^q \bmod p = 1$ (und $g^x \bmod p \neq 1$ für alle $x<q$).
- $y = g^x \bmod p$.

Die Länge von q ist nicht zufällig gewählt, sondern sie entspricht genau der Länge der Ausgabe eines anderen FIPS-Standards, nämlich der Hashfunktion SHA-1.

Die Erzeugung der Signatur ist ähnlich wie bei ElGamal, nur laufen hier die Berechnungen modulo q ab, und eine Subtraktion wurde durch eine Addition ersetzt.

1. Wähle eine geheime, zufällige ganze Zahl r, $0 < r < q$.
2. Berechne $k = (g^r \bmod p) \bmod q$.
3. Berechne $r^{-1} \bmod q$.
4. Berechne $s = r^{-1}(h(m) + x \cdot k) \bmod q$.
5. Die Signatur der Nachricht m ist das Paar (k, s).

Die Überprüfung der Signatur ist kniffliger, da hier genau auf die Reihenfolge der Reduktionen modulo p oder q geachtet werden muss.

1. Verwende den öffentlichen Schlüssel (p, q, g, y).
2. Überprüfe dass $0 < k < q$ und $0 < s < q$; wenn nicht, ist die Signatur ungültig.
3. Berechne $w = s^{-1} \bmod q$ und $h(m)$.
4. Berechne $u_1 = w \cdot h(m) \bmod q$ und $u_2 = k \cdot w \bmod q$.
5. Berechne $v = (g^{u_1} y^{u_2} \bmod p) \bmod q$.
6. Die Signatur ist genau dann gültig, wenn $v = k$.

Für alle hier aufgeführten Berechnungen gibt es effiziente Algorithmen. Diese sind z.B. in [MOV97] angegeben.

Der große Vorteil des DSA liegt in der Kürze der erzeugten Signaturen: Das Paar (k, s) ist nur 320 Bit groß, bei einem „Sicherheitsparameter“ p von 1024 Bit. Signaturen vergleichbarer Sicherheit wären bei RSA 1024 Bit, und bei ElGamal 2048 Bit lang.

1.5.7 Hybride Verschlüsselung von Nachrichten

Nachdem die wichtigsten Begriffe aus der Kryptologie eingeführt sind, können wir das allgemeine Prinzip beschreiben, nach dem längere Datensätze verschlüsselt werden.

In Bild 1.14 ist dieses Prinzip der hybriden Verschlüsselung dargestellt. Der Sender einer Nachricht wählt zufällig einen symmetrischen Schlüssel und verschlüsselt mit ihm (und einem passenden Algorithmus) den Nachrichtentext. Anschließend verschlüsselt er diesen symmetrischen Schlüssel mit dem öffentlichen Schlüssel des Empfängers und fügt dieses Kryptogramm an die Nachricht an. Soll eine Nachricht an mehrere Empfänger gesendet werden, so muss der symmetrische Schlüssel jeweils separat mit dem öffentlichen Schlüssel jedes Empfängers verschlüsselt und dieses Kryptogramm ebenfalls mit angefügt werden. (Bildlich gesprochen würden dann mehrere Briefkästen am Tresor kleben.)

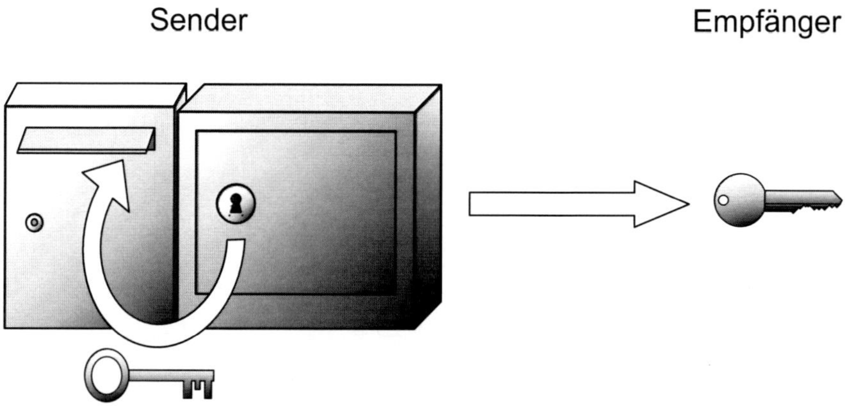

Bild 1.14: Hybride Verschlüsselung einer Nachricht

Dieses Verfahren wendet man an, weil symmetrische Verschlüsselungsverfahren wesentlich schneller und effizienter sind als asymmetrische. Man spart also eine Menge Zeit, weil nur der (relativ kurze) symmetrische Schlüssel asymmetrisch verschlüsselt werden muss.

1.6 Kryptographische Protokolle

In diesem Abschnitt wollen wir näher auf kryptographische Verfahren eingehen, die eine starke interaktive Komponente besitzen. Diese Verfahren werden auch kryptographische Protokolle genannt [BSW04], weil es hier wie bei einem diplomatischen Protokoll auf die korrekte Einhaltung von Regeln ankommt, damit sie funktionieren.

In der Praxis werden kryptographische Protokolle meist zur Authentifizierung von Teilnehmern eingesetzt (z.B. Mobilfunk, PPP-Einwahl beim Internet Service Provider). Wir werden später noch näher auf komplexere Protokolle wie SSL oder IPSec IKE eingehen. Hier sollen nur die Protokolle zusammengefasst werden, die in verschiedenen Einsatzgebieten im Internet verwendet werden.

1.6.1 Username/Password

Das einfachste Protokoll, das schon lange aus der UNIX-Welt bekannt ist, ist das Username/Password-Protokoll. Nach dem Starten eines Computers, oder zur Authentifizierung an einem geschützten Webserver, wird der Nutzer aufgefordert, seinen *Namen* („Username") und sein *Passwort* („Password") einzugeben.

Der Computer vergleicht dann die angegebenen Werte mit den in einer speziellen Datei oder Datenbank gespeicherten Paaren, und gibt bei Übereinstimmung den Zugriff frei. Das Passwort ist dabei aus Sicherheitsgründen nicht im Klartext abgespeichert, sondern in verschlüsselter oder gehashter Form, und der Computer muss eine zusätzliche Operation auf dem eingegebenen Passwort durchführen, bevor er die Werte vergleichen kann.

Eine Kompromittierung der Passwortdatei führt damit nicht automatisch zum Verlust der Sicherheit für das System: Der Dieb kann ja die Verschlüsselung oder Hashwertbildung nicht rückgängig machen. Bei schwachen Passwörtern (z.B. Vornamen, kurze Zeichenkombinationen) ist es aber möglich, einen so genannten „Wörterbuchangriff" durchzuführen: Man stellt sich ein Wörterbuch der gängigsten Passwörter zusammen, und hasht diese ganze Liste. Nachdem die Paare (Wort, Hashwert) nach dem Hashwert sortiert wurden, kann man bequem jeden in der Passwortdatei gefundenen Hashwert nachschlagen. Wir werden im Abschnitt zur PPTP-Sicherheit noch näher auf diese Angriffe eingehen.

Die größte Schwäche des Username/Password-Verfahrens ist es allerdings, dass das Passwort in der Regel unverschlüsselt übertragen wird. Geschieht dies über eine Telefonleitung, so kann das Ganze noch halbwegs sicher sein, bei einer Übertragung im Internet ist dies aber nicht mehr der Fall.

1.6.2 One Time Password

Um Gefahren, die mit dem Abhören eines Passworts verbunden sind, zu entgehen, kann man festlegen, dass jedes Passwort nur genau einmal verwendet werden darf. Diese „One Time Password (OTP)“-Verfahren werden z.B. beim Homebanking eingesetzt, wo für jeden Buchungsvorgang eine nur einmalig verwendbare Transaktionsnummer (TAN) eingegeben werden muss, oder z.B. auch zum Aufladen von Handys mit vorausbezahlten Karten. Automatisiert wurden diese Verfahren z.B. in der Produktlinie SecureID der Firma RSA Inc.

1.6.3 Challenge-and-Response

Die nächste Verbesserung, und die nächste Stufe der Interaktivität, stellen Frage- und Antwortprotokolle dar, die als *Challenge-and-Response*-Protokolle bezeichnet werden. Möchte sich ein Client (Handy, Nutzer) gegenüber einem Server (Netzbetreiber) authentisieren, so sendet der Server eine Zufallszahl, die dann vom Client mit einem (symmetrischen) Schlüssel verschlüsselt werden muss, den nur Client und Server kennen. Der Server überprüft dann diesen Wert und gibt ggf. den Zugriff frei.

Auch von diesem Protokoll gibt es natürlich viele Varianten: Der Server kann eine verschlüsselte Zufallszahl senden, die der Client entschlüsseln muss, oder es kann eine HMAC-Konstruktion oder Public-Key-Kryptographie eingesetzt werden.

Challenge-and-Response-Protokolle sind weit verbreiten, von der Identifizierung des Handys in Mobilfunknetzen bis hin zum CHAP-Protokoll bei der Einwahl ins Internet.

1.6.4 Kerberos

Kerberos wurde 1987 am MIT entwickelt. Es soll hier zum einen als Beispiel für ein komplexeres kryptographisches Protokoll mit aufgeführt werden, zum anderen, weil es im Bereich der Internetsicherheit relativ oft erwähnt und implementiert wird.

Es besteht im Kern aus einem symmetrischen Protokoll, bei dem ein zentraler Sicherheitsserver für das Schlüsselmanagement zwischen den einzelnen Hosts eingesetzt wird.

Das Kerberos-Protokoll benötigt keine Public-Key-Kryptographie, und leistet Ähnliches wie diese. Es kann daher auch als eine Art „Ersatz“ für Public-Key-Verfahren angesehen werden. In vier Schritten authentisieren sich zwei Teilnehmer A und B mit Hilfe eines zentralen Servers S gegenseitig, und vereinbaren gleichzeitig einen gemeinsamen Schlüssel:

1. A teilt dem Server S seinen Wunsch mit, mit Teilnehmer B vertraulich und authentisch zu kommunizieren.

2. S antwortet darauf mit einem Datensatz, der mit dem gemeinsamen symmetrischen Schlüssel Kas von A und S verschlüsselt ist. Dieser Datensatz enthält Daten für A (einen Zeitstempel Ts, eine Gültigkeitsdauer L, den mit B zu verwendenden Schlüssel Kab, und die Bestätigung, dass S den Namen von B richtig verstanden hat) und einen verschlüsselten Datensatz für B.

3. A extrahiert den verschlüsselten Datensatz für B, und verschlüsselt seinerseits mit dem neuen Schlüssel Kab seinen eigenen Namen, und einen Zeitstempel Ta, und sendet beides an B.

4. B kann nun den Datensatz des Servers entschlüsseln, dann mit dem neuen Schlüssel die Nachricht von A entschlüsseln, und darauf mit einem leicht modifizierten Wert von Ta antworten.

Nach diesen vier Schritten besitzen A und B eine gemeinsamen Schlüssel Kab, und sie haben sich gegenseitig durch Austausch der Nachrichten $E_{Kab}(A,Ta)$ und $E_{Kab}(Ta+1)$ authentisiert.

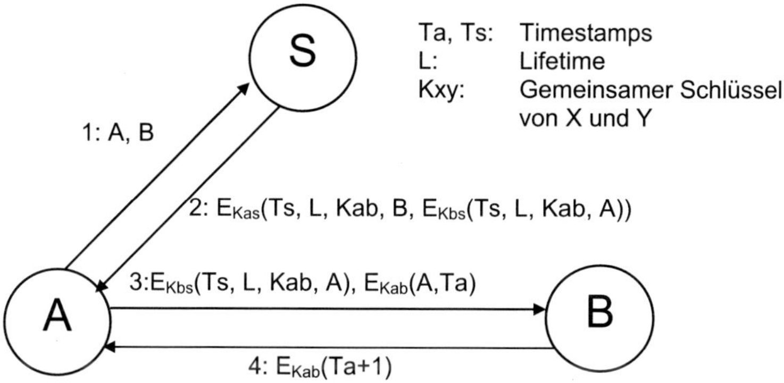

Bild 1.15: Das Kerberos-Protokoll zur gegenseitigen Authentisierung von A und B, und zur Vereinbarung eines gemeinsamen Schlüssels Kab.

1.6.5 Certificate/Verify

Stehen die Mittel der Public-Key-Kryptographie zur Verfügung, so kann man verschiedene Varianten des Frage- und Antwortspiels anwenden, um die Authentizität eines Teilnehmers zu überprüfen.

Der öffentliche Schlüssel wird meist in Form eines Zertifikats (s.u.) mit dem Namen/der Identität eines Teilnehmers verknüpft und steht in dieser Form der Öffentlichkeit zur Verfügung. Beim Certificate/Verify-Protokoll kann man z.B. verlangen, dass der Teilnehmer eine Zufallszahl signieren soll, oder man kann ihm eine mit dem öffentlichen Schlüssel verschlüsselte Zufallszahl zusenden, die er dann entschlüsseln muss. Die Antworten können dann mit dem öffentlichen Schlüssel verifiziert werden.

Certificate/Verify taucht oft als Baustein in komplexeren Protokollen (z.B. SSL oder IPSec IKE) auf.

1.6.6 Angriffe auf Protokolle

Bei kryptographischen Protokollen gibt es neben den „normalen" kryptologischen Attacken auf die verwendeten Algorithmen auch ganz neue Angriffe, die man berücksichtigen muss. Hier sollen nur zwei Beispiele für solche Angriffe herausgegriffen werden.

Bei einer Replay-Attacke werden alte aufgezeichnete Nachrichten erneut gesendet. Würden dagegen keine Vorkehrungen getroffen (z.B. durch Verwendung einer TAN), so könnte man sich z.B. bei einem Homebanking-Verfahren einmal € 50 überweisen lassen, die entsprechende (ggf. verschlüsselte oder signierte) Nachricht an den Server der Bank aufzeichnen, und dann noch weitere 99 mal an den Server senden, um insgesamt € 5000 überwiesen zu bekommen.

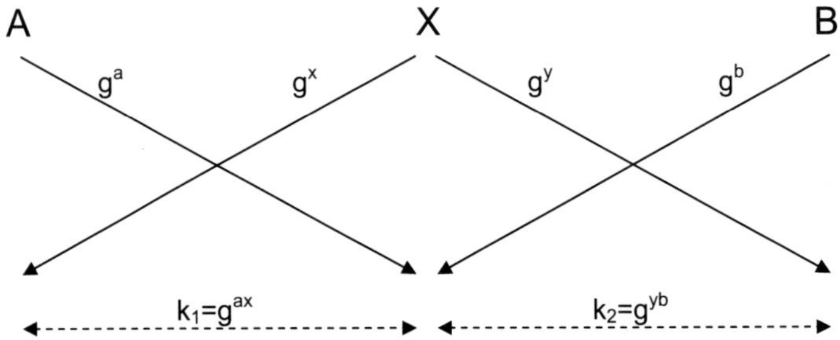

Bild 1.16: Der „Man-in-the-middle"-Angriff auf das Diffie-Hellman-Protokoll.

Beim „Man-in-the-middle"-Angriff schaltet sich der Angreifer einfach in die Leitung zwischen zwei Teilnehmer A und B. Er gibt sich A gegenüber als B aus, und B gegenüber als A. Ein prominentes Opfer dieses Angriffs ist das Diffie-Hellman-Protokoll. Ein Angreifer X kann, wie in Bild 1.16 dargestellt, so einen Schlüssel k_1 mit A, und einen Schlüssel k_2 mit B aushandeln, und dann den gesamten Datenverkehr zwischen A und B mithören, indem er ihn umverschlüsselt. Wir werden im Kapitel zu IPSec IKE sehen, wie man diesen Angriff abwehren kann.

1.7 Zertifikate

Im tägliche Leben gibt es zwei Methoden, eine Person zu identifizieren: Über persönliche Bekanntschaft oder durch Vorlage eines amtlichen Ausweises. Wenn man z.B. ein neues Sparkonto bei der Sparkasse im eigenen Dorf eröffnet, wird der Bankmitarbeiter unter „Ausgewiesen durch" wahrscheinlich ein „Persönlich bekannt" eintragen, während in einer Großstadt dazu in der Regel die Vorlage des Personalausweises erforderlich ist.

Auch im Internet wurden beide Verfahren praktiziert: So gab es eine Zeitlang immer wieder PGP-Schlüsselaustauschparties, bei denen man jeweils den eigenen öffentlichen Schlüssel mit anderen austauschte. Danach wusste man genau, an wen man eine verschlüsselte Nachricht sendete, oder wer ein Dokument signiert hatte.

Die Möglichkeit der persönlichen Bekanntschaft haben im globalen Internet aber nur wenige Personen. Daher verwundert es nicht, dass die zweite Methode immer größere Bedeutung gewinnt.

Zertifikate sind im Internet das Äquivalent zu amtlichen Dokumenten im normalen Leben. Sie enthalten Angaben zum Aussteller („ausstellende Behörde"), zum Inhaber und zu seinen persönlichen Daten, die insbesondere seine eindeutige Adresse im Internet, z.B. die E-Mail-Adresse, und seinen öffentlichen Schlüssel umfassen. Alle diese Daten werden durch eine digitale Signatur der ausstellenden Stelle verknüpft und dadurch gegen Veränderungen geschützt.

1.7.1 X.509

Als Standard für Zertifikate hat sich der ITU-Standard X.509 [X.509] durchgesetzt, der noch zusätzliche Angaben im Zertifikat erlaubt. Der Aufbau eines X.509-Zertifikats ist in Bild 1.17 wiedergegeben.

Die aktuelle Versionsnummer des X.509-Standards ist 3, die nächste Version ist aber schon in Arbeit. Alle Zertifikate eines Herausgebers erhalten eine unterschiedliche Seriennummer, so dass das Paar (Herausgeber, Seriennummer) ein Zertifikat eindeutig bestimmt.

Um die Signatur des Zertifikats verifizieren zu können, muss man natürlich wissen, welcher Hash- und welcher Signaturalgorithmus zur Erzeugung der Signatur verwendet wurden.

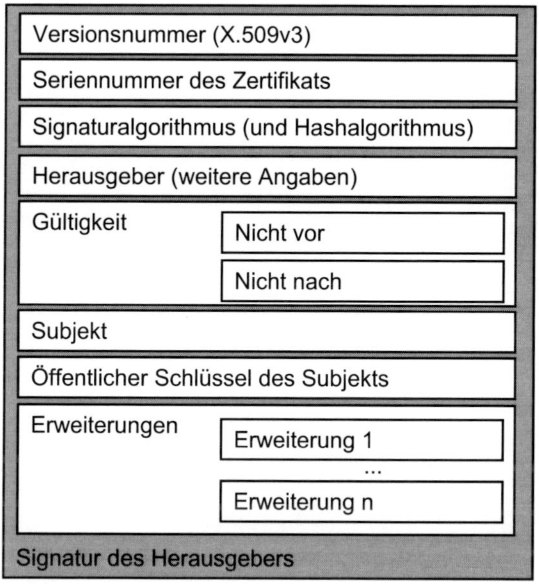

Bild 1.17: Aufbau eines X.509-Zertifikats.

Die Namen (Identitäten) von Herausgeber und Subjekt sind gemäß den Vorgaben des X.500-Standards formuliert, der eine eindeutige Verzeichnisstruktur für die ganze Welt vorgeben wollte. Als Beispiel für einen solchen Namen sei hier der X.500-Name der IETF angegeben:

CN = www.ietf.org

OU = IETF

O = Foretec Seminars Inc.

L = Reston

S = Virginia

C = US

„C=" gibt dabei das Land an, „S=" den (amerikanischen) Bundesstaat, „L=" die „Location", „O=" die Organisation, „OU=" den Bereich innerhalb der Organisation, und „CN=" den Namen der Instanz, der hier ein Domain-Name ist, da dieser Name aus dem SSL-Zertifikat des IETF-Webservers entnommen ist. Die strenge geographische Namensgebung passt allerdings nicht immer zu den im Internet üblichen Namen. Daher tauchen in Zertifikaten auch immer wieder X.500-fremde Namensbestandteile wie Domain-Namen (SSL-Zertifikate) oder E-Mail-Adressen auf. Diese sind dann bei der Auswertung des Zertifikats oft wichtiger als die „eigentlichen" X.500-Namen.

Jedes X.509-Zertifikat ist nur für eine gewisse Zeit gültig: Für Endnutzer-Zertifikate ist dies in der Regel ein Jahr, Wurzelzertifikate (z.B. im Internet Explorer von Microsoft) haben eine Gültigkeit von 10 bis 20 Jahren.

Wichtig ist natürlich der öffentliche Schlüssel des Subjekts, der ja gerade zertifiziert werden soll. In den Erweiterungsfeldern, die erst ab Version 3 hinzukamen, werden Einschränkungen für den Verwendungszweck des Zertifikats angeführt.

Tipp: Sie können sich verschiedene Zertifikate mit Hilfe des Internet Explorers von Microsoft anschauen, indem sie (in der englischen Version) unter Tools/Internet Options, Registerkarte „Content", Button „Certificates", Registerkarte „Trusted Root Certification Authorities" einen der aufgeführten Einträge anklicken und dann den Button „View" drücken. Unter „Details" kann man sich dann alle X.509-Einträg anschauen.

1.7.2 Public Key-Infrastrukturen (PKI)

Um solche Zertifikate von Endbenutzern und Ausstellern einfach auf ihre Gültigkeit hin überprüfen zu können, werden sie in der Regel in hierarchische Public Key Infrastrukturen (PKI) eingebettet. Diese Struktur besteht aus einer sog. „Wurzelinstanz" an der Spitze und untergeordneten Instanzen, den sog. „Certification Authorities (CA)" und schließlich den Benutzern.

Die ersten PKIs waren flach: Eine CA, die zugleich Wurzelinstanz war, signierte direkt die öffentlichen Schlüssel der Kunden. Die ersten SSL-Implementierungen in Browsern unterstützten nur diese einfachen Hierarchien (siehe Bild 1.18).

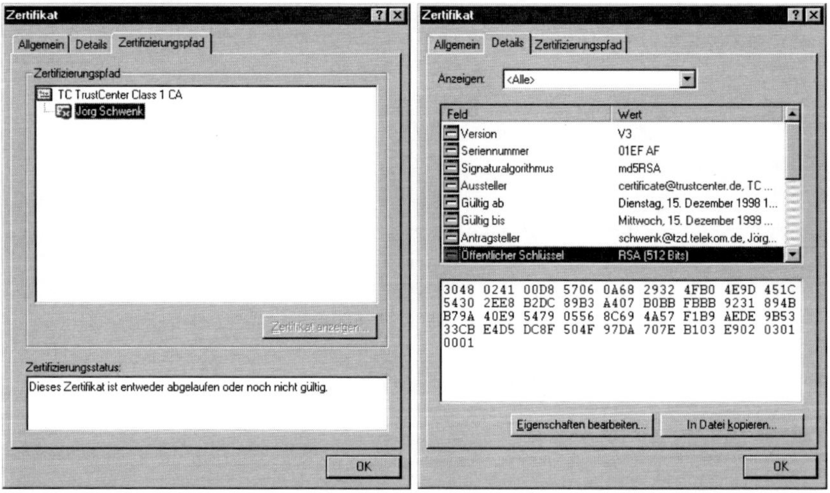

Bild 1.18: PKI und öffentlicher Schlüssel eines abgelaufenen E-Mail-Zertifikats des Autors.

Die Wurzelinstanz („Root") erzeugt dabei ein spezielles Zertifikat, das sie selbst signiert: das *Wurzel-Zertifikat* („Root Certificate"). Mit dem privaten Schlüssel aus diesem Wurzel-Zertifikat werden alle Zertifikate der untergeordneten Stellen signiert. Diese wiederum signieren mit ihrem privaten Schlüssel die ausgestellten Zertifikate der Benutzer. Da in den Zertifikaten jeweils ein Verweis auf die ausstellende Stelle und deren Zertifikat enthalten ist, kann so eine vollständige Kette vom Benutzer-Zertifikat bis zum Wurzel-Zertifikat durchlaufen werden, in der jeweils die Gültigkeit des untergeordneten Zertifikats mit Hilfe des öffentlichen Schlüssels der übergeordneten Zertifizierungsstelle verifiziert werden kann.

Die Instanz, die unter „Subjekt“ in einer Ebene dieser Hierarchie auftritt, wird damit in der folgenden Ebene zum „Herausgeber“.

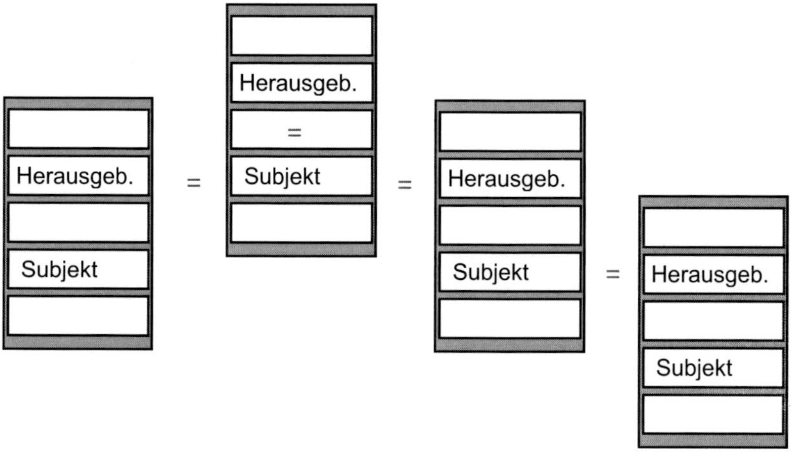

Bild 1.19: Komplexere PKI mit mehr als einer CA.

So entstehen die komplexeren PKIs aus Bild 1.19. Diese erfordern softwaremäßig einen höheren Aufwand bei der Überprüfung der Gültigkeit eines Zertifikats, bieten aber auch zahlreiche Vorteile:

- Unter nur einem Wurzelzertifikat können durch Anfügen verschiedener CAs Zertifikate unterschiedlichster Art ausgestellt werden: SSL-Zertifikate für Webserver von CA_1, Zertifikate für E-Mail von CA_2, oder Zertifikate für S/MIME von CA_3.
- Weiter kann man für jede CA verschiedene Sicherheitsrichtlinien („Security Policies“) aufstellen: Um ein E-Mail-Zertifikat der Sicherheitsstufe 1 zu erhalten, muss man nur eine gültige E-Mail-Adresse nachweisen, für ein Zertifikat der Stufe 3 muss bei einer Registrierungsstelle der Personalausweis vorgelegt werden.
- Im firmeninternen Einsatz kann die Struktur der PKI auch die Struktur der Firma widerspiegeln: Das Wurzelzertifikat gehört zur Firmenleitung, und die untergeordneten CAs zu den einzelnen Bereichen und Abteilungen.

Mit dieser flexiblen Struktur sind natürlich noch viele weitere Anwendungen realisierbar. Einige dieser Anwendungen könnte man auch mit verschiedenen Wurzelzertifikaten realisieren, aber dies vervielfacht die Probleme mit Root-Zertifikaten, auf die wir jetzt näher eingehen wollen.

Die Wurzelinstanz ist der Anker des Vertrauens. Wie bereits erwähnt, ist dies ein selbst signiertes Zertifikat, das natürlich zunächst wieder authentisch verteilt werden muss. Viele große Zertifizierer lassen deshalb ihre Wurzel-Zertifikate in die Standardbrowser/E-Mail-Clients integrieren, so dass diese nach der Installation der Software automatisch dem Benutzer zur Verfügung stehen (Bild 1.20). Damit wird dem Nutzer vorgeschrieben, welchen Zertifikaten er zu trauen hat, und welchen zunächst einmal nicht.

In bestimmten Einsatzbereichen ist diese Vorgehensweise bereits zum de facto-Standard geworden, weil sie so einfach ist und beim Nutzer keinerlei Kenntnisse zu Zertifikaten oder PKIs voraussetzt. Wir werden im SSL-Kapitel näher darauf eingehen. Entsprechend teuer ist es, ein Root-Zertifikat in der Standarddistribution eines Browsers zu platzieren.

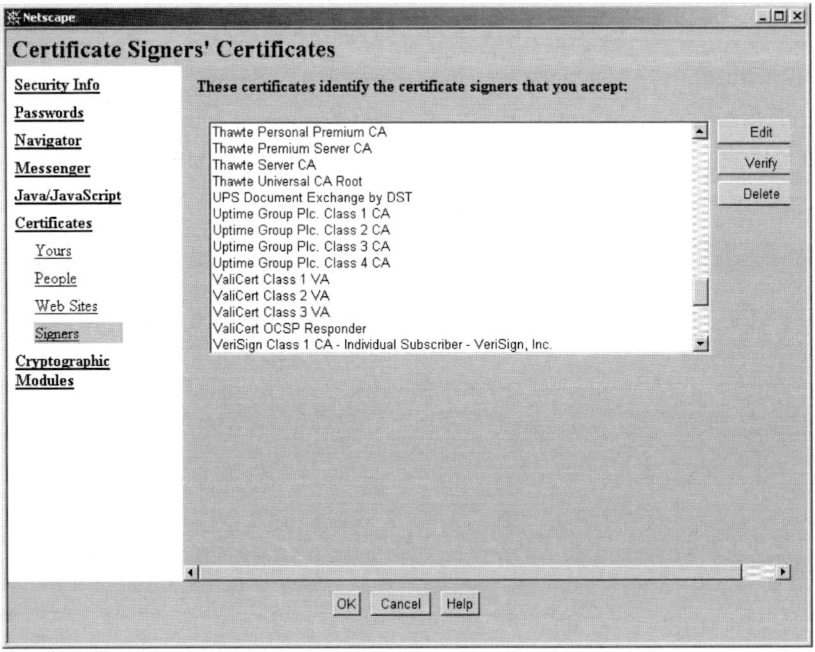

Bild 1.20: Liste von voreingestellten Wurzelzertifikaten im Netscape Communicator.

Die korrekte, aber leider auch schwierigere Variante wurde für die PKI zum deutschen Signaturgesetz [SigG97] gewählt: Vertrauen in das Wurzelzertifikat, das von der Regulierungsbehörde für Telekommunikation und Post (RegTP) verwaltet wird, wurde dadurch geschaffen, dass der öffentliche Schlüssel in gedruckter Form im Bundesgesetzblatt veröffentlicht wurde. (Für die Webversion vgl. Bild 1.21).

Wie wir im Abschnitt zu den Namensfeldern in X.509-Zertifikaten bereits gesehen haben, sind die Festlegungen des X.509-Standards, der aus der Welt der großen, nationalen Telekommunikationsunternehmen stammt, nicht immer direkt auf das Internet übertragbar. Daher beschäftigt sich die Public-Key Infrastructure (X.509) (pkix) Arbeitsgruppe der IETF [PKIX] mit der Frage, wie eine X.509-basierte Public-Key-Infrastruktur in das Internet eingebunden werden könnte. Die Festlegungen, die Zertifikate direkt betreffen, wurden dabei in dem Dokument „Internet X.509 Public Key Infrastructure: Certificate and CRL Profile" [RFC 3280] zusammengefasst.

1.7.3 Gültigkeit von Zertifikaten

Ein wichtiger praktischer Aspekt ist die Gültigkeit von Zertifikaten. Wir haben ja bereits gesehen, dass die meisten Zertifikate nur ein Jahr lang gültig sind. Was passiert aber, wenn sie innerhalb dieser Jahresfrist ungültig werden? Dies kann z.B. dann passieren, wenn:

- Die E-Mail-Adresse geändert wird. Dadurch wird das alte E-Mail-Zertifikat ungültig.
- Der Nutzer sein Passwort für seinen privaten Schlüssel vergessen hat. Er kann dann keine mit dem öffentlichen Schlüssel aus dem Zertifikat verschlüsselten Nachrichten mehr entschlüsseln, oder Dokumente signieren.
- Der private Schlüssel „geknackt" wurde.

- Ein Zertifikat versehentlich falsch ausgestellt wurde. (Wie dies der Firma Verisign für ihren wichtigen Kunden Microsoft versehentlich passiert ist [CERT01].)

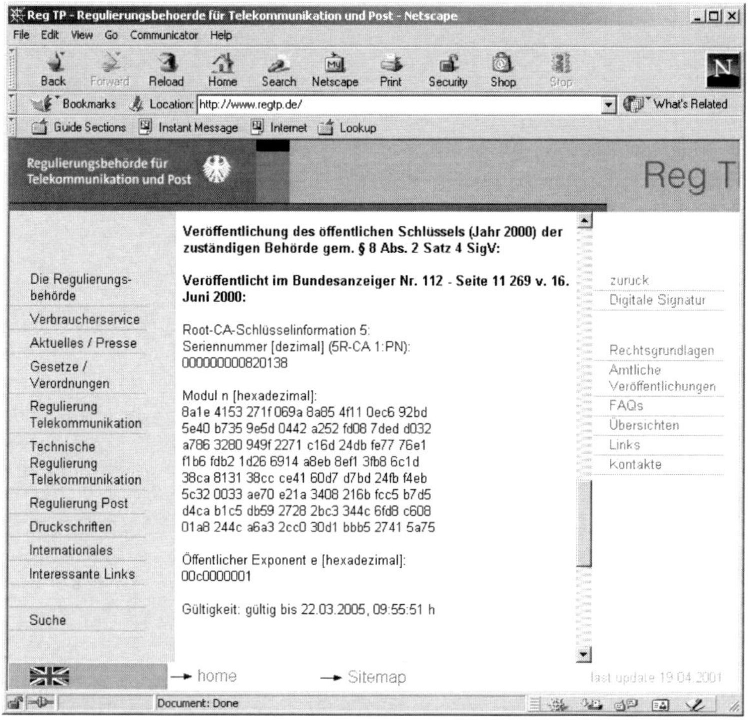

Bild 1.21: Der öffentliche Schlüssel für ein Wurzelzertifikat der PKI des deutschen Signaturgesetzes.

Der in [CERT01] geschilderte Fall war dabei für Microsoft besonders unangenehm: Ein Unbekannter hatte sich bei der Firma Verisign (www.verisign.com), dem wohl weltweit wichtigsten Aussteller von Zertifikaten, unter dem Namen „Microsoft Corp." Zertifikate erschlichen, die es ihm im Extremfall erlaubt hätten, Viren, Trojanische Pferde, und andere Schadprogramme als „Microsoft zertifiziert" zu signieren. Damit hätten diese Schadprogramme Zugriff auf alle Ressourcen eines Microsoft-Betriebssystems (egal ob Windows 95, 98, Me, NT, 2000 oder XP), auch wenn die höchste Sicherheitsstufe im Internet Explorer gewählt würde. Da Microsoft in seine Programme bis zu diesem Zeitpunkt keine praktikable Möglichkeit zur Sperrung von Zertifikaten eingeführt hatte, mussten beide Firmen an die Öffentlichkeit treten und diesen peinlichen Fehler eingestehen.

Der X.509-Standard sieht für solche Fälle Sperrlisten, so genannte „Certificate Revocation Lists (CRL)" vor. Dies sind einfach Listen der Seriennummern derjenigen Zertifikate, die eigentlich noch gültig wären, aber aus einem bestimmten Grund nicht mehr gültig sind. (Dieser Grund kann optional in der CRL mit angegeben werden.) Die ganze Liste wird dann von der Certification Authority, die diese Zertifikate ausgegeben hat, signiert.

Die Idee ist eigentlich einfach, die Umsetzung in der Praxis dafür umso schwieriger. Dies fängt damit an, dass diese CRLs zunächst einmal geladen werden müssen. Doch von wo? Und wie? Wie oft?

Die einzige Möglichkeit, einem Client zuverlässig mitzuteilen, wo er die CRL zu einem Zertifikat laden kann, ist in dem Zertifikat selbst. Bei allen anderen Lösungen muss der Pfad zum Laden der CRL manuell konfiguriert werden.

Das „Wo“ wäre somit geklärt. Das „Wie“ kann auf die gleiche Weise mit angegeben werden, indem das zu verwendende Protokoll (z.B. LDAP oder HTTP) zusammen mit dem Pfad abgespeichert wird. Natürlich muss dann jeder Client dieses Protokoll auch beherrschen, was z.B. bei einem E-Mail-Client nicht unbedingt selbstverständlich ist.

Auf die Frage „Wie oft?“ könnte man jetzt einfach „So oft wie möglich“ antworten, wenn die CRLs nicht so groß werden könnten. Tatsächlich versuchen manche E-Mail-Clients, die CRL jedes mal neu zu laden, wenn ein Zertifikat mit einer Pfadangabe für die CRL verwendet wird. Diese Vorgehensweise stellt aber nicht nur die Geduld des Nutzers auf eine harte Probe, der jedes Mal warten muss, bis die CRL geladen ist, sondern bereitet auch enorme Lastprobleme auf den Web- oder LDAP-Servern der CA. Hier muss also ein heuristischer Kompromiss gefunden werden (z.B. einmal pro Woche), und dieser muss dann auch in den entsprechenden Clients konfigurierbar sein.

Eine konsequente Weiterentwicklung des „So oft wie möglich“-Ansatzes ist das Online Certificate Status Protocol (OCSP) [RFC 2560]. Mit dem OCSP-Protokoll kann man die Gültigkeit einzelner Zertifikate Online überprüfen. Neben den schon oben erwähnten Lastproblemen stellt sich hier noch die Frage, welche Vorteile hier noch die Public-Key-Kryptographie bietet: Wenn man vor jeder Verschlüsselung oder Überprüfung der Authentizität einer Nachricht eine Online-Verbindung zu einem vertrauenswürdigen Server aufbauen muss, dann kann man auch gleich ein Protokoll wie Kerberos verwenden.

Die Diskussion darüber, wie gesperrte Zertifikate zu behandeln sind, ist also noch nicht beendet. Vielleicht wird sich in der Praxis ein Weg in der goldenen Mitte zwischen statischer CRL und dynamischem OCSP als die beste Lösung abzeichnen.

2 Datenverschlüsselung: PGP

Es gibt eine Fülle von Produkten zur Verschlüsselung von Daten auf Anwendungsebene. Diese Programme sind dadurch charakterisiert, dass sie nicht unsichtbar im Hintergrund ihre Verschlüsselungsarbeit verrichten, sondern dass dieser Prozess von einem Nutzer angestoßen wird. Einzelne Aktionen eines Nutzers, die er typischerweise in einem Betriebssystem oder einem Programm durchführt, werden um Sicherheitsdienste erweitert.

Beispiele dafür sind:

- Aufruf einer Sicherheitsfunktion von PGP 2.x im Programmzeilenmodus.
- Verschlüsseln einer Datei durch Auswahl des „Encrypt"-Eintrags von PGP 7.x im Kontextmenü (rechte Maustaste) von Microsoft Windows.
- Aktivieren eines „Sign"-Buttons eines E-Mail-Programms unter Linux.

Damit verschlüsselte oder signierte Daten vom Nutzer als solche erkannt werden können, müssen ihre Sicherheitseigenschaften visualisiert werden. Minimum ist dabei die Auswahl einer „sprechenden" Dateierweiterung, und für den Nutzer die GUI-Darstellung mit Hilfe eines aussagekräftigen Icons (siehe Bild 2.1).

Um die Sicherheit der Signatur und der Entschlüsselung von Dateien zu gewährleisten, ist eine Interaktion mit dem Nutzer erforderlich. Dies ist heute in den meisten Fällen die Eingabe eines Passworts, kann in Zukunft aber auch die Verwendung einer Chipkarte oder eines biometrischen Merkmals mit einschließen.

Bild 2.1: Visualisierung von Sicherheitseigenschaften einer Datei am Beispiel PGP.

Dieses Kapitel wird sich fast ausschließlich mit den verschiedenen Varianten von „Pretty Good Privacy" (PGP) befassen. Das liegt nicht daran, dass es keine anderen guten Produkte in diesem Bereich gibt, sondern einfach an der Tatsache, dass PGP ein de facto-Internetstandard ist. Die Datenstrukturen von PGP wurden als RFCs [RFC 1991, 2015, 2440, 4880] publiziert, und es existieren verschiedene, interoperable Implementierungen von PGP.

Der Begriff „PGP" beinhaltet drei Aspekte: Erstens den Aspekt der Verteidigung bürgerlicher Freiheiten gegenüber einem mächtigen Staat. Dieser Aspekt wird unter „PGP-Die Legende" behandelt und beinhaltet die Frühgeschichte von PGP, zusammen mit den rechtlichen Verwicklungen von PGP-Autor Phil Zimmerman in die Mühlen der US-Waffenexportkontrolle.

Der zweite Aspekt ist das Produkt PGP, das viele von uns täglich nutzen. Hier soll auf die Features einer Freeware-Version von PGP International eingegangen werden, die im Wesentlichen auch der kommerziellen Version entspricht.

Der dritte Aspekt ist der PGP-Standard, der nach dem Rückzug von Network Associates aus dem Desktop-Geschäft [Som02] an Bedeutung gewinnen könnte. Dieser Standard erlaubt einen tieferen Einblick in die Struktur von PGP, und es gab mindestens zwei Angriffe, die als Lehrbeispiele für das Design sicherer Datenstrukturen dienen können.

2.1 PGP - Die Legende

Das Material in diesem Abschnitt basiert im Wesentlichen auf zwei Dokumenten: Adam Back's PGP Timeline [Bac], und einer OpenPGP-Liste der Geschichte von PGP [His99]. Die ganze Wahrheit kennt wohl nur Phil Zimmermann.

2.1.1 Die Anfänge

1991 wurde dem US-Senat das Gesetz 266 vorgelegt, das vorsah, dass jede Verschlüsselungssoftware eine Hintertür für den staatlichen Zugriff enthalten müsse. Dieses Gesetz wurde nicht verabschiedet, aber die Regierung arbeitete weiter an ähnlichen Vorhaben. Diese Pläne der US-Regierung veranlassten Philip R. Zimmermann (Abkürzung PRZ), einen Computerspezialist aus Boulder, Colorado (USA), PGP 1.0 (ohne Hintertür) zu schreiben.

Am 5. Juni 1991 war es dann so weit: PGP 1.0 wurde veröffentlicht. Diese Version wurde von einem Freund über den Vorläufer des Internet verteilt. PGP 1.0 verwendet

- Bass-O-Matic, einen selbst entworfenen symmetrischen Verschlüsselungsalgorithmus,
- RSA für Public-Key-Operationen,
- MD4 zur Hashwertbildung,
- LZHuf (einen adaptiven Lempel-Ziv Huffman Kompressionsalgorithmus) und
- uuencode für die 7-Bit-Transportcodierung.

Wenige Tage später fordert die Firma RSA Data Security Inc. Phil Zimmermann auf, die Verteilung von PGP einzustellen, weil dafür eine Lizenz für den patentierten Algorithmus RSA erforderlich sei. Dieser Vorstoß geht ins Leere, weil jeder Nutzer von PGP 1.0 in der Dokumentation dazu aufgefordert wird, sich eine Lizenz zu beschaffen.

Von Januar bis Mai 1992 erschienen in kurzer Folge die Versionen 1.4 bis 1.8 von PGP.

Am 2. September 1992 wird PGP 2.0 außerhalb der USA veröffentlicht. Es ist die erste Version von PGP wie wir es heute kennen. Es wurde von Phil Zimmermann zusammen mit einem Team aus Neuseeland und Europa entwickelt. Die Version 2.0 enthält viele neue Algorithmen:

- IDEA ersetzt Bass-O-Matic, da dieser Algorithmus nicht sicher war.
- MD5 ersetzt MD4, dessen Schwächen mittlerweile bekannt geworden waren.
- ZIP-Kompression ersetzt LZHuf, und
- Base64 ersetzt uuencode.

Bis Juli 1993 folgen die Versionen 2.1 bis 2.3a.

Im August dieses Jahres verkauft Phil Zimmerman die Rechte für die kommerzielle Version an ViaCrypt, die im November 1993 ViaCrypt PGP 2.4 als erste kommerzielle Version von PGP verkaufen.

2.1.2 Die Anklage

Am 14 September 1993 erhob das Büro des US Zolls in San José, Kalifornien, Anklage gegen "ViaCypt, PGP, Philip Zimmermann, and anyone gold any entity acting one behalf of Philip Zimmermann for the time period June 1, 1991 to the present". Dieser Anklage lagen die US-Exportbestimmungen zugrunde, die Krypto-Software als Waffe klassifizieren und diese Waffen mit einem Exportverbot belegen.

Phil Zimmerman hatte diese Schwierigkeiten schon vorhergesehen und vorsorglich folgende Klausel in die Dokumentation zu PGP 1.0 aufgenommen:

„Export Controls
The Government has made it illegal in many cases to export good cryptographic technology, and that may include PGP. This is determined by volatile State Department policies, not fixed laws. Many foreign governments impose serious penalties on anyone inside their country using encrypted communications. In some countries they might even shoot you for that. I will not export this software in cases when it is illegal to do so under US State Department policies, and I assume no responsibility for other people exporting it without my permission.“

Im Justizsystem der USA ist Geld ein wichtiger Faktor, um eine effiziente Verteidigung organisieren zu können. Daher wurde ein „Phil Zimmermann legal defense fund (yellow ribbon campaign)” angelegt, um diese Kosten tragen zu können.

Am 11. Januar 1996 fand dieser Spuk mit einem 7-Zeilen-Schreiben der US-Zollbehörde ein Ende. Es wurde Phil Zimmermann lediglich mitgeteilt, dass die Ermittlungen gegen ihn beendet seien. Keine Begründung war beigefügt. Die US-Exportbestimmungen für Kryptosoftware waren aber weiterhin in Kraft. Phil Zimmerman selbst hat die gute Nachricht wie folgt verbreitet:

-----BEGIN PGP SIGNED MESSAGE-----

My lead defense lawyer, Phil Dubois, received a fax this morning from the Assistant US Attorney in Northern District of California, William Keane. The letter informed us that I "will not be prosecuted in connection with the posting to USENET in June 1991 of the encryption program Pretty Good Privacy. The investigation is closed."

This brings to a close a criminal investigation that has spanned the last three years. I'd like to thank all the people who helped us in this case, especially all the donors to my legal defense fund. Apparently, the money was well-spent. And I'd like to thank my very capable defense team: Phil Dubois, Ken Bass, Eben Moglen, Curt Karnow, Tom Nolan, and Bob Corn-Revere. Most of the time they spent on the case was pro-bono. I'd also like to thank Joe Burton, counsel for the co-defendant.

There are many others I can thank, but I don't have the presence of mind to list them all here at this moment. The medium of email cannot express how I feel about this turn of events.

-Philip Zimmermann
11 Jan 96

-----BEGIN PGP SIGNATURE-----
Version: 2.6.2

iQCVAwUBMPDy4WV5hLjHqWbdAQEqYwQAm+o313Cm2ebAsMiPIwmd1WwnkPX
EaYe9pGR5ja8BKSZQi4TAEQOQwQJaghI8QqZFdcctVYLm569I1/8ah0qyJ+4fOfUiA
MdaSa2nvJR7pnr6EXrUFe1QoSauCASP/QRYcKgB5vaaOOuxyXnQfdK39AqaKy8lPY
bwMfUiYaMREu4=
=9CJW
-----END PGP SIGNATURE-----

2.1.3 Das MIT und PGP International

In den USA übernimmt das renommierte "Massachusetts Institute of Technology" (MIT) die Weiterentwicklung der PGP Freeware-Version. Im May 1994 wird die Version 2.5 herausgegeben, deren Sourcecode eine legale Freeware-Version von RSARef, des Freeware-Moduls von RSA Inc., enthält. Dadurch wird diese Version teilweise inkompatibel zu früheren Versionen.

Auch das MIT wurde von der Firma RSA Inc. mit einer Klage wegen Patentverletzung bedroht, aber da das MIT Miteigentümer des RSA-Patents ist, konnte dieser Streit schnell zugunsten des MIT beigelegt werden. Die neue Version von PGP war jetzt in den USA 100% legal.

Am 24. Oktober 1994 erscheint dann PGP 2.62 (ebenfalls inkompatibel mit den PGP-Versionen kleiner als 2.5), das letztendlich zur offiziellen PGP-Version für DOS wird. (Eine Version von PGP 2.62 für MAC erscheint im Mai 1995.)

Durch die Verwendung von RSARef anstelle von Phil Zimmermanns MPILIB ergab sich eine interessante Umkehrung der rechtlichen Situation: Während die Verwendung der alten PGP-Versionen kleiner als 2.5 international legal (wenn man vom Exportverbot absieht) und in den USA illegal war (da es nur in den USA ein Patent auf den RSA-Algorithmus gibt), durften die Versionen 2.5 und 2.6x außerhalb der USA jetzt nicht mehr verwendet werden. Der Grund dafür war, dass die Bibliothek RSARef Eigentum der Firma RSA war und in den USA als Freeware verwendet, jedoch nicht ins Ausland exportiert werden durfte. RSA Inc. durfte diese Bibliothek außerhalb der USA nicht zur Verfügung stellen, und deshalb war die Benutzung von PGP 2.62 international illegal.

Ein halbes Jahr später, am 7. Mai 1995, löste Ståle Schumacher aus Norwegen dieses Problem durch die Veröffentlichung von PGP 2.62i („i" für „International"). Diese Version ist durch die Verwendung der alten Bibliothek MPILIB kompatibel mit den alten Versionen von PGP, und wird von Phil Zimmermann offiziell anerkannt. Die Tatsache, dass Norwegen keine Exportbeschränkungen für Kryptosoftware besitzt, macht die Verteilung dieser Version international möglich.

Die verbesserte Version 2.63i vom 18. Januar 1996 wird dann zum internationalen de facto Standard.

Auch die Entwicklung der kommerziellen Version geht weiter. Im März 1996 publiziert ViaCrypt PGP 4.0 für Windows 3.1. Diese Version erlaubt es, mittels des „Enclyptors" das Clipboard von Windows 95 zu verschlüsseln und zu signieren.

Die Rolle von ViaCrypt übernimmt ab Juli 1996 die im April des gleichen Jahres von Phil Zimmermann gegründete Firma PGP Inc. Sie kauft die kommerziellen Rechte an PGP zurück, und vertreibt Versionen für DOS, Mac, Windows und Unix. Die Produktpalette wird weiter ausgebaut:

- November 1996: "PGP for Windows, Business Edition", für Windows 3.1, 95 and NT.
- Februar 1997: "PGPmail 4.5" (Windows 95 and Mac), ein Plug-In für die transparente Verbindung mit E-Mail-Software wie Netscape/Mail 3.0.
- April 1997: "PGPmail 4.01 Businesses Edition" (DOS).
- Juni 1997: PGP 5.0 (Windows 95, NT and Mac). Diese Version enthält ein neues GUI, die Möglichkeit der transparenten Einbindung von E-Mail-Software, längere Public Keys, neue Signatur- und Zertifikatsformate, und neue Algorithmen:
    - DSS Signaturen

- ElGamal Public-Key-Verschlüsselung
- SHA-1
- CAST-128, 3DES

In der Freeware-Szene gibt es 1997 zwei wichtige Neuentwicklungen, und eine Fülle von Versionen: Im April publiziert Lutz Donnerhacke PGP 2.63in, das auf dem Sourcecode von 2.3a basiert, und das MIT veröffentlicht im Juni die Freeware-Version von PGP 5.0 für Windows 95, Windows NT und Mac. (Es gab nie eine Version 3.0.) Diese Version setzte sich nach ihrem illegalen Export schnell international durch. (Im Oktober folgt die erste Linux-Version.)

Von den 2.x-Versionen gab es Mitte 1997 einen ganzen Zoo:

- 2.3a : Phil Zimmermann
- 2.62 : Phil Zimmermann und MIT
- 2.62g : Anonym, Schlüssellänge 4096 Bit, aus Version 2.62
- 2.63i : Ståle Schumacher, aus Version 2.62
- 2.63 : Preston Wilson, US-Version mit Zustimmung von RSA Inc, aus Version 2.63
- 2.63ui: Stephen Crompton, "International Unofficial", aus Version 2.3a
- 2.63ig: Noël Bell, Schlüssel der Länge 4096 Bit, aus Version 2.63i
- 2.63-8192 : Frank Alexander Friedrichs, Schlüssel bis 8192 bits, aus Version 2.63i
- 2.63in : Lutz Donnerhacke, aus Version 2.3a
- 2.63uin : Georg Bauer, Schlüssel bis 8192 Bit Länge, aus Version 2.3a
- 2.63-sha1 : William H. Geiger III, Hashalgorithmus SHA-1, aus Version 2.63i
- usw.

Im August kam dann die legale Version 5.0i (für Unix) in Norwegen heraus. Um die Konsistenz zwischen der US- und der internationalen Version zu gewährleisten, nutzen die Entwickler das Recht auf Pressefreiheit der USA: Der Export von *Büchern* darf nicht untersagt werden, da dies das Recht auf freie Meinungsäußerung einschränken würde. Deshalb wird der komplette Source Code von PGP in Buchform publiziert, gedruckt in einem OCR-Font, und mit den Seitenzahlen als C-Kommentare („/* pagenum */").

Die zahlreichen neuen Features von Version 5.0 mussten also nicht nachprogrammiert, sondern konnten eingescannt werden.

2.1.4 PGP mit Hintertür

Der 2. Oktober 1997 ist ein besonderes Datum für die PGP-Gemeinde. An diesem Tag wurde „PGP 5.5 for Business Security" von PGP Inc. veröffentlicht. Diese Software trug dem Wunsch vieler (US-)Firmen Rechnung und ermöglichte das Einbinden eines „Corporate Message Recovery Key/Additional Decryption Key" (ADK). Dies ist ein öffentlicher Schlüssel, der von der Firma generiert wurde, in der PGP eingesetzt wird. Bei jedem Verschlüsselungsvorgang wird dieser Schlüssel mit benutzt, so dass ein Beauftragter der Firma alle Nachrichten mitlesen kann.

Diese Option dient dazu, einer Firma den Zugriff auf alle Nachrichten eines Angestellten (die in den USA als Eigentum der Firma angesehen werden) zu ermöglichen, auch wenn dieser entlassen wurde. Individuelle Nutzer konnten dieses Feature deaktivieren.

Die Aufregung um dieses Feature wird verständlich, wenn man sich daran zurückerinnert, was den Anstoß zur Entwicklung von PGP 1.0 gab: Die Abhörpläne der US-Regierung. Wir werden bei der Besprechung des Angriffs von Ralf Senderek noch genauer auf dieses Feature eingehen. Es scheint aus heutiger Sicht mit heißer Nadel gestrickt worden zu sein.

Ab Version 5.5.3 (November 1997) gibt es einen weiteren Bruch mit der Tradition: Diese Freeware-Version mit den meisten Features kann die alten RSA-Schlüssel der Versionen 2.6x nicht mehr verarbeiten. Die PGP-Gemeinde spaltet sich auf.

Im Dezember folgt dann die nächste Runde der Kommerzialisierung von PGP: Die Firma PGP Inc. wird von McAfee Associates aufgekauft; die neue Firma trägt den Namen „Network Associates Inc.“ (NAI) und hat das Ziel, komplette Sicherheitslösungen anzubieten.

Die neue Firma gibt im März 1998 die „PGP Total Network Security Suite“ heraus, die erstmals auch das Programm PGPdisk zur Verschlüsselung von ganzen Verzeichnisstrukturen auf der Festplatte (anstelle von einzelnen Files) enthält.

Die Entfremdung von der PGP-Gemeinde wird aber weiter verstärkt durch den Beitritt von NAI zur „Key Recovery Alliance“, einem Zusammenschluss von Firmen, die durch den Einbau einer Hintertür zum Auslesen der verwendeten privaten Schlüssel die Erlaubnis der US-Regierung zum Export ihrer Kryptosoftware erhalten wollen. Phil Zimmermann unterstützt diesen Schritt jedoch.

Im Jahr 1998 expandiert die Firma NAI auch nach Europa. Sie muss allerdings auch ihren eigenen Sourcecode in Buchform exportieren, da die US-Exportbestimmungen weiter in Kraft sind.

Im September kommt PGP 6.0 mit neuen Features wie dem Teilen von Schlüsseln und dem Einbinden von Photos als ID auf den Markt.

Im Januar strukturiert sich NAI in sechs Einheiten um, eine davon heißt „PGP Security Inc.“

Im Mai und August gibt es zwei Hiobsbotschaften : Der Zufallszahlengenerator der Versionen 5.0 und 5.0i der Linux/Unix-Versionen ist fehlerhaft, und der umstrittene ADK macht (Sicherheits-)Probleme in den Versionen Windows und Mac PGP 5.5, 5.5.3, 5.5.3i, 5.5.5, 6.0.2, 6.0.2i, 6.5.1, 6.5.1i, 6.5.1fr, 6.5.2a, 6.5.3. Die Version 6.5.7 behebt diesen Fehler, NAI behält das Konzept der ADKs aber bei.

PGP 7.0 Desktop Security (September 2000) enthält neue Funktionen wie z.B. eine persönliche Firewall.

Ende Januar 2001 verlässt Phil Zimmermann NAI-PGP Security Inc. Er kündigt dies auf seiner Webseite an:

> *-----BEGIN PGP SIGNED MESSAGE-----*
> *Hash: SHA1*
>
> *A note to PGP users:*
>
> *As most PGP users know, Network Associates Inc (NAI) acquired my company, PGP Inc, in December 1997. For three years after that, I stayed on with NAI as Senior Fellow, to provide technical guidance for PGP's continued development, and to ensure PGP's cryptographic integrity. But I can't stay on forever. In the past three years, NAI has developed a different vision for PGP's future, and it's time for me to move on to other projects more fitting with my own objectives to protect personal privacy.*

Let me assure all PGP users that all versions of PGP produced by NAI, and PGP Security, a division of NAI, up to and including the current (January 2001) release, PGP 7.0.3, are free of back doors. In all previous releases, up through PGP 6.5.8, this has been proven by the release of complete source code for public peer review. New senior management assumed control of PGP Security in the final months of 2000, and decided to reduce how much PGP source code they would publish. If NAI ever publishes the complete PGP 7.0.3 source code, I am confident that the public will be able to see that there are still no back doors. Until that time, I can offer only my own assurances that this version of PGP was developed on my watch, and has no back doors. In fact, I believe it to be the most secure version of PGP produced to date.

While it is true that NAI holds the PGP trademark and the source code for the NAI implementation of PGP, I'd like to point out that PGP is defined by an IETF open standard called OpenPGP, embodied in IETF RFC 2440, which any company may implement freely into its products. I will be working with other companies to support implementations of the OpenPGP standard, to turn it into a real industry standard supported by multiple vendors. I think the emergence of more than one strong commercial implementation of the OpenPGP standard is necessary for the long term health of the PGP movement, and will, incidentally, ultimately benefit NAI.

To this end, I will be assisting the makers of HushMail, Hush Communications (http://www.hush.com), to implement the OpenPGP standard in their future products. They will be doing their own announcement of this new relationship.

In addition, I will be assisting Veridis (http://www.veridis.com), a recent spin-off of Highware (http://www.highware.com), to create other OpenPGP compliant products, including software for certificate authorities for the OpenPGP community.

I am also launching the OpenPGP Consortium (http://openpgp.org), to facilitate interoperability of different vendors' implementations of the OpenPGP standard, as well as to help guide future directions of the OpenPGP standard.

This coming June marks the 10 year anniversary of the 1991 release of PGP to the public. PGP was originally designed for human rights applications, and to protect privacy and civil liberties in the information age. By proliferating the OpenPGP standard, we can renew that promise, and continue the commitment to personal privacy that captured the imagination and participation of millions around the world.

Philip Zimmermann
19 Feb 2001

prz@mit.edu
http://web.mit.edu/prz
tel. +1 650 347-9743

-----BEGIN PGP SIGNATURE-----
Version: PGP 7.0.3

iQA/AwUBOpDtWmPLaR3669X8EQLv0gCgs6zaYetj4JwkCiDSzQJZ1ugMhqsAoMgS
me78KR5VEfCVEUFpwOCCk8Tx
=JVF2
-----END PGP SIGNATURE-----

Im März 2002 kündigt NAI seinen Rückzug aus dem PGP Desktop-Geschäft an [Som02]. Die Rolle von NAI übernimmt kurze Zeit später PGP Inc. (www.pgp.com).

2.1.5 Freeware auf dem Weg zum IETF-Standard

Nachdem bereits im August 1996 ein erster RFC zu PGP [RFC 1991] unter Mitwirkung von Phil Zimmermann publiziert wurde, startete die IETF im September 1997 die OpenPGP-Arbeitsgruppe. Ziel der Arbeitsgruppe ist es, auf Basis der Version 5.0 von PGP ein Standard-Dokument zu veröffentlichen.

Die Veröffentlichung von Freeware-Versionen geht unterdessen weiter:

- Dezember 1997: Ståle Schumacher und Teun Nijssen publizieren PGP 5.0i for Windows 95 und NT.
- 8. Januar 1998: Sourcecode von PGP 5.5.3i for Windows 95, NT und PGPsdk.
- 7. April 1998 : PGP 5.5.3i for Windows 95 and NT.
- Am 22. Juni kommt eine Freeware-Version 5.5.3 von Imad R. Faiad mit modifiziertem C-KT heraus, die es erlaubt, DH-Schlüssel bis 8192 Bit und RSA-Schlüssel bis 16384 Bit zu verwenden. Das ist kryptographisch natürlich absoluter Blödsinn, und Phil Zimmermann wendet sich gegen diese „Schlüssel-Inflation".
- Februar 1999 : Sourcecode für PGP 6.0.2i for Windows 95, 98, NT und Mac mit PGPdisk.
- July 1999 : Das MIT veröffentlicht PGP 6.5.1 Freeware for Windows 95/98/NT, Mac, Linux und Solaris.

Inzwischen waren die Bemühungen der IETF um einen Standard von Erfolg gekrönt, und OpenPGP [RFC 2440] wurde im November 1998 veröffentlicht. Es gab jetzt eine Basis für unabhängige Implementierungen von PGP. Mehr zu diesem Standard später.

Im September 1999 wurde nach neun Monaten Betatests in Deutschland GNU Privacy Guard (GnuPG) für Linux vorgestellt, eine Implementierung von PGP 5.x und 6.x auf Basis des OpenPGP-Standards.

In der Linux-Welt scheint sich PGP zumindest als Allround-Verschlüsselungstool durchzusetzen. Diese Rolle ist auch unter Windows vorstellbar. Ob es auch den Sprung zum Mail-Standard schafft, darf bezweifelt werden.

Fazit ist: Die Entwicklung von PGP bleibt auch mehr als zehn Jahre nach der ersten Version spannend.

2.2 *PGP - Das Produkt*

Unter dem Begriff "PGP" entstand in den über zehn Jahren ein All-Round-Sicherheitsprodukt. (Die Begriffe „PGP", „Pretty Good" und „Pretty Good Privacy" sind heute geschützte Markennamen von Network Associates Inc.) Bild 2.2 gibt einen Überblick über die Desktop-Funktionen. Wir wollen im Folgenden kurz auf die einzelnen Funktionen eingehen. Als Grundlage dienen uns Freeware-Produkte, die auf GnuPG 1.4.7 aufbauen: GNU Privacy Assistant 0.7.5, und Windows Privacy Tray 1.2.0, sowie PGPfreeware 7.0.3. für die Festplattenverschlüsselung.

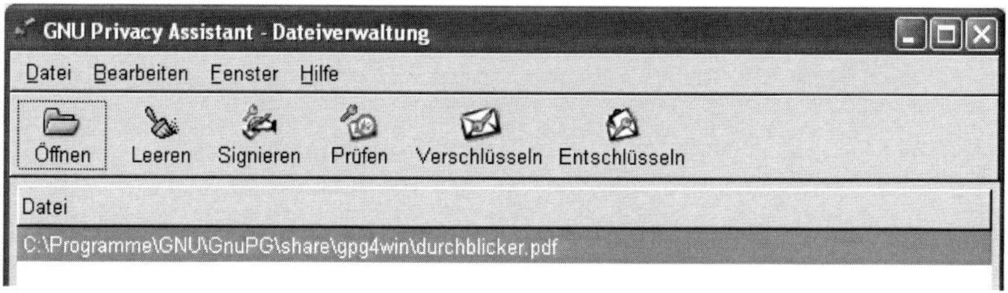

Bild 2.2: Die Dateiverwaltung von GnuPG.

2.2.1 Dateiverschlüsselung und –signatur

Die Verschlüsselung und Signatur von Dateien mit Hilfe von PGP soll anhand der einfachen Textdatei aus Bild 2.3 erläutert werden.

```
Hallo,

das ist eine Testnachricht, um das PGP-Datenformat zu erklären.

Jörg Schwenk
```

Bild 2.3: Testnachricht.

Diese Nachricht wird komprimiert (darum sind verschlüsselte Versionen großer Dateien oft kleiner als das Original), mit einem Sitzungsschlüssel verschlüsselt, und dieser Sitzungsschlüssel wird dann mit dem öffentlichen Schlüssel jedes Empfängers verschlüsselt. (Im Beispiel wurde nur ein Empfänger verwendet, da die Verschlüsselung des Sitzungsschlüssels sonst den Rahmen dieses Beispiels gesprengt hätte.)

Die Verschlüsselung kann auf verschiedene Arten angestoßen werden: Durch Anklicken des „Encrypt"-Symbols in PGPTools (2. von links), durch klicken auf die rechte Maustaste, wenn die Maus auf die Beispieldatei zeigt, durch Aufruf der entsprechenden Funktion aus dem Pull-Down-Menue des PGP-Symbols in der Task-Leiste von Windows, oder durch Aktivierung eines PGP Plug-Ins in einer Mail-Anwendung.

Abhängig von der Art des Aufrufs der Verschlüsselungsfunktion wird das Ergebnis teilweise noch Base64-codiert. Dies ist z.B. bei Mail-PlugIns der Fall, und wenn man das Clipboard zur Verschlüsselung benutzt (wie hier geschehen). Vorteil dieser Variante ist auch, dass man das Ergebnis in einem Buch abdrucken kann (Bild 2.4).

```
-----BEGIN PGP MESSAGE-----
Version: PGPfreeware 7.0.3 for non-commercial use <http://www.pgp.com>

qANQR1DBwU4D6UL4+Mn4IpkQCADVz8WDzJs2g58lJ8OHPuEsQDEQOm5HhL8Pfy37
lB5PNc+39Scar9FoeqvV4+YI0WjrgE6MpNzTGYy6SUnsSmV95i33KCEn5f43OCyo
MpIDv4o0tO3HSvMkfTd/kJrhY/tW38kQXvYrqtIeGlTgfp6kMj9CH5o0lscjdtOW
QZ/uerYM01Vj5Ma3srwejH+TlmqS281lL9ay8IPXIaMQ1U7J4QZ8YFlgHmrnNCW4
IgywGq19bl/wmV9RwBJjIBWdWlr3NDjyMvd1pEALWYuXrJyxuEahc7AYkJs7SVop
ji7zx2kLczEkMm6/d98w1OHLtoMwy3mHVzU/uKdrCcMYb61JCACdsnsTf0z2YKYu
0cXJxdDJWObn+Iz27dcjtwKQHlhHmWDW89Ot2ve+kDlaffJdgzR1KceKAcwgLKiR
mwhKXcDCan3t1jorr/ivYm9Vsot5tgmktZ/IVEgd8/84ob++1hQCQ8m9OIFuLID9
QyjYLnNqqUuG2ssCdQ6uHgLsCn2jXtqrV8qOqK2oeQljxw1TWmYbjuUovZ65gX96
GvTiiu4tsUStM6Kx13hlJHFGTqfLYjF0pMmsjzoSm4o0nc5uzEGCfGMthTUvo7MI
QQdlNSi4mMjrbDzEEAbU0Lle5PZoYMGJSVV1QL4afBS8fdwINmU3Xlf7yPtdTBvN
Sb/ohHSRyWwbIKo9AvVf9RvopYQe9VK98YrktLYYoeUWlY89JDWXMxX3bbN0+zFa
ade7aMtGfMWjcyr5/C+higfGaYH86sxrzIGfIqDpQdFRAU/aqQNsA+R/7XZtLDwc
NUk/MlPDRRuJB9T28p4QGfOAIs8=
=7VxS
-----END PGP MESSAGE-----
```

Bild 2.4: Verschlüsselte und codierte Testnachricht.

Nicht alles an dieser Nachricht ist verschlüsselt. Die Struktur dieser Nachricht kann man sich mit Programmen wie PGPdump [PGPdump] ansehen (Bild 2.5).

```
Old: Marker Packet(tag 10)(3 bytes)
       String - PGP
New: Public-Key Encrypted Session Key Packet(tag 1)(526 bytes)
       New version(3)
       Key ID - e9 42 f8 f8 c9 f8 22 99
       Pub alg - ElGamal Encrypt-Only(pub 16)
       ElGamal g^k mod p(2045 bits) -
           1c 8f fd 96 d2 e3 4b 2e 99 1e 07 be db c2 17 59 1c 28 b2 76
           b4 c6 8a ef 4d 85 90 f3 35 ea ad 17 1e 4f cb ...
           40 a3 ce 25 cc 77 43 a8 d1 89 97 a9 9e 20 ef 95 ff 97 b7 90
           ae 38 0f 01 48 6c 06 ff 86
       ElGamal m * y^k mod p(2048 bits) -
           c2 b5 3b 4f fa 6a 69 a8 24 84 16 5a 0b e8 27 bf 1a 2f 1d 43
           da 34 b7 0a 24 fa 47 76 27 fb 1b 4f d1 6e ...
           87 eb e8 7b 50 30 25 56 e1 de 06 58 f6 de c1 9e c7 2a a9 37
           f9 34 0f db e3 06 69 1d 47 40
           -> m=sym alg(1 byte)+checksum(2 bytes)+PKCS-1 block type 02
New: Symmetrically Encrypted Data Packet(tag 9)(108 bytes)
       Encrypted data [sym alg is encrypted in the pub session key
       above]
```

Bild 2.5: Struktur der verschlüsselten Testnachricht, dargestellt mit PGPdump. (Die ElGamal-Werte wurden gekürzt.)

In Bild 2.5 kann man erkennen, dass die verschlüsselte Nachricht aus drei Teilen besteht:

1. Einem Paket, das mit einem alten Tag-Wert angibt, dass es sich bei diesem Datensatz um einen PGP-Datensatz handelt.
2. Einem Paket mit einem neuen Tag, der angibt, dass dieses Paket einen mit einem öffentlichen Schlüssel verschlüsselten Sitzungsschlüssel enthält. Dieses Paket enthält folgende wichtige Informationen:
    a. Key ID: Über diesen Wert wird der private Schlüssel identifiziert, mit dem der Sitzungsschlüssel berechnet werden kann.

   b. Pub alg: Der verwendete Public-Key-Algorithmus ist ElGamal.
   c. ElGamal: Die beiden ElGamal-Werte g^k mod p und $m*y^k$ mod p (y der öffentliche Schlüssel des Empfängers) werden hier übertragen. Der mit ElGamal verschlüsselte Wert m enthält dabei im 1. Byte den Wert für den (im nächsten Paket) verwendeten symmetrischen Verschlüsselungsalgorithmus, eine Prüfsumme und den PKCS#1-codierten symmetrischen Schlüssel.
3. Die verschlüsselte Nachricht selbst.

```
-----BEGIN PGP SIGNATURE-----
Version: PGPfreeware 7.0.3 for non-commercial use <http://www.pgp.com>

iQA/AwUBPI8YOePg7x5y4Er9EQJsPwCgqHDO3U7/Qo+yRZREmL7/mmBd3VUAoO7o
2+JcZ9OoC0GN4vgZ2WaMt2Jy
=owPg
-----END PGP SIGNATURE-----
```

Bild 2.6a: PGP-Signatur der Testnachricht.

Die Signatur der Testnachricht besteht nur aus einem Paket.

```
Old: Signature Packet(tag 2)(63 bytes)
        Ver 3 - old
        Hash material(5 bytes):
                Sig type - Signature of a canonical text document(0x01).
                Creation time - Wed Mar 13 09:13:29 UTC 2002
        Key ID - e3 e0 ef 1e 72 e0 4a fd
        Pub alg - DSA Digital Signature Standard(pub 17)
        Hash alg - SHA1(hash 2)
        Hash left 2 bytes - 6c 3f
        DSA r(160 bits) -
             a8 70 ce dd 4e ff 42 8f b2 45 94 44 98 be ff 9a 60 5d dd 55
        DSA s(160 bits) -
             ee e8 db e2 5c 67 d3 a8 0b 41 8d e2 f8 19 d9 66 8c b7 62 72
                -> hash(160 bits)
```

Bild 2.6b: Struktur der PGP-Signatur der Testnachricht, dargestellt mit PGPdump.

Dieses Signaturpaket ist wie folgt aufgebaut:

1. Hash material: Hier sind Informationen über den Typ der gehashten Nachricht (Sig type) und die Zeit angegeben.
2. Key ID: Dieser Wert identifiziert den öffentlichen Schlüssel, der zur Verifikation erforderlich ist.
3. Pub alg: Der verwendete Signaturalgorithmus, hier DSA.
4. Hash alg: Der verwendete Hashalgorithmus, hier SHA-1.
5. Die linken beiden Bytes des Hashwerts (wenn die schon nicht stimmen, kann man sich die Verifikation der Signatur sparen).
6. DSA r, DSA s: Die beiden Signaturwerte des DSA.

Signatur und Verschlüsselung können natürlich auch verschachtelt werden. Die Vorgehensweise hierzu beschreibt der OpenPGP-Standard [RFC 2440].

2.2.2 Email-PlugIns

Die Freeware-Version von PGP enthält standardmäßig Plugins für die E-Mail-Programme Outlook, Outlook Express, Thunderbird und Eudora.

Nach Installation des Plugins enthält zum Beispiel Outlook zwei weitere Buttons („Decrypt/Verify Message“ und „Launch PGP Keys“) und ein „PGP“-Menü, unter dem man neben den zu den Buttons äquivalenten Einträgen noch eine Aufrufmöglichkeit der „PGP Options“ erhält. In der Registerkarte „Email“ kann man hier angeben, ob Nachrichten immer verschlüsselt und/oder signiert werden sollen, ob der Standard PGP/MIME (zu MIME vgl. Kapitel 3) verwendet werden soll, ob Nachrichten beim Öffnen automatisch entschlüsselt und verifiziert werden sollen, und ob eine entschlüsselte Nachricht nur mit einem sicheren Anzeigeprogramm dargestellt werden soll.

2.2.3 Vertrauensmodelle

Den ersten Versionen von PGP lag ein dezentrales Vertrauensmodell zugrunde, das so genannte „Web of Trust“.

In diesem Modell musste jeder Nutzer zunächst selbst entscheiden, welche öffentlichen Schlüssel er als vertrauenswürdig ansieht (Direct Trust). Er konnte sein Vertrauen auf direkten Kontakt mit dem Eigentümer gründen („PGP Signing Parties“) oder auch auf eine telefonische Verifikation des Hashwertes des Schlüssels.

Dies ist jedoch sehr restriktiv. Daher sieht PGP die Möglichkeit vor, die Vertrauensrelation transitiv zu machen: Wenn A dem PGP-Nutzer B vertraut, und auch überzeugt ist, dass er nur vertrauenswürdige öffentliche Schlüssel gegensigniert, so kann A auch allen von B signierten öffentlichen Schlüsseln vertrauen.

Dadurch entsteht ein Netz von Vertrauensbeziehungen, eben das „Web of Trust“. Je größer dieses Vertrauensnetz, desto größer ist aber auch die Gefahr, die von einem allzu vertrauensseligen Mitglied ausgeht: Jeder kann in diesem Netz die Tür für Angreifer öffnen.

Diese Gefahr ist in hierarchischen Vertrauensmodellen meist geringer, weil hier hohe Sicherheitsanforderungen an die Instanzen gestellt werden, die öffentliche Schlüssel signieren dürfen: die Certification Authorities. (Die wohl sichersten Auflagen macht hier z.B. das deutsche Signaturgesetz [SigG97].)

Da Firmen sowieso hierarchisch strukturiert sind, wird in ihnen meist auch ein ebensolches Vertrauensmodell angewandt. PGP hat deshalb den Schlüsseltyp „Certification Key“ eingeführt, der in Firmen zur Zertifizierung von öffentlichen Schlüsseln eingesetzt werden kann. Das hierarchische Modell ist also mit PGP auch abbildbar.

Ein weiteres denkbares Vertrauensmodell ist das Modell des „Cumulative Trust“. Hier kann vertraut man einem öffentlichen Schlüssel dann, wenn eine bestimmte Anzahl von vertrauenswürdigen Personen diesem Schlüssel auch vertrauen. Dieses Modell ist dezentral, aber nicht so anfällig gegen Fehlurteile wie das Web of Trust.

2.2.4 Schlüsselverwaltung: PGPKeys

Bedingt durch das variable Vertrauensmodell von PGP („Web of Trust“ versus hierarchisches Vertrauen) ist die Verwaltung der Schlüssel als eigene Applikation realisiert. Die Schlüssel selbst sind in den Dateien pubring.pkr (fremde öffentliche Schlüssel) und secring.skr (eigene Schlüsselpaare) gespeichert.

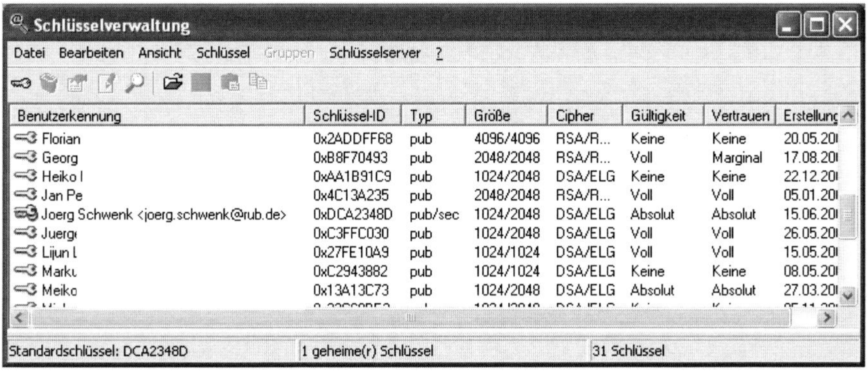

Bild 2.7: Die Schlüsselverwaltung mit GnuPG und Windows Privacy Tray.

Erzeugen eines eigenen Schlüssels

Bei der Neuinstallation von PGP können bereits vorhandene eigene Schlüsselpaare verwendet werden. Der Installationsassistent fragt dazu nach, ob bereits Dateien sekring.skr oder pubring.pkr vorhanden sind.

Wurde noch kein eigenes Schlüsselpaar erzeugt, so kann der Nutzer dies mit Hilfe des „PGP Key Generation Wizard“ tun, entweder direkt bei der Installation (hier wird abgefragt, ob man einen Schlüssel installieren möchte), oder durch Aufruf des „New Key“-Eintrags im Menü „Keys“. Dieser Assistent führt durch eine Standardprozedur zur Erzeugung eines Schlüsselpaares.

Als erfahrener Nutzer sollte man im ersten Fenster den Button „Expert“ anklicken. Hier kann man den Public Key-Algorithmus auswählen (Diffie-Hellman/DSS, RSA oder RSA Legacy), die Schlüssellänge im Bereich von 1024 bis 4096 Bit variieren, und eine Gültigkeitsdauer des erzeugten Schlüssels angeben. Während die Voreinstellungen in den ersten beiden Punkten (Diffie-Hellman/DSS und 2048) sehr sicher sind, sollte man die Lebensdauer eines Schlüssels (Default ist hier der Wert unendlich) begrenzen: In ein bis zwei Jahren kann mit einem in sekring.skr gespeicherten privaten Schlüssel viel passieren, vom Vergessen des Passworts über den Verlust der Datei bis hin zu neuen kryptographischen Angriffen. Ohne Verfallsdatum muss man sich ggf. sehr lange mit veralteten Public Keys herumschlagen.

Vor der Generierung des eigentlichen Schlüsselmaterials muss noch angegeben werden, wer diesen Schlüssel erzeugt. Die Eingabe des eigenen Namens dient lediglich dazu, einen Kommunikationspartner zu informieren. Er wird nicht überprüft.

Anders sieht es mit der E-Mail-Adresse aus: Ein E-Mail-Plugin wählt den öffentlichen Schlüssel, mit dem der Sitzungsschlüssel chiffriert wird, aus, indem es die E-Mail-Adresse des Empfängers in der Datei pubring.pkr der öffentlichen Schlüssel sucht. Ein Vorteil von PGP gegenüber S/MIME ist, dass man mehrere E-Mail-Adressen an einen öffentlichen Schlüssel binden kann. Dadurch kann man alle eigenen E-Mail-Accounts einheitlich absichern.

Der für die Sicherheit von PGP wichtigste Schritt ist die Eingabe der Passphrase: PGP verlangt ein komplexes Passwort, entweder einen langen Text oder eine Zeichenfolge, die viele Sonderzeichen enthält. Die „Güte“ einer eingegebenen Passphrase kann man an einem Balken ablesen. PGP warnt, wenn die Passphrase zu einfach ist.

Die Wahl einer komplexen, nicht leicht zu erratenden Passphrase ist deshalb so wichtig, weil aus ihr der (symmetrische) Schlüssel abgeleitet wird, mit dem die geheimen Teile der Datei sekring.skr verschlüsselt werden. Wir werden darauf noch im Zusammenhang mit OpenPGP und den Angriffen darauf zurückkommen.

Jetzt können Schlüssel und Subschlüssel generiert werden. Da dies ein rechenintensiver Prozess ist (Langzahlarithmetik), kann es auf älteren Rechnern eine gewisse Zeit dauern.

Nach Beendigung des Assistenten steht der neue Schlüssel zum Ver- und Entschlüsseln und zum Signieren zur Verfügung. Der Schlüssel-Datensatz wurde auch schon mit dem eigenen Private Key signiert. (Dies musste bei älteren PGP-Versionen noch manuell nachgeholt werden, was oft für Verwirrung sorgte.)

Export des eigenen öffentlichen Schlüssels

Bevor man nun mit anderen PGP-Nutzern kommunizieren kann, muss man mit ihnen Schlüssel austauschen. Dazu extrahiert man den eigenen Public Key aus sekring.skr, indem man den eigenen Schlüssel markiert und im Menü „Keys" den Punkt „Export" anklickt. (Auf gleiche Art und Weise kann man auch den Private Key exportieren, etwa um ihn auf einem anderen Rechner zu installieren. Hierzu muss nur das Kontrollkästchen „Include Private Key(s)" markiert werden.

PGPKeys erstellt dann eine ASCII-Datei, die den Schlüssel enthält. Diese Datei kann man per E-Mail versenden oder auf einer Webseite veröffentlichen.

Anerkennen von fremden Schlüsseln

Erhält man einen fremden Schlüssel in Form einer ASCII-Datei, so kann man diesen analog über den „Import"-Menüpunkt einbinden. Der Schlüssel ist dann aber nicht sofort einsatzbereit, denn man muss sich noch von seiner Echtheit überzeugen. Die kann durch telefonischen oder schriftlichen Austausch des Fingerprints (eines Hashwerts des Schlüssels, in Form von Hexadezimalzahlen oder in Form einer Folge englischer Wörter) geschehen. Der Fingerprint wird im Menüpunkt „Properties" des „Key"-Menues angezeigt.

War die Überprüfung erfolgreich, so kann man dies PGPKeys mitteilen, indem man den erhaltenen Schlüssel selbst signiert. Dadurch wird der Schlüssel einsatzbereit. Diese grundsätzliche Entscheidung, einen Schlüssel anzuerkennen, kann man noch durch Einstellung eines Vertrauensniveaus („Trust level", von „Untrusted" bis „Trusted") verfeinern.

2.2.5 Festplattenverschlüsselung: PGPDisk

PGPDisk ist in der Freeware-Version nicht enthalten. Dieses Tool vereinfacht es, Dateien zu verschlüsseln, indem man komplette Verzeichnisstrukturen verschlüsseln kann. Die Ent- und Verschlüsselung erfolgt automatisch beim Zugriff auf darin enthaltene Dateien, bzw. beim Abspeichern von Dateien in diesen Verzeichnissen.

Technisch wird die dadurch realisiert, dass das gesamte verschlüsselte Verzeichnis in einer Datei abgespeichert wird, die dann ver- und entschlüsselt werden kann.

Eine Technik wie PGPDisk bietet neben den Vorteilen auf große Risiken: Wenn eine Firma wichtige Geschäftsdokumente mit PGPDisk schützt, so kann eine vergessene Passphrase katastrophale Auswirkungen für die Firma haben: Die Daten sind dann auf immer verloren.

Bild 2.8: Der PGPDisk Creation Wizard.

Auch im Hinblick auf diese Situation wurden von Network Associates die umstrittenen „Additional Decryption Keys“ (ADK) eingeführt. Eine Firma könnte z.B. verlangen, dass alle PGPDisk-Verzeichnisse zusätzlich auch mit dem ADK der Firma entschlüsselbar sein müssen. Dass dies nur eine Notfallmaßnahme ist, kann z.B. auch dadurch klargestellt werden, dass der Betriebsrat in eine solche Recovery-Aktion mit eingebunden wird.

2.2.6 Dateien sicher löschen: PGP Wipe

Einfaches Löschen von Dateien belässt die Daten physikalisch auf der Festplatte. Nur die Verankerung dieser Bytes im Dateisystem wird gelöscht. Dies ist ein Sicherheitsrisiko, wenn man bedenkt, welche Wege eine Festplatte nach Ausmusterung des Computers oder bei einer Reparatur nimmt.

PGPWipe löst dieses Problem auf einfache und effiziente Weise: Es überschreibt die Dateien mehrmals mit Zufallsdaten, bis der ursprünglich gespeicherte Wert nicht mehr lesbar ist.

2.2.7 Netzwerksicherheit: PGPNet

Als letzte Komponente sei hier noch kurz PGPNet erwähnt, die eine persönliche (d.h. auf dem eigenen PC zu installierende) Firewall und eine IPSec-Lösung enthält. Da dies aus dem Rahmen der „PGP Desktop Security“ herausfällt, werden wir nicht hier, sondern in den entsprechenden Kapiteln näher auf diese Techniken eingehen.

2.3 OpenPGP – Der Standard

Der OpenPGP-Standard [RFC 4880] beschreibt die Struktur aller PGP-Nachrichten und auch die Prozeduren zu ihrer Generierung (soweit notwendig). Es ist daher möglich, allein auf Basis dieser Spezifikation „PGP-Anwendungen“ zu entwickeln, die interoperabel sind. (Wir werden im nächsten Kapitel die analogen, in Konkurrenz zu OpenPGP stehenden kryptographischen Nachrichtenformate kennen lernen, die durch die PKCS-Standards und S/MIME definiert sind.)

Basis für [RFC 4880] (und auch schon für den Vorgänger-Standard [RFC 1991]) sind die Datenformate der Software-Version 5.0 von PGP (vgl. Abschnitt 2.1.3).

OpenPGP beschreibt nur die Nachrichtenformate, nicht wie diese Nachrichtenformate von E-Mail-Clients, Browsern oder Betriebssystemen erkannt und behandelt werden sollen. Dies ist im Dokument PGP-MIME [RFC 3156] beschrieben. Programme, die OpenPGP-geschützte Daten übertragen, sollten auch PGP-MIME implementieren. (Da wird den MIME-Standard im nächsten Kapitel im Zusammenhang mit S/MIME behandeln, soll hier auf dieses Dokument nicht näher eingegangen werden.)

PGP-Nachrichten sind aus PGP-Paketen zusammengesetzt. Ein Paket ist dabei ein Datensatz, dessen Bedeutung durch einen eindeutigen Wert („Tag") am Anfang des Datensatzes bestimmt wird. Auch die PGP-Schlüsselringe und Zertifikate sind aus Paketen zusammengesetzt. Pakete können auch ineinander verschachtelt werden: Z.B. kann ein „Symmetrically Encrypted Data Packet" auch ein „Signature Packet" enthalten.

Jedes Paket besteht aus einem „Header" variabler Länge, zu dem auch der „Tag" gehört, und einem „Body".

OpenPGP definiert folgende Typen von Paketen:

- Public-Key Encrypted Session Key Packet (Tag 1)
- Signature Packet (Tag 2)
- Symmetric-Key Encrypted Session-Key Packet (Tag 3)
- One-Pass Signature Packets (Tag 4)
- Key Material Packet (Tag 5-7, 14)
    - Public Key Packet (Tag 6)
    - Public Subkey Packet (Tag 14)
    - Secret Key Packet (Tag 5)
    - Secret Subkey Packet (Tag 7)
- Compressed Data Packet (Tag 8)
- Symmetrically Encrypted Data Packet (Tag 9)
- Marker Packet (Obsolete Literal Packet) (Tag 10)
- Literal Data Packet (Tag 11)
- Trust Packet (Tag 12)
- User ID Packet (Tag 13)
- User Attribute Packet (Tag 17)
- Symmetrically Encrypted Integrity Protected Data Packet (Tag 18)
- Modification Dection Code Packet (Tag 19)

2.3.1 Struktur eines OpenPGP-Pakets

Ein OpenPGP-Paket besteht aus einem Header variabler Länge, und dem Datenteil, dem „Body". Der Header selbst besteht aus zwei Teilen: Dem „Tag", der die Interpretation der nachfolgenden Daten vorgibt, und ein bis fünf Byte, in denen die Länge des nachfolgenden Datenteils codiert ist.

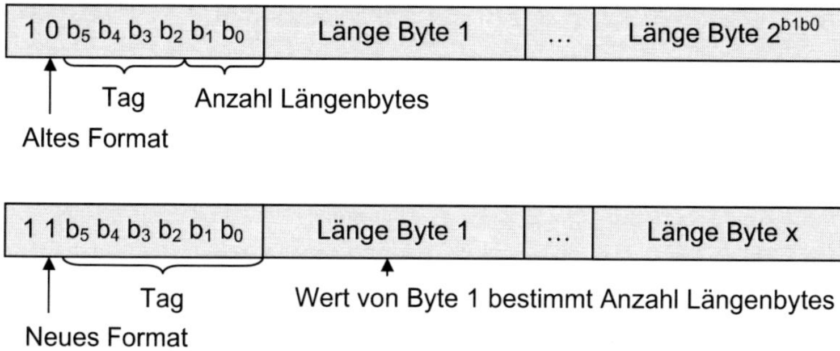

Bild 2.9: Altes und neues Header-Format eines PGP-Paketes

Bei der Auswertung des Headers muss man zwischen altem und neuem Format unterscheiden (Bild 2.9). Man kann die beiden Formate am Bit b_6 des Tag-Bytes unterscheiden: b_6=0 bedeutet altes, b_6=1 neues Format.

Im alten Format ist die Anzahl der Bytes für die Längenangabe in den letzten beiden Bits codiert, im neuen Format im ersten Byte der Längenangabe selbst. Das Ganze ist etwas kompliziert, und deshalb sei hier auf [RFC 4880] verwiesen.

Der Übergang von der alten zur neuen Version ist durch die Anzahl von Tags motiviert, die man im ersten Byte beschreiben kann: In der alten Version waren dies maximal 15 Tags (wenn man von dem reservierten Tag 0 absieht), von denen schon 14 im Rahmen von [RFC 2440] verbraucht wurden. In der neuen Version stehen nun 2^6-1=63 Tags zur Verfügung.

Der Inhalt des „Body"-Feldes eines Pakets hängt vom Tag selbst ab. In [RFC 2440] sind alle diese Body-Felder beschrieben. Wir wollen hier nur die Felder herausgreifen, die zum Aufbau einer minimalen hybrid verschlüsselten und signierten OpenPGP-Nachricht erforderlich sind. Wir gehen dabei in der Reihenfolge vor, in der die Zusammenstellung einer solchen Nachricht erfolgt.

2.3.2 Literal Data Packet (Tag 11)

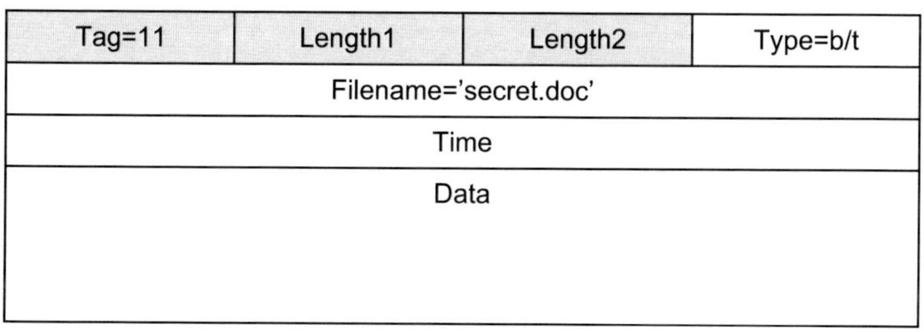

Bild 2.10: Literal Data Packet

Ausgangspunkt sind die zu schützenden Daten selbst. Die werden bei OpenPGP „Literal data" genannt, und können von PGP selbst nicht weiter interpretiert werden.

Es gibt zwei Arten von „Literal Data": Binärdaten oder Textdaten. Bei Binärdateien wird unterstellt, dass es ein Programm beim Empfänger gibt, das diese eindeutig interpretieren kann. Bei Textdateien kann das Programm und das Betriebssystem, mit denen die Datei erstellt wurde, verschieden sein von Programm und Betriebssystem auf Empfangsseite. Daher müssen hier die Zeilenenden in der Netzwerkform <CR><LF> gespeichert und vom empfangenden Programm in die lokale Form übersetzt werden.

2.3.3 Signature Packet (Tag 2)

Es gibt für PGP viele verschiedene Arten von Signaturen:

- 0: Signatur eines Binärfiles.
- 1: Signatur eines Textdokuments.
- 2: Standalone-Signatur.
- 16-19: „Zertifizierung" durch Signatur von User ID und Schlüssel. Die einzelnen Werte unterscheiden, wie gut der Zusammenhang zwischen beiden Werten überprüft wurde („PGP Key Signature").
- 24: Signatur, die einen Subkey an einen Hauptschlüssel bindet.
- 31: Signatur nur über den Schlüssel (und nicht über eine User ID). Dadurch kann man Zusatzinformationen („ist ungültig seit ..."), die im Signaturpaket enthalten sind, an den Schlüssel binden.
- 32: Schlüsselrückruf. Diese Signatur wird nur über den Schlüssel gebildet, und kann nur mit diesem Schlüssel selbst oder mit einem speziellen Rückrufschlüssel signiert werden.
- 40: Subkey-Rückruf.
- 48: Rückruf einer Zertifizierung nach Typ 16 bis 19. Dieser Rückruf muss mit dem gleichen Schlüssel signiert werden, mit dem auch die Zertifizierung signiert wurde.
- 64: Zeitstempel-Signatur.

Darüber hinaus gibt es auch noch zwei verschiedene Versionen von Signaturpaketen, die sich in ihrem Aufbau unterscheiden (Version 3 muss und Version 4 sollte von einer PGP-Implementierung unterstützt werden).

Wir wollen daher hier nur unser Beispiel weiterverfolgen und den Aufbau eines Version-3-Signaturpakets für ein Binär- oder Textfile weiter betrachten, also für unser „Literal Data"-Packet. Dieses gesamte Paket bildet jetzt die zu signierenden Daten. Man beachte, dass bei einem Textfile die Zeilenendezeichen durch die Kombination <CR><LF> ersetzt wurde.

Wir setzen in unserem Beispiel weiter voraus, dass die Länge des Gesamtpakets in zwei Byte codiert werden kann.

Nach dem Paket-Header mit Tag 2 kommt als erstes die Angabe der Version (also 3 oder 4), weil sie die weitere Struktur des Pakets bestimmt. Dann kommt eine Längenangabe die angibt, wie viele der direkt auf diese Angabe folgenden Bytes mit gehasht werden:

- Zuerst wird das Literal Data-Paket gehasht.
- Dann werden die 5 Byte „Type" und „Creation Time" noch mit gehasht.

Mit der Signer Key ID wird eindeutig der Schlüssel bezeichnet, mit dem die Signatur erstellt wurde, und in jeweils einem Byte werden Public-Key-Signaturfunktion (RSA oder DSA) und Hashfunktion (MD2, MD5, RIPEMD-160 oder SHA-1) codiert.

Die ersten beiden Bytes des Hashwerts werden eingefügt, um bei fehlerhaftem Hashwert die Signatur schnell als ungültig erkennen zu können.

Die Berechnung der Signatur ist wieder etwas kompliziert, vor allem, wenn RSA als Signaturfunktion verwendet wird. Dann muss der Hashwert nämlich vor der Signatur noch nach PKCS#1 codiert werden, und dieser Standard baut wieder auf ASN.1 auf. Wir wollen an dieser Stelle nicht näher auf diese Standards eingehen, sie werden ausführlicher in den Kapiteln zu S/MIME und SSL besprochen.

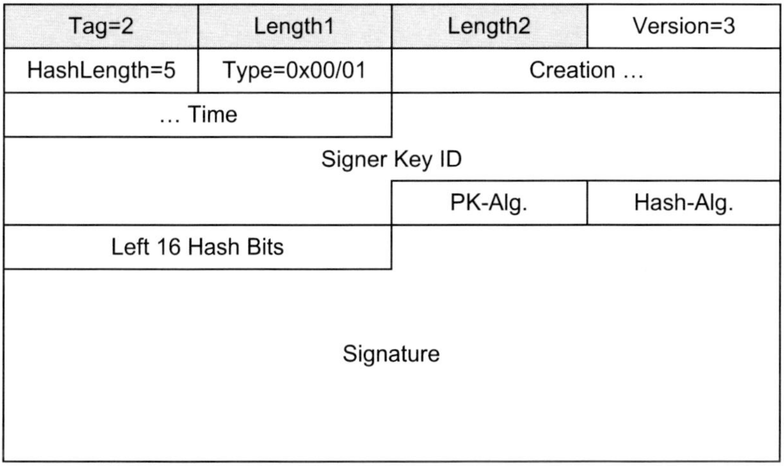

Bild 2.11: Version-3-Signaturpaket eines Literal Data Packets

Bei Verwendung von DSA muss man PKCS#1 nicht verwenden, aber man ist in der Wahl des Hashalgorithmus eingeschränkt: Der Hashwert muss genau 160 Bit lang sein (z.B. RIPEMD-160), denn dies ist die Länge der Zahlen, die in DSA verwendet werden.

Die fertig berechnete Signatur wird dann im Signatur-Feld angefügt: Entweder als eine „Multi Precision Integer" $m^d \bmod n$ für RSA, oder als zwei MPI's r und s für DSA.

2.3.4 Compressed Data Packet (Tag 8)

Nachdem die Signatur über das Literal Data-Paket berechnet und vor diesem angefügt wurde, wird das resultierende Gesamtpaket jetzt erst einmal komprimiert. Das hat zwei Vorteile: Zum einen wird das resultierende verschlüsselte File kleiner, und zum anderen wird eine Know-Plaintext-Attacke erschwert, da der „Klartext" keine fassbare statistische Form mehr hat.

Ein solches Paket enthält außer dem Standard-Header (mit Tag und Längenbytes) nur noch ein zusätzliches Byte, in dem der verwendete Kompressionsalgorithmus beschrieben ist. Die verwendeten Algorithmen sind in [RFC 1950] und [RFC 1951] beschrieben. In RFC 4880 wird BZip2 hinzugefügt (bzip.org). Die Kompression ist optional, wird aber von vielen Implementierungen angewandt, so dass jede OpenPGP-Implementierung aus Kompatibilitätsgründen mindestens eine Dekompression mit einschließen sollte.

2.3.5 Symmetrically Encrypted Data Packet (Tag 9)

Das komprimierte Datenpaket wird jetzt verschlüsselt und in ein Paket mit Tag=9 (oder Tag=18) eingefügt. Dieses Paket enthält noch weniger Information als das vorangehende, nämlich nur den Header. Die Information, welcher Algorithmus und welcher Schlüssel zur Verschlüsselung der Daten verwendet wurden, steht woanders:

- Im Public-Key (unser Beispiel, s.u.) oder Symmetric-Key Encrypted Session Key packet (Tags 1 oder 3), falls ein solches in der PGP-Nachricht enthalten ist,

- oder wenn kein solches Paket vorhanden ist [RFC 2440] ist der Verschlüsselungsalgorithmus IDEA, und der Schlüssel wird als MD5-Hash der Passphrase berechnet.

Weitere Informationen sind nicht notwendig, da der Modus und der Initialisierungsvektor (IV) von [RFC 2440] eindeutig festgelegt werden: Es wird immer Cipher Feedback Mode verwendet, und der IV ist immer gleich 0. Die Aufgabe des IV, verschiedene Chiffretexte des gleichen Klartextes mit dem gleichen Schlüssel verschieden ausfallen zu lassen, wird bei PGP anders gelöst: Den zu verschlüsselnden Daten werden acht Byte vorangestellt, von denen die ersten sechs Byte zufällig gewählt, und die Bytes 7 und 8 Wiederholungen der Bytes 5 und 6 sind. Diese Redundanz im ersten 8-Byte-Block erlaubt es einem Empfänger auch, schnell einen Fehler im Sitzungsschlüssel zu erkennen.

2.3.6 Public-Key Encrypted Session Key Packet (Tag 1)

Im Normalfall wird der Sitzungsschlüssel, mit dem die Daten verschlüsselt wurden, mit dem öffentlichen Schlüssel des Empfängers verschlüsselt und in einem eigenen Paket verpackt. Dies geschieht für jeden Empfänger getrennt in einem eigenen Paket.

Dieses Paket (Bild 2.12) enthält nach dem Header eine Versionsnummer (3) und dann als 8-Byte-Wert die ID des öffentlichen Schlüssels, der zur Verschlüsselung des Wertes m verwendet wurde. Ein Empfänger muss alle Pakete mit Tag 1 durchsuchen, bis er ein Paket findet, zu dessen Key ID er den passenden privaten Schlüssel hat. Diesen kann er dann zur Entschlüsselung von m verwenden.

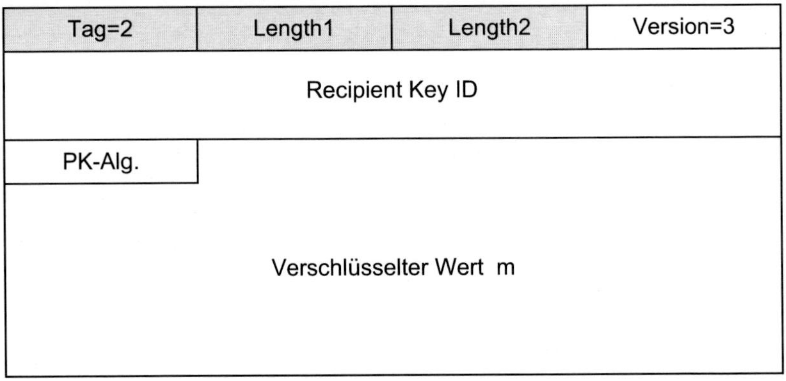

Bild 2.12: Paket mit dem verschlüsselten Sitzungsschlüssel und allen Informationen, die zu seiner Entschlüsselung mit dem privaten Schlüssel des Empfängers notwendig sind.

Zusätzlich zur Key ID wird noch in einem Byte der verwendete Public-Key-Algorithmus angegeben.

Wo aber ist die versprochene Information zum verwendeten symmetrischen Verschlüsselungsalgorithmus? Sie ist untergebracht im Wert m, der aus dem Sitzungsschlüssel wie folgt gebildet wird:

- Ein Byte, das den verwendeten symmetrischen Algorithmus beschreibt, wird vor dem Sitzungsschlüssel angefügt.
- Dann wird die Summe aller Bytes des Sitzungsschlüssels gebildet (und falls nötig modulo 65536 reduziert) und in Form einer 2-Byte-Zahl an diese Folge angefügt.
- Zum Schluss wird das Ganze als PKCS#1-Paket verpackt, so wie es in [RFC 3447] beschrieben ist.

Das Kryptogramm des Sitzungsschlüssels wird dann im „Encrypted Session Key“-Feld angefügt: Entweder als eine „Multi Precision Integer“ $m^e \bmod n$ für RSA, oder als zwei MPI’s $g^k \bmod p$ und $m \cdot y^k \bmod p$ und s für ElGamal.

2.3.7 Radix-64-Konvertierung

Mit dem Anfügen des verschlüsselten Sitzungsschlüssels vor dem verschlüsselten Datensatz ist der Aufbau einer OpenPGP-Nachricht eigentlich abgeschlossen. Das Ergebnis ist zusammenfassend noch einmal in Bild 2.13 dargestellt.

In einigen Fällen muss mit dieser Nachricht noch etwas getan werden: Wenn die OpenPGP-Nachricht als E-Mail verschickt werden, oder wenn das Ergebnis als Textfile (z.B. in einem Editor) dargestellt werden soll. In beiden Fällen muss das Binärfile, das wir als Ergebnis erhalten haben, in ein Textfile umgewandelt werden.

Dies geschieht durch base64-Codierung des Binärfiles (auf diese Codierung werden wir im Kapitel zu S/MIME näher eingehen) und die Bildung einer 24-Bit-Prüfsumme, die als Folge von vier ASCII-Zeichen, die durch „=“ eingeleitet wird, ans Ende der Nachricht angefügt wird (vgl. Bild 2.4 und 2.6).

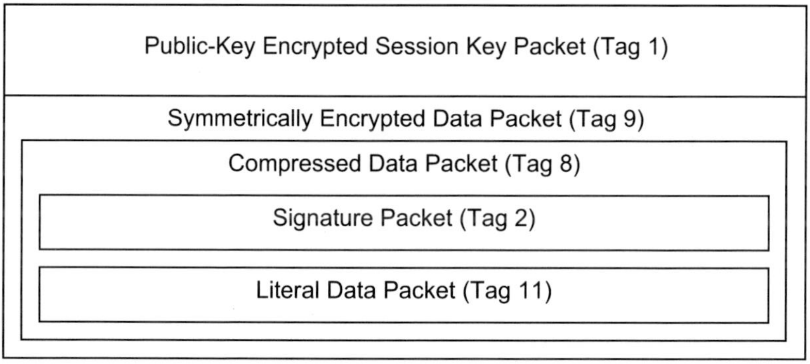

Bild 2.13: Komplette OpenPGP-Nachricht.

Der OpenPGP-Standard beschreibt noch eine Fülle weiterer Paketformate, auf die wir hier nicht näher eingehen können. Wir werden aber im nächsten Abschnitt zwei PGP-Schlüsselformate nochmals näher unter die Lupe nehmen.

2.4 PGP – Die Angriffe

Es gab in der Vergangenheit ein wichtiges Argument für die Sicherheit von PGP: Der Sourcecode von PGP ist (im Gegensatz zum Code anderer Verschlüsselungsprogramme) öffentlich bekannt und kann von jedem Nutzer überprüft werden.

Dieses Argument richtete sich gegen die vermutete Absicht von Geheimdiensten, versteckte „Hintertüren“ in Verschlüsselungssoftware einzubauen, die das Mitlesen von vertraulichen Nachrichten durch eben diese Geheimdienste ermöglichen sollten. Solche Vermutungen konnten allerdings nie konkret belegt werden.

Übersehen wurde dabei ein anderer Aspekt zur Sicherheit von PGP: Unbeabsichtigte Sicherheitslücken durch fehlerhafte Spezifikation oder Implementierung von PGP. Diese Gefahr wuchs proportional zu der Fülle neuer Features, die in PGP eingeführt wurden, und die den Sourcecode über alle verifizierbaren Maße hinaus wachsen ließen.

Zwei in den letzten Jahren publizierte Angriffe belegen eindrucksvoll, wie konkret diese Gefahr ist. Sie sollen hier als Lehrbeispiel dafür beschrieben werden, was bei der Spezifikation von Datenstrukturen in der angewandten Kryptographie schief gehen kann.

2.4.1 Angriff auf den öffentlichen Schlüssel: Additional Decryption Key

Ab Version 5.5 von PGP (vgl. Abschnitt 2.1.4) gibt es die Möglichkeit, zum öffentlichen Schlüssel eines PGP-Nutzers einen weiteren öffentlichen Schlüssel hinzu zu binden, den so genannten „Additional Decryption Key" (ADK). Dieses Feature wurde hinzugefügt, um Firmen die Entschlüsselung der E-Mails und Files ihrer Mitarbeiter kontrolliert zu ermöglichen.

Der ADK wird dabei wie der öffentliche Schlüssel eines weiteren Empfängers betrachtet, an den die Nachricht gesandt bzw. für den das File verschlüsselt werden soll. Neu hierbei ist, dass der in der Firma eingesetzte PGP-Client nur dann Daten verschlüsselt, wenn er einen ADK findet.

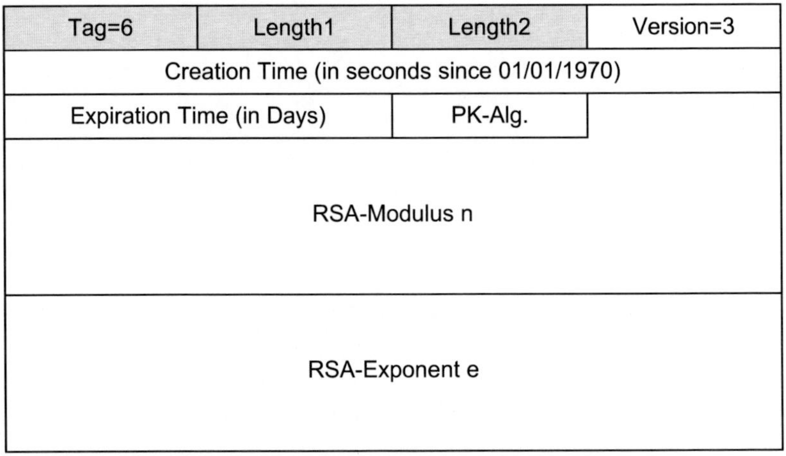

Bild 2.14: Struktur eines Version 3-Public Key-Pakets.

Ralf Senderek hat mit diesen „Additional Decryption Keys" Experimente durchgeführt [Sen00]. Dieses Papier enthält eine ausführliche Dokumentation der durchgeführten Experimente, und sei deshalb als Referenz empfohlen. Wir wollen hier nur kurz die Ergebnisse aus [Sen00] darstellen. Dazu müssen wir zunächst auf die Datenstrukturen „Public Key Packet" (Tag=6) und „Signature Packet" (Tag=2) eingehen.

Es gibt zwei Versionen von Public-Key-Paketen. Beide Versionen enthalten die mathematischen Zahlenwerte (als „Multiprecision Integer"), die die verschiedenen Public-Key-Algorithmen benötigen. Die alte Version 3 (Bild 2.14) arbeitet nur mit RSA, enthält aber neben dem Zeitpunkt der Erzeugung noch eine weitere Zusatzinformation zum Schlüssel, nämlich seine Gültigkeitsdauer.

In Version 4 (vgl. Bild 2.15) sind alle Zusatzinformationen zum Schlüssel (außer dem Zeitpunkt seiner Erzeugung) in ein anderes Datenformat ausgelagert worden, nämlich in das Signatur-Datenformat in der gleichen Version 4.

Ziel dieser Umstellung war es, beliebige Zusatzinformationen an den Schlüssel binden zu können, z.B. die bevorzugten symmetrischen Verschlüsselungsalgorithmen, oder auch ein

JPEG-Bild des Eigentümers des Schlüssels. Diese konnten so auch nach der Erzeugung des Schlüssels hinzugefügt werden, es musste lediglich eine neue Selbstsignatur erstellt werden.

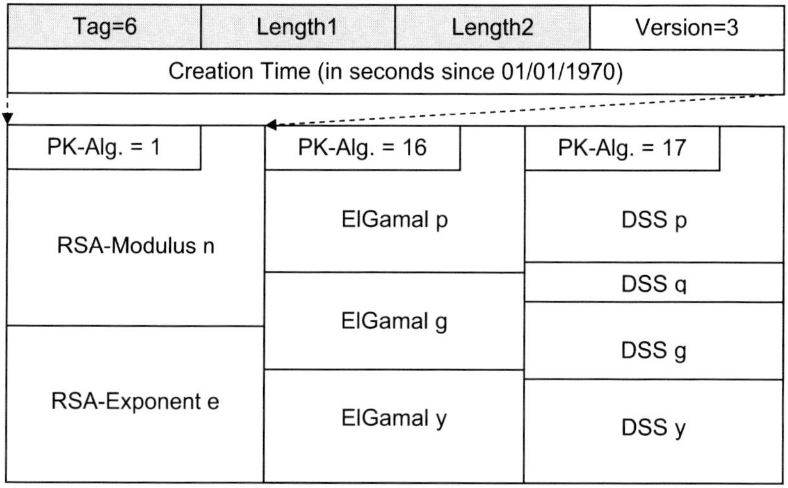

Bild 2.15: Struktur eines Version 4-Public Key-Pakets.

Die Struktur einer Version 4-Signatur ist in Bild 2.16 wiedergegeben. Die Zusatzinformationen können hier auf zweierlei Weise eingefügt werden: Als „Hashed Subpackets", die durch die Signatur gegen Veränderung geschützt sind, aber auch als „Non-Hashed Subpackets", die beliebig verändert (auch neu hinzugefügt) werden können, ohne dass dies die Gültigkeit der Signatur beeinträchtigen würde.

RFC 2440 sagt dazu: *„The second set of subpackets is not cryptographically protected by the signature and should include only advisory information"*

Ralf Senderek beobachtete, dass der ADK als „Hashed Subpacket" vom Typ 10 (nach RFC 2440 ist dieser Typ als „placeholder for backward compatibility" gedacht) in die Version 4-Signatur eingefügt wird. Er wird dort als „required" eingestuft, im Gegensatz zur ebenfalls möglichen „welcome"-Einordnung, d.h. dieses Subpacket muss bei der Verwendung des Public Key und seiner Signatur unbedingt beachtet werden. Es enthält die Schlüssel-ID eines fremden öffentlichen Schlüssels, mit dem der Sitzungsschlüssel ebenfalls verschlüsselt werden muss.

Hier hätte ein theoretisch orientierter Kryptologe aufgehört, nach Angriffspunkten zu suchen: Der ADK fließt in den Hashwert ein, der signiert wird, also kann er nicht verändert werden, Punktum.

Ralf Senderek war neugieriger, und diese Neugierde zahlte sich aus: Er veränderte vorgegebene Public Keys auf verschiedene Art und Weise und versuchte, verschiedene PGP-Versionen dazu zu bringen, einen von ihm eingebrachten ADK zu akzeptieren.

Seine erfolgreichste Idee war, ein ADK-Subpaket vom Typ 10 einfach als „Non-Hashed Subpacket" in die Signatur zu integrieren. Und er hatte damit Erfolg! Bei zwei Versionen von PGP für Windows, PGP 5.5.3i und PGP 6.5.1i, schaffte er es, den Sitzungsschlüssel ein zweites Mal mit seinem eingeschleusten ADK verschlüsseln zu lassen!

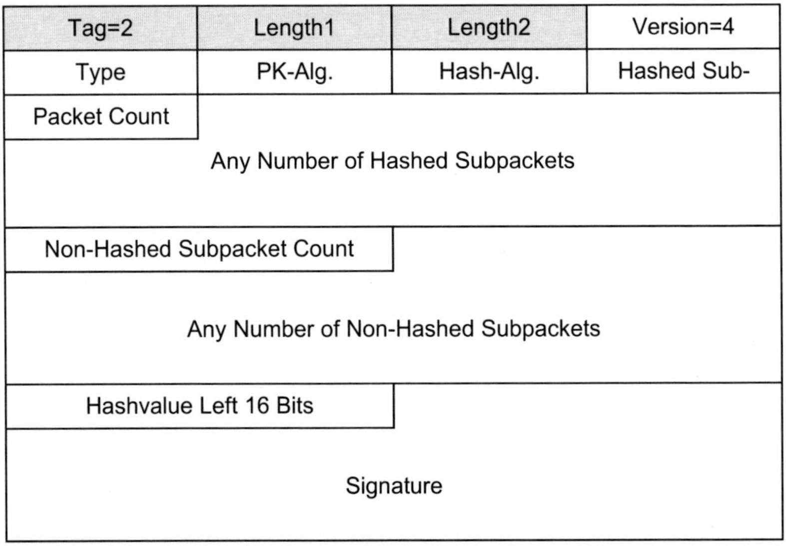

Bild 2.16: Struktur eines Version 4-Signaturpakets.

Das vollständige Angriffsszenario sieht also wie folgt aus:

- Ein Angreifer A liest verschiedene PGP Public Keys von einem PGP-Schlüsselserver, darunter auch den Schlüssel des Empfängers E.
- Er verändert diese Schlüssel, indem er seinen eigenen ADK in einem Non-Hashed Subpacket in diesen Schlüssel einfügt. Die Signatur dieses Schlüssels bleibt weiterhin gültig.
- Er speichert die manipulierten Schlüssel wieder auf dem PGP-Schlüsselserver.
- Ein Sender S möchte eine verschlüsselte Nachricht an Empfänger E senden. Er kennt die E-Mail-Adresse von E und kann so dessen öffentlichen PGP-Schlüssel auf dem Schlüsselserver suchen. Ahnungslos lädt er den von A manipulierten Schlüssel.
- S verwendet eine Version von PGP, die ADKs auch als non-hashed Subpackets akzeptiert und den Nutzer über die Erzeugung eines weiteren Kryptogramms des Sitzungsschlüssels (für den Angreifer A) nicht informiert. (Da der ADK-Eintrag nur einen Verweis auf den öffentlichen Schlüssel von A enthält, muss PGP sich diesen ggf. noch von einem Server laden.)
- Die verschlüsselte E-Mail an E enthält den Sitzungsschlüssel zum Entschlüsseln der Nachricht mindestens zweimal: Einmal verschlüsselt mit dem öffentlichen Schlüssel von E, und einmal mit dem von A.
- Hat A nun Zugriff auf irgendein Element in der Kommunikationskette zwischen S und E (Mailserver, LAN, IP-Router, …), so kann er die verschlüsselte Nachricht mitschneiden und mit Hilfe seines privaten Schlüssels entschlüsseln.

Folgendes Fazit lässt sich aus dem eben beschriebenen Angriff ziehen: Es genügt nicht, kryptographische Datenformate genau zu beschreiben. Man muss darüber hinaus auch noch die Bedeutung der einzelnen Datenfelder festlegen, d.h. wie eine Software-Implementierung diese Felder interpretieren soll.

Bei OpenPGP war das für das Datenfeld „ADK" nicht möglich, weil ein solches Datenfeld im Standard nicht vorkommt. Man kann aber z.B. festlegen, dass alle Verweise auf Public Keys als hashed Subpacket eingefügt werden müssen. Sicherheitskritische Informationen in non-hashed Subpackets müssen ignoriert, oder besser als Fehler angezeigt werden.

2.4.2 Manipulation des privaten Schlüssels

Der Angriff von Ralf Senderek manipulierte öffentliche PGP-Schlüssel, und hatte zur Folge, dass einzelne, mit einem manipulierten öffentlichen Schlüssel verschlüsselte Nachrichten auch vom Angreifer gelesen werden konnten.

Im Jahr 2000 veröffentlichten zwei tschechische Kryptologen, Vlastimil Klíma und Tomáš Rosa [KR00], einen Angriff auf den in verschlüsselter Form gespeicherten privaten Schlüssel eines PGP-Nutzers, um diesen zu berechnen. Bei diesem Angriff werden nicht nur einzelne Nachrichten kompromittiert, sondern der Schlüssel des Nutzers wird gebrochen.

Das Schlüsselpaar eines PGP-Nutzers, bestehend aus öffentlichen um privatem Schlüssel, wird von PGP in der Datei sekring.skr gespeichert. [RFC 2440] beschreibt die Struktur eines solchen Datensatzes, der im Wesentlichen aus drei Teilen besteht:

- Einem Public Key-Paket (Tag 6 oder 14), das identisch zu dem in Bild 2.14 beschriebenen ist,
- einer Liste mit Parametern, die benötigt werden, um mit Hilfe der Passphrase des Nutzers den privaten Schlüssel entschlüsseln zu können, und
- dem verschlüsselten privaten Schlüssel des Nutzers, zusammen mit einer einfachen Prüfsumme.

Die Beobachtung von Klíma und Rosa bestand nun darin, dass diese drei Teile kryptographisch nicht verbunden sind. Ein Angreifer kann somit z.B. das Public Key-Paket manipulieren, ohne dass dies bei Benutzung des privaten Schlüssels auffallen würde.

Nach dieser Beobachtung machten sie sich daran, den privaten Schlüssel für das RSA- bzw. das DSA-Verfahren zu knacken. Sie verwendeten dazu bereits bekannte Angriffstechniken. Die einzige Hürde, die sich ihren Angriff in der Praxis in den Weg stellt, ist die, Schreibzugriff auf die Datei sekring.skr des Opfers zu erhalten.

Schreibzugriff auf sekring.skr

Der Zugriff auf eine Datei wird durch das Betriebssystem geregelt. Einige Betriebsysteme (z.B. MS-DOS, Windows 95, Windows 98) besitzen keine Zugriffskontrollen. Hier reicht es aus, wenn der Angreifer sich Zugang zum Computer verschafft, auf dem sekring.skr abgelegt ist. Dieser Zugang muss nicht physikalischer Natur sein, d.h. der Angreifer muss sich nicht selbst vor den Rechner setzen: Er kann auch über ein Schadprogramm (Trojanisches Pferd, Virus, aktiver Webseiteninhalt) auf ihn zugreifen.

Andere Betriebssysteme (Unix, Windows NT) verwenden ein Username/Passwort-Login, um einen autorisierten Nutzer zu erkennen. Dieser Mechanismus ist allerdings schwächer als der Passphrase-Mechanismus von PGP, und es existieren viele Angriffstools, um Passwörter zu berechnen. Außerdem hat der Administrator oder Superuser in der Regel Zugriffsrechte auf alle Dateien, und viele Angriffe in Netzwerken zielen darauf ab, sich solche Root-Rechte zu verschaffen.

Es ist also durchaus möglich, Schreibzugriff auf die Datei sekring.skr zu erhalten. Der Aufwand hierzu ist wesentlich geringer, als die kryptographischen Mechanismen von PGP direkt anzugreifen. Das macht den Angriff von Klíma und Rosa gefährlich.

1 Byte	Version number	Public Key
4 Byte	Creation time	
1 Byte	Algorithm (DSA)	
2+128	Prime number p	
2+20	Prime number q	
2+128	Number g	
2+128	Public Key y	
1 Byte	String-to-key-usage (0xFF)	Param.
(1)	Symmetrical algorithm	
(1+1+8+1)	0x03 (iterated and salted string-to-key identifier); identifier of the hash algorithm (for SHA-1 it is 0x02); salt (random data, which are hashed together with the user´s passphrase and diversifies thus derived symmetrical key); the number of hashed octets of the data (the so-called "count").	
(8-16)	Initialisation vector IV	
2	prefix of x number (version 4 encrypted, version 3 not encrypted)	Private Key
20	x number (in version 3 and 4 encrypted)	
2	checksum, arithmetic sum of 22 previous octets as plaintext, modulo 65536 (version 4 encrypted, version 3 not encrypted).	

Bild 2.17: Struktur des Datensatzes eines DSA-Schlüsselpaars. Der (teilweise) verschlüsselte Teil des Datensatzes ist grau hinterlegt (nach [KR00]). Die Zahlen *p*, *q*, *g*, *y* und *x* sind dabei als „Multiprecision Integer" gespeichert, wobei ein 2 Byte großer Präfix die Länge der nachfolgenden Zahl in Bit angibt.

DSA: Rechnen in einer schwachen Gruppe

Die Sicherheit des Digital Signature Algorithmus (DSA) basiert auf der Schwierigkeit, diskrete Logarithmen in der gewählten mathematischen Gruppe zu berechnen. Daher wird, obwohl alle Berechnungen des DSA in einer Untergruppe mit „nur" 2^{160} Elementen („Berechnungen modulo *q*") durchgeführt werden, eine größere Gruppe mit ca. 2^{1024} Elementen benötigt („Berechnungen modulo *p*"), um die Berechnung des diskreten Logarithmus unmöglich zu machen.

Die Idee von Klíma und Rosa war ebenso einfach wie genial: Wenn sie diese „äußere" Gruppe kleiner machen könnten (also wenn man für *p* einen viel kleineren Wert einsetzt), dann wäre die Berechnung des diskreten Logarithmus x von $y = g^x \bmod p$ einfach, d.h. der private Schlüssel des Opfers kann berechnet werden.

Alles was sie dazu in secring.skr tun mussten, war, einen kleinen Wert p' (159 Bit) in das Feld für p (vgl. Bild 2.17) einzutragen, einen dazu passenden Wert g' in das Feld für den Generator g einzufügen und alle Längenangaben anzupassen.

Wenn das Opfer nun diesen manipulierten Schlüssel zum Erzeugen einer Signatur benutzt, so kann der Angreifer aus der signierten Nachricht m und der Signatur (r',s') den privaten Schlüssel x des Opfers wie folgt berechnen:

Es gilt

$$r' = (g^{k} \bmod p') \bmod q' = g^{k} \bmod p',$$

da p' kleiner als q' ist, und die zweite Modulo-Operation somit nichts mehr am Wert von r' ändert.

Der unbekannte, vom Opfer zufällig gewählte Wert k kann nun durch Berechnung des diskreten Logarithmus von r' zur Basis p' berechnet werden.

Damit enthält die Gleichung

$$s' = ((k\text{-}1 \bmod q) (h(m) + xr')) \bmod q$$

nur noch einen unbekannten Wert x, und dieser Wert kann durch Auflösen nach x ermittelt werden.

Klíma und Rosa haben diesen Angriff erfolgreich für PGP™ 7.0.3 für Windows 95/98/NT/2000 implementiert. Da nur eine bekannte Datenstruktur verändert wurde, war dieser Angriff auch auf andere PGP-Versionen übertragbar.

RSA: Fault Analysis

Für RSA funktioniert der oben beschriebene Angriff natürlich nicht. Aber es gibt einen Angriff von Boneh et.al. [BDL97], der vor einiger Zeit in der Chipkartenindustrie für Aufregung sorgte: Wenn man den RSA-Algorithmus dazu bringen kann, einen Fehler bei der Berechnung einer Signatur zu machen, dann kann man aus dieser fehlerhaften Signatur den privaten Schlüssel berechnen!

Besonders einfach ist dieser Angriff anwendbar, wenn aus Performancegründen die Werte $m^d \bmod p$ und $m^d \bmod q$ für $n=pq$ getrennt berechnet werden, und die beiden Teilergebnisse dann mit Hilfe des Chinesischen Restsatzes („Chinese Remainder Theorem") zu einer Gesamtlösung zusammengesetzt werden:

- p und q sind teilerfremd, d.h. es gilt $ggT(p,q)=1$.
- Mit dem erweiterten Euklidischen Algorithmus kann man daher Werte a und b berechnen, für die $1 = ap + bq$ gilt [BSW01].
- Sei $s_p = m^d \bmod p = m^{d \bmod p-1} \bmod p$, und $s_q = m^d \bmod q$.
- Dann ist $m^d \bmod n = s = s_q ap + s_p bq \bmod n$.

Wenn hier eine der beiden Berechnungen modulo p oder q verfälscht wird, kann man die Faktorisierung von n wie folgt berechnen:

- Wir provozieren einen Fehler bei der Berechnung von s_p. Der fehlerhafte Wert sei s_p'.
- Mit $s = s_q ap + s_p bq \bmod n$ und $s' = s_q ap + s_p' bq \bmod n$ gilt dann

  $$ggT(s-s',n) = ggT((s_p - s_p')bq\ , pq) = q$$

- Damit ist ein Primfaktor von n gefunden, und der zweite ist $p = n/q$.

Diese Performancesteigerung wird bei PGP angewendet, wie ein Blick auf Bild 2.18 verrät: Eigentlich genügt es, den privaten Exponenten d verschlüsselt abzuspeichern, aber im privaten Teil dieses Datensatzes finden sich noch die ebenfalls geheimen Werte p, q und $pInv = p^{-1} \bmod q$, die für die Anwendung des Chinesischen Restsatzes benötigt werden.

Kann man nun einen dieser Werte *p*, *q* oder *pInv* verändern, und wird dann mit diesem veränderten Wert eine Signatur erzeugt, so kann man nach einem ähnlichen Prinzip wie dem oben beschriebenen [KR00] aus der fehlerhaften Signatur einen Faktor *p* oder *q* von *n* berechnen, und damit ist der private RSA-Schlüssel berechenbar.

1 Byte	Version number	Public Key
4 Byte	Creation time	
1 Byte	Algorithm (RSA)	
?	Modulus n	
?	Exponent e	
1 Byte	String-to-key-usage (0xFF)	Param.
(1)	Symmetrical algorithm	
(1+1+8+1)	0x03 (iterated and salted string-to-key identifier); identifier of the hash algorithm (for SHA-1 it is 0x02); salt (random data, which are hashed together with the user´s passphrase and diversifies thus derived symmetrical key); the number of hashed octets of the data (the so-called "count").	
(8-16)	Initialisation vector IV	
2+128	Prefix + exponent d	Private Key
2+64	Prefix + prime p	
2+64	Prefix + prime q	
2+64	Prefix + pInv	
2	checksum, arithmetic sum of previous octets (prefixes and numbers d, p, q, pInv) as plaintext, modulo 65536 (in version 4 encrypted, in version 3 not encrypted).	

Bild 2.18: Struktur des Datensatzes eines RSA-Schlüsselpaars. Der (teilweise) verschlüsselte Teil des Datensatzes ist grau hinterlegt (nach [KR00]).

Wie ist es nun möglich, diese Werte zu verändern, obwohl sie mit einer Blockchiffre verschlüsselt sind? Diese Frage muss für die beiden Versionen 3 und 4 der Datenstruktur getrennt betrachtet werden.

Für Version 3 eines privaten RSA-Schlüssels ist das ganz einfach: Wie in Bild 2.18 dargestellt, sind hier die Präfixe mit den Längenangaben für die nachfolgende „Multiprecision Integer“ (MPI) und die abschließende einfache Prüfsumme nicht verschlüsselt. Man kann somit den Wert einer dieser Zahlen, z.B. von *pInv*, ändern, indem man einfach die Längenangabe verändert! Wenn also z.B. die Längenangabe für pInv von 512 Bit auf 511 Bit abgeändert wird, dann muss die PGP-Software das 512-te Bit ignorieren. Da auch die Prüfsumme für diesen Datensatz eine einfache Summe über alle Bytes (als positive Zahlen aufgefasst) modulo 65536 ist, muss auch die Prüfsumme nur um den gleichen Betrag geändert werden wie die Längenangabe.

Für Version 4 wird das Ganze etwas kniffliger, und deshalb kann man hier auch nur noch *pInv* ändern. Die entscheidende Beobachtung, die Klíma und Rosza hier gemacht haben, ist die, dass im Cipher Feedback Modus (CFB), wie er von PGP für alle Blockchiffren verwendet wird, die letzten Bytes des Klartextes nur durch einfaches XORen mit der letzten Ausgabe der Blockchiffre verschlüsselt werden.

Für die letzten Bytes von *pInv* und für die Prüfsumme verhält sich die Blockchiffre also wie eine Stromchiffre. Diese Eigenschaft und die schwache Prüfsumme ermöglichen nun folgenden Angriff:

- Wir wählen ein nur XOR-verschlüsseltes Byte (Klartext $B = (b_7, ..., b_0)$) von *pInv* und das (ebenfalls nur XOR-verschlüsselte) niederwertigste Byte (Klartext $C = (c_7, ..., c_0)$) der Prüfsumme aus.
- Wir XORen beide (verschlüsselte) Bytes an der j-ten Stelle ($j = 0, ..., 7$) mit *1*, und an den anderen Stellen mit *0*. Dadurch wird der Klartext der beiden Bytes an diesen Stellen XORt. Wir müssen folgende Fälle unterscheiden:
    - $b_j = c_j = 0$: Die beiden Klartextbits werden auf *1* gesetzt, der Wert des Bytes und der Prüfsumme erhöhen sich um den Wert 2^j; die Prüfsumme bleibt korrekt.
    - $b_j = c_j = 1$: Die beiden Klartextbits werden auf *0* gesetzt, der Wert des Bytes und der Prüfsumme verringern sich um den Wert 2^j; die Prüfsumme bleibt korrekt.
    - $b_j \neq c_j$: Die Zahlenwerte des Bytes und der Prüfsumme verändern sich entgegengesetzt; die Prüfsumme wird falsch.
- In zwei von vier Fällen kann man so den Wert von pInv für die PGP-Software unerkennbar verändern. Der Angriff wird also in der Hälfte aller Fälle erfolgreich sein.

Gründe für den Erfolg der Angriffe

Die Gründe für den Erfolg dieser Angriffe sind leicht zu nennen: Die beiden Teile des Schlüsselpaares sind in der Datenstruktur syntaktisch nicht verknüpft (die Prüfsumme wird nur über den privaten Schlüssel gebildet), und die verwendete Prüfsumme ist kryptographisch völlig ungeeignet.

Klíma und Rosza machen in [KR00] mehrere Vorschläge, wie die Angriffe abgewehrt werden können. Zum einen handelt es sich dabei um mathematische Prüfungen, die jede PGP-Implementierung selbst vornehmen kann, um die semantische Verknüpfung der beiden Teile zu überprüfen. Zum anderen sind es Vorschläge, wie die Datenstruktur des Schlüsselpaares im OpenPGP-Standard verbessert werden kann.

Die neue Version des OpenPGP-Standards [RFC 4880] trägt diesen Vorschlägen zum Teil Rechnung. Darin heißt es unter anderem in Bezug auf die Prüfsumme:

> "`However, this checksum is deprecated; an implementation SHOULD NOT use it, but should rather use the SHA-1 hash denoted with a usage octet of 254. The reason for this is that there are some attacks that involve undetectably modifying the secret key.`"

2.5 Ausblick

Neben der Weiterentwicklung des Produkts PGP durch die Firma PGP Inc. (www.pgp.com) liegt die Zukunft der „Legende" PGP in den Händen der OpenPGP-Arbeitsgruppe der IETF und der verschiedenen Firmen und Open Source-Projekte, die diese Spezifikation umsetzen.

Dass auch Legenden kritisch betrachtet werden müssen, haben die Angriffe von Senderek, Klíma und Rosza gezeigt. Es bleibt zu hoffen, dass es auch in Zukunft genug technisch versierte „Hacker“ geben wird, die den Standard und seine Implementierungen auf Herz und Nieren testen werden.

Ob PGP im E-Mail-Bereich eine bedeutende Rolle spielen wird, darf bezweifelt werden, da Schwergewichte wie Mozilla und Microsoft auf S/MIME gesetzt haben. Für die Desktop-Sicherheit ist allerdings noch kein ähnlich populärer Gegner in Sicht, so dass hier die Zukunft der diversen PGP-Implementierungen liegen könnte.

3 Sichere E-Mail

S/MIME hat sich heute als Standard für sichere E-Mail weitgehend durchgesetzt. Er soll hier schrittweise anhand seiner Herkunft erläutert werden. Dazu müssen wir das ursprüngliche E-Mail-Format, wie es in [RFC 822] beschrieben wurde (aktuelle Version: [RFC 2822]), und seine Beschränkungen betrachten. Diese Beschränkungen wurden durch die MIME-Standards aufgehoben, indem neue Datentypen und Codierungen eingeführt wurden. Auf dieser Basis ist es möglich, spezielle Datentypen für die sichere E-Mail-Kommunikation zu definieren.

Auf alternative Vorschläge zur Absicherung von E-Mail-Kommunikation, wie PEM und OpenPGP, gehen wir anschließend kurz ein.

Zum Abruf von E-Mails von einem Mail-Server werden heute zwei Protokolle verwendet: POP3 und IMAP. Die Authentisierungsmechanismen dieser Protokolle runden das Kapitel ab.

3.1 E-Mail nach RFC 822

Im August 1982 wurden zwei Standards verabschiedet, die die Grundlage für den E-Mail-Dienst im Internet legten: In [RFC 821] (aktuelle Version: [RFC 2821]) wurde ein einfaches, ASCII-basiertes Protokoll definiert, das den Austausch von E-Mails zwischen zwei Mailservern beschreibt. In [RFC 822] wurde der Aufbau einer E-Mail beschrieben.

```
Date: Mon, 7 Mai 2005 11:25:37 (GMT)
From: joerg.schwenk@rub.de
Subject: RFC 822
To: student@uni.de

Hallo. Dieser Abschnitt ist der Inhalt der Nachricht, der
durch eine Leerzeile vom Header getrennt ist.
```

Bild 3.1: Eine einfache E-Mail nach [RFC 822]

Eine E-Mail nach [RFC 822] besteht aus folgenden Teilen (vgl. Bild 3.1):

- „Header" (Kopf): Er enthält Informationen zu Absender und Empfänger, zum Datum, zum Betreff, usw. Jede Zeile besteht aus Schlüsselwort, Doppelpunkt, und Argumenten. (Die Headerzeilen, die während des Transports hinzugefügt werden, bezeichnet man oft als „Envelope").
- „Body" (Text): Hier wird ein reiner ASCII-Text erwartet, der vom Header durch eine Leerzeile getrennt ist.

Diese einfache Datenstruktur wird mit einem einfachen, ASCII-basierten Protokoll übertragen, dem „Simple Mail Transfer Protocol" (SMTP) [RFC 821]. Bild 3.2 gibt den Ablauf eines SMTP-Protokolls für den Fall wieder, dass eine auf dem Mailserver uni.de zwischengespeicherte E-Mail des Nutzers student@uni.de an die Mailadresse info@rub.de weitergeleitet werden soll. Dieses Protokoll funktioniert nur zwischen Rechnern, die ständig online sind, und auf denen ein SMTP-Programm läuft.

Um der zunehmenden Zahl von PCs Rechnung zu tragen, wurden zum Abruf der Nachrichten noch das „Post Office Protocol" (POP) [RFC 1725, 1939] und das „Internet Message Access Protocol" (IMAP) [RFC 1730, 2060] definiert, mit denen man auf dem Mailserver zwischengespeicherte E-Mails entweder insgesamt oder selektiv laden kann. Eine zunehmend wichtigere Rolle spielt auch der Web-basierte Ansatz, bei dem E-Mails über das http-Protokoll gelesen und versendet werden.

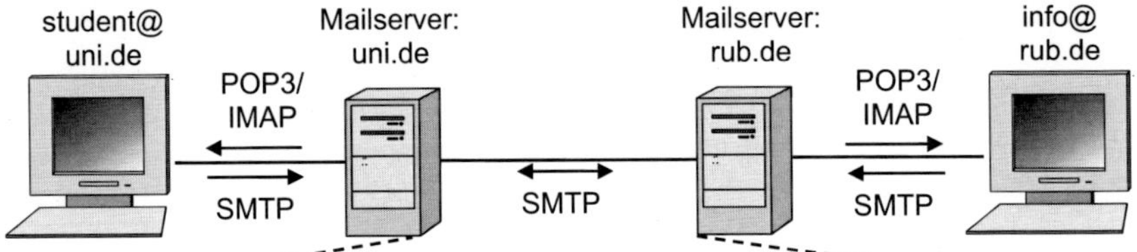


```
                               ← 220 rub.de SMTP server ready
HELO uni.de                    →
                               ← 250 rub.de says hello
MAIL FROM: <student@uni.de>    →
                               ← 250 sender OK
RCPT TO: <info@rub.de>         →
                               ← 250 recipient OK
DATA                           →
                               ← 354 send mail; end with „."-line
Daten Daten Daten              →
.                              →
                               ← 250 message accepted
QUIT                           →
                               ← 221 rub.de closing connection
```

Bild 3.2: Die Schritte im SMTP-Protokoll.

Diese einfachen, ganz auf englischsprachige Textnachrichten zugeschnittenen E-Mail-Standards RFC 821 und 822 stießen schnell an ihre Grenzen:

- Binärdaten müssen vor dem Versenden in ASCII umgewandelt werden. Ein einheitlicher Standard für diese Umwandlung fehlte, und so war das Versenden von Nicht-ASCII-Dateien z.B. von einem UNIX-Rechner auf einen PC eine komplizierte Angelegenheit.
- Umlaute aus anderen Sprachen und fremde Schriftarten (z.B. Kyrillisch) konnten nicht dargestellt werden.
- Jedes E-Mail-Gateway interpretierte die zu übertragende E-Mail als Folge von ASCII-Zeichen. Fehlerhafte Implementierungen von Gateways hatten zur Folge, dass
  - Carriage Return oder Linefeed-Zeichen gelöscht,
  - Zeilen mit einer Länge von mehr als 76 Zeilen abgeschnitten oder umgebrochen,
  - mehrfache Leerzeichen entfernt oder
  - Tabulatoren in mehrfache Leerzeichen umgewandelt wurden.

Es war bald an der Zeit für eine Erweiterung des Standards, um der weiten Verbreitung des E-Mail-Dienstes Rechnung zu tragen.

3.2 Multipurpose Internet Mail Extensions (MIME)

Diese Erweiterung des E-Mail-Standards wird in [RFC 2045 bis 2049, 4288, 4289] beschrieben. Die wesentlichen Neuerungen sind:

- Einführung von fünf neuen Header-Feldern, um den transportierten Content besser beschreiben zu können.

- Festlegung von standardisierten Inhaltsformaten, um ihre Darstellung auf MIME-konformen Clients zu ermöglichen.
- Standardisierung von Übertragungscodierungen, die robust gegen Fehler der Mailgateways sind.

Da es längst gängige Praxis war, in E-Mails nicht nur ASCII-Text, sondern alle möglichen Daten zu versenden, brauchte man eine Möglichkeit, diesen Mail-Inhalt mit Hilfe von Metadaten zu beschreiben. Zu diesem Zweck wurden die folgenden fünf Headerfelder neu eingeführt:

- `MIME-Version: 1.0`. Die Versionsnummer muss bei jedem Standard mit angegeben werden, um spätere Änderungen zu ermöglichen. Dies ist also keine Besonderheit von MIME, sondern taucht bei allen Standards auf. Der aktuelle Wert 1.0 verweist auf [RFC 2045] und [RFC 2046].
- `Content-Type`: Dies ist das wichtigste neue Header-Feld. Es beschreibt den angefügten Inhaltstyp („Content") und ermöglicht es einem MIME-Client so, das passende Anzeigemodul zu starten. Z.B. bewirkt die Angabe des MIME-Typs text/html, dass nicht die HTML-Datei in seiner Textform wiedergegeben wird, sondern von einem HTML-Interpreter dargestellt wird. Die wichtigsten standardisierten Content-Typen sind in Bild 3.3 wiedergegeben, die Liste ist aber beliebig erweiterbar.
- `Content-Transfer-Encoding`: Da der Inhalt einer E-Mail weiterhin als Folge von ASCII-Zeilen, die nicht mehr als 76 Zeichen enthalten, übertragen werden sollte (RFC 822 bleibt ja weiterhin gültig), stellt MIME eine Auswahl von Standard-Codierungsverfahren bereit, die den Content in diese Form umwandeln. Diese Transportcodierungen können jeweils passend zum Content gewählt werden und sind weiter unten beschrieben.
- `Content-ID`: Dies ist ein eindeutiger Bezeichner des Content.
- `Content-Description`: Beschreibung des Content. Dies ist hilfreich bei der Fehlersuche, falls der Content nicht (korrekt) wiedergegeben werden kann.

Als Übertragungscodierungen wurden folgende Algorithmen festgelegt, die je nach den Fähigkeiten der E-Mail-Gateways und den Eigenschaften des Content ausgewählt werden:

- `7 Bit`: Der Text der Nachricht enthält nur ASCII-Zeichen. Es wurde keine Codierung vorgenommen.
- `8 Bit`: Der Text der Nachricht enthält nur kurze Zeilen (höchstens 998 Zeichen). Es können aber Nicht-ASCII-Zeichen auftreten. Es wurde keine Codierung vorgenommen. (Hier besteht die Gefahr, dass Mailgateways diese Nicht-ASCII-Zeichen falsch übertragen.)
- `Binary`: Lange Zeilen mit Nicht-ASCII-Zeichen treten auf. Es wurde keine Codierung vorgenommen. (Lange Zeilen können hier von alten Mailgateways nach dem 76. Zeichen abgeschnitten werden.)
- `Quoted-printable`: Nicht-ASCII-Zeichen wurden durch eine Folge von drei ASCII-Zeichen ersetzt: Durch das Gleichheitszeichen „=" und den hexadezimal dargestellten Wert des ursprünglichen Zeichens. Falls der codierte Inhalt viel ASCII-Text enthält, bleibt er so lesbar. Diese Codierung eignet sich z.B. für deutschsprachigen Text, in dem die Umlaute dann durch ASCII-Zeichenfolgen ersetzt werden.

- Base64: Je 3*8 Bit werden als 4*6 Bit interpretiert. Den 6-Bit-Werten wird ihr Zahlenwert im Dualsystem zugeordnet (also eine Zahl zwischen 0 und 63), und diese Zahlenwerte werden anhand einer Übersetzungstabelle als ASCII-Zeichen übertragen. Diese Codierung wird auf Binärdaten angewendet.

Typ	Subtyp	Beschreibung
text	plain	Unformatierter Text, z.B. ASCII.
	html	Eine HTML-Datei.
multipart	mixed	Unabhängige Teile, die zusammen übertragen und in der übertragenen Ordnung dargestellt werden sollen.
	parallel	Unterschied zu Mixed: Hier ist keine Ordnung definiert.
	alternative	Alternative Versionen derselben Information.
	digest	Wie Mixed, aber als Default-Typ/Subtyp wird Message/rfc822 angenommen.
message	rfc822	Der Body der Nachricht ist selbst eine E-Mail.
	partial	Zeigt eine Fragmentierte E-Mail an.
	external-body	Pointer auf ein Objekt, das woanders liegt.
image	jpeg	JPEG-Format, JFIF-Encodierung
	gif	GIF-Format
video	mpeg	Video im MPEG-Format
audio	basic	Einkanal 8 Bit ISDN, 8kHz
application	pdf	Adobe PDF
	octet-stream	Binärdaten aus 8-bit-Bytes

Bild 3.3: Die wichtigsten standardisierten MIME-Datentypen

Die Beispielnachricht aus Bild 3.4 besteht aus vier Teilen: Dem Header mit den neuen MIME-Feldern, einer Warnmeldung für nicht MIME-fähige E-Mail-Clients, einer deutschsprachigen Textnachricht mit Umlauten in quoted-printable-Codierung, und einer MS-Word-Datei als binärem Anhang in base64-Codierung. Die einzelnen Teile des Bodies werden durch eine eindeutige ASCII-Zeichenfolge, die hinter boundary= angegeben ist, voneinander getrennt.

Eine MIME-Nachricht ist ein verschachtelter Datentyp. Sie kann daher als Baumstruktur dargestellt werden, mit den eigentlichen Inhalten als Blätter. So hat z.B. die MIME-Nachricht aus Bild 3.4 die Wurzel multipart/mixed, und unter dieser Wurzel hängen die beiden Blätter text/plain (der E-Mail-Text) und application/msword (das angefügte Word-Dokument als Attachment, was durch den MIME-Header „Content-Disposition: attachment“ gesteuert wird).

Eine MIME-Nachricht wird in drei Schritten erzeugt:

1. Die Reihenfolge der einzelnen Objekte, und die Baumstruktur selbst wird vom E-Mail-Client des Senders gemäß seiner Konventionen festgelegt.
2. Die Nachrichten-Inhalte (die Blätter) werden kanonisiert (s.u.).
3. Auf die kanonisierten Nachrichten-Inhalte wird eine passende Transport-Codierung angewendet.

(Für die weiter unten beschriebenen kryptographischen S/MIME-Operationen sind die Schritte 2 und 3 wichtig.)

```
Date: Mon, 9 Mai 2005 11:25:37 (GMT)
From: joerg.schwenk@rub.de
Subject: MIME
To: student@uni.de
MIME-Version: 1.0
Content-Type: multipart/mixed;
        boundary="----_=_NextPart_000_01BDCC1E.A4D02412"

Hier kann eine Fehler- oder Warnmeldung stehen, die nur von nicht-MIME-
faehigen Clients dargestellt wird.

------_=_NextPart_000_01BDCC1E.A4D02412
Content-Type: text/plain; charset="iso-8859-1"
Content-Transfer-Encoding: quoted-printable

Ein deutschsprachiger Text wurde hier als quoted-printable codiert, um
m=F6glichst viel Text f=FCr nicht-MIME-Clients lesbar zu halten.

Mit freundlichen Gr=FC=DFen
J=F6rg Schwenk

------_=_NextPart_000_01BDCC1E.A4D02412
Content-Type: application/msword; name="Sicherheitskonzept.doc"
Content-Transfer-Encoding: base64
Content-Disposition: attachment; filename="Sicherheitskonzept.doc"

0M8R4KGxGuEAAA ... lcnNpb24gWA1NYWNpbnRvc2gNU2VydmVyc3lzdGVtZQ10

------_=_NextPart_000_01BDCC1E.A4D02412--
```

Bild 3.4: MIME-E-Mail, bestehend aus MIME-Header, ASCII-Fehlertext, dem eigentlichen Text in quoted-printable-Codierung, und einem (gekürzten) base64-Attachment einer Binärdatei.

Mit der Darstellung der Daten in einer kanonischen Form wird im MIME-Standard sichergestellt, dass die Daten im Sende- und Zielsystem dieselbe Bedeutung haben. Das ist am einfachsten am Typ `text/plain` zu erläutern: Falls der verwendete Zeichensatz nicht US-ASCII ist, muss er mit angegeben werden (z.B. in Bild 3.4 `charset="iso-8859-1"`), und das Ende einer Zeile muss durch die Zeichenfolge <CR><LF> beschrieben werden. Dadurch kann ein Text, der auf einem UNIX-System erstellt wurde, auch auf einem PC in genau der gleichen Form wiedergegeben werden.

3.3 S/MIME

Der Standard S/MIME erweitert die MIME-Datentypen um Konstrukte für signierte und verschlüsselte Nachrichten (siehe Bild 3.8). Er ist im Wesentlichen in den RFCs 2311-2315 (Version 2), 2630, 2632 und 2633 (Version 3), 3850-3855 (Version 3.1) beschrieben [SMIME].

Für den Wechsel von Version 2 zu Version 3 sind technische Notwendigkeiten nicht erkennbar, vermutlich hängt er mit der Geschäftspolitik rund um das RSA-Patent zusammen. In S/MIME Version 2, der unter maßgeblicher Beteiligung der Firma RSA Inc. entstand, spielt der RSA-Algorithmus, als einziger zwingend vorgeschriebener Public-Key-Algorithmus, eine Schlüsselrolle, und die Public Key Cryptography Standards (PKCS) 1, 7 und 10 dieser Firma werden in den RFCs namentlich erwähnt. Warum dies von der IETF nicht weiter unterstützt wurde, ist unbekannt. Jedenfalls wurde in Version 3 der RSA-

Algorithmus zur Option degradiert, und die PKCS-Standards zu einem „Cryptographic Message Syntax (CMS)"-Dokument [RFC 2630] zusammengefasst.

Die wesentlichen Unterschiede zwischen den beiden Versionen betreffen die verwendeten kryptographischen Algorithmen und sind in Bild 3.5 zusammengefasst. Abgesehen von diesen Unterschieden basieren die Versionen 2 und 3 auf der gleichen Technologie. Da die PKCS-Standards auch außerhalb der S/MIME-Welt bedeutsam sind, gehen wir in einem eigenen Abschnitt anhand von [RFC 2630] näher auf sie ein.

Eine Beschreibung neuer Sicherheitsfunktionalitäten, die mit Hilfe des S/MIME-Standards implementiert werden können, findet man im Dokument "Enhanced Security Services for S/MIME" [RFC 2634]. Dort ist angegeben, wie signierte Empfangsbestätigungen und Sicherheitslabels erzeugt, wie die Verschlüsselung einer Nachricht an eine große Mailingliste in sicherer Art und Weise einem Mail Agent überlassen, und wie Informationen zum Zertifikat in die Signatur mit eingebunden werden können.

Algorithmus	S/MIME Version 2		S/MIME Version 3	
	vorgeschrieben	optional	vorgeschrieben	optional
Hash	MD5, SHA-1		SHA-1	MD5
Signatur	RSA		DSA	RSA
Public-Key-Verschlüsselung	RSA		Diffie-Hellman [RFC 2631]	RSA

Bild 3.5: Die unterschiedliche Verwendung von kryptographischen Algorithmen in den S/MIME Versionen 2 und 3.

3.3.1 Einleitung

Der große Vorteil der Verwendung des MIME-Standards für Sicherheitsfunktionen liegt darin, dass Verschlüsselung und Signatur genauso einfach zu bedienen sind, wie z.B. die HTML-Formatierung einer E-Mail oder das Anfügen eines Attachments. Dass dies in den vorliegenden Clients noch nicht so reibungslos funktioniert, liegt an der Art der Implementierung, nicht am S/MIME-Konzept. Bild 3.6 gibt ein Beispiel für die komfortable Auswertung und Signalisierung von Sicherheitseigenschaften, bei sehr komplexem Quelltext (Bild 3.7).

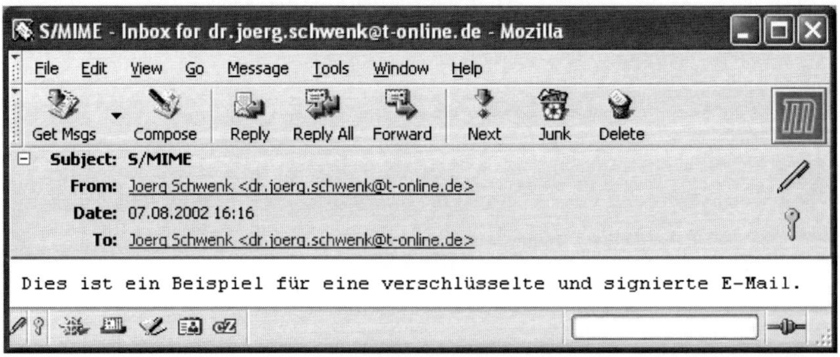

Bild 3.6: Darstellung einer nach S/MIME verschlüsselten und signierten E-Mail in Mozilla Mail.

```
...
Message-ID: <3D512BBA.8E30D3B9@T-Online.de>
Date: Wed, 07 Aug 2002 16:16:26 +0200
From: Joerg Schwenk <dr.joerg.schwenk@t-online.de>
MIME-Version: 1.0
To: Joerg Schwenk <dr.joerg.schwenk@t-online.de>
Subject: S/MIME
Content-Type: application/pkcs7-mime; smime-time=enveloped-data
  name="smime.p7m"
Content-Transfer-Encoding: base64
Content-Disposition: attachment; filename="smime.p7m"
Content-Description: Mit S/MIME verschlusselte Nachricht

MIAGCSqGSIb3DQEHA6CAMIACAQAxgdwwgdkCAQAwQjA8MQswCQYDVQQGEwJERTERMA8GA1UE
ChMIVC1PbmxpbmUxGjAYBgNVBAMTEVQtT25saW5lIGVNYWlsIENBAgIyhTANBgkqhkiG9w0B
...
KiloDc2iocqWAgNUuqy3HtEQZvy6BDCSkRskmkpNM8LBD7jpBcNIC8nzf59+sINilUAtMx91
CrBMvw0+RCuP6ZQShizdS9oECDVXoB9LwUoEAAAAAAAAAAAAAA==
```

Bild 3.7: Gekürzter Quelltext zu Bild 3.6.

Da der S/MIME-Standard überwiegend von der Firma RSA Security Inc. [RSA] vorangetrieben wurde, stützen sich die vorgeschlagenen Datentypen auch weitgehend auf die von RSA publizierten Public Key Cryptography Standards (PKCS) [PKCS]. Die drei wichtigsten Standards aus dieser Reihe sind

- PKCS#7: Festlegung eines Datenformats für verschlüsselte und/oder signierte Datensätze
- PKCS#10: Festlegung eines Datenformats zur Beantragung eines X.509-Zertifikats.
- PKCS#12: Format zur sicheren Speicherung kryptographischer Schlüssel.

Typ	Subtyp	smime-type Parameter	File-Erw.	Beschreibung
multipart	signed			Eine signierte Nachricht in zwei Teilen: Der erste Teil ist die unveränderte Originalnachricht, der zweite die Signatur („clear-signed“).
application	pkcs7-mime	signed-data	.p7m	Ein signierter S/MIME-Datensatz.
		enveloped-data	.p7m	Ein verschlüsselter S/MIME-Datensatz.
		certs-only	.p7c	Der Datensatz enthält nur X.509-Zertifikate
	pkcs7-signature	-	.p7s	Der Content-Typ des Signaturteils der multipart/signed-Nachricht.
	pkcs10-mime	-	.p10	Ein Request zur Generierung eines Zertifikats nach PKCS#10.

Bild 3.8: S/MIME-Datentypen

Wir werden in Abschnitt 3.4 näher auf sie eingehen.

3.3.2 Vorbereitung zum Verschlüsseln oder Signieren

Die besondere Komplexität von S/MIME liegt im Wechselspiel zwischen 7-Bit ASCII-Code und 8-Bit Binärcode. Während der Generierung oder Auswertung einer S/MIME-Nachricht kann es erforderlich sein, mehrmals zwischen 7-Bit- und 8-Bit-Darstellung umzurechnen.

Verschlüsseln und Signieren sind Operationen auf Binärdateien. Jedes Byte wird als eine Folge von 8 Bit interpretiert. Die Verschlüsselungs-, Signatur- oder Hashfunktionen entnehmen aus diesem Bitstrom so viele Bits, wie sie laut ihrer jeweiligen Spezifikation benötigen.

Verschlüsselung und Signatur könnte also auf eine zwar kanonisierte, aber noch nicht Transport-codierte MIME-Nachricht angewandt werden. Die (Base64-)Codierung würde dann erst das resultierende Binärfile in eine RFC 822-kompatible Form umwandeln.

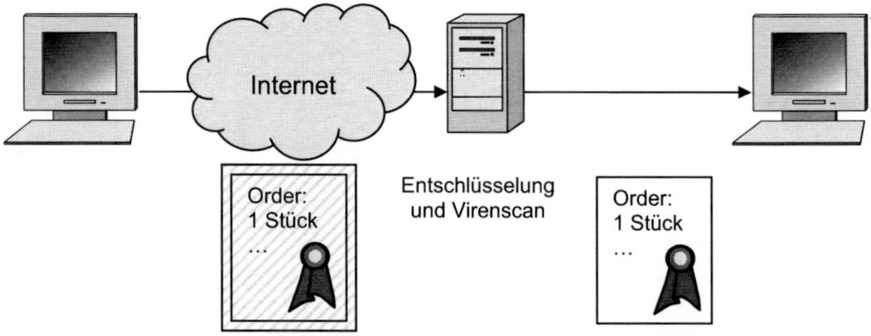

Bild 3.9: Beispiel für eine S/MIME-Anwendung, bei der die Verschlüsselung von einem Mail-Gateway entfernt wird, um z.B. einen Virenscan zu ermöglichen. Die Signatur des Absenders wird aber in der E-Mail belassen, damit der Empfänger diese prüfen kann.

Der S/MIME-Standard [RFC 2633] empfiehlt allerdings, nur MIME-Objekte zu verschlüsseln oder zu signieren, die bereits Transport-codiert sind. Der Grund liegt darin, dass S/MIME-Mechanismen nicht ausschließlich für einen Ende-zu-Ende-Transport konzipiert sind, sondern auch komplexere Szenarien realisieren können.

Vorstellbar ist z.B. folgende Situation: Ein Außendienstmitarbeiter kann seine E-Mail zuerst signieren und dann verschlüsseln, um ihren vertraulichen Inhalt im Internet zu schützen. Die Firmenpolitik schreibt aber die Überprüfung aller E-Mail auf potenzielle Viren hin vor, weshalb die Verschlüsselung am Eingang zum Firmen-Intranet von einem Mail-Gateway entfernt wird. Dadurch wird auch die äußere Transportcodierung entfernt. Wäre jetzt das signierte MIME-Objekt noch in Binärform, so könnte es beim Transport im Intranet von den Mail-Gateways verändert und die Signatur so zerstört werden.

Nachteil dieser in [RFC 2633] empfohlenen Vorgehensweise ist die zum Teil erhebliche Vergrößerung des Datenvolumens. Bei jeder Base64-Codierung von Binärdaten wird der resultierende Datensatz um ca. 33% größer. Ein S/MIME-Objekt kann dabei im obigen Szenario drei mal Base64-codiert werden: Das erste mal vor der Signatur, dann wird der PKCS#7 „Signed Data"-Typ (vgl. Abschnitt 3.4) ein zweites mal codiert, anschließend verschlüsselt und der „Enveloped Data"-Typ wird zum Schluss ein drittes mal codiert. Insgesamt wäre die resultierende S/MIME-Nachricht mehr als doppelt so groß wie das übertragene Objekt.

Diese „sollte"-Bestimmung wird zu einer „muss"-Bestimmung, wenn für die Signatur der MIME-Typ multipart/signed verwendet wird. Hier muss das zu signierende MIME-Objekt vor der Signaturbildung in ein RFC 822-konformen Format umgewandelt werden.

3.3.3 Verschlüsselung

Ein MIME-Objekt wird in drei Schritten verschlüsselt:

- Das MIME-Objekt wird wie unter 3.3.2 beschrieben zur Verschlüsselung vorbereitet.
- Das MIME-Objekt wird mit einem zufällig gewählten Sitzungsschlüssel verschlüsselt. Der Sitzungsschlüssel muss für jeden Empfänger (und sollte auch für den Absender) mit dessen öffentlichen Schlüssel verschlüsselt werden. Alle Teile werden dann zu einem CMS-Objekt (vgl. 3.4) vom Typ EnvelopedData zusammengefasst.
- Das CMS-Objekt wird in ein application/pkcs7-mime MIME-Objekt eingebettet. Der smime-type Parameter ist „enveloped-data“, und die Dateierweiterung ist „.p7m“.

Bild 3.10 gibt eine S/MIME-verschlüsselte Nachricht wieder. Sie hat den MIME-Typ „application/pkcs7-mime“. Der Text der Nachricht ist Base64-codiert. Nach Entfernen dieser Codierung sieht man im rechten Fenster den (gekürzten) PKCS#7-Vorspann, der alle zur Entschlüsselung der Nachricht benötigten Informationen enthält, und den Beginn der verschlüsselten Nachricht in Hexadezimalnotation.

```
...
From:
MIME-Version: 1.0
To:
Date:
Subject: S/MIME
Content-Type: application/pkcs7-
  mime; smime-type="enveloped-
  data" name="smime.p7m"
Content-Transfer-Encoding:
  base64
Content-Disposition: attachment;
  filename="smime.p7m"
Content-Description: S/MIME
  Encrypted Message
```


```
MIAGCSqGSIb3DQEHA6CAMIACAQAxgcww
gckCAQAwczBtMQswCQYDVQQGEwJERTEc
MBoGA1UE
...
mvVNXkrw+4dhsMyWIZijL62yx+fsyip0
qlmQRX66I8MC7Y3zOQsAjiSlg0GuBDBN
gYif0RXY
4PMrG3gw2DqD7qCvRMqcPCyYgVugEGLo
kMjjx7xeu+uaE7UCgbufdH4ECGgFZvC7
qt/PAAAA
AAAAAAAAAA==
```


```
Message-Body: ...
  ContentInfo:
    Content-Type: pkcs7-envelopedData
    EnvelopedData
      Version: 0
      RecipientInfos:
        RecipientInfo:
          Version: 0
          Issuer: ...
          Serial-Number: 716
        Key-Encryption-Algorithm:
            Algorithm: rsaEncryption
            Parameter: NULL
        Encrypted-Key:
            Length: 128 Bytes
            9B:56:48:73:E1:FA:5D:83:...
      Encrypted-Content:
        Content-Type: pkcs7-data
        Encryption-Algorithm:
          Algorithm: des-ede3-cbc
          Parameter:
            Octet-String:
              Length: 8 Bytes
                C4:FB:D7:05:A9:84:83:75
        Encrypted-Data:
          Length: 3608 Bytes
          3A:DB:98:08:1C:2E:C0:6B:41:...
```

Bild 3.10: Aufbau einer verschlüsselten S/MIME-Nachricht.

Das PKCS#7-Objekt enthält folgende Informationen:

- `Content-Type`: Hier wird angegeben, dass es sich um verschlüsselte Daten handelt.
- `RecipientInfo/Serial-Number` und `RecipientInfo/Issuer`: Hier wird angegeben, dass zur Verschlüsselung des symmetrischen Schlüssels der öffentliche Schlüssel aus dem Zertifikat Nummer 716 des angeführten Herausgebers verwendet wurde.
- `Key-Encryption-Algorithm`: Der Sitzungsschlüssel wurde mit dem RSA-Algorithmus verschlüsselt.
- `Encrypted-Key`: Hier steht der mit dem RSA-Algorithmus und dem angegebenen öffentlichen Schlüssel verschlüsselte symmetrische Schlüssel.

- `Encryption-Algorithm`: Hier steht der verwendete symmetrische Algorithmus (TripelDES im CBC-Modus) und der Initialisierungsvektor.
- `Encrypted-Data`: Hier steht die eigentliche verschlüsselte Nachricht.

Beim Sender wurde diese Nachricht wie folgt generiert: Der Absender teilte seinem S/MIME-fähigen E-Mail-Client mit, dass die Nachricht an den im „`TO`" Feld angegebenen Empfänger verschlüsselt werden soll. Der Client durchsuchte daraufhin seine interne Zertifikatsdatenbank, ob ihm ein X.509-Zertifikat vorliegt, das die angegebene E-Mail-Adresse enthält. Fand er keines, so musste er sich erst ein solches Zertifikat beschaffen (siehe 3.3.5) und den Absender mit einer Warnmeldung darüber informieren, dass eine Verschlüsselung nicht möglich ist. War hingegen ein Zertifikat vorhanden, so wendete er das in Kapitel 1 beschriebene hybride Verschlüsselungsverfahren an, und zwar mit dem öffentlichen Schlüssel, der in dem passenden Zertifikat enthalten ist. Zum Schutz gegen eine unbeabsichtigte Veränderung der Daten durch einen Mailserver, die eine Entschlüsselung unmöglich machen würde, wurde die Nachricht noch Base64-codiert.

Der S/MIME-Client auf Empfängerseite entfernt zunächst die Base64-Codierung. Er kann eine solche Nachricht entschlüsseln, indem er zunächst prüft, ob er das unter `RecipientInfo` angegebene Zertifikat und den dazu gehörenden privaten Schlüssel besitzt. In der Regel wird dies der Fall sein. Er entschlüsselt dann mit seinem privaten Schlüssel den hinter `Encrypted-Key` angegebenen Datensatz, entnimmt daraus den symmetrischen Schlüssel und entschlüsselt mit diesem und dem angegebenen `Encryption-Algorithm` die eigentliche Nachricht.

3.3.4 Signatur

Zur Signatur einer Nachricht stehen in S/MIME zwei verschiedene Datentypen zur Verfügung:

- `application/pkcs-mime smime-type="signed-data"`. Der Body der E-Mail besteht aus einem einzigen Objekt, und zwar einem PKCS#7-Objekt vom Typ „SignedData". Dieses Objekt enthält die signierten Daten, die Signatur und alle Zusatzinformationen, die zur Überprüfung der Signatur notwendig sind (verwendete Algorithmen, Zertifikate). Da auch die signierten Daten im PKCS#7-Binärformat codiert sind, können sie nur von einem S/MIME-fähigen Client, der ein entsprechendes PKCS#7-Modul enthält, dargestellt werden. Auf jedem anderen Client ist die Nachricht überhaupt nicht darstellbar. Nachrichten dieser Art werden auch als „opaque-signed" bezeichnet.
- `multipart/signed`. Der Body dieses Typs besteht aus zwei Teilen: Der erste Teil, die signierten Daten, sind als (ggf. in sich geschachteltes) MIME-Objekt codiert. Sie können also von jedem MIME-fähigen Client angezeigt werden. Der zweite Teil ist die dazu gehörende digitale Signatur, die als PKCS#7-Objekt codiert ist. Sie kann nur von S/MIME-fähigen Clients ausgewertet werden („clear-signed").

Die Entscheidung zwischen den beiden Formaten hängt davon ab, welche Clients die Empfänger verwenden, und welche Prioritäten gesetzt werden:

- Sollen alle Empfänger (auch die mit nicht S/MIME-fähigen Clients) die Nachricht lesen können, so muss „multipart/signed" verwendet werden. Nachteil dieses Formats ist es, dass durch Veränderungen an der ggf. recht komplexen MIME-Struktur der E-Mail durch ein Mail-Gateway die Signatur ungültig gemacht werden kann. Dies kommt in der Praxis häufig vor.

- Steht vor allen die Integrität und Authentizität der Nachricht im Vordergrund, so muss application/pkcs-mime signedData verwendet werden. Die Mailgateways sehen nur einen großen MIME-Block, den sie nicht verändern können, da die interne MIME-Struktur der Nachricht in PKCS#7 gekapselt ist. Nicht S/MIME-fähige Clients können mit dieser Darstellung nichts anfangen.

Die Generierung einer application/pkcs-mime signedData-Nachricht ist ähnlich wie die einer verschlüsselten Nachricht. Die verschiedenen Kapselungen sind in Bild 3.11 dargestellt.

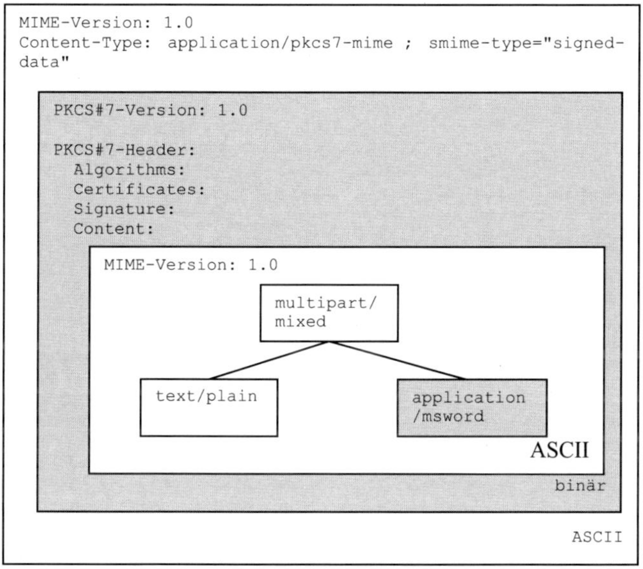

Bild 3.11: Struktur einer „opaque-signed" Beispielnachricht.

In Bild 3.12 ist eine multipart/signed Nachricht dargestellt. Entfernt man die Transport- und PKCS#7-Codierung, so kann man die Informationen sehen, die zu Verifikation der digitalen Signatur erforderlich sind:

- `Digest-Algorithm`: Hier steht, welcher Hash-Algorithmus zur Bildung des Hashwerts der vorangegangenen Teile benutzt wurde.
- `Certificates`: Hier beginnt eine Kette von Zertifikaten, die zur Verifikation benötigt werden: Das Client-Zertifikat wird benötigt, um die Echtheit der Signatur zu verifizieren. Das CA-Zertifikat wird benötigt, um die Echtheit des Client-Zertifikats zu überprüfen, usw.
- `SignerInfo`: Hier steht, aus welchem Zertifikat der öffentliche Schlüssel zur Überprüfung der Signatur verwendet werden muss. (Hier das Zertifikat mit der Seriennummer 549.)
- `Signature`: Hier steht die Signatur der vorangegangenen Teile.

Der sendende Client benötigt fünf Schritte, um eine clear-signed-Nachricht zu generieren:

1. Das zu signierende MIME-Objekt wird vorbereitet, indem seine einzelnen Bestandteile Transport-codiert werden. Dadurch soll weitgehend verhindert werden, dass das Objekt während des Transports verändert wird.
2. Das so codierte Objekt wird einem Algorithmus zur Verfügung gestellt, der daraus die PKCS#7-Signatur berechnet. Die PKCS#7-Signatur ist eine „detached signature“, d.h. sie enthält den signierten Content selbst nicht.
3. Das codierte MIME-Objekt wird als erster Teil einer multipart/signed-Nachricht eingefügt; an diesem Objekt werden keine weiteren Veränderungen vorgenommen.
4. Die PKCS#7 „detaches signature“ wird Transport-codiert und in ein MIME-Objekt vom Typ application/pkcs7-signature verpackt.
5. Dieses MIME-Objekt application/pkcs7-signature wird als zweiter Teil in die multipart/signed-Nachricht eingefügt.

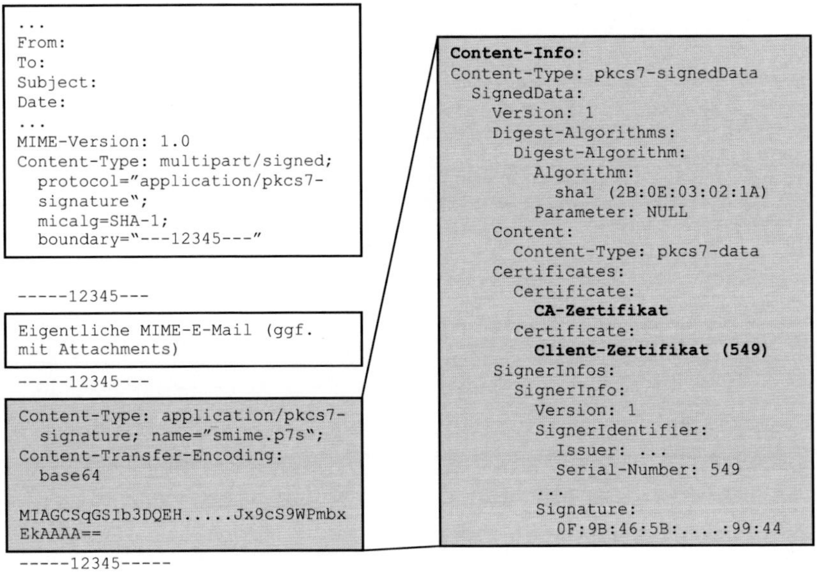

Bild 3.12: Aufbau einer „clear-signed“ S/MIME-Nachricht

Der multipart/signed Content Typ benötigt zwei Parameter:

- protocol="application/pkcs7-signature“ gibt an, dass die Signatur eine PKCS#7-Signatur ist.
- micalg=SHA-1 (oder MD5) erlaubt es einem Client, die Signatur in einem Durchgang zu verifizieren. Dieser Parameter muss mit dem Digest-Algorithms-Parameter der PKCS#7-Signatur identisch sein, ist aber für den Client schon vor der Decodierung des PKCS#7-Objekts lesbar.

Der empfangende Client kann mit Hilfe des micalg-Algorithmus den Hashwert über den ersten Teil der multipart/signed-Nachricht bilden. Dieser Wert wird dann verwendet, um zunächst die Gültigkeit der Signatur zu überprüfen, der dann noch die Überprüfung der Gültigkeit der Zertifikatskette folgen muss.

3.3.5 Signatur und Verschlüsselung

Um eine E-Mail zu signieren und zu verschlüsseln, kann man die drei oben beschriebenen Signatur- und Verschlüsselungsformate beliebig verschachteln. Ein Client muss laut [RFC 3851] in der Lage sein, diese Verschachtelung aufzulösen. (Ob das in der Praxis auch der Fall ist, darf bezweifelt werden.)

Die Reihenfolge von Signatur und Verschlüsselung kann also festgelegt werden, und sollte auf das jeweilige Einsatzgebiet angepasst werden. Die Beispielnachricht aus Bild 3.6 und 3.7 wurde z.B. zuerst signiert und dann verschlüsselt. Dies ist in der Regel auch die vorteilhaftere Lösung, da man sich sicher sein sollte welche Inhalte man signiert, und dies bei einer verschlüsselten Nachricht nicht möglich ist.

3.3.6 Schlüsselmanagement

Das Schlüsselmanagement für S/MIME ist so gestaltet worden, dass es auch handhabbar ist, wenn nur der Dienst E-Mail zur Verfügung steht. Dies schließt ergänzende Lösungen, z.B. Zugriffsmöglichkeiten auf öffentliche Zertifikats-Verzeichnisse, nicht aus.

Bild 3.13 gibt das Schlüsselmanagement von S/MIME wieder: Öffentliche Schlüssel werden dadurch ausgetauscht, dass die entsprechenden Zertifikate wie unter §3.3.4 beschrieben in signierte E-Mails eingefügt werden. Die Clients müssen dann in der Lage sein, diese Zertifikate in ihre interne Datenbank zu übernehmen. Dies machen einige E-Mail-Clients automatisch, so dass der Benutzer im Laufe der Zeit eine vollständige Liste aller Zertifikate seiner Kommunikationspartner erhält. Bei anderen Clients ist eine Aktion des Nutzers erforderlich.

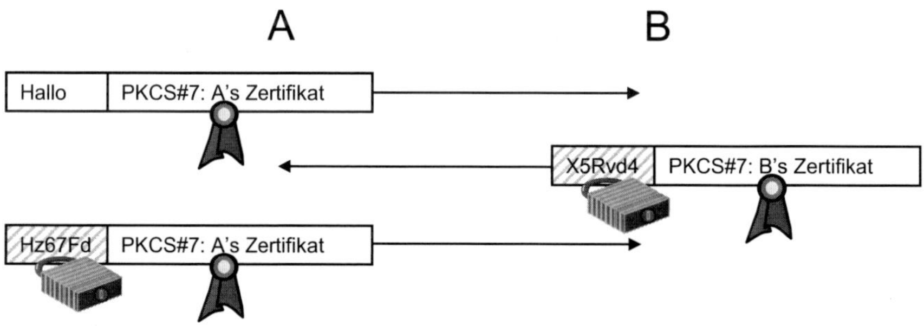

Bild 3.13: Schlüsselmanagement in S/MIME

Meist wird nicht nur das Zertifikat des Nutzers eingefügt, sondern eine vollständige Zertifikatkette vom Nutzer-Zertifikat über die Zwischen-CAs bis (einschließlich oder ausschließlich) eines Root-Zertifikats. Die Gültigkeit eines Root-Zertifikats wird dabei in der Praxis durch die Hersteller oder Distributoren des Clients vorgegeben (was nicht unbedingt die beste Lösung ist, vgl. auch das Kapitel zu SSL), oder die Gültigkeit der Root-Zertifikats muss der Client in einem Dialog mit dem Nutzer klären.

Ergänzend dazu gibt es auch die Möglichkeit, bei kombinierten E-Mail/Browser-Lösungen wie Netscape Navigator/Messenger oder Microsoft Internet Explorer/Outlook Express die Zertifikate über eine Webschnittstelle zu laden. Da sowohl der jeweilige Browser als auch der zugehörige E-Mail-Client die gleiche Zertifikats-Datenbank benutzt, stehen die so geladenen Zertifikate auch immer dem E-Mail-Client zur Verfügung.

Werden die Zertifikate auch auf einem LDAP-Server angeboten, kann auch die LDAP-Fähigkeit der Adressbücher der E-Mail-Clients genutzt werden.

Als weitere Möglichkeit wird von der IETF untersucht, Zertifikatsabfragen in das bestehende Domain Name System (DNS) im Rahmen einer DNSSEC-Abfrage einzubauen.

3.3.7 Inhalt eines S/MIME-Zertifikats

Die Vergabe von eindeutigen Namen im Sinne der X.500-Philosophie ist nicht sehr weit verbreitet. Im Gegensatz dazu gibt es aber im Internet ein System zur Vergabe von E-Mail-Adressen, das die Eindeutigkeit jeder dieser Adressen weltweit garantiert.

Daraus folgt, dass das „subject" in einem S/MIME-Zertifikat nicht durch den oftmals etwas willkürlich gewählten „distinguished name" identifiziert wird, sondern durch seine E-Mail-Adresse.

In [RFC 2312] und [RFC 3850] wird daher vorgeschlagen, eine E-Mail-Adresse nach [RFC 822] im `subjectAltName`-Feld des Zertifikats unterzubringen. Die verbindliche Forderung aus Version 2 wurde zu einem „sollte" in Version 3. Im `distinguishedName`-Feld selbst, das in Version 2 noch als möglicher Platz für die E-Mail-Adresse vorgeschlagen war, wird in Version 3 abgeraten, da dieses Feld z.B. in Geschäftsanwendungen auch anders belegt sein kann (z.B. mit Namen und/oder Personalnummer des Mitarbeiters).

Der Sender einer E-Mail sollte darauf achten, dass die Absenderadresse mit der im Zertifikat übereinstimmt, denn der Empfänger *muss* diese Übereinstimmung überprüfen, und bei Nicht-Übereinstimmung die Nachricht für ungültig erklären. Der Grund für diese strenge Vorschrift wird z.B. aus Bild 3.6 ersichtlich: Das Icon für „Verschlüsselt und signiert" visualisiert nur die Tatsache, dass die Nachricht signiert wurde, sagt aber nichts darüber aus, von wem. Diese Information entnimmt der unvoreingenommene Empfänger dem `Sender-` oder `From`-Feld, das aber *nicht* mit signiert wurde:

> *S/MIME is used to secure MIME entities. A MIME entity may be a sub-part, sub-parts of a message, or the whole message with all its sub-parts. A MIME entity that is the whole message includes only the MIME headers and MIME body, and <u>does not include the RFC-822 headers</u>. Note that S/MIME can also be used to secure MIME entities used in applications other than Internet mail. [RFC 2633, Section 3.1]*

Um eine E-Mail wirkungsvoll zu sichern, muss das S/MIME-Zertifikat also die E-Mail-Adresse enthalten, und der Empfänger muss diese mit der Absenderadresse im `Sender-` oder `From`-Feld vergleichen.

Der Vorschlag, RFC 822-Adressen in das Zertifikat einzufügen, ist ein „kann"-Vorschlag: Es ist also auch erlaubt, Zertifikate ohne E-Mail-Adresse zu verwenden. Eine Identifizierung des Absenders ist in diesem Fall nur dann möglich, wenn auf andere Art und Weise (z.B. ein vertrauenswürdiger LDAP-Server) die Verknüpfung zwischen Distinguished Name und E-Mail-Adresse hergestellt werden kann.

3.3.8 Sperrung von Zertifikaten

Ein S/MIME-konformer E-Mail-Client speichert die Zertifikate seiner Kommunikationspartner lokal ab. E-Mail-Zertifikate sind in der Regel nur ein Jahr gültig, aber auch in dieser Zeit kann es notwendig werden, das Zertifikat bereits vor Ablauf des vorgesehenen Gültigkeitszeitraums zu widerrufen.

Der Nutzer des Clients kann z.B. das Passwort vergessen, mit dem er den Zugriff auf seinen privaten Schlüssel geschützt hat. Wenn er danach verschlüsselte E-Mails erhält, muss er jedem Absender einzeln antworten und ihn bitten, die E-Mail noch einmal unverschlüsselt oder mit einem neuen öffentlichen Schlüssel verschlüsselt zu senden.

Weitaus gravierender ist es, wenn der private Schlüssel kompromittiert wurde. Dies wird in der Regel nicht durch einen kryptographischen Angriff auf den öffentlichen Schlüssel möglich sein, wohl aber über spezielle Viren oder Trojaner, die den privaten Schlüssel während seiner Verwendung durch den E-Mail-Client abfangen und an den Angreifer weitergeben. In diesem Fall müsste der Nutzer alle seine Kommunikationspartner anschreiben und ihnen mitteilen, dass Signaturen mit seinem alten Schlüssel ab sofort ungültig und zur Verschlüsselung ein neuer Schlüssel zu verwenden sei. Geschieht dies in Form einer mit dem kompromittierten Schlüssel signierten E-Mail, so sollten die Empfänger diesen Anweisungen auch folgen.

Doch wie deaktiviert man einen kompromittierten Schlüssel eines Kommunikationspartners im eigenen E-Mail-Client? Man muss sich dazu in der Regel durch einige Menüs des Client-Programms kämpfen, und die Menüstruktur ist für jeden Client und oftmals sogar für jede Version anders.

Sinnvoller wäre es, wenn diese Deaktivierung automatisch erfolgen könnte. Wir wollen in diesem Zusammenhang nochmals die in Kapitel 1 vorgestellten Mechanismen zur Überprüfung der Gültigkeit von Zertifikaten betrachten.

CRLs

Eine CRL für Zertifikate zu einem populären Dienst wie E-Mail kann sehr schnell sehr groß werden. Zudem stammen die Zertifikate der E-Mail-Kontaktpartner oft von verschiedenen Zertifizierungsstellen, und jede gibt eigene CRLs heraus.

Um wirklich sicher sein zu können, dass alle gespeicherten Zertifikate noch gültig sind, müsste der Client jeden Tag alle aktuellen CRLs aller relevanten Zertifizierungsstellen herunterladen. Dies kann über eine Modem- oder ISDN-Verbindung schon einige Zeit dauern.

Zudem enthalten die CRLs in der Regel nur Informationen, die für den Client selbst völlig uninteressant sind: Es interessiert den Client eigentlich wenig, welche ihm völlig unbekannten Zertifikate mittlerweile ungültig sind, er möchte eher wissen, ob seine lokal gespeicherten Zertifikate gültig sind.

OCSP

Das Online Certificate Status Protocol (OCSP) [RFC 2560] erlaubt es, den Gültigkeitsstatus eines Zertifikats online abzufragen. Die Antwort auf eine solche Anfrage wird von einer vertrauenswürdigen Instanz signiert.

OCSP sieht auf den ersten Blick nach einer besseren Lösung aus als der Download einer CRL, aber es verursacht eine große Last auf dem OCSP-Server: Jede einzelne Anfrage muss neu signiert werden, da jede Antwort die aktuelle Zeit enthalten muss. Daher wurde OCSP in [RFC 2560] auch nur für Anwendungen vorgeschlagen, bei denen es auf einen hohe Sicherheit ankommt (z.B. die Überweisung eines größeren Geldbetrags). Für Massenanwendungen wie E-Mail, bei denen im Extremfall zu jeder versendeten E-Mail eine OCSP-Anfrage anfallen könnte, ist OCSP nicht die richtige Lösung.

Denkbar wäre hier eine etwas weiter gefasste Definition des Begriffs „Online“, indem z.B. die OCSP-Überprüfung der gespeicherten Zertifikate nur in festen Zeitintervallen erfolgt. Aber auch in diesem Fall sind enorme Mengen von digitalen Signaturen zu erstellen.

Selektiver Download von Teil-CRLs

Ein praktikabler Kompromiss zwischen OCSP und CRLs könnte etwa wie folgt aussehen: Die CRLs werden in kleinere Listen aufgeteilt, die jeweils einen gewissen Bereich von Seriennummern umfassen. In regelmäßigen Abständen lädt der Client die Teillisten herunter, in deren Bereich die Seriennummern der lokal gespeicherten Zertifikate fallen.

Der Server muss hier nicht mehr für jede Anfrage eine Signatur erstellen, sondern nur jede Teilliste signieren, und die Clients müssen nicht mehr die gesamte CRL laden, sondern nur noch die für sie interessanten Teile.

3.4 PKCS#7 und CMS

Verschlüsselung, Hashwertbildung und Signatur erfordern eine bitgenaue Darstellung der Nachricht. Bitfehler im Chiffretext können große Teile des Klartextes korrumpieren, und die Veränderung auch nur eines Bits in der Nachricht hat bei einer guten Hashfunktion eine Änderungen mindestens der Hälfte aller Bitwerte, und somit auch die Ungültigkeit einer digitalen Signatur zur Folge.

Während man auf einem Computer die bitgenaue Darstellung leicht realisieren kann, stellt dies in einer heterogenen Netzwerkumgebung ein großes Problem dar. Ist auf dem einen Computer das Bit 0 eines Bytes das „Least Significant Bit", d.h. das Bit, das den Koeffizienten von $2^0=1$ in der Binärdarstellung einer Zahl wiedergibt, so kann dies auf einem anderen Computer das Bit 7 sein, und auch die Reihenfolge der Bytes in einer Zahldarstellung kann variieren. Hinzu kommen Zeichen für „End of Line", „Carriage Return", „Line Feed" oder „End of File", für die verschiedene Betriebssysteme unterschiedliche Zahlenwerte verwenden.

Dieses Problem wurde im Zusammenhang mit der Darstellung von Daten in heterogenen Netzwerken schon früh erkannt, und von der ISO wurden zwei Standards zur bitgenauen Beschreibung von Daten herausgegeben: Die Abstract Syntax Notation One (ASN.1) [ISO8824-1] und die dazu gehörenden Encoding Rules [ISO8825-1]. ASN.1 ist eine Beschreibungssprache, mit der man komplexe Datentypen unabhängig von einer Programmiersprache, einem Betriebssystem oder einer Prozessorarchitektur beschreiben kann. Die Basic Encoding Rules (BER) geben dann Möglichkeiten an, wie man diese abstrakte Beschreibung in ein konkretes Bitmuster umsetzen kann, und die Distinguished Encoding Rules (DER) wählen aus BER jeweils eine eindeutige Umsetzung aus.

ASN.1 wird auch zur Darstellung der Zertifikate nach X.509 verwendet, die wir bereits kennen gelernt haben.

3.4.1 Cryptographic Message Syntax (CMS)

Die Beschreibung allgemeiner kryptographischer Datenformate in ASN.1-Notation wurde dann mit dem PKCS#7-Standard [PKCS, RFC 2315] von der Firma RSA Inc. in Angriff genommen. Dieser Standard lag auch S/MIME Version 2 zugrunde, wurde aber für S/MIME Version 3 modifiziert und heißt jetzt Cryptographic Message Syntax (CMS) [RFC 3852].

In CMS wird jeder Datensatz abstrakt in ASN.1-Syntax beschrieben. Kryptographische Algorithmen werden über Object Identifier (OID) der ISO identifiziert, und die CMS-Datentypen selbst sind ebenfalls über Object Identifier referenzierbar. So hat z.B. der Datentyp `SignedData` den Object Identifier OID = 1 2 840 113549 1 7 2. Dabei steht die 1 für das Standardisierungsgremium ISO, die 2 dafür, dass es sich um eine Mitgliedsorganisation der ISO handelt, die Zahl 840 für die USA, der Wert 113549 für die Firma RSA, die 1 für die PKCS-Standards, die 7 für PKCS#7, und die 2 dafür, dass SignedData als zweiter Datentyp in PKCS#7 definiert wurde. Zur Übertragung und Speicherung müssen die abstrakt definierten Datentypen codiert werden. Hierzu kommt die Typ/Länge/Wert (Tag/Length/Value) basierte BER-Codierung zum Einsatz

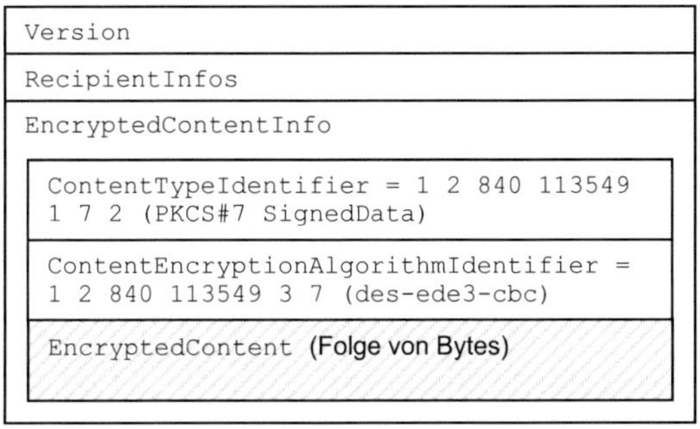

Bild 3.14: Verschachtelte CMS-Datenstrukturen am Beispiel von `EnvelopedData`, mit eingebettetem `SignedData`.

CMS definiert sieben Datentypen; davon sind fünf aus PKCS#7 und zwei aus PKCS#9 entlehnt.

- `ContentInfo` (1 2 840 113549 1 9 16 1 6) ist ein Paar aus einem Object Identifier, der den Typ des Content bezeichnet, und dem Content selbst.
- `Data` (1 2 840 113549 1 7 1): Dies können beliebige Daten sein, die als Folge von Bytes behandelt werden.
- `SignedData` (1 2 840 113549 1 7 2): Signatur des Hashwerts eines Datensatzes, mit allen Informationen, die zur Verifikation der Signatur erforderlich sind. Die Daten selbst können in diesem Datentyp mit enthalten sein oder fehlen, es sind also sowohl „interne" Signaturen als auch „externe" Signaturen darstellbar.
- `EnvelopedData` (1 2 840 113549 1 7 3): Mit einem hybriden Verschlüsselungsverfahren verschlüsselte Daten, d.h. der Chiffretext zusammen mit den Public-Key-Kryptogrammen des Sitzungsschlüssels, und den intendierten Empfängern.
- `DigestedData` (1 2 840 113549 1 7 5): Die Daten zusammen mit ihrem Hashwert und der verwendeten Hashfunktion.
- `EncryptedData` (1 2 840 113549 1 7 6): Enthält der Typ (als OID) der verschlüsselten Daten, den Algorithmus (als OID) und den Geheimtext. Der Sitzungsschlüssel muss mit anderen Methoden an die Empfänger verteilt werden.
- `AuthenticatedData` (1 2 840 113549 1 9 16 1 2): Daten mit einem MAC.

Diese Datentypen können geschachtelt werden, wobei Datensätze, die verschlüsselt wurden durch den CMS Object Identifier näher bezeichnet sind. Bild 3.14 gibt ein Beispiel für eine solche Schachtelung wieder. Zur Konstruktion der sieben Datentypen werden auch andere ASN.1-Datentypen verwendet, z.B. X.509-Zertifikate und CRLs.

3.4.2 Signed Data

`Version`: 0 bis 4(siehe Kommentar)
`DigestAlgorithmIdentifiers`: Liste („Set") der verwendeten Hashalgorithmen, in CMS definiert sind MD5 (1 2 840 113549 2 5) und SHA1 (1 3 14 3 2 26).
`EncapsulatedContentInfo` `eContentType` (als OID, muss vorhanden sein) eContent vom Typ „Content Type" (optional, kann bei externer Signatur fehlen).
`CertificateSet`: Liste der verwendeten Zertifikate, in der Regel eine Zertifikatskette bis zu einem gültigen Root-Zertifikat (optional).
`CertificateRevocationLists`: CRLs (optional)
`SignerInfos` `SignerInfo`

Bild 3.15: Der Datentyp „SignedData" mit Object Identifier iso(1) member-body(2) us(840) rsadsi(113549) pkcs(1) pkcs7(7) 2 (S/MIME 3.0).

Ein signierter Datensatz muss neben der Signatur und optional den Daten auch Informationen darüber enthalten, wie die Signatur überprüft werden kann. Bei PKCS#7 wurde darüber hinaus noch die Anforderung gestellt, dass es möglich sein muss, den Datentyp in einem Durchgang („One Pass") zu verifizieren. Aus diesen Forderungen ergeben sich die Art und die Reihenfolge der Felder in Bild 3.15.

Zunächst erfährt ein Programm, das die Signatur überprüfen will, welcher Hashalgorithmus zur Bildung der Signatur verwendet wurde. (Bei mehreren Signaturen können es auch mehrere verschiedene Algorithmen sein.) Mit dieser Information kann es dann schon den Hashwert der enkapsulierten oder externen Daten berechnen, den es später zur Verifikation benötigt. Die Daten selbst kann es danach wieder löschen.

Dann folgt (in der Regel nur eine) Kette von Zertifikaten, die bis zu einem vom Programm akzeptierten Wurzelzertifikat führen. Das Programm kann diese Kette verifizieren und so die Echtheit des/der öffentlichen Schlüssel(s) feststellen.

Mit diesem authentischen Public Key kann das Programm dann die Signatur, die zusammen mit anderen Informationen im Feld SignerInfo enthalten ist, verifizieren.

Die Identifikation des Signierenden, oder besser, die Identifikation des zur Verifikation der Signatur benötigten öffentlichen Schlüssels, kann wahlweise über einen von zwei X.509-Mechanismen erfolgen: Der Schlüssel ist durch die Kombination Herausgeber/Seriennummer (d.h. durch Angabe des Zertifikats, in dem er enthalten ist) eindeutig identifiziert, oder durch den `SubjectKeyIdentifier`, in der Regel der Hashwert des Public Key.

Nach der Identifikation wird nochmals der Hashalgorithmus angegeben, damit das überprüfende Programm weiß, welchen der bereits gebildeten Hashwerte es zur Verifikation heranziehen muss.

`Version`: 1 oder 3
`SignerIdentifier`: Der Signierende kann durch die Kombination Zertifikatsherausgeber und Seriennummer, oder durch das X.509-Feld subjectKeyIdentifier identifiziert werden.
`DigestAlgorithmIdentifier`: Verwendeter Hashalgorithmus.
`SignedAttributes`: Signierte Attribute (optional).
`SignatureAlgorithmIdentifier`
`SignatureValue`: Die eigentliche Signatur.
`UnsignedAttributes` (optional)

Bild 3.16: Das Datenfeld „`SignerInfo`".

Verschiedene Attribute (z.B. ein Zeitstempel) können mit signiert werden, andere (wie z.B. eine Gegensignatur des gesamten signierten Datenfeldes) können nicht signiert werden und werden deshalb nach der Signatur eingefügt.

3.4.3 Enveloped Data

Der Datentyp „EnvelopedData" enthält einen Chiffretext und alle zur Entschlüsselung notwendigen Informationen. Auch hier soll wieder eine One-Pass-Entschlüsselung möglich sein.

Daher stehen vor dem Chiffretext, für jeden intendierten Empfänger, die notwendigen Informationen, um an den Sitzungsschlüssel zur Entschlüsselung der Daten heranzukommen. Der intendierte Empfänger, genauer der zu verwendende private Schlüssel dieses Empfängers, wird dabei in der Regel über den öffentlichen Schlüssel identifiziert, und zwar mit den X.509-Mechanismen, die auch schon zur Identifikation eines Signierenden eingesetzt wurden: Das Paar Herausgeber/Seriennummer zur Identifikation des Zertifikats, oder subjectKeyIdentifier zur Identifizierung des öffentlichen Schlüssels selbst.

`Version`: 0 oder 2
`RecipientIdentifier`: Der Empfänger kann durch die Kombination Zertifikatsherausgeber und Seriennummer, oder durch das X.509-Feld subjectKeyIdentifier identifiziert werden.
`KeyEncryptionAlgorithmIdentifier`
`EncryptedKey`: Mit dem Public Key des Empfängers verschlüsselter Sitzungsschlüssel

Bild 3.17: Die Option `KeyTransRecipientInfo` des Datenfelds `RecipientInfo` in `EnvelopedData`.

Aus dem Typ des so identifizierten privaten Schlüssels ergibt sich eigentlich implizit schon der Algorithmus, der zur Verschlüsselung des Sitzungsschlüssels angewandt wurde, dieser wird aber vor dem eigentlichen Kryptogramm nochmals angegeben.

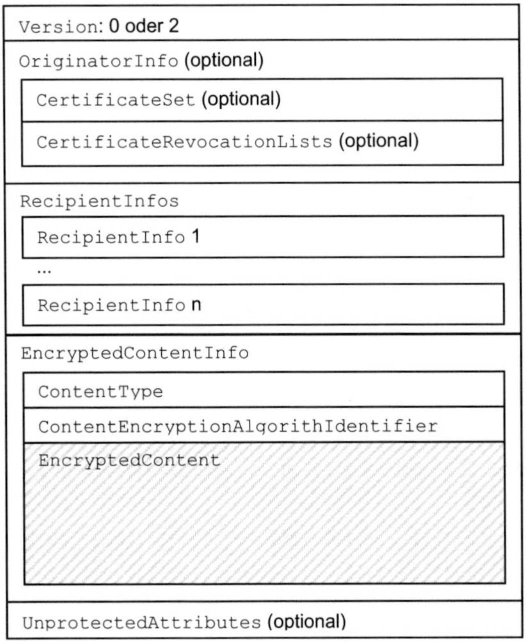

Bild 3.18: Der Datentyp „`EnvelopedData`" mit OID iso(1) member-body(2) us(840) rsadsi(113549) pkcs(1) pkcs7(7) 3. (In RFC 3852 sind die Versionen 0,2,3 und 4 definiert, und `CertificateRevocationLists` ist ersetzt durch `RevocationInfo-Choices`)

Der intendierte Empfänger kennt jetzt den Sitzungsschlüssel. Er muss nur noch erfahren, welchen Algorithmus er zur Entschlüsselung wählen muss, und kann dann die Daten entschlüsseln.

3.5 PEM

Mit den „Privacy Enhanced Mail" (PEM)-Standards [RFC 1421 bis 1424] wurde der erste große Versuch unternommen, einen Internet-Dienst komplett abzusichern. Diese Bemühungen wurden 1985 von der Privacy and Security Research Group innerhalb der Internet Research Task Force gestartet und führten 1993 zur Publikation von vier RFCs:

- *RFC 1421 Privacy Enhancement for Electronic Mail: Part I: Message Encryption and Authentication Procedures*. In diesem ersten Teil wird beschrieben, wie der Body und ggf. auch das Subject einer RFC 822 E-Mail verschlüsselt, signiert und als ASCII-Zeichen codiert werden können.
- *RFC 1422 Privacy Enhancement for Internet Electronic Mail: Part II: Certificate-Based Key Management.* (Struktur der Zertifikate und der PKI.)
- *RFC 1423 Privacy Enhancement for Internet Electronic Mail: Part III: Algorithms, Modes, and Identifiers.* In Teil 3 werden die verschiedenen kryptographischen Algorithmen zur Bearbeitung von PEM-Nachrichten beschrieben.

- *RFC 1424: Privacy Enhancement for Internet Electronic Mail: Part IV: Key Certification and Related Services.* Es werden E-Mail-Formate definiert, mit denen man Zertifikate beantragen und CRLs laden kann.

```
To: student@uni.de
From: joerg.schwenk@rub.de
Subject: PEM-Beispielmail

-----BEGIN PRIVACY-ENHANCED MESSAGE-----
    Proc-Type: 4,ENCRYPTED
    Content-Domain: RFC822
    DEK-Info: DES-CBC,BFF968AA74691AC1
    Originator-Certificate:
        MIIBlTCCAScCAWUwDQYJKoZIhvcNAQECBQAwUTELMAkGA1UEBhMCVVMxIDAeBgNV
        ...
        5XUXGx7qusDgHQGs7Jk9W8CW1fuSWUgN4w==
    Key-Info: RSA,
        I3rRIGXUGWAF8js5wCzRTkdhO34PTHdRZY9Tuvm03M+NM7fx6qc5udixps2Lng0+
        wGrtiUm/ovtKdinz6ZQ/aQ==
    Issuer-Certificate:
        MIIB3DCCAUgCAQowDQYJKoZIhvcNAQECBQAwTzELMAkGA1UEBhMCVVMxIDAeBgNV
        ...
        EREZd9++32ofGBIXaialnOgVUn0OzSYgugiQ077nJLDUj0hQehCizEs5wUJ35a5h
    MIC-Info: RSA-MD5,RSA,
        UdFJR8u/TIGhfH65ieewe21OW4tooa3vZCvVNGBZirf/7nrgzWDABz8w9NsXSexv
        AjRFbHoNPzBuxwmOAFeA0HJszL4yBvhG
    Recipient-ID-Asymmetric:
        MFExCzAJBgNVBAYTAlVTMSAwHgYDVQQKExdSU0EgRGF0YSBTZWN1cml0eSwgSW5j
        LjEPMA0GA1UECxMGQmV0YSAxMQ8wDQYDVQQLEwZOT1RBUlk=,
        66
    Key-Info: RSA,
        O6BS1ww9CTyHPtS3bMLD+L0hejdvX6Qv1HK2ds2sQPEaXhX8EhvVphHYTjwekdWv
        7x0Z3Jx2vTAhOYHMcqqCjA==

    qeWlj/YJ2Uf5ng9yznPbtD0mYloSwIuV9FRYx+gzY+8iXd/NQrXHfi6/MhPfPF3d
    jIqCJAxvld2xgqQimUzoS1a4r7kQQ5c/Iua4LqKeq3ciFzEv/MbZhA==
-----END PRIVACY-ENHANCED MESSAGE-----
```

Bild 3.19: Beispiel für eine Privacy Enhanced Mail mit eingebetteten X.509-Zertifikaten (gekürzt). PEM definiert außerdem eine eigene PKI, die sehr streng strukturiert ist.

PEM baut direkt auf RFC 822 auf, und nicht auf dem MIME-Standard, der damals noch in der Entwicklung war. Eine PEM-Nachricht, wie sie beispielsweise in Bild 3.19 wiedergegeben ist, besteht aus drei Teilen:

1. Dem RFC 822-Header der Nachricht,
2. dem PEM-Header, der alle notwendigen kryptographischen Angaben enthält und durch eine Leerzeile getrennt ist, und
3. dem PEM-Body, der die eigentliche Nachricht enthält.

Die Teile 2 und 3 der PEM-Mail sind durch „BEGIN PRIVACY-ENHANCED MESSAGE" und „END PRIVACY-ENHANCED MESSAGE" zusammengefasst.

Mit PEM wurde eine wohldurchdachte Sicherheitsarchitektur für den E-Mail-Dienst nach RFC 822 vorgelegt. Das Pech von PEM war, dass dieser Standard von der Entwicklung des MIME-Standards überrascht wurde: Es war nicht ohne weiteres möglich, eine MIME-Email mit PEM zu schützen, und die Features von MIME waren einfach zu attraktiv, als dass man darauf verzichten mochte. PEM wird heute nicht mehr verwendet.

3.6 PGP und OpenPGP

Für PGP und den Internet-Standard OpenPGP [RFC 4880] ist die Situation in Bezug auf den MIME-Standard ähnlich wie bei PEM: PGP wurde als Programm zur Datenverschlüsselung entwickelt, und nicht als Sicherheitsfeature für den MIME-Standard.

Dennoch gibt es einen wichtigen Unterschied: PGP wird von einer großen Fangemeinde, und trotz einiger mittlerweile bekannt gewordener Angriffe, sehr gerne eingesetzt. Dies liegt wohl auch daran, dass zahlreiche Implementierungen vorliegen, die von privaten Nutzern kostenlos verwendet werden dürfen.

Zu diesen Implementierungen zählen auch Plug-Ins für E-Mail-Clients und die Integration in KMail, ein populäres Mailprogramm für Linux. Diese Plug-Ins führen viele Funktionen aus, die auch eine S/MIME-Implementierung durchführt, z.B. die Identifizierung der zu verwendenden Public Keys anhand der E-Mail-Adressen in den Feldern „To" und „Cc" der E-Mail, und die Base64-Kodierung des Chiffretexts und der Signatur.

3.7 POP3 und IMAP

Zum Senden einer E-Mail baut der Client eine SMTP-Verbindung zu seinem Mailserver auf. Zum Abholen einer Nachricht kann der Client dann zwischen dem „Post Office Protocol Version 3" (POP3) [RFC 1939] oder dem „Internet Message Access Protocol" (IMAP) [RFC 3501] wählen.

Selbst wenn ein Nutzer nur sichere E-Mails nach S/MIME, PEM oder OpenPGP versenden und empfangen würde, stellt sich die Frage nach der Authentisierung des Nutzers in diesen Protokollen. Ein Angreifer hat nämlich immer noch die Möglichkeit, in einer Art Denial-of-Service-Attacke die E-Mails in den Postfächern zu löschen, selbst wenn er sie nicht lesen oder fälschen kann.

Wir wollen daher kurz auf die Authentisierungsfeatures von POP3 und IMAP eingehen. Beim Zugriff über Webmail kann man auf die Methode zurückgreifen, SSL mit einer Passworteingabe zu verbinden.

3.7.1 POP3

POP3 ist ein Dienst, der von einem Mailserver auf Port 110 angeboten wird. Ein Client kann sich über TCP auf diesen Port verbinden, um seine E-Mails abzurufen. Normalerweise authentisiert sich der Client dabei über Username und Passwort, wobei das Passwort aber unverschlüsselt übertragen wird.

Um diese Sicherheitslücke zu beseitigen wird in [RFC 1725] optional ein einfaches Challenge-and-Response-Protokoll angeboten. Client und Server benötigen dazu ein gemeinsames Geheimnis, das hier mit k bezeichnet werden soll. In Bild 3.20 ist ein Beispiel für den Ablauf eines POP3-Protokolls mit Challenge-and-Response-Authentiserung angegeben.

Die Challenge wird in der ersten Nachricht des Servers gesendet, und zwar ist dies in unserem Beispiel der Wert $RAND = 1896.697170952$, die vor dem Namen des Mailservers steht. Dieser Wert wird als ASCII-Folge interpretiert (er darf auch andere ASCII-Zeichen wie „<" oder „>" enthalten) und die Bytefolge der ASCII-Werte dient als Input für die Hashfunktion. Der Client berechnet nun

$$RES = MD5\,(\,RAND, k\,),$$

wandelt das Ergebnis in die Hexadezimaldarstellung um und überträgt die Ziffern dieser Hexadezimalzahl als ASCII-Folge an den Server. Die Hexadezimalziffern „A" bis „F" werden dabei als Kleinbuchstaben „a" bis „f" übertragen.

Diese Übertragung erfolgt in der optionalen Nachricht APOP, die in unserem Beispiel wiedergegeben ist. Der Server kann diesen Hashwert ebenfalls bilden und so die Identität des Clients überprüfen.

```
Client                                                         Server

                               <Warte auf eine Verbindung auf TCP Port 110>
<Öffne TCP-Verbindung>
                               ← +OK POP3 server ready
                                 1896.697170952@rub.de
APOP mrose
c4c9334bac560ecc979e58001b3e22fb →
                               ← +OK schwenk's maildrop has 2 messages
                                 (320 octets)
STAT                           →
                               ← +OK 2 320
LIST                           →
                               ← +OK 2 messages (320 octets)
                               ← 1 120
                               ← 2 200
                               ← .
RETR 1                         →
                               ← +OK 120 octets
                               ← <Der POP3-Server sendet E-Mail 1>
                               ← .
DELE 1                         →
                               ← +OK message 1 deleted
RETR 2                         →
                               ← +OK 200 octets
                               ← < Der POP3-Server sendet E-Mail 2>
                               ← .
DELE 2                         →
                               ← +OK message 2 deleted
QUIT                           →
                               ← +OK rub POP3 server signing off
                                 (maildrop empty)
<Schließe TCP-Verbindung>
                                          <Warte auf nächste Verbindung>
```

Bild 3.20: Ablauf eines POP3-Protokolls mit MD5-Authentisierung.

Diese Erweiterung des POP3-Protokolls ist in der Praxis natürlich nur schwer einsetzbar, da ein Mechanismus zur Verteilung der gemeinsamen Geheimnisse fehlt. Für kleinere Mailserver kann er praktikabel sein.

3.7.2 IMAP

Mit Hilfe des „Internet Message Access Protocol" (IMAP) [RFC 1730] ist es möglich, E-Mails auf einem Mailserver genau so in verschiedenen „Mailboxen" zu verwalten wie lokal auf dem PC. Dies ist besonders praktisch, wenn man von verschiedenen Rechnern aus auf die E-Mails zugreifen möchte.

```
Client                                                     Server

                              <Warte auf eine Verbindung auf TCP Port 110>
<Öffne TCP-Verbindung>
                              ← * OK IMAP4 Server
A001 AUTHENTICATE KERBEROS_V4 →
                              ← + AmFYig==
BAcAQU5EUkVXLkNNVS5FRFUAO
CAsho84kLN3/IJmrMG+25a4DT
+nZImJjnTNHJUtxAA+oOKPKfH
EcAFs9a3CL5Oebe/ydHJUwYFd
WwuQ1MWiy6IesKvjL5rL9WjXU
b9MwT9bpObYLGOKi1Qh           →
                              ← + or//EoAADZI=
DiAF5A4gA+oOIALuBkAAmw==      →
                              ← A001 OK Kerberos V4 authentication
                                successful
                                  ......
```

Bild 3.21: Das Authenticate-Kommando von IMAP.

Ein IMAP-Server wartet auf TCP-Port 143 auf Anfragen eines Clients. Nachdem sich der Server gemeldet hat, kann der Client mit dem AUTHENTICATE-Kommando eine Authentisierungsmethode vorschlagen. In Bild 3.21 hat der Client Kerberos gewählt, und der Server sendet eine 32-Bit-Nonce, codiert mit Base64. Der Client muss daraufhin mit seinem Kerberos-Ticket und einem Kerberos-Authentikator der E-Mail-Adresse und der Nonce antworten. Die Authentifizierung wird abgeschlossen durch einen Vorschlag des Servers für weitere Sicherheitsmechanismen durch den Server (zusammen mit der inkrementierten Nonce), auf die der Client mit einer verschlüsselten Nachricht antwortet, die die Nonce und die akzeptierten Vorschläge enthält.

In [RFC 1731] sind als Methoden Kerberos, GSS-API und S/Key vorgeschlagen, aber der Mechanismus ist leicht auf andere Methoden erweiterbar. Leider ist in IMAP nur der Befehl LOGIN, der eine Username/Passwort-Authentisierung durchführt, verbindlich vorgeschrieben. Alle AUTHENTICATE-Mechanismen sind nur optional, so dass hier wohl nur herstellerspezifische Lösungen zum Einsatz kommen.

4 WWW-Sicherheit mit SSL

Das Kürzel „SSL" steht für das bislang erfolgreichste Sicherheitskonzept im Internet. Jeder Webshop bietet heute seinen Kunden die Möglichkeit, vertrauliche Daten wie Kreditkartennummern und Kontoangaben über eine SSL-geschützte Verbindung an den Server zu übertragen.

Das Secure Socket Layer-Protokoll ist ein Beispiel dafür, nach welchen Kriterien ein erfolgreiches Sicherheitsprotokoll aufgebaut sein sollte:

- *Serverseitige Kryptographie*: Alle kryptographischen Parameter werden auf Serverseite konfiguriert. Da für die Betreuung der Server Fachleute zum Einsatz kommen, ist die Gefahr für Fehlkonfigurationen gering.
- *Schließen einer Sicherheitslücke*: SSL profitiert vom Erfolg des World Wide Web, indem es eine Möglichkeit zur vertraulichen Kommunikation in diesem unsicheren Medium schafft. Dies geschah genau zum richtigen Zeitpunkt. Die Weitsicht des Entwicklers Netscape ist hier zu loben.
- *Anpassungsfähigkeit*: SSL ist einfach genug aufgebaut, um leicht mit der raschen Weiterentwicklung des WWW mithalten zu können.

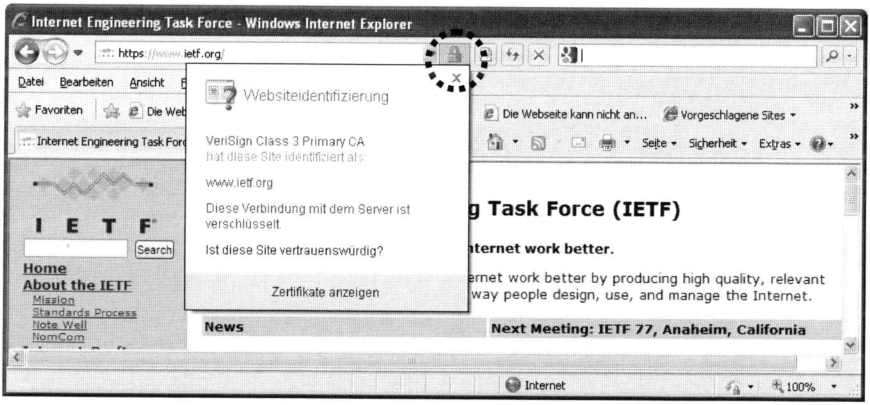

Bild 4.1: Die mit SSL abgesicherte Homepage der IETF. Der Aufruf von SSL erfolgt über die Protokollangabe https in der Adresszeile. Die SSL-Verschlüsselung wird üblicherweise durch ein geschlossenes Vorhängeschloss symbolisiert.

Um zu verstehen, wie SSL funktioniert, ist es notwendig, kurz auf das Hypertext Transfer Protokoll (HTTP) einzugehen, das neben der Hypertext Markup Language (HTML) die Basis des World Wide Web bildet.

Der Versuch, das Hypertext Transfer Protokoll direkt durch Einführung von Secure-HTTP (s-http) abzusichern, scheiterte an der Komplexität und fehlenden Flexibilität dieses Ansatzes. Wir werden darauf kurz in Abschnitt 4.2 eingehen. Dort werden auch die beiden Möglichkeiten, HTTP-Anfragen zu authentisieren, beschrieben.

Auf den von SSL gewählten Ansatz, eine Sicherungsschicht zwischen das Anwendungsprotokoll HTTP und das Transportprotokoll TCP einzuziehen, soll in den Abschnitten 4.3 bis 4.5 eingegangen werden. Im Abschnitt über SSL Version 3 geht es dabei mehr um das Handshake-Protokoll, im Abschnitt über TLS (Version 3.1 von SSL) mehr um die kryptographischen Details. Die Weiterentwicklung von TLS in [RFC 4346] (TLS 1.1) und [RFC 5246] (TLS 1.2) wird in Abschnitt 4.7.8 beschrieben.

Da SSL seit Jahren erfolgreich im praktischen Einsatz ist, sind in dieser Zeit natürlich auch eine Fülle von interessanten Angriffen publiziert worden. Sie betrafen meist Details der Implementierung und konnten leicht behoben werden. Interessant sind sie vor allem deshalb, weil es praktische Angriffe sind, die die ganze Bandbreite einer modernen Softwareimplementierung vom Timing-Verhalten der Server bis zum Graphical User Interface (GUI) ausnutzen. Für nur theoretisch beschriebene Protokolle sind solche Angriffe nicht realisierbar.

Abschließen möchte ich dieses Kapitel mit einem Abschnitt über eine erfolgreiche Public Key-Infrastruktur, die die Klagen darüber, dass es angeblich keine funktionierenden PKIs gibt, Lügen straft. Hier gibt es aktuelle Entwicklungen, die PKI zu stärken (EV-Zertifikate) bzw. SSL ohne PKI zu betreiben.

4.1 Das Hypertext Transfer Protocol (HTTP)

Das World Wide Web (WWW) besteht in seinem Kern aus zwei Komponenten: Der Hypertext Markup Language (HTML), mit der man die Struktur von Web-Dokumenten anwendungsunabhängig beschreiben kann, und dem Hypertext Transfer Protocol (HTTP) [RFC 2616], mit dem ein Client diese Dokumente von einem Server abrufen kann. (Kryptographische Sicherheitskonstrukte bei Beschreibungssprachen wurden erst in XML, dem Nachfolger von HTML, eingeführt; HTML kennt solche Konstrukte nicht.) Uns interessiert an dieser Stelle das Protokoll HTTP, da SSL und sein ehemaliger Konkurrent, Secure-HTTP, an dieser Stelle ansetzen.

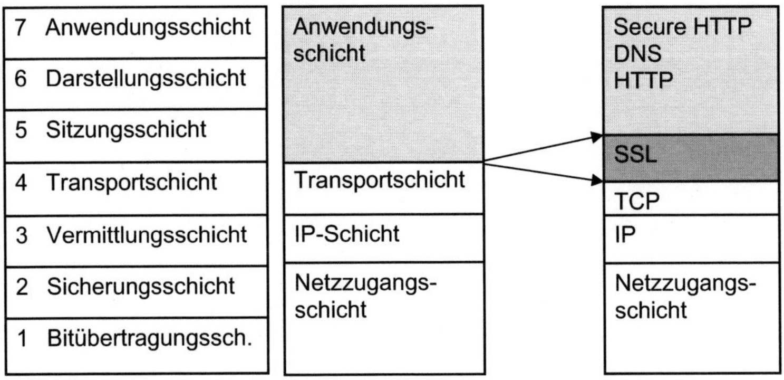

Bild 4.2: Einordnung von SSL in das OSI- und TCP/IP-Schichtenmodell.

Das Hypertext Transfer Protocol (HTTP) nutzt den Internet-Transportdienst TCP, der wiederum auf den Netzwerkdienst IP aufsetzt. IP transportiert Datenpakete über diverse Netzwerke hinweg von Rechner A (mit IP-Adresse IP_A in „dotted decimal notation", z.B. 194.25.134.132) zu Rechner B (mit IP-Adresse IP_B), kümmert sich aber nicht darum, ob sie ankommen oder nicht. Dies ist die Aufgabe von TCP, das darüber hinaus noch festlegt, für welches Programm (für welchen Prozess) auf dem Zielrechner die Daten bestimmt sind. Diese Angabe erfolgt über so genannte Portnummern, z.B. steht die Nummer 80 für HTTP. Die Kombination aus IP-Adresse und Portnummer, die ein Programm im Internet eindeutig identifiziert, wird „Socket" genannt. Über einen solchen Socket kann ein Prozess auf einem entfernten Rechner angesprochen werden. (SSL sichert solche Socket-Verbindungen ab, daher der Name Secure Socket Layer.) HTTP benötigt noch einen weiteren Internet-Dienst, das

Domain Name System (DNS). Dieser Dienst liefert zu einem (für Menschen lesbaren) Domain-Namen (z.B. www.joerg-schwenk.de) die IP-Adresse zur Identifizierung des Sockets. Er wird in Kapitel 8 näher behandelt.

Die Einordnung dieser Dienste in das OSI- und TCP/IP-Kommunikationsmodell ist in Bild 4.2 wiedergegeben. Dabei benötigen die Protokolle einer Schicht ständig die Dienste der darunter liegenden Schichten, während Hilfsprotokolle wie DNS nur selten benötigt werden.

Der Abruf eines WWW-Dokuments umfasst die folgenden Schritte:

1. Der Nutzer tippt http://www.joerg-schwenk.de/start.htm ein.
2. Der Browser fragt bei einem Domain Name Server die IP-Adresse zu www.joerg-schwenk.de nach und erhält die Antwort 212.227.127.75.
3. Der Browser baut eine TCP-Verbindung zu 212.227.127.75 und Port 80 auf.
4. Der Browser sendet ein HTTP-Kommando (1. Zeile des nachfolgenden Beispiels) zusammen mit Zusatzinformationen über TCP an 212.227.127.75, Port 80:

```
GET / HTTP/1.1
Host: www.joerg-schwenk.de
User-Agent: Mozilla/5.0 (Windows; U; Windows NT 5.1;
     en-US; rv:1.7.3) Gecko/20040910
Accept: text/xml,application/xml, application/xhtml+xml,
     text/html;q=0.9,text/plain;q=0.8,image/png,*/*;q=0.5
Accept-Language: en-us,en;q=0.5
Accept-Encoding: gzip,deflate
Accept-Charset: ISO-8859-1,utf-8;q=0.7,*;q=0.7
Keep-Alive: 300
Connection: keep-alive
```

5. Server antwortet über die TCP-Verbindung mit (a) einer Statuszeile (Erfolgsmeldung oder Fehler), (b) Metainfomation (Beschreibung der nachfolgenden Information), (c) einer Leerzeile und (d) der Information selbst:

```
HTTP/1.1 200 OK
Date: Tue, 01 Feb 2005 12:08:27 GMT
Server: Apache
Expires: Thu, 19 Nov 1981 08:52:00 GMT
Cache-Control: no-store, no-cache
Content-Length: 10125
Content-Type: text/html; charset=ISO-8859-1
Set-Cookie: SESSIONID=9f6b8f64d9caf7a12df4e0175a63366a; path=/

<html>
...
</html>
```

Schritt 1-5 wird (theoretisch) für jede HTTP-Anfrage wiederholt. Insbesondere müsste für jede HTTP 1.0-Anfrage eine neue TCP-Verbindung aufgebaut werden. Für HTTP 1.1 ist als Optimierung vorgesehen, dass die TCP-Verbindung erhalten bleiben kann. In der Praxis verfahren Browser und Webserver hier sehr pragmatisch: Ein Browser baut of parallel mehrere TCP-Verbindungen auf, um ein schnelleres Laden komplexer Webseiten zu gewährleisten.

Wenn man von der DNS-Abfrage absieht, besteht eine WWW-Abfrage im Wesentlichen aus zwei großen Teilen. Für beide Teile wurden kryptographische Sicherheitsmechanismen spezifiziert, mit unterschiedlichem Erfolg:

- **Aufbau der TCP-Verbindung**: SSL, PCT und TLS bauen einen sicheren Kanal (verschlüsselt und authentifiziert) oberhalb der TCP-Verbindung auf. Über diesen Kanal werden dann die HTTP-Nachrichten unverändert übertragen.
- **HTTP-Kommando und HTTP-Antwort**: [RFC 2069] definiert eine Challenge-and-Response-Methode zur Authentisierung eines Requests. Dazu müssen nur neue Header-Zeilen eingeführt werden. Dagegen ist Secure HTTP [RFC 2660] mit der Idee gescheitert, auch die HTTP-Daten selbst zu schützen.

Beide Ansätze sollen im Folgenden näher betrachtet werden.

4.2 HTTP-Sicherheitsmechanismen

Mechanismen zum Schutz des WWW können in HTTP selbst implementiert werden. Das wichtigste Beispiel hierfür ist die „Basic Authentication"-Methode von HTTP (1.0 und 1.1), die ein einfaches Username/Password-Verfahren zum Schutz bestimmter Verzeichnisstrukturen auf Webservern implementiert. Bei diesem Verfahren wird das Passwort ungeschützt über das Internet gesendet, daher ist der zusätzliche Einsatz von SSL ratsam.

Um diesen offensichtlichen Mangel zu beheben, wurde als Ergänzung für HTTP 1.1 die „Digest Access Authentication"-Methode definiert. Bei dieser Methode wird ein klassisches Challenge-and-Response-Verfahren in den HTTP-Rahmen integriert.

HTTP wurde im Rahmen des experimentellen RFC 2660 „Secure-HTTP" auch um die Dienste Verschlüsselung und digitale Signatur erweitert. Es gibt heute keine Implementierungen dieses RFC mehr, aber die Ideen daraus wirken weiter in den Bemühungen, Multimedia-Inhalte mit DRM-Systemen zu schützen, und XML-Dokumente zu verschlüsseln und zu signieren.

4.2.1 Basic Authentication für HTTP

Der einzige Sicherheitsmechanismus, den das HTTP-Protokoll seit Version 1.0 [RFC 1945] bietet, ist ein Zugriffsschutz mittels Username/Password auf bestimmte Verzeichnisse eines Webservers. Diese Methode der Authentisierung heißt „Basic", und ist auch so zu verstehen: Sie bietet lediglich Schutz gegen völlig unerfahrene Angreifer, denn sowohl das Passwort als auch die Daten selbst werden unverschlüsselt über das Internet übertragen.

Bild 4.3: Ablauf einer Basic-Authentisierung zwischen HTTP-Client und Server.

Der Ablauf einer Basic-Authentikation ist in Bild 4.3 dargestellt. Da HTTP ein zustandsloses Protokoll ist, besteht dieser Ablauf aus zwei aufeinander folgenden HTTP-Anfragen des Clients:

- Mit der ersten Anfrage versucht der Client (unwissentlich) auf ein geschütztes Dokument zuzugreifen. Durch eine Fehlermeldung des Servers wird ihm mitgeteilt, dass dieses Dokument geschützt ist, und welche Authentisierungsmethode angewendet werden muss.
- In einer zweiten Anfrage formuliert der Client seinen Wunsch erneut, diesmal mit der passenden Username/Password-Information, die er sich nach Erhalt der ersten Fehlermeldung über ein Pop-Up-Fenster vom Nutzer erfragt hat. Das Passwort wird dabei nicht etwa verschlüsselt übertragen (wie Bild 4.3 suggerieren könnte), sondern ist lediglich Base64-codiert, um Übertragungsfehler zu vermeiden.

4.2.2 Digest Access Authentication für HTTP

Im Zusammenhang mit den Arbeiten zu HTTP 1.1 [RFC 2068] wurde nach einer Methode gesucht, die wenigstens die offensichtlichsten Sicherheitsmängel von Basic beseitigt. Dazu wurde in [RFC 2617] ein einfaches Challenge-and-Response-Protokoll spezifiziert und in den HTTP-Rahmen eingepasst. Wir wollen dieses Verfahren an dem in [RFC 2617] angegebenen Beispiel erläutern.

Wenn ein WWW-Server einen HTTP-Request für ein Dokument erhält, für das eine Authentisierung benötigt wird, so antwortet er mit der Fehlermeldung „`401 Unauthorized`“ und sendet die Challenge gleich in dieser Meldung mit. Die Zeichenfolge „`realm="testrealm@host.com"`“ teilt dem Benutzer dabei mit, dass er sich als Nutzer von `testrealm@host.com` anmelden soll.

```
HTTP/1.1 401 Unauthorized
WWW-Authenticate: Digest realm="testrealm@host.com",
                         nonce="dcd98b7102dd2f0e8b11d0f600bfb0c093",
                         opaque="5ccc069c403ebaf9f0171e9517f40e41"
```

Die Nonce („number once“)ist ein Zufallswert, der in der gleichen Art und Weise verwendet wird wie die Cookies bei IPSec: Sie soll dazu dienen, Denial-of-Service-Angriffe durch IP-Spoofing abzuwehren. Sie wird an den Client zurückgeschickt, und muss in der Antwort identisch enthalten sein. Opaque schließlich beinhaltet die Challenge in Base64- oder hexadezimal codierter Form.

Auf diese Challenge muss der Nutzer mit einer Response antworten, die außer den drei in der Challenge enthaltenen Werten zusätzlich noch den Username, die URI des Dokuments und die Response (Base64 oder hexadezimal) enthalten muss.

```
Authorization: Digest  username="Mufasa",
                       realm="testrealm@host.com",
                       nonce="dcd98b7102dd2f0e8b11d0f600bfb0c093",
                       uri="/dir/index.html",
                       response="e966c932a9242554e42c8ee200cec7f6",
                       opaque="5ccc069c403ebaf9f0171e9517f40e41"
```

Die Response wird dabei mit der Hashfunktion MD5 aus dem (geheimen) Passwort (Beispiel: „CircleofLife“), dem Username, der „realm“, der URI („/dir/index.html“) und dem Nonce-Wert wie folgt gebildet:

```
MD5(MD5(Mufasa:myhost@testrealm.com:CircleOfLife):
dcd98b7102dd2f0e8b11d0f600bfb0c093:MD5(GET:/dir/index.html)).
```

Die Authentisierungsmethoden `Basic` und `Digest` ergänzen die Sicherheitsmechanismen von SSL, da dort eine Authentisierung pauschal für den ganzen Server erfolgt, während sie mit der hier vorgestellten Methode für jedes Dokument individuell gestaltet werden kann. Allerdings sind sie für statische Webseiten konzipiert worden, und haben für dynamisch generierte Webseiten nur eine geringe Bedeutung.

4.2.3 HTML-Formulare mit Passworteingabe

Webseiten werden heute oft dynamisch erzeugt. Hierzu wird auf Serverseite eine Multi-Tier-Architektur eingesetzt, die typischerweise aus einem Webserver als Frontend, einer Anwendungslogik (PHP, Java mit Apache Tomcat), und einer Datenbank besteht. Eine Authentifikation des Nutzers kann hier für jeden dieser „Tiers" erforderlich sein.

Da das HTTP-Protokoll nur zwischen Browser uns Webserver abläuft, stehen die Authentifizierungsinformationen aus HTTP Basic und HTTP Digest der Anwendungslogik und dem Datenbankserver nur dann zur Verfügung, wenn der Webserver diese in geeigneter Form exportiert.

Für die Passworteingabe in ein HTML-Formular existieren diese Probleme nicht: Die Daten, die in ein solches Formular eingegeben werden, müssen ja von der Anwendungslogik weiterverarbeitet werden, und stehen somit über Standardschnittstellen immer zur Verfügung. Daher hat sich diese Art der Nutzerauthentifizierung in der Praxis durchgesetzt.

4.2.4 Secure HTTP

Mit Secure-HTTP (S-HTTP) [RFC 2660] wurde versucht, die HTTP-Kommandos und Antworten mit Mitteln der Public Key-Kryptographie abzusichern. Der Standard beschreibt zusätzliche Header-Felder für HTTP und S-HTTP, die benötigt werden, um Daten verschlüsselt, signiert oder authentisiert austauschen zu können.

Die grundlegende Vorgehensweise ist dabei in Bild 4.4 dargestellt: Eine normale HTTP-Nachricht wird in eine S-HTTP-Nachricht eingepackt, wobei auch der HTTP-Header in den Datenteil wandert. Da auch der URI (Unique Ressource Identifier; der Pfadname in der URL, der nach dem Domainnamen kommt) vertrauliche Informationen enthalten kann, wird auch er unterdrückt. Aus

```
Get /root/secret.html HTTP/1.0
```

wird so

```
Secure * Secure-HTTP/1.4 .
```

Aus der Server-Antwort

```
Secure-HTTP/1.4 200 OK
```

kann der Client ersehen, dass die Behandlung des S-HTTP-Umschlags der Nachricht erfolgreich beendet wurde. Sie sagt nichts darüber aus, ob auch der GET-Request erfolgreich bearbeitet werden konnte. Das steht erst im Body dieser Nachricht.

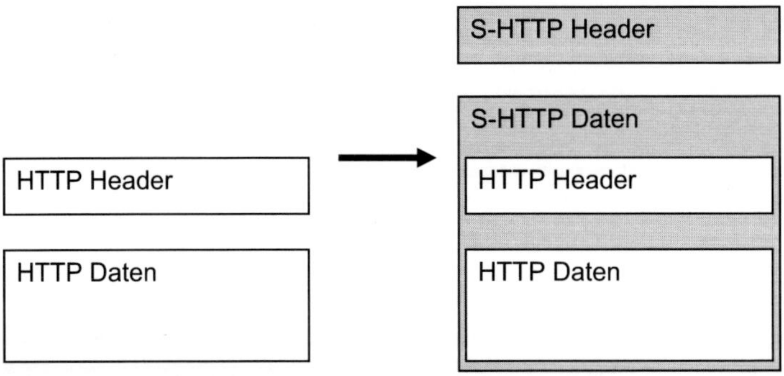

Bild 4.4: Kapselung der HTTP-Antwort in einer S-HTTP-Antwort

Der Ablauf einer S-HTTP-Kommunikation soll anhand eines Beispiels aus [RFC 2660] näher erläutert werden.

Der S-HTTP-fähige Client beginnt mit einem einfachen HTTP-Request, entweder durch Angabe einer URL oder durch Klicken auf einen Link. Der S-HTTP-Server antwortet darauf mit einer HTTP-Nachricht, die kryptographische Informationen in zusätzlichen Headerfeldern enthält:

```
200 OK HTTP/1.0
Server-Name: Navaho-0.1.3.3alpha
Certificate-Info: CMS,MIAGCSqGSIb3DQEHAqCAMIACAQExADCABgkqh
    ...
    PhZcW1e+nojLvHXWAU/CBkwfcR+FSf4hQ5eFu1AjYv6Wqf430Xe9Et5+jgnM
    Tiq4LnwgTdA8xQX4elJz9QzQobkE3XVOjVAtCFcmiin80RB8AAAMYAAAAAAA
    AAAAA==
Encryption-Identity: DN-1779, null, CN=Setec Astronomy, OU=Persona
Certificate,O="RSA Data Security, Inc.", C=US;
SHTTP-Privacy-Enhancements: recv-required=encrypt

<A name=tag1 HREF="shttp://www.setec.com/secret">
Don't read this. </A>
```

Die neuen Felder sind

- Certificate-Info: Dieses Feld enthält das nach den Vorgaben der Cryptographic Message Syntax (CMS) [RFC 2630] formatierte und Base64 codierte Zertifikat des S-HTTP-Servers.
- Encryption-Identity: Identität der verschlüsselnden Instanz.
- SHTTP-Privacy-Enhancements: Hier steht, dass alle zukünftigen HTTP-Nachrichten verschlüsselt werden müssen.

Der Body dieser Nachricht enthält einen S-HTTP-Link. Durch Klicken auf diesen Link wird die URI „/secret" mit einem GET-Befehl angefordert.

```
GET /secret HTTP/1.0
Security-Scheme: S-HTTP/1.4
User-Agent: Web-O-Vision 1.2beta
Accept: *.*
Key-Assign: Inband,1,reply,des-ecb;7878787878787878
```

Mittels des Key-Assign-Feldes kann der Client dem Server den Wert (hier: hexadezimal „7878787878787878") des symmetrischen Sitzungsschlüssels zukommen lassen, mit dem die Antwort verschlüsselt werden soll. Dieser Wert wird an einen Namen gebunden (hier: „1"), ist für die Antwort („reply") gültig, und als Algorithmus soll DES im CBC-Modus verwendet werden.

Dieser GET-Request darf natürlich nicht im Klartext gesendet werden. Daher wird er mit RSA und dem öffentlichen Schlüssel des Servers (aus dem Zertifikat) im Datenteil der folgenden S-HTTP-Nachricht übertragen.

```
Secure * Secure-HTTP/1.4
Content-Type: message/http
Content-Privacy-Domain: CMS

MIAGCSqGSIb3DQEHA6CAMIACAQAxgDCBqQIBADBTME0xCzAJBgNVBAYTAlVTMSAw
HgYDVQQKExdSU0EgRGF0YSBTZWN1cml0eSwgSW5jLjEcMBoGA1UECxMTUGVyc29u
YSBDZXJ0aWZpY2F0ZQICALYwDQYJKoZIhvcNAQEBBQAEQCU/R+YCJSUsV6XLilHG
cNVzwqKcWzmT/rZ+duOv8Ggb7oO/d8H3xUVGQ2LsX4kYGq2szwj8Q6eWhsmhf4oz
lvMAADCABgkqhkiG9w0BBwEwEQYFKw4DAgcECFif7BadXlw3oIAEgZBNcMexKe16
+mNxx8YQPukBCL0bWqS86lvws/AgRkKPELmysBi5lco8MBCsWK/fCyrnxIRHsloK
BXBVlsAhKkkusk1kCf/GbXSAphdSgG+d6LxrNZwHbBFOX6A2hYS63Iczd5bOVDDW
Op2gcgUtMJq6k2LFrs4L7HHqRPPlqNJ6j5mFP4xkzOCNIQynpDlrV6EECMIk/T7k
```

1JLSAAAAAAAAAAAAAA==

Der Server entschlüsselt diese Nachricht und kann das Dokument „/secret“ an den Client übertragen. Die entsprechende HTTP-Antwort kann etwa wie folgt lauten:

```
HTTP/1.0 200 OK
Security-Scheme: S-HTTP/1.4
Content-Type: text/html

Congratulations, you've won.
<A href="/prize.html" CRYPTOPTS="Key-Assign:
Inband,alice1,reply,des-ecb;020406080a0c0e0f;
SHTTP-Privacy-Enhancements: recv-required=auth">
   Click here to claim your prize
</A>
```

Auch diese Nachricht wird verschlüsselt übertragen, denn sie enthält den Schlüssel “alice1” mit dem hexadezimalen Wert 020406080a0c0e0f, den der Client später zur Authentisierung seiner Antwort verwenden soll. Also wird das Ganze wieder in die folgende S-HTTP-Nachricht verpackt:

```
Secure * Secure-HTTP/1.4
Content-Type: message/http
Prearranged-Key-Info: des-ecb,697fa820df8a6e53,inband:1
Content-Privacy-Domain: CMS
```

MIAGCSqGSIb3DQEHBqCAMIACAQAwgAYJKoZIhvcNAQcBMBEGBSsOAwIHBAifqtdy
x6uIMYCCARgvFzJtOZBn773DtmXlx037ck3giqnV0WC0QAx5f+fesAiGaxMqWcir
r9XvT0nT0LgSQ/8tiLCDBEKdyCNgdcJAduy3D0r2sb5sNTT0TyL9uydG3w55vTnW
aPbCPCWLudArI1UHDZbnoJICrVehxG/sYX069M8v6VO8PsJS7//hh1yM+0nekzQ5
l1p0j7uWKu4W0csrlGqhLvEJanj6dQAGSTNCOoH3jzEXGQXntgesk8poFPfHdtj0
5RH4MuJRajDmoEjlrNcnGl/BdHAd2JaCo6uZWGcnGAgVJ/TVfSVSwN5nlCK87tXl
nL7DJwaPRYwxb3mnPKNq7ATiJPf5u162MbwxrddmiE7e3sST7naSN+GS0ateY5X7
AAAAAAAAAAA=

Der Body dieser Nachricht besteht aus der HTTP-Antwort, die mit einem zufällig gewählten Sitzungsschlüssel verschlüsselt wurde. Das Kryptogramm dieses Sitzungsschlüssels, der mit dem vorher vereinbarten Schlüssel „1“ (hexadezimaler Wert 7878787878787878) verschlüsselt wurde, ist der Zahlenwert im Feld „Prearranged-Key-Info“.

S-HTTP wird heute nicht mehr diskutiert, die meisten Dokumente zu diesem Standard sind nach der Übernahme der federführenden Firma aus dem Internet verschwunden. Der sichere Kanal, den SSL bietet, hat sich als für die meisten Fälle ausreichend und einfacher zu implementieren herausgestellt. Außerdem stand hinter dem S-HTTP-Vorschlag kein Internet-Schwergewicht wie Netscape.

Es lohnt sich dennoch, sich das Konzept von S-HTTP zu vergegenwärtigen, denn einige Ideen leben im Bereich des „Digital Rights Management“ und der XML-Sicherheit weiter.

4.3 Erste Versuche: SSL 2.0 und PCT

Das Rennen um die Absicherung des WWW hat eine Gruppe von Protokollen gewonnen, die von den Branchengrößen Netscape und Microsoft favorisiert wurden. Alle diese Protokolle bauen eine zusätzliche Kommunikationsschicht zwischen TCP und HTTP, den so genannten Record Layer, auf. Das Resultat ist der bislang erfolgreichste Internet-Sicherheitsstandard, das Transport Layer Security-Protokoll (TLS). PKIs für TLS-Serverzertifikate sind mittlerweile fest etabliert, allerdings ist das dahinter stehende Vertrauensmodell durch die so genannten Phishing-Angriffe auf Onlinebanking in letzter Zeit in Frage gestellt worden..

In diesem Abschnitt wollen wir kurz auf die Anfänge dieses Standards eingehen.

4.3.1 SSL 2.0

SSL 2.0 [Hic95] wurde 1994 von Netscape parallel zum ersten Browser entwickelt. Ziel war es, ein flexibles und leicht handhabbares kryptographisches Protokoll zur Absicherung von Client-Server-Verbindungen bereitzustellen. Diese weitsichtige Strategie hat sich bezahlt gemacht: SSL ist das heute am häufigsten verwendete Sicherheitsprotokoll im Internet. Als erster Schritt in dem damals noch recht jungen Gebiet der Internetsicherheit wies die Version 2.0 verständlicherweise noch einige Schwächen auf, die dann in der Nachfolgeversion 3.0 beseitigt wurden. (SSL 2.0 ist in den aktuellen Browserversionen immer noch implementiert, sollte aber nach Möglichkeit deaktiviert werden, um die hier noch einmal zusammengefassten Schwächen zu vermeiden.)

Die bekannteste Schwäche von SSL 2.0 betraf nicht den Standard selbst, sondern die Referenzimplementierung SSLRef von Netscape, die 1995 veröffentlicht wurde. Ein Fehler im Zufallszahlengenerator untergrub hier die Sicherheit des Verfahrens.

Die nachfolgend aufgezählten Protokollmängel wurden durch die Nachfolgeversion 3.0 behoben.

Sicherheitsmängel

SSL 2.0 ist anfällig gegen spezielle "man-in-the-middle"-Attacken. Der Angreifer schaltet sich dabei („in die Mitte“) zwischen Client und Server und ändert die ClientHello-Nachricht so ab, dass nur noch eine schwache 40-Bit-Verschlüsselung vom Client vorgeschlagen wird. In SSL 3.0 wird dieser Angriff durch Einfügen des Hashwerts aller vorigen Nachrichten in die letzte Handshake-Nachricht abgewehrt.

Die Art und Weise, wie SSL 2.0 den MAC eines SSL-Records berechnet, ist kryptographisch schwach. Da dieser MAC anschließend noch verschlüsselt wird, sind bisher keine Angriffe bekannt geworden, das Format wurde trotzdem in SSL 3.0 verbessert.

Für Blockchiffren muss in der Regel die Länge des Klartextes durch Padding bytes auf ein Vielfaches der Blocklänge der Chiffre erweitert werden (bei DES z.B. 64 Bit = 8 Byte). Dies wurde auch in SSL 2.0 so gemacht, nur wurde die Anzahl dieser Bytes nicht angegeben. Dadurch erhielten Angreifer die Möglichkeit, unbemerkt Bytes am Ende des Chiffretexts zu löschen.

Die größte Schwäche betraf die Nachrichten-Authentikation in Exportversionen: Die Exportvorschriften der USA betrafen lediglich die Länge der Verschlüsselungsschlüssel, die auf 40 Bit beschränkt wurde. Bei SSL 2.0 wurden auch die Schlüssel zur Berechnung des MAC auf 40 Bit verkürzt, was zu einer unnötigen Schwäche führte.

Funktionalitätsmängel

In SSL 2.0 kann der Client nur zu Beginn der Verbindung einen Handshake durchführen. Ein Wechsel von Algorithmen und Schlüsseln während einer Verbindung war nicht möglich. In SSL 3.0 können nun sowohl Client als auch Server während der Verbindung einen Handshake initiieren.

In SSL 2.0 waren nur flache Public-Key-Infrastrukturen möglich, bei denen die Serverzertifikate direkt vom Root-Zertifikat signiert waren: In der Certificate-Nachricht konnten nur einzelne Zertifikate übertragen werden. Ab SSL 3.0 können auch Ketten von Zertifikaten übertragen werden, und komplexere PKIs sind möglich.

Der patentierte RSA-Algorithmus, der in SSL 2.0 als einziger Algorithmus für den Schlüsselaustausch und zum Signieren von Zertifikaten verwendet wurde, ist in SSL 3.0 um weitere Schlüsselaustauschalgorithmen wie Diffie-Hellman und Fortezza und nicht-RSA-basierte Zertifikate ergänzt worden.

Eine Datenkompression war in SSL 2.0 nicht vorgesehen. An SSL 3.0 ist es möglich, einen Kompressionsalgorithmus auszuhandeln, auch wenn bislang noch keiner spezifiziert wurde.

Konzeptionelle Mängel

In SSL 2.0 war der Transport von Daten eng mit der Nachrichtenebene verknüpft: Jedes Paket enthielt genau eine Handshake-Nachricht. In 3.0 wurde diese unnötige Verknüpfung aufgelöst, und SSL-Records können Teile einer Nachricht, eine ganze Nachricht, oder mehrere Nachrichten enthalten.

4.3.2 Private Communication Technology (PCT)

Das Private Communication Technology Protokoll stellte einen Versuch von Microsoft dar, dem SSL-Vorschlag des Konkurrenten Netscape ein eigenes Protokoll gegenüber zu stellen. Ausgangspunkt dafür waren die oben beschriebenen Schwächen der Version 2.0 des SSL-Protokolls.

Die Datenformate wurden von SSL 2.0 übernommen, das Handshake-Protokoll aber grundlegend geändert: Ein neuer Verbindungsaufbau benötigt nur vier, die Wiederherstellung einer alten Verbindung nur zwei Nachrichten.

Die wichtigsten Ideen von PCT wurden in der Version 3.0 von SSL aufgegriffen. Die Arbeiten zu PCT sind daher heute eingestellt, und man findet im Internet nur noch die HTML-Version eines Drafts vom Oktober 1995 [PCT95].

Zusammenfassend muss man den Beitrag von PCT zur Version 3.0 von SSL würdigen, eine praktische Bedeutung hat PCT aber heute nicht mehr.

4.4 SSL 3.0: Sicherheitsschicht über TCP

Die Version 3.0 wird generell als Beispiel für einen guten und stabilen Sicherheitsstandard angesehen. Die Schwächen von SSL 2.0 sind beseitigt, und für den IETF-Standard TLS wurden nur noch geringe Änderungen vorgenommen. Es gibt zahllose kommerzielle und freie Implementierungen dieser Version.

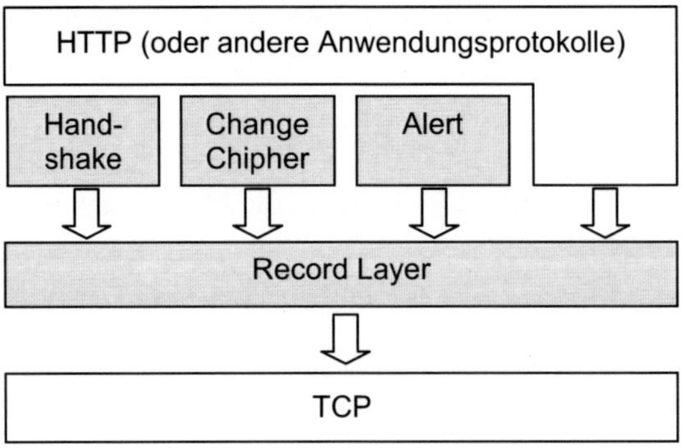

Bild 4.5: Die Bestandteile des SSL-Protokolls, im Bild grau unterlegt.

Da SSL 3.0 immer noch bekannter ist als TLS, wollen wir in diesem Abschnitt seine Funktionsweise im Detail erläutern. Da sich beim Übergang zu TLS nichts Wesentliches geändert hat, gehen wir anschließend nur noch auf die (wenigen) Modifikationen eingehen.

4.4.1 Bestandteile von SSL 3.0

Die Grundidee von SSL besteht (wie schon erwähnt) darin, oberhalb des TCP-Protokolls als weitere Protokollschicht eine Sicherungsschicht einzuziehen. Die Aufgabe dieser Sicherungsschicht, Record Layer genannt, besteht darin, alle Daten vor ihrer Übergabe an das TCP-Transportprotokoll unter Verwendung der jeweils aktuellen kryptographischen Parameter zu verschlüsseln und zu authentisieren. Über das Internet werden so mit TCP/IP nur verschlüsselte Daten übertragen, die auf der Empfangsseite von TCP an den Record Layer zur Entschlüsselung übergeben werden.

Eine wesentliche Stärke von SSL stellt das Handshake-Protokoll dar, mit dem zwischen Client und Server die kryptographischen Parameter (Algorithmen und Schlüssel) ausgehandelt werden können. Die Bedienung des SSL-Clients reduziert sich daher auf das Anklicken eines Hyperlinks (z.B. https://www.ietf.org) oder die manuelle Eingabe des Protokollnamens https. Alles andere erledigen Client und Server automatisch. Konfigurationsarbeiten müssen nur auf Serverseite ausgeführt werden.

Das Alert-Protokoll dient dem Austausch von Fehlermeldungen zwischen Client und Server, und das Change Cipher Spec-Protokoll schaltet den Record Layer auf neu ausgehandelte kryptographische Parameter um.

Die folgenden Abschnitte beschreiben diese einzelnen Bestandteile von SSL genauer.

4.4.2 SSL Record Layer

Der SSL Record Layer stellt eine neue Ebene in der TCP/IP-Protokollhierarchie dar. Er liegt oberhalb von TCP und akzeptiert, wie TCP selbst, eine Folge von Bytes (Bytestrom) von der Anwendung. Wäre SSL Bestandteil des Betriebssystems, so könnten alle TCP-basierten Anwendungen diesen Dienst nutzen. SSL ist aber meist in Anwendungen wie Webbrowser (oft auch E-Mail-Clients) integriert, so dass es nur hier zur Verfügung steht.

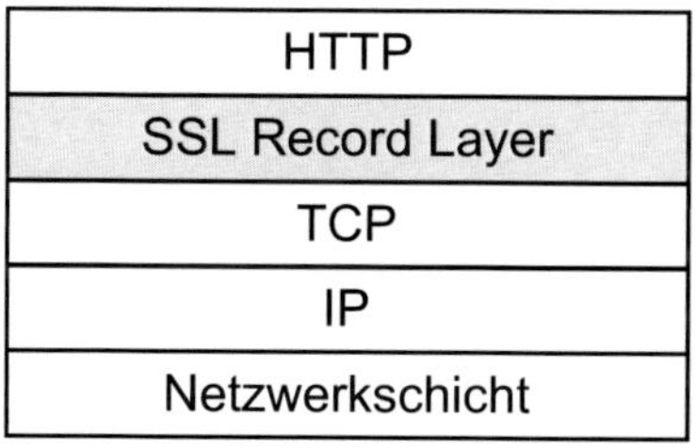

Bild 4.6: Die Lage des SSL Record Layer im TCP/IP-Protokollstack

Der Bytestrom wird vom SSL Record Layer zunächst einmal in Blöcke zerlegt. Diese Blöcke werden „Records" genannt und sollten nicht länger sein als 2^{14}=16384 Bytes sein.

Nach der Fragmentierung kann auf den Record optional ein Kompressionsverfahren angewandt werden. Durch die Komprimierung soll die Größe des Records minimiert werden. (In Ausnahmefällen kann es bei Kompressionsverfahren auch zu einer Vergrößerung des Datenvolumens kommen. SSL/TLS erlaubt hier maximal 1024 zusätzliche Byte.) Die Standardeinstellung für Kompression ist NULL, d.h. es findet keine Kompression statt.

Im nächsten Schritt wird zur Authentifizierung der Daten ein Message Authentication Code (MAC) angefügt, der nur von Sender und Empfänger überprüft werden kann. In die Berechnung des MAC fließt auch eine Sequenznummer mit ein.

Bei der anschließenden Verschlüsselung ist zu beachten, dass bei Verwendung einer Blockchiffre die Länge des Klartextes ein Vielfaches der Blocklänge der Chiffre sein muss. Es kann also notwendig sein, einige zusätzliche Bytes anzuhängen, die so genannten Padding-Bytes. Damit der Record-Layer auf Empfängerseite erkennen kann, welche Bytes hinzugefügt wurden, muss die Anzahl dieser Padding-Bytes mit angegeben werden (Padding-Länge).

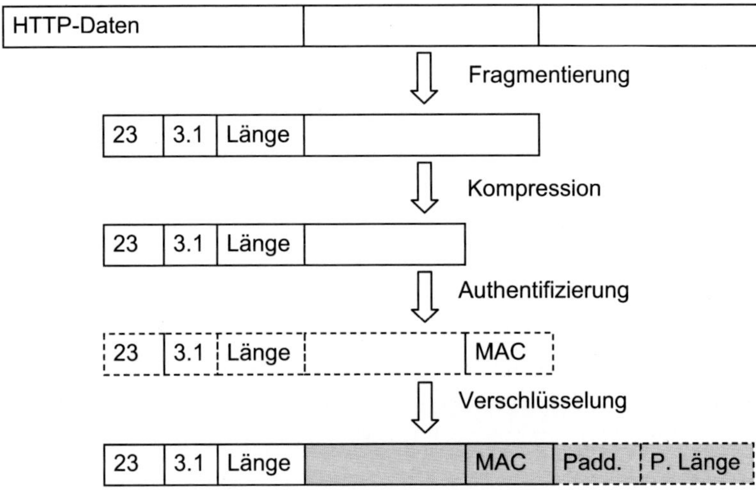

Bild 4.7: Das SSL Record Layer-Protokoll in Aktion

Zur Berechnung des MAC und zur Verschlüsselung verwendet der Record Layer die gerade aktuellen Schlüssel und Algorithmen. Zu Beginn des SSL-Handshakes sind auf beiden Seiten noch keine Schlüssel vorhanden, also werden diese Daten ohne MAC und ohne Verschlüsselung übertragen. (In dieser Phase der Kommunikation werden aber neben den SSL-Handshake-Paketen, nur SSL-Alert- und SSL-ChangeCipherSpec-Nachrichten übertragen.) Mit dem Handshake werden neue Schlüssel zwischen beiden Partnern vereinbart, und nach Erhalt einer ChangeCipherSpec-Nachricht schaltet der Record Layer auf die neuen Schlüssel um.

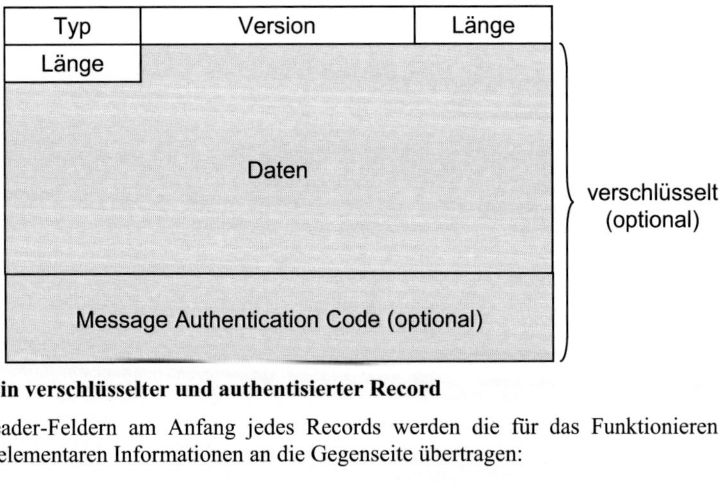

Bild 4.8: Ein verschlüsselter und authentisierter Record

In drei Header-Feldern am Anfang jedes Records werden die für das Funktionieren des Protokolls elementaren Informationen an die Gegenseite übertragen:

- **Type** (1 Byte): Hier wird der Typ der übertragenen Nachricht beschrieben, wobei nur zwischen den SSL-Typen ChangeCipherSpec (Type=20), Alert (Type=21) und Handshake (Type=22) auf der einen, und allen anderen Anwendungsdaten wie z.B. HTTP oder FTP (Type=23) auf der andern Seite unterschieden wird.
- **Version** (2 Byte): Das erste Byte gibt die Hauptversion, das zweite die Unterversion an. In Gebrauch sind die Werte 2.0 (SSL Version 2.0, nicht empfohlen), 3.0 (SSL 3.0) und 3.1 (TLS 1.0).
- **Länge** (2 Byte): Hier wird die Länge des nachfolgenden Datenblocks in Bytes angegeben. (Man beachte, dass die Längenwerte für die in Bild 4.7 angegebenen Zwischenschritte unterschiedlich sind.)

Die Struktur eines Records nach Durchlaufen des Record-Layer ist in Bild 4.8 angegeben.

4.4.3 SSL Handshake

Der SSL Handshake ist das Herzstück des SSL-Protokolls und der weitaus komplexeste Teil. Hier findet der Schlüsselaustausch zwischen Client und Server statt, der es beiden ermöglicht, anschließend verschlüsselt zu kommunizieren. Grundlage des Handshake-Protokolls ist der einfache Zwei-Wege-Schlüsselaustausch auf Basis eines Public-Key-Verschlüsselungsverfahrens:

1. Der Server sendet seinen öffentlichen Schlüssel an den Client (verpackt in ein SSL-Zertifikat, das auch den Domain-Namen enthält).
2. Der Client verschlüsselt eine geheime Zufallszahl mit dem öffentlichen Schlüssel des Servers und überträgt diesen Wert zum Server. Diese geheime Zufallszahl wird von Client und Server zur Berechnung der symmetrischen Schlüssel verwendet.

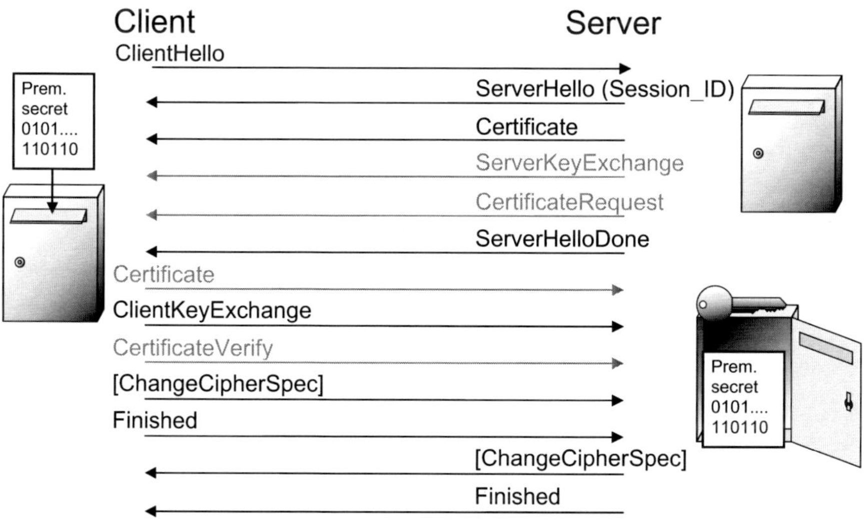

Bild 4.9: SSL Handshake mit RSA als Schlüsselaustauschalgorithmus. (Die grau dargestellten Nachrichten ServerKeyExchange, CertificateRequest, Certificate und CertificateVerify sind optional.)

Dieser Austausch wird im Wesentlichen durch die beiden Nachrichten Certificate und ClientKeyExchange realisiert.

Umrahmt wird dieser Schlüsselaustausch durch Nachrichten, die der Absprache und Synchronisation zwischen Client und Server, und dem Schutz gegen verschiedenste Angriffe, dienen. Bild 4.9 gibt den Ablauf des Handshake-Protokolls wieder, auf den wir nun näher eingehen wollen.

Mit der ClientHello-Nachricht nimmt der Client Kontakt zum Server auf. Diese Nachricht enthält Informationen über den Client, die der Server zum Aufbau einer SSL-Verbindung benötigt. Neben der Versionsnummer des vom Client unterstützen SSL-Protokolls sind dies vor allen Dingen eine Liste von möglichen kryptographischen Verfahren (so genannte „Ciphersuites") und, falls vorhanden, eine Identifikationsnummer (Session_ID) aus einem früheren SSL-Handshake. (Eine gültige Session_ID führt zu einem verkürzten Handshake, s.u.) Außerdem sendet der Client eine Zufallszahl ClientRandom (im Klartext), die später in die Berechnung der kryptographischen Schlüssel mit einfließt.

Der Server antwortet darauf mit einer ganzen Reihe von Nachrichten. Zunächst wählt er eine der Ciphersuites (in der Regel die kryptographisch stärkste) aus und teilt diese Entscheidung dem Client in der ServerHello-Nachricht mit, die ebenfalls eine Zufallszahl ServerRandom zur späteren Verwendung enthält. Dann schickt er seinen öffentlichen Schlüssel in Form eines X.509-Zertifikats in der Certificate-Nachricht an den Client. Besitzt der Server kein Zertifikat (kommt in der Praxis nicht vor), oder enthält das Zertifikat keinen öffentlichen Schlüssel, der zur Verschlüsselung des Premaster Secret verwendet werden darf (bestimmte Zertifikate enthalten öffentliche Schlüssel, die nur zur Überprüfung von digitalen Signaturen verwendet werden dürfen), so muss er den öffentlichen Schlüssel mit ServerKeyExchange übertragen. ServerHelloDone schließt den Nachrichtenblock des Servers ab.

Der Client kennt nun den öffentlichen Schlüssel des Servers. Er wählt einen geheimen Wert, das Premaster Secret, aus, und verschlüsselt ihn mit dem öffentlichen Schlüssel des Servers, und sendet dieses Kryptogramm mit ClientKeyExchange an den Server. (Anmerkung: Das Premaster Secret kann auch mit Hilfe der Diffie-Hellman-Schlüsselvereinbarung zwischen Client und Server ausgehandelt werden.) Aus dem Premaster Secret wird zunächst das Master Secret abgeleitet. Das Master Secret ist der Ausgangspunkt für die Berechnung der kryptographischen Schlüssel, das Premaster Secret kann gelöscht werden. Die kryptographischen Algorithmen und die dazu passenden Schlüssel sind dem Client nach Durchführung einiger schneller Hashoperationen bekannt. Er kann daher auf die neuen Schlüssel und Algorithmen mit dem Protokoll [ChangeCipherSpec] umschalten, und den Handshake mit der Finished-Nachricht beenden.

Der Server entschlüsselt das Kryptogramm und führt ebenfalls die Hashoperationen durch, um alle notwendigen Schlüssel zu bekommen. Dann schaltet auch er mit [ChangeCipherSpec] auf diese um, und beendet alles mit Finished.

Nach diesem Handshake sind folgende Informationen sowohl Client als auch Server bekannt:

- Eine Session_ID als Name der aktuellen SSL-Verbindung.
- Eine Ciphersuite mit jeweils einem Public Key-Algorithmus zur Übertragung/ Aushandlung des Premaster Secret, einem symmetrischen Verschlüsselungsalgorithmus und einem Hashalgorithmus.
- Ein gemeinsames Master Secret.
- Je ein Verschlüsselungsschlüssel für den Datenverkehr von Client zum Server und umgekehrt.
- Falls erforderlich zwei Initialisierungsvektoren für die Verschlüsselungsfunktion, einen für jede Richtung.

- Für jede Übertragungsrichtung ein Schlüssel zur Bildung des MAC von Nachrichten.
- Optional eine Kompressionsfunktion.

Authentisierung des Clients

Optional ist es bei SSL möglich, neben dem Server auch den Client zu authentisieren. Dazu muss auch der Client in einer Certificate-Nachricht ein Zertifikat senden, das der Server mit CertificateRequest anfordert.

Während die Authentisierung des Servers in der Regel implizit dadurch erfolgt, dass er das Premaster Secret entschlüsseln kann, muss die Authentisierung des Clients explizit sein. Der Client signiert daher den Hashwert aller bisher ausgetauschten Handshake-Nachrichten in der CertificateVerify-Nachricht, und der Server überprüft diese Signatur.

Verkürzter SSL-Handshake

Public Key-Operationen wie die Bildung oder Verifizierung einer Signatur, die Verschlüsselung des Premaster Secret oder die Diffie-Hellman-Schlüsselvereinbarung müssen in Langzahlarithmetik implementiert werden, d.h. sie sind sehr zeit- und rechenaufwendig. Beim Surfen im WWW kommt es aber recht häufig vor, dass innerhalb kurzer Zeit mehrere Verbindungen vom Client zu einem bestimmten Server geöffnet werden (nacheinander oder gleichzeitig):

- Bei HTTP 1.0 bei jedem Klick auf einen Link innerhalb der gleichen Domäne, oder beim Laden eines Bildes.
- Beim Betätigen des Back-Buttons und Rückkehr zu einer SSL-geschützten Seite.
- Beim gleichzeitigen Öffnen mehrerer Browserfenster zu einem Server.

In all diesen Fällen wurde bereits ein Master Secret zwischen Client und Server vereinbart. Dieses kann im verkürzten Handshake dazu benutzt werden, neues Schlüsselmaterial zu generieren.

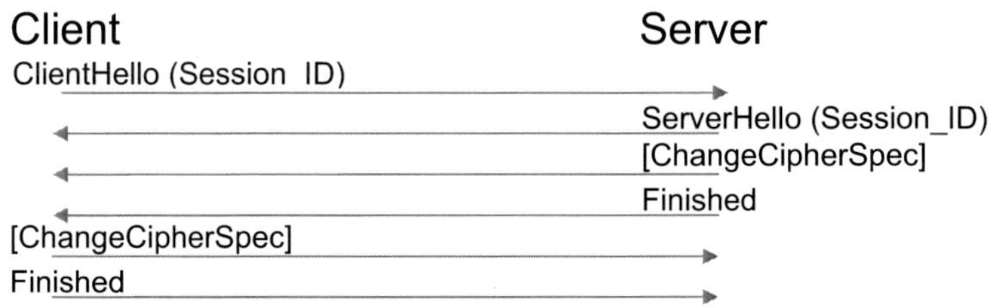

Bild 4.10 Verkürzter SSL-Handshake.

Der verkürzte Handshake besteht eigentlich nur aus der ClientHello und der ServerHello-Nachricht. Die ClientHello-Nachricht enthält dabei die Session_ID einer anderen SSL-Sitzung, die zwischen Client und Server besteht. Der Server versucht, anhand dieser ID die kryptographischen Parameter der anderen Sitzung, insbesondere das Master Secret, in seiner Datenbank zu finden. Gelingt ihm das, so kann er entscheiden, ob er dem Client die Nutzung dieser Parameter in einer weiteren SSL-Sitzung gestatten und beiden damit eine Menge Rechenarbeit ersparen möchte. Wenn ja, so sendet er die Session_ID zurück, und der verkürzte Handshake wird wie in Bild 4.10 dargestellt mit [ChangeCipherSpec] und Finished abgeschlossen. (Andernfalls wählt der Server eine neue Session_ID und sendet diese an den Client. Beide müssen daraufhin einen vollständigen Handshake durchführen.)

Die in dieser neuen Session verwendeten Schlüssel unterscheiden sich von den Schlüsseln der alten Sitzungen, da in sie die beiden Zufallszahlen ClientRandom und ServerRandom aus den beiden Hello-Nachrichten als so genanntes „Salt“ mit einfließen.

4.4.4 SSL ChangeCipherSpec

Warum ist die ChangeCipherSpec-Nachricht ein eigenes Protokoll? Die Antwort lautet: Aus reiner Vorsicht!

Mit der ChangeCipherSpec-Nachricht wird zwischen verschiedenen kryptographischen Parametern hin- und hergeschaltet. Alle Nachrichten vorher bis einschließlich ChangeCipherSpec müssen mit den alten Werten verschlüsselt und authentisiert werden, alle danach mit den neuen. Da es aber erlaubt ist, verschiedene aufeinander folgende Handshake-Nachrichten in einem SSL Record zusammenzufassen (vgl. Bild 4.16), auf ein solches Record aber nur ein einheitlicher Satz von kryptographischen Parametern angewendet werden darf, muss sichergestellt werden, dass für die Nachrichten vor- und nach ChangeCipherSpec jeweils ein separater Record verwendet wird. Dies lässt sich am einfachsten dadurch erreichen, dass man ChangeCipherSpec zu einem eigenen Protokoll macht.

So beugt man Implementierungsfehlern vor.

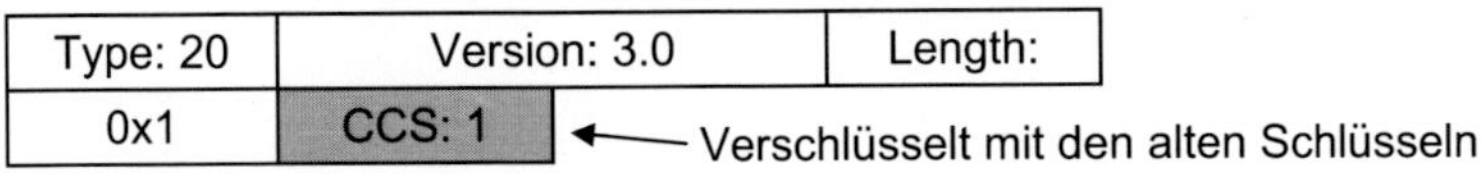

Bild 4.11: Die ChangeCipherSpec-Nachricht

4.4.5 SSL Alert Protocol

Wie bei jedem Kommunikationsprotokoll kann es auch bei SSL zu Missverständnissen und Fehlern zwischen den Kommunikationspartnern kommen. Um diese Fehler der anderen Partei mitteilen zu können, benötigt man einen Satz von Fehlermeldungen. Diese sind im SSL Alert Protocol zusammengefasst.

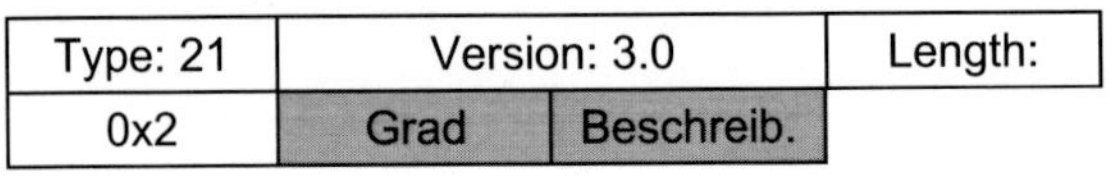

Bild 4.12: Eine Alert-Nachricht

Alert-Nachrichten haben den Record-Typ 21 und bestehen aus zwei Byte: Das erste Byte gibt die Schwere oder den Grad des Fehlers an, das zweite beschreibt den Fehler genauer.

Es gibt zwei Fehlergrade: warning (1) und fatal (2). Das Verhalten von Client und Server nach Erhalt einer Fehlermeldung ist nur für „fatale“ Fehler vorgeschrieben: Die aktuelle SSL-Verbindung muss in diesem Fall beendet und die Session_ID als ungültig gekennzeichnet werden. Dies hat zur Folge, dass keine neuen SSL-Verbindungen mit den ausgehandelten Parametern mehr aufgebaut werden können (es muss ein neuer Handshake durchgeführt werden), bereits bestehende Verbindungen sind davon aber nicht betroffen.

Auch bei den Fehlerbeschreibungen unterscheidet man zwei Gruppen: Die erste besteht nur aus der close_notify-Nachricht, und die zweite aus allen anderen. Die Aufgabe der close_notify-Nachricht besteht darin, beide Seiten ordnungsgemäß über die Beendigung der Übertragung von verschlüsselten Daten zu unterrichten.

close_notify	(0)	bad_certificate	(42)
unexpected_message	(10)	unsupported_certificate	(43)
bad_record_mac	(20)	certificate_revoked	(44)
decompression_failure	(30)	certificate_expired	(45)
handshake_failure	(40)	certificate_unknown	(46)
no_certificate	(41)	illegal_parameter	(47)

Bild 4.13: SSL-Alert-Beschreibungen

Die anderen Nachrichten informieren über bestimmte Fehler. Eine genaue Beschreibung findet man in [DA99]. Die meisten dieser Fehler sind „fatal", nur die Meldungen 42-46 (vgl. Bild 4.13) sind bzw. können „warnings" sein.

4.4.6 Die Nachrichten im SSL Handshake

Nachdem wir in Abschnitt 4.4.3 die Funktionsweise des SSL Handshake erläutert haben, wollen wir hier auf die einzelnen Nachrichten eingehen. Im Mittelpunkt stehen hier die Struktur dieser Nachrichten und ihre möglichen Varianten.

Nachricht	**"Tag"**	**Nachricht**	**"Tag"**
hello_request	0	certificate_request	13
client_hello	1	server_hello_done	14
server_hello	2	certificate_verify	15
certificate	11	client_key_exchange	16
server_key_exchange	12	finished	20

Bild 4.14: Nachrichten des SSL-Handshake-Protokolls

Codierung der Handshake-Nachrichten

Die einzelnen Nachrichten des Handshake-Protokolls sind nach dem TLV-Prinzip („Tag, Length, Value") codiert. Dazu muss jeder Nachricht (wie auch den Protokolltypen des Record Layer) ein eindeutiger Zahlenwert zugeordnet werden („Tag"). Bild 4.14 gibt die verschiedenen Nachrichten und ihre Zahlenwerte wieder.

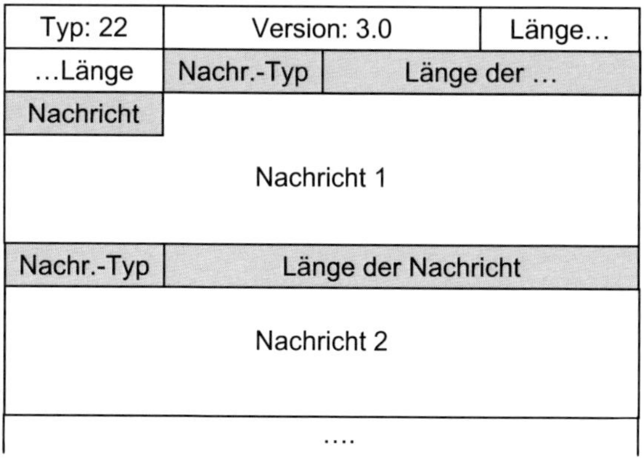

Bild 4.15: Handshake-Nachrichten (Typ 22) können in einem SSL-Record zusammengefasst werden.

Der Zahlenwert der Nachricht wird dabei in einem Byte codiert, für die Länge der Nachricht werden jedoch drei Byte benötigt, da zur Übertragung einer langen Zertifikatskette in der Certificate-Nachricht die zur Verfügung stehenden 2^{24}-1 Bytes benötigt werden könnten. Bild

4.15 gibt an, wie Handshake-Nachrichten in einem SSL-Record zusammengefasst werden können.

Abgleich der Fähigkeiten: ClientHello und ServerHello

Für die unterschiedlichen Aufgaben des Schlüsselaustauschs, der Hashwertbildung und der Verschlüsselung stehen in SSL jeweils verschiedene Algorithmen zur Verfügung. Diese Algorithmen werden nicht für jede Aufgabe einzeln ausgehandelt, sondern sind als Block in so genannten *Ciphersuites* zusammengefasst.

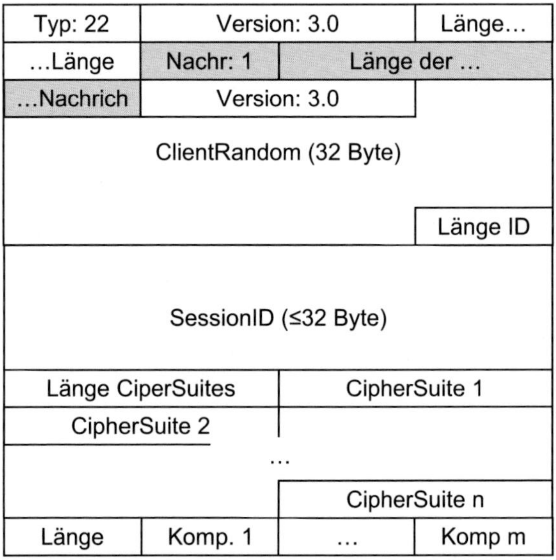

Bild 4.16: Die ClientHello-Nachricht

So legt z.B. die Ciphersuite TLS_RSA_WITH_DES_CBC_SHA fest, dass zum Schlüsselaustausch der RSA-Algorithmus, zur Verschlüsselung der Daten im Record-Layer der DES-Algorithmus im CBC-Modus, und zur Berechnung der Hashwerte der SHA-1-Algorithmus verwendet werden sollen. Die möglichen Ciphersuites für SSL und TLS sind in [DA99] definiert. (Eine nur noch historische Rolle spielen Ciphersuites wie TLS_RSA_EXPORT_-WITH_RC4_40_MD5, durch die festgelegt wird, dass zur Verschlüsselung der Daten nur 40 geheime Bits verwendet werden dürfen. Diese Ciphersuites waren durch ein mittlerweile aufgehobenes US-Exportverbot für stärkere Verschlüsselungsverfahren begründet.)

Der Client beginnt einen SSL-Handshake, indem er eine **ClientHello-Nachricht** an den Server sendet. (Der Server kann durch eine HelloRequest-Nachricht diesen Vorgang anstoßen, dies ist aber nicht die Regel.) Sie enthält folgende Felder:

- **ProtocolVersion** (2 Byte): Hier gibt der Client an, welche Version des SSL-Protokolls (2.0, 3.0 oder 3.1) er verwenden möchte. Der Client sollte dabei immer die höchste ihm zur Verfügung stehende Versionsnummer auswählen.
- **Random** (32 Byte): Ein Zufallswert, der später im Handshake-Protokoll benötigt wird, und der sich aus Uhrzeit und Datum im Standard-Unix-Format (32 Bit, Anzahl der Sekunden, die seit dem 1. Januar 1970, Mitternacht GMT, vergangen sind) und einem echten 28 Byte-Zufallswert zusammensetzt.

- **SessionID** (optional, bis zu 32 Byte): Wert variabler Länge, der vom Server für eine bereits etablierte SSL-Verbindung vergeben wurde. Ist dieser Wert nicht leer, so gibt der Client damit dem Server zu verstehen, dass er eine neue Verbindung unter Verwendung der Schlüssel und Algorithmen aus einer anderen SSL-Verbindung (beendet oder noch aktiv) aufbauen möchte, oder dass er die Parameter der jetzigen Verbindung aktualisieren möchte. Mit diesem Parameter kann die Anzahl der Public-Key Operationen zum Schlüsselaustausch minimiert und die Effizienz von SSL gesteigert werden (vgl. Bild 4.10).
- **Ciphersuites** (Liste mit bis zu 2^{16}-1 Einträgen zu je 2 Byte): Jede Ciphersuite wird durch einen 2-Byte-Wert festgelegt, der bei der IETF registriert werden muss. (Z.B. hat die Ciphersuite TLS_RSA_WITH_DES_CBC_SHA den Wert (0x00,0x09), vgl. Bild 4.25.) Die Liste der Ciphersuites ist nach absteigender Präferenz des Clients geordnet.
- **CompressionMethod** (Liste mit bis zu 2^{8}-1 Einträgen zu je 2 Byte): Diese Liste ist analog zur Liste der CipherSuites, mit dem Unterschied, dass bislang nur die Kompressionsmethode NULL (keine Kompression) definiert wurde, und somit keine Kompression stattfindet. (In der Praxis wird die Kompression oft schon im http-Protokoll durchgeführt, bevor die Daten an den SSL Record Layer übergeben werden.)

Die **ServerHello-Nachricht** ist die Antwort auf ClientHello, mit der der Server aus den vom Client vorgeschlagenen Möglichkeiten seine Auswahl trifft. Sie enthält die gleiche Abfolge von Elementen wie die ClientHello-Nachricht, nur dass anstelle der Liste von Ciphersuites ein einziger Wert aus dieser Liste steht.

- **ProtocolVersion** (2 Byte): Hier muss der Server eine Protokollversion wählen, die gleich oder kleiner der vom Client vorgeschlagenen ist.
- **Random** (32 Byte): Ein Zufallswert, der analog zum Client-Random gebildet wird, aber unabhängig von diesem Wert ist. Auch er wird später verwendet.
- **SessionID** (bis zu 32 Byte): Dieser Wert ist in der ServerHello-Nachricht nicht optional. War in ClientHello eine SessionID enthalten, so prüft der Server, ob er eine solche ID bereits einmal vergeben hat, und ob er diese Session ein weiteres Mal verwenden möchte. Fallen diese Prüfungen positiv aus, so antwortet der Server mit der gleichen ID. War das entsprechende Feld in ClientHello leer, oder möchte der Server die ID nicht noch einmal verwenden, so gibt er in diesem Feld eine neue ID vor.
- **CipherSuite** (2 Byte): Die vom Server ausgewählte CipherSuite.
- **CompressionMethod** (2 Byte): Die vom Server ausgewählte Kompressionsmethode.

Mit diesen beiden Nachrichten haben sich Client und Server auf die zu verwendenden Algorithmen geeinigt. Nun folgt der eigentliche Schlüsselaustausch.

Schlüsselaustausch: Certificate und ClientKeyExchange

Der Hauptzweck von SSL besteht darin, einem WWW-Nutzer die Gewissheit zu geben, dass er mit dem Server einer vertrauenswürdigen Anbieters vertraulich kommunizieren kann. Auf diese Art und Weise kann z.B. das Risiko, dass die eigene Kreditkartennummer in falsche Hände gerät, minimiert werden. Wichtig ist hierbei nicht nur die Verschlüsselung, sondern auch die Authentikation des Servers, da der Nutzer sonst nicht wüsste, an wen er seine Daten verschlüsselt überträgt.

Zur Authentifizierung des Servers werden heute allgemein die in Kapitel 1 beschriebenen X.509-Zertifikate eine Public-Key-Infrastruktur (PKI) eingesetzt. (Auf die konkrete

Umsetzung dieser PKI für SSL soll am Ende dieses Kapitels noch näher eingegangen werden.)

Daher überträgt der Server seinen öffentlichen Schlüssel in der Praxis fast ausnahmslos mit der **Certificate-Nachricht**, die ein Zertifikat enthält, in dem dieser öffentliche Schlüssel mit dem Domain-Namen der aufgerufenen URL verknüpft und von einer anerkannten Autorität bestätigt ist (SSL-Zertifikat). Die Struktur der Certificate-Nachricht sieht auch die Übertragung von langen Zertifikatsketten vor, bei denen das erste Zertifikat ein SSL-Zertifikat ist, und die darauf folgenden Zertifikate immer das vorangehende zertifizieren. Das abschließende, selbstsignierte Wurzelzertifikat darf dabei ausgelassen werden. In der Praxis haben sich jedoch sehr flache Zertifikatshierarchien durchgesetzt.

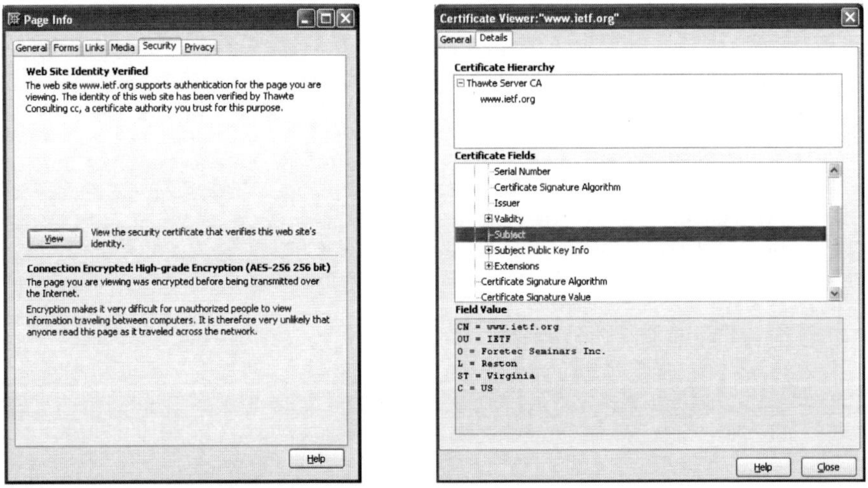

Bild 4.17: SSL-Zertifikat für www.ietf.org. Der Domain-Name gehört zum Subject des Zertifikats. Ein solches Zertifikat wird nur dann ausgegeben, wenn der Antragsteller nachweisen kann, dass er die entsprechende Domain besitzt.

Das SSL-Zertifikat muss zur ausgehandelten CipherSuite passen (z.B. muss es für TLS_RSA_WITH_DES_CBC_SHA einen öffentlichen RSA-Schlüssel enthalten), und der Algorithmus, mit dem das Zertifikat selbst signiert wurde, sollte identisch mit dem Algorithmus des öffentlichen Schlüssels sein.

Reicht die Information im Zertifikat nicht aus, um dem Client die Übertragung der Schlüsselinformation zu ermöglichen (z.B. wenn die Diffie-Hellman-Schlüsselvereinbarung als Schlüsselaustauschmechanismus ausgehandelt wurde), so können mit der **ServerKeyExchange-Nachricht** Zusatzinformationen (z.B. bei Diffie-Hellman $g^s \bmod p$ für eine vom Server gewählte Zufallszahl s) zum Client übertragen werden. Bei RSA als Schlüsselaustauschmechanismus ist die nicht erforderlich. (ServerKeyExchange wurde zwar auch für die US-Exportkontrolle des RSA-Algorithmus eingesetzt, das ist aber mittlerweile überholt.)

Anmerkung: SSL sieht auch die Möglichkeit eines anonymen Schlüsselaustauschs mittels der ServerKeyExchange-Nachricht vor, die anstelle der Certificate-Nachricht gesendet werden kann und lediglich die Parameter des öffentlichen Schlüssels enthält. Dies ist in der Praxis jedoch nicht von Bedeutung, da sich jeder Server-Administrator mit freien Tools wie z.B. OpenSSL [OpenSSL] selbst eine PKI erzeugen und so kostenfrei selbst-signierte X.509-

Zertifikate einsetzen kann. (Auf die damit verbundenen Fehlermeldungen im Browser gehen wir weiter unten ein.)

Der Server schließt seine Übertragung mit der **ServerHelloDone-Nachricht** ab. Alle Nachrichten des Servers können in einem einzigen SSL-Record zusammengefasst werden, wie Bild 4.15 zeigt.

Der Schlüsselaustausch wird mit der **ClientKeyExchange-Nachricht** abgeschlossen. Hat der Server diese Nachricht vom Client erhalten, so besitzen beide Seiten genug Informationen, um die Schlüssel für den SSL Record Layer zu berechnen.

Der Inhalt von ClientKeyExchange hängt vom Schlüsselaustauschalgorithmus der ausgehandelten CipherSuite ab. Bild 4.18 fasst die verschiedenen bisher standardisierten Schlüsselaustauschverfahren zusammen.

Schlüssel-austausch-Algorithm.	**Benötigter Zertifikats-typ**	**ServerKey-Exchange benötigt?**	**Inhalt ClientKey-Exchange**	**Beschreibung**
RSA	RSA Encryption	Nein	Verschlüssel-tes Premaster Secret	Client verschlüsselt Premaster Secret mit öffentlichem Schlüssel des Servers
RSAExport (>512 Bit)	RSA Signing	Ja (temporärer RSAKey ≤ 512 Bit)	Mit temp. RSAKey verschlüssel-tes Premaster Secret	Client verschlüsselt Premaster Secret mit temporärem RSA-Schlüssel des Servers (nur noch relevant wegen Rückwärtskompatibilität).
DHE-DSS	DSS Signing	Ja (g^s mod p)	g^c mod p	Diffie-Hellman-Schlüsselvereinbarung, Server signiert (g^s mod p) mit dem DSS-Schlüssel.
DHE-RSA	RSA Signing	Ja (g^s mod p)	g^c mod p	Diffie-Hellman-Schlüsselvereinbarung, Server signiert (g^s mod p) mit dem RSA-Schlüssel.
DH-DSS	DH, signiert mit DSS	Nein (g^c mod p im Zertifikat enthalten)	g^c mod p	Diffie-Hellman-Schlüsselvereinbarung mit festem Serveranteil, Authentisierung über DSS-Zertifikat.
DH-RSA	DH, signiert mit RSA	Nein (g^c mod p im Zertifikat enthalten)	g^c mod p	Diffie-Hellman-Schlüsselvereinbarung mit festem Serveranteil, Authentisierung über RSA-Zertifikat.

Bild 4.18: Standardisierte Schlüsselvereinbarungsverfahren für SSL/TLS.

Für den Inhalt von ClientKeyExchange ergeben sich somit zwei Möglichkeiten:

- **RSA, RSA_Export**: Der Client wählt 46 zufällige Bytes und fügt davor die zwei Bytes an, die die höchste von ihm unterstützte Versionsnummer von SSL angeben. Dies soll so genannte „Version rollback"-Angriffe abwehren, bei denen ein Angreifer den ungeschützten Versions-Wert im ClientHello auf die bekanntermaßen unsichere Version 2.0 zurücksetzt. Der Server kann diesen Angriff erkennen, wenn er die beiden Versionsnummern vergleicht. Diese 48 Byte werden dann mit dem öffentlichen RSA-Schlüssel des Servers (bzw. für RSA_Export teilweise auch mit dem temporären RSA-

Schlüssel) verschlüsselt. Nur der „echte“ Server, der den dazu passenden privaten Schlüssel besitzt, kann diesen 48-Bit-Wert entschlüsseln.

- **DHE-DSS, DHE-RSA, DH-DSS, DH-RSA**: Die Nachricht enthält $g^c \; mod \; p$, wobei c ein vom Client gewählter Wert kleiner p ist. Das Premaster Secret ergibt sich aus der Gleichung

  $$(g^s \; mod \; p)^c \; mod \; p = g^{cs} \; mod \; p = (g^c \; mod \; p)^s \; mod \; p,$$

  wobei s der vom Server gewählte Wert (DHE-DSS, DHE-RSA) bzw. der private Schlüssel des Servers (DH-DSS, DH-RSA) ist.

Synchronisation: [ChangeCipherSpec] und Finished

Nach Empfang der ClientKeyExchange-Nachricht können Server und Client das Premaster Secret berechnen und daraus das Master Secret und die Schlüssel für den SSL Record Layer ableiten (vgl. Bild 4.22 für TLS). Sind diese Berechnungen abgeschlossen, so können beide Parteien dies der anderen durch **[ChangeCipherSpec]** mitteilen, und den Handshake durch die **Finished-Nachricht** abschließen.

Nach Absenden der [ChangeCipherSpec]-Nachricht nutzt der jeweilige Partner die neu ausgehandelten kryptographischen Parameter im Record Layer, d.h. alle Nachrichten an den Partner werden mit den neu berechneten Schlüsseln verschlüsselt und authentisiert. Insbesondere ist die Finished-Nachricht bereits mit den neuen kryptographischen Parametern gesichert.

In die Finished-Nachricht fließen noch wichtige Informationen aus dem Handshake-Protokoll mit ein.

- Als wichtigstes wäre hier **Master Secret** zu nennen, ein geheimer Wert, der aus dem Premaster Secret, der ASCII-Zeichenfolge „`master secret`“ und den beiden Random-Werten aus den beiden Hello-Nachrichten abgeleitet wird. Dieses Master Secret stellt sozusagen das Ergebnis des gesamten Handshake-Protokolls dar.
- Des Weiteren fließt der Hashwert aller Handshake-Nachrichten ein, und zwar einmal gebildet mit SHA-1, und einmal mit MD5.
- Schließlich ist noch das Finished-Label von Bedeutung, das angibt, ob diese Nachricht vom Client oder vom Server stammt: Es ist die ASCII-Zeichenfolge „`client finished`“ bzw. „`server finished`“.

Auf die Besonderheit, warum [ChangeCipherSpec] als eigenes Protokoll geführt (und deshalb auch in eckigen Klammern geschrieben) wird, und nicht als Nachricht innerhalb des SSL-Handshake, gehen wir im entsprechenden Anschnitt ein.

Optionale Authentisierung des Clients: CertificateRequest, Certificate und Verify

SSL sieht auch die Möglichkeit vor, zusätzlich zum Server auch den Client zu authentisieren. Dadurch können z.B. Kunden eines Webshops kryptographisch sicher erkannt werden. Besonders interessant wird diese Möglichkeit bei Waren wie mp3-Files oder digitale Videofilmen. Bei diesen Shops gibt es keine Postadresse, über die man gegebenenfalls gegen Missbrauch vorgehen kann: Ein Hacker hinterlässt hier keine Spuren. Auch die zunehmende Zahl von Phishing-Angriffen (vgl. 4.6.3) macht den Einsatz von SSL Client-Authentisierung anstelle von Username/Password interessant.

Das grundsätzliche Problem für den Einsatz von SSL Client-Authentisierung im WWW besteht darin, dass hier jeder Client ein vertrauenswürdiges Zertifikat benötigt, und nicht nur die Server. Die Ausstellung eines vertrauenswürdigen Zertifikats ist jedoch normalerweise mit relativ hohem Aufwand verbunden, da die Antragsteller zuverlässig identifiziert werden müssen. Während es für einen Shop-Betreiber aber kein Problem darstellt, pro Jahr ein paar hundert Euro für ein Zertifikat zu bezahlen und die erforderlichen Nachweise (Handelsregisterauszug, DENIC-Registrierung der Domain) zu erbringen, stellt dies für den Privatnutzer ein Problem dar. Als Lösungsmöglichkeit bietet sich an, bestehende Vertrauensverhältnisse zur Ausstellung von Client-Zertifikaten zu nutzen. So könnten Banken z.B. die automatische Beantragung eines Zertifikats mittels PIN/TAN gestatten, oder Internet Service Provider könnten ihre Kunden anhand der zugewiesenen IP-Adresse erkennen.

Möchte der Server die Identität eines Clients überprüfen, so kann er die Authentisierung mittels der **CertificateRequest-Nachricht** anstoßen. Diese Nachricht enthält zwei Felder:

- **ClientCertificateType** ist eine Liste mit den Typen der Zertifikate, die der Server akzeptiert. Z.B. bedeutet einen „1" in dieser Liste, dass der Server Zertifikate vom Typ rsa_sign akzeptiert, d.h. Zertifikate mit einem öffentlichen RSA-Schlüssel, der für digitale Signaturen eingesetzt werden darf.
- **DistinguishedName** ist eine Liste mit den Namen der Zertifizierungsinstanzen, die der Server akzeptiert. Die Namen werden dabei wie im X.509-Standard beschrieben dargestellt.

Der Client muss auf diese Aufforderung mit zwei Nachrichten antworten: Mit dem Zertifikat selbst in der **ClientCertificate**-Nachricht (für die die gleiche Syntax gilt wie für die ServerCertificate-Nachricht), und der **CertificateVerify**-Nachricht, mit der der Client dem Server beweist, dass er auch den zum Zertifikat passenden privaten Schlüssel besitzt.

Die CertificateVerify-Nachricht wird wie folgt gebildet und überprüft:

- Der Client bildet den Hashwert über die Bytes aller bisher ausgetauschten Handshake-Nachrichten, beginnend mit ClientHello bis einschließlich ClientKeyExchange.
- Der Client signiert diesen Hashwert mit seinem privaten Schlüssel.
- Der Server bildet den gleichen Hashwert und überprüft die Signatur mit Hilfe dieses Wertes und dem öffentlichen Schlüssel aus dem Zertifikat.

Nun ist der Server überzeugt, dass er mit dem Client kommuniziert, der die im Zertifikat bescheinigte Identität besitzt.

4.5 TLS: Der Internet-Sicherheitsstandard

SSL Version 3 wurde mit geringen Änderungen von der IETF als Internet-Standard übernommen. Der offizielle Name dieses Standards lautet „The TLS Protocol Version 1.0", und er ist in [RFC 2246] beschrieben. („TLS" steht dabei für „Transport Layer Security".) Da es sich aber um keine grundlegend neue Version („major revision") handelt, wird im Versionsfeld der SSL-Nachrichten die Versionsnummer 3.1 übermittelt.

Weitere Änderungen betreffen die

- Anzahl der Alert-Nachrichten,
- die Nachrichten-Authentikation,
- die Erzeugung des Schlüsselmaterials,
- die CertificateVerify und die Finished-Nachricht und
- die Herausnahme der Fortezza-Ciphersuites aus den zwingend vorgeschriebenen Ciphersuites.

4.5.1 Neue Alert-Nachrichten

decryption_failed	(21)	export_restriction	(60)
record_overflow	(22)	protocol_version	(70)
~~no_certificate~~	~~(41)~~	insufficient_security	(71)
unknown_ca	(48)	internal_error	(80)
access_denied	(49)	user_canceled	(90)
decode_error	(50)	no_renegotiation	(100)
decrypt_error	(51)		

Bild 4.19: Neu hinzu gekommene TLS-Alert-Beschreibungen

In der Praxis hat sich herausgestellt, dass mehr und andere Fehler auftreten als die im Alert-Protokoll von SSL 3.0 spezifizierten. Daher wurden zwölf neue Fehlermeldungen hinzugefügt und die Fehlermeldung 41 „no_certificate", die sich als wenig hilfreich erwiesen hat, entfernt. Die neuen Fehlermeldungen sind in Bild 4.19 wiedergegeben.

4.5.2 Authentifikation der Nachrichten

Für elementare kryptographische Operationen wie Berechnung eines Message Authentication Codes (MAC), Ableitung des Schlüsselmaterials und Berechnung der Finished-Nachricht kamen bei SSL 3.0 ad hoc-Lösungen zum Einsatz, die zwar bisher nicht geknackt wurden, deren Sicherheit aber rein kryptographisch nur schwer beurteilt werden kann.

Für den TLS-Standard hat die IETF-Arbeitsgruppe daher entschieden, diese Operationen auf Basis des HMAC-Standards [RFC 2104] neu zu definieren (vgl. Kapitel 1). Dieser Standard beschreibt eine kryptographisch gut untersuchte Methode, wie man aus einer beliebigen Hashfunktion einen MAC konstruieren kann.

Zur Authentikation von Nachrichten in TLS 1.0 kommt daher auch HMAC zum Einsatz.

4.5.3 Die PRF-Funktion von TLS

Zum Ableiten von Schlüsselmaterial aus dem vom Client gewählten Premaster Secret wird eine Funktion benötigt, die mehr „geheime" Bits ausgibt als in sie hineingesteckt werden. Eine solche Funktion heißt „Pseudo Random Function" (PRF), weil ihre Ausgabe-Bitfolge für einen Beobachter, der den geheimen Input-Wert nicht kennt, wie eine unvorhersagbare Folge von zufälligen Bits aussieht (vgl. Kapitel 1).

In TLS wird eine spezielle PRF zur Erzeugung des Schlüsselmaterials und zur Berechnung der Finished-Nachricht verwendet. Diese PRF besteht aus zwei Teil-PRFs, einem Teil mit MD5 als Hashfunktion, und einem Teil mit SHA-1 als Hashfunktion. Dies soll gewährleisten, dass die TLS-PRF sicher bleibt, auch wenn eine der beiden Hashfunktionen geknackt werden sollte.

Die PRF von TLS erhält drei Werte als Eingabe: Einen geheimen Wert secret, einen festen, bekannten Wert label (steht in [RFC 2246]), und einen wechselnden, ungeschützt übertragenen Wert seed.

Das Geheimnis secret wird in der PRF von TLS in eine linke Hälfte s1 und eine rechte Hälfte s2 aufgeteilt, die als Eingabe für die beiden Teilfunktionen P_MD5 und P_SHA1 dienen. Die Eingabe label und seed werden dagegen zu einem Wert zusammengefasst.

Die Teilfunktionen P_MD5 und P_SHA1 produzieren pseudozufällige Bitströme, die durch bitweises XOR kombiniert werden. Dabei ist zu beachten, dass P_MD5 in einer Iteration (s.u.) 128 Bit Output produziert, P_SHA1 dagegen 160 Bit. Um also einen 640 Bit langen Output zu erhalten, muss P_MD5 fünfmal iteriert werden, P_SHA1 dagegen nur viermal.

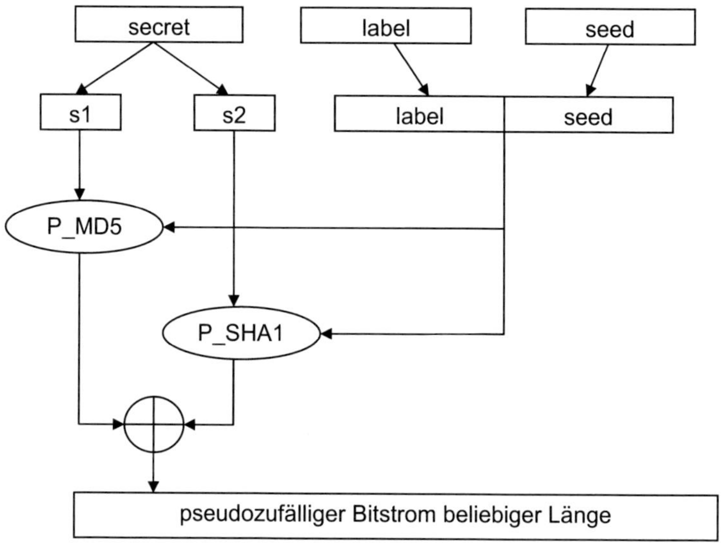

Bild 4.20: Die Pseudozufallsfunktion von TLS.

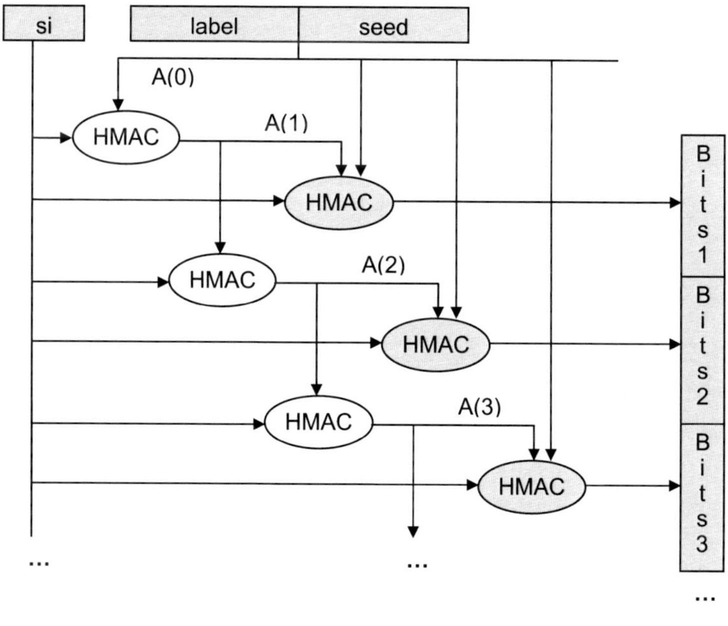

Bild 4.21: Struktur der iterierten Funktion P_hash, die sowohl für MD5 als auch für SHA1 eingesetzt wird. Weiß unterlegt Felder dienen der Iteration, grau unterlegte der Erzeugung von Pseudozufallsbits.

In Bild 4.21 ist die Funktion P_hash (die für MD5 und SHA-1 jeweils exakt die gleiche Struktur hat) dargestellt, um zu sehen, wie diese Bitströme durch Iteration erzeugt werden. Dabei wird jeweils eine feste Anzahl von Bits durch eine HMAC-Operation auf dem geheimen Wert si, einem iterierten Wert A(j) und der Konkatenation von label und seed durchgeführt.

Der iterierte Wert A(j) bewirkt dabei, dass die ausgegebenen Bits in jeder Iteration unterschiedlich sind. Er wird selbst durch eine Anwendung der HMAC-Konstruktion auf secret und den jeweils letzten Wert A(j-1) erzeugt:

$$A(0) := \text{seed}$$

$$A(j) := \text{HMAC\_hash}(\text{secret}, A(j-1)).$$

4.5.4 Erzeugung des Schlüsselmaterials

Zur Erzeugung von Schlüsselmaterial wird bei TLS die PRF zweimal verwendet:

- Zunächst wird aus dem Premaster Secret, der ASCII-Zeichenfolge „`master secret`" und den Client Random- und Server Random-Werten (in dieser Reihenfolge) mit der PRF eine Bitfolge von 48 Byte Länge erzeugt: Diese Bitfolge ist das Master Secret.
- Dann dienen das Master Secret, die ASCII-Zeichenfolge „`key expansion`" sowie die Server Random- und Client-Random-Werte als Eingabe für den zweiten Durchlauf der PRF, bei dem genug Bits erzeugt werden müssen, um zwei MAC-Schlüssel, zwei Verschlüsselungsschlüssel und ggf. zwei Initialisierungsvektoren daraus bilden zu können.

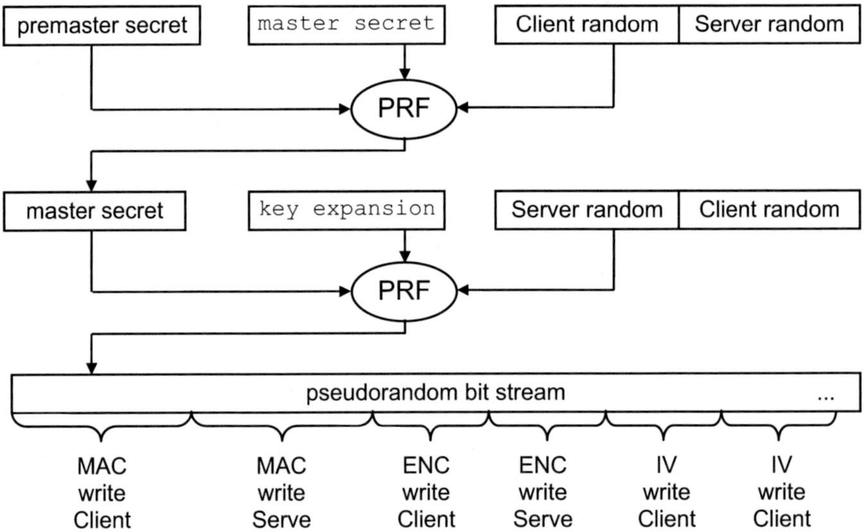

Bild 4.22: Zweistufige Ableitung des Schlüsselmaterials aus dem Premaster Secret mit Hilfe der Pseudozufallsfunktion PRF.

4.5.5 CertificateVerify

In TLS wurde die Berechnung der CertificateVerify-Nachricht gegenüber dem Verfahren in SSL stark vereinfacht. Diese Nachricht besteht jetzt einfach aus dem signierten Hashwert aller ausgetauschten Handshake-Nachrichten, beginnend beim ClientHello, und endend mit der letzten Nachricht vor der CertificateVerify-Nachricht.

Bei den zu berechnenden Hashwerten wird zwischen Client-Zertifikaten unterschieden, die zur Erzeugung von Signaturen mit dem RSA- bzw. dem DSS-Algorithmus verwendet werden können: Im Fall RSA wird ein MD5- und ein SHA-1-Hash dieser Nachrichten signiert, im Fall DSS nur der SHA-1-Hash.

4.5.6 Finished

Die Finished-Nachricht besteht bei TLS im Wesentlichen aus dem 7-Byte MAC aller vorangegangenen Nachrichten. Das Master Secret dient dabei als Schlüssel, und die Handshake-Nachrichten werden bereits vor Anwendung der PRF-Funktion parallel mit MD5 und SHA-1 gehasht. In Bild 4.23 wird dies genauer dargestellt.

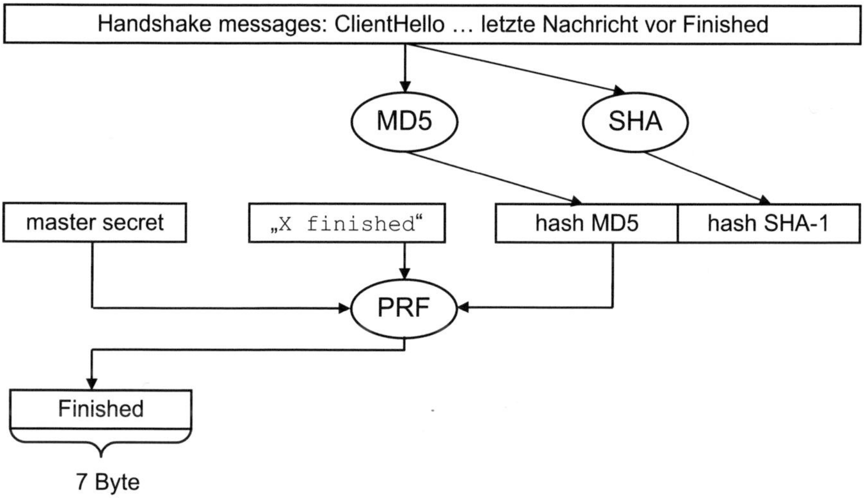

Bild 4.23: Erzeugung der 7 Bytes der Finished-Nachricht. Das Label „X finished" muss dabei gegen „client finished" bzw. „server finished" ausgetauscht werden.

4.5.7 TLS Ciphersuites

Damit unterschiedliche Implementierungen von TLS interoperabel sind, müssen sie mindestens eine gemeinsame Ciphersuite besitzen, auf die sie sich in den ClientHello- und ServerHello-Nachrichten einigen. Daher ist die Ciphersuite TLS_DHE_DSS_WITH_-3DES_EDE_CBC_SHA als verbindlich vorgeschriebene Ciphersuite definiert worden.

NULL	Algorithmus, der nichts tut
MD5	Hashalgorithmus MD5
SHA	Hashalgorithmus SHA-1
RC4_40, RC4_128	Stromchiffre RC4 mit 40 bzw. 128 Bit Schlüssellänge
RC2_CBC_40	Blockchiffre RC2 mit 40 Bit Schlüssellänge im CBC-Modus
IDEA_CBC	Blockchiffre IDEA im CBC-Modus
DES_CBC, DES40_CBC	DES mit 56 bzw. 40 Bit Schlüssellänge im CBC-Modus
3DES_EDE_CBC	Tripel-DES mit 112 Bit Schlüssellänge, Teilschlüssel in der Reihenfolge Encryption-Decryption-Encryption.
EXPORT	Schlüsselwort für exportierbare Ciphersuites.

Bild 4.24: In den TLS-Ciphersuite-Namen verwendete Abkürzungen.

Darüber hinaus können weitere Ciphersuites definiert werden. Im Namen der Ciphersuite stehen dabei zwischen den Schlüsselwörtern „TLS_“ und „_WITH_“ die Namen der Algorithmen, die für die digitale Signatur und den Schlüsselaustausch während des Handshakes eingesetzt werden (vgl. Bild 4.18). Nach „_WITH_“ folgen der symmetrische Verschlüsselungsalgorithmus und sein Modus, sowie die ausgewählte Hashfunktion. Die hier auftretenden Abkürzungen sind in Bild 4.24 erläutert.

0x00,0x00	TLS_NULL_WITH_NULL_NULL
0x00,0x01	TLS_RSA_WITH_NULL_MD5
0x00,0x02	TLS_RSA_WITH_NULL_SHA
0x00,0x03	TLS_RSA_EXPORT_WITH_RC4_40_MD5
0x00,0x04	TLS_RSA_WITH_RC4_128_MD5
0x00,0x05	TLS_RSA_WITH_RC4_128_SHA
0x00,0x06	TLS_RSA_EXPORT_WITH_RC2_CBC_40_MD5
0x00,0x07	TLS_RSA_WITH_IDEA_CBC_SHA
0x00,0x08	TLS_RSA_EXPORT_WITH_DES40_CBC_SHA
0x00,0x09	TLS_RSA_WITH_DES_CBC_SHA
0x00,0x0A	TLS_RSA_WITH_3DES_EDE_CBC_SHA
0x00,0x0B	TLS_DH_DSS_EXPORT_WITH_DES40_CBC_SHA
0x00,0x0C	TLS_DH_DSS_WITH_DES_CBC_SHA
0x00,0x0D	TLS_DH_DSS_WITH_3DES_EDE_CBC_SHA
0x00,0x0E	TLS_DH_RSA_EXPORT_WITH_DES40_CBC_SHA
0x00,0x0F	TLS_DH_RSA_WITH_DES_CBC_SHA
0x00,0x10	TLS_DH_RSA_WITH_3DES_EDE_CBC_SHA
0x00,0x11	TLS_DHE_DSS_EXPORT_WITH_DES40_CBC_SHA
0x00,0x12	TLS_DHE_DSS_WITH_DES_CBC_SHA
0x00,0x13	TLS_DHE_DSS_WITH_3DES_EDE_CBC_SHA
0x00,0x14	TLS_DHE_RSA_EXPORT_WITH_DES40_CBC_SHA
0x00,0x15	TLS_DHE_RSA_WITH_DES_CBC_SHA
0x00,0x16	TLS_DHE_RSA_WITH_3DES_EDE_CBC_SHA
0x00,0x17	TLS_DH_anon_EXPORT_WITH_RC4_40_MD5
0x00,0x18	TLS_DH_anon_WITH_RC4_128_MD5
0x00,0x19	TLS_DH_anon_EXPORT_WITH_DES40_CBC_SHA
0x00,0x1A	TLS_DH_anon_WITH_DES_CBC_SHA
0x00,0x1B	TLS_DH_anon_WITH_3DES_EDE_CBC_SHA
0x00,0x1C	reserviert
0x00,0x1D	reserviert

Bild 4.25: Die TLS-Ciphersuiten. Die reservierten Werte werden von SSL 3.0 für Fortezza-Ciphersuiten verwendet, die in TLS nicht mehr erlaubt sind.

Neu definierten Ciphersuites muss von der IETF ein eindeutiger Name in Form eines 2-Byte-Werts zugewiesen werden. Bei SSL war dies ein Problem, da die Zuständigkeit für die Vergabe dieser Werte nicht eindeutig geregelt wurde, und Bytewerte zum Teil doppelt belegt waren.

Bild 4.25 fasst die bereits definierten Ciphersuites [RFC 2246] und ihre Bytewerte in Hexadezimalform zusammen. (Bezüglich der verwendeten Abkürzungen vergleiche Bild 4.13 und 4.23.) Neue Ciphersuites müssen in eigenen RFCs definiert werden. Experimentelle, d.h. noch nicht bei der IETF registrierte Ciphersuites, müssen durch den Wert 0xFF im ersten Byte gekennzeichnet sein.

4.6 Angriffe auf SSL

SSL und TLS sind sicher. Dies soll zu Beginn dieses Abschnitts noch einmal betont werden, um die hier wiedergegebenen Angriffe richtig bewerten zu können. SSL hat alle diese Angriffe erfolgreich überstanden.

Die beschriebenen Angriffe sind, bis auf die Mängel von SSL Version 2, keine rein kryptographischen Angriffe. Sie benutzen entweder Zusatzinformationen, die eine nicht optimale Implementierung liefert („Side Channel Attacks"), oder setzen an der Mensch-Maschine-Schnittstelle an, die ja prinzipiell nicht kryptographisch gesichert werden kann. Sie sind daher auch als Beispiele zu verstehen, welche generellen Probleme bei anderen Sicherheitsanwendungen auftreten könnten.

4.6.1 Der „Million Question"-Angriff

Daniel Bleichenbacher von den Bellcore Laboratories stellte im Juni 1998 einen Angriff vor, der schnell als der „Million Question"-Angriff bekannt wurde. Dieser Angriff wurde auch unter Schlagworten wie „SSL ist geknackt" durch die Presse aufgegriffen. Wir wollen diesen Angriff hier vorstellen, zum einen, weil dieser Angriff großen Einfluss auf die Weiterentwicklung von PKCS#1 und TLS hatte, zum anderen, weil es sich hier um eine klassische „Seitenkanal-Attacke" handelt. Solche Attacken sind nicht direkt auf kryptographische Algorithmen gerichtet, sondern nutzen geschickt Sicherheitslücken im komplexen Zusammenspiel zwischen Algorithmen, Standards und ihren konkreten Implementierungen aus.

Da zum Verständnis aller Details des Angriffs kryptographisches Fachwissen benötigt wird, das wir hier nicht voraussetzen können, verweisen wir den interessierten Leser auch auf [Ble98].

Überblick

Die Attacke von Bleichenbacher hatte das Ziel, einen mit PKCS #1 [PKCS] unter dem Secure Socket Layer Protokoll (SSL) vereinbarten Sitzungsschlüssel zu kompromittieren. PKCS#1 beschreibt, wie Klartexte vor der Verschlüsselung mit RSA zu codieren sind. Insbesondere schreibt der PKCS#1-Standard in der hier betrachteten Version vor, dass jeder Klartext mit den beiden Bytes `0x00 0x02` beginnen muss. Dabei ist zu betonen, dass nicht SSL oder RSA selbst gebrochen, sondern nur ein Designfehler des PKCS#1 ausgenutzt wurde.

Bei dem Angriff handelt es sich um einen Chosen-Ciphertext-Angriff, für den ungefähr eine Million Geheimtexte benötigt werden. Ein Angreifer muss dazu wie folgt vorgehen:

- Der Angreifer fängt eine Nachricht ab. Diese enthält den Geheimtext, der durch Verschlüsseln des nach PKCS#1 codierten Premaster Secret mit RSA entstanden ist.
- Aus diesem Geheimtext leitet sich der Angreifer eine Vielzahl von Geheimtexten in geeigneter Weise (vgl. [Ble98]) ab und schickt sie an den anzugreifenden Server.
- Dieser entschlüsselt die eintreffenden Geheimtexte und überprüft die ersten beiden Bytes des so entstandenen Klartextes:
  - Weichen die ersten beiden Bytes vom vorgegebenen Wert `0x00 0x02` ab, so wird **Fehlermeldung_1** zurückgegeben.
  - Haben die ersten zwei Bytes den vorgegebenen Wert `0x00 0x02` (dies geschieht in einem von 2^{16} Fällen), so tritt ein Fehler erst später auf und **Fehlermeldung_2** wird gesendet.

- Mit jeder auftretenden **Fehlermeldung_2** kann der Angreifer das Intervall (bzw. die Anzahl der Intervalle), in dem der mögliche Sitzungsschlüssel liegen kann, halbieren. So kann er sukzessive den Sitzungsschlüssel rekonstruieren.

Auf der in [Ble98] angegebenen Website kann der Angriff und der Aufbau von PKCS-Nachrichten detaillierter nachgelesen werden.

Detaillierte Beschreibung

Der Bleichenbacher-Angriff basiert auf einem Algorithmus von Hastad und Näslund [HN98], mit dem man den Klartext zu einem RSA-verschlüsselten Chiffretext berechnen kann, wenn man das „most significant Bit“ (MSB) des Klartextes kennt, wenn man also weiß, ob der Klartext größer oder kleiner als eine bestimmte Zahl ist.

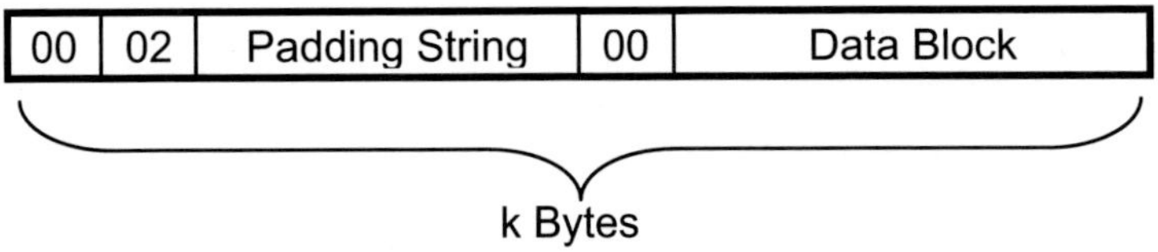

Bild 4.26: PKCS#1-Codierung des Klartextes („Data Block“) vor der Verschlüsselung mit RSA.

Genau diese Information erhält man aber aus **Fehlermeldung_2**: Wenn wir diese Fehlermeldung sehen, dann wissen wir, dass der Klartext zu dem von uns gewählten Chiffretext eine *PKCS-konforme Zahl* ist.

- Ist k die Länge des Modulus n in Bytes, so gilt: $2^{8(k-1)} \leq n < 2^{8k}$
- Ist m eine PKCS-konforme Zahl (und sei $B = 2^{8(k-2)}$), so gilt: $2 \cdot B \leq m < 3 \cdot B$

Insbesondere kennen wir die 16 MSBs des Klartextes. Theoretisch ist der SSL-Handshake somit unsicher, da wir jetzt den Angriff von Hastad und Näslund anwenden können. Das große Verdienst von Daniel Bleichenbacher ist, gezeigt zu haben, dass dies auch in der Praxis erfolgreich sein kann.

RSA ist wegen seiner Homomorphie-Eigenschaft unsicher gegenüber Chosen Ciphertext-Attacken: Um den Klartext zu c zu erhalten, kann ein Angreifer z.B. $c \cdot s^e \mod n$ vom Opfer entschlüsseln lassen (da hier keine sinnvolle Nachricht herauskommt, schöpft das Opfer keinen Verdacht), und dividiert dann das Ergebnis durch s.
Die Idee von Daniel Bleichenbacher war folgende:

- Suche viele verschiedene s_i, so dass $c \cdot (s_i)^e \mod n$ PKCS-konform ist.
- Dann gilt für alle i: $2 \cdot B \leq m \cdot s_i \mod n < 3 \cdot B$
- Man erhält so viele verschiedene Intervalle, und der gesuchte Klartext m muss in deren Schnittmenge liegen. Wenn die Schnittmenge dieser Intervalle nur noch eine Zahl enthält, so hat man den gesuchten Klartext m gefunden.

Wir beschreiben den Angriff von Bleichenbacher nun Schritt für Schritt: Gegeben ist ein PKCS-konformer Chiffretext c; gesucht ist $m = c^d \mod n$.

Schritt 1: Setze $c_0 \leftarrow c$ als Startwert für den Chiffretexte, und $M0 \leftarrow \{[2B, 3B-1]\} =: \{[a,b]\}$ als Startwert für die Menge der Intervalle. (Da $m_0=m$ PKCS-konform ist, liegt m in diesem Intervall.). Setze $i \leftarrow 1$.

Schritt 2: Suche die kleinste Zahl $s_1 \geq n/(3B)$, so dass $c_0 \cdot (s_1)^e \ mod\ n$ PKCS-konform ist. (Ist s_1 kleiner als diese Schranke, so kann der resultierende Klartext nicht PKCS-konform sein.)

- Da $m \cdot s_1$ PKCS-konform ist, gibt es (eine oder mehrere) ganze Zahlen r mit
  $2B \leq m \cdot s_1 - r \cdot n \leq 3B-1$ (andere Schreibweise für die Modulo-Operation)
  $\Leftrightarrow \quad 2B - m \cdot s_1 \leq -r \cdot n \leq (3B-1) - m \cdot s_1$
  $\Leftrightarrow \quad m \cdot s_1 - 2B \geq r \cdot n \geq m \cdot s_1 - (3B-1)$
  Aus Schritt 1 wissen wir, dass $a \leq m \leq b$ gilt. Daraus folgt
  $a \cdot s_1 - (3B-1) \leq r \cdot n \leq b \cdot s_1 - 2B$,
  und wir erhalten eine Lösungsmenge für r, die alle möglichen ganzen Zahlen r enthält.
- Für jede Zahl r aus der Lösungsmenge können wir analog zum vorherigen Aufzählungspunkt ein mögliches Intervall $(2B+r \cdot n)/s_1 \leq m \leq (3B-1+r \cdot n)/s_1$ bestimmen, in dem m liegen könnte. Wir erhalten so eine Menge von Intervallen, in denen m liegen könnte.
- Da m sowohl im Intervall aus Schritt 1, als auch in einem der Intervalle aus Schritt 2 liegen muss, liegt m in der Schnittmenge dieser Intervalle. Wir erhalten eine neue Menge von Intervallen, indem wir jedes Intervall aus Schritt 2 mit dem Intervall aus Schritt 1 schneiden, und bilden die Vereinigungsmenge dieser neuen Intervalle:
  $I_r \leftarrow [\ max(a, \lceil (2B+r \cdot n)/s_1 \rceil),\ min(b, \lfloor (3B-1+r \cdot n)/s_1 \rfloor)]$
  $M_1 \leftarrow \bullet_r \{ I_r \}$
  Dabei ist $\lceil x \rceil$ die kleinste ganze Zahl, die größer oder gleich der (rationalen) Zahl x ist, und $\lfloor y \rfloor$ die größte ganze Zahl, die kleiner als y ist.
- Wir setzen $i \leftarrow 2$.

Schritt 3: Suche die kleinste Zahl $s_2 > s_1$, so dass $c_0(s_2)^e \ mod\ n$ PKCS-konform ist.

- Analog zu Schritt 2 erhält man eine Lösungsmenge für r', mit neuen ganzen Zahlen r'.
- Analog zu Schritt 2 erhält man neue mögliche Intervalle für m:
  $(2B+r' \cdot n)/s_2 \leq m \leq (3B-1+r' \cdot n)/s_2$
- Jetzt wird jedes Intervall aus der Menge M_1 mit jedem der neu berechneten Intervalle geschnitten. Ist diese Schnittmenge nicht leer, so wird dieses Schnittintervall zur Menge M_2 hinzugefügt. (Hierbei erhöht sich zunächst die Anzahl der Intervalle, die aber gleichzeitig immer kleiner werden so dass bei jeder neuen Schnittmengenbildung in den nachfolgenden Schritten immer häufiger das leere Intervall auftritt.)
- Wir setzen $i \leftarrow 3$.

Schritt 4 bis Schritt x: Wiederhole Schritt 3, bis nur noch ein Intervall der Länge 1 übrig ist. Dieses Intervall enthält den gesuchten Klartext m. (Der Nachweis, dass am Ende tatsächlich nur noch ein Intervall der Länge 1 übrig bleibt, und die Abschätzung der Zahl x, gehört zu den komplexesten Ergebnissen aus [Ble98], und kann daher hier nicht wiedergegeben werden.)

Reaktionen auf den Angriff

Aufgrund ihrer Struktur stellt die Attacke nur für diejenigen Protokolle eine Gefahr dar, die eine hohe Anzahl von Anfragen in Form von konstruierten Geheimtexten zulassen.

- E-Mail-Protokolle (die ja auch PKCS#1 verwenden) sind nicht betroffen, da ein Empfänger wohl kaum eine Million Nachrichten bearbeiten wird.

- Server-Anfragen hingegen, wie sie beim SSL-Protokoll vorkommen, könnten in der geforderten Anzahl auftreten, ohne dass der Server dahinter einen Angriff vermutet.

Die meisten Anbieter, deren Produkte durch diesen Angriff bedroht wurden, reagierten schnell und stellten Patches für ihre Applikationen im Netz bereit. Die Patches bewirken zum Beispiel, dass **Fehlermeldung_1** und **Fehlermeldung_2** vereinheitlicht werden oder dass ein Server ab einer festgelegten Anzahl von fehlerhaften Nachrichten bestimmte Anfragen nicht mehr beantwortet. Weiterhin ist ein Update des PKCS#1-Standard verfügbar, bei dem die PKCS-Nachrichten durch einen anderen Aufbau (mit Optimal Asymmetric Encryption Padding, OAEP) mehr Redundanz aufweisen, und somit die Konstruktion eines Geheimtextes, den der anzugreifende Server akzeptiert, praktisch unmöglich wird.

Der Bleichenbacher-Angriff wurde in den Versionen 3.1 und 3.2 von TLS berücksichtigt, und stellt dort die wesentlichste Änderung gegenüber TLS 3.0 dar.

4.6.2 Framespoofing, IFrames und unverschlüsselt übertragene Objekte

Im November 1998 entdeckten Experten der Firma SecureXpert Labs aus Toronto (www.securexpert.com) einen möglichen Angriff gegen SSL-geschützte Seiten, der es einem Angreifer erlaubte, an die vertraulichen Daten von Kunden (z.B. Kreditkartennummer, Homebanking-TANs) zu gelangen, ohne die SSL-Verschlüsselung selbst anzugreifen. Das Problem wurde nicht durch das SSL-Protokoll, sondern durch seine Umsetzung in den damaligen Browsern verursacht.

Viele Webseiten sind durch „Frames" untergliedert. Das sind Fenster innerhalb des Browserfensters, die jeweils mit HTML-Inhalten gefüllt sind. In den Ende 1998 gängigen Browserversionen war es möglich, diese Frames von unterschiedlichen Webservern mit verschiedenen Domains zu holen und im Browser zu einer Einheit zusammenzufügen.

Wurde der Inhalt eines bestimmten, ausgezeichneten Frames (des „äußeren" Frames) mit SSL geschützt übertragen, so signalisierten die Browser durch die Sicherheits-Icons der Browseroberfläche, dass alle Frames verschlüsselt seien. (Z.B. war bei älteren Versionen des Netscape Navigator das Vorhängeschloss geschlossen.)

Der Angriff funktionierte wie folgt:

- Der Angreifer stellte auf einer eigenen Webseite freundlicherweise einen Link zu einer Homebanking-Anwendung her, die mit SSL geschützt ist, z.B. www.bank.de.
- Beim Aufruf dieses Links wird der äußere Rahmen von www.bank.de geladen, und dieser ist mit SSL gesichert. Dies wird dem Benutzer signalisiert.
- Der innere Rahmen, in dem z.B. die Eingabe der TAN erfolgt, wird aber vom Server des Angreifers geladen. Dies kann völlig ungeschützt erfolgen.
- Gibt der Benutzer nun seine TAN in das Webformular ein, so wird diese nicht an die Bank, sondern an den Angreifer übertragen.

Glücklicherweise wurde dieser Angriff entdeckt, bevor er von böswilligen Hackern ausgenutzt werden konnte. Die Browserhersteller reagierten schnell und mit zwei Modifikationen, die diesen Angriff unterbanden:

- Die Frames eines Browserfensters müssen jetzt alle aus der gleichen Domain, oder sogar vom gleichen Server stammen. Ein „Zusammenbau" der Seite aus Frames verschiedener Server ist nicht mehr möglich.

- Die Signalisierung der SSL-Verschlüsselung über die Browser-Icons erfolgt nur noch dann, wenn alle Frames mit SSL verschlüsselt übertragen wurden. Ist auch nur ein unverschlüsselter Frame dabei, so wird „unverschlüsselt" signalisiert.

Dieser Angriff war möglich, weil komplex aufgebaute Webseiten auch komplexe Sicherheitseigenschaften besitzen, die über ein grafisches Mensch-Maschine-Interface nur schwer signalisiert werden können.

HTML-Webseiten folgen heute nicht mehr dem starren Schema, das durch Frames vorgegeben wurde. Sehr beliebt sind aber noch die so genannten iFrames [Selfhtml], das sind vollständige HTML-Dateien, die an einer beliebigen Stelle in der Webseite eingebettet werden können. Diese iFrames können, wie auch z.B. Bilder oder Javascript-Code, von einem beliebigen anderen Server geladen werden. Selbst wenn die Verbindung zum Hauptserver mit SSL gesichert ist, kann das Nachladen dieser Objekte über unverschlüsselte Verbindungen erfolgen.

Der Browser steht hier also vor dem gleichen Problem wie bei dem oben geschilderten Framespoofing-Angriff: Wenn auch nur ein Objekt der SSL-gesicherten Hautseite über eine nicht-SSL-Verbindung übertragen wird, soll dann „verschlüsselt" oder „unverschlüsselt" signalisiert werden? Dieses Problem ist bis heute ungelöst, und es ist zu erwarten, dass hier in Zukunft eine Basis für Angriffe zu finden sein wird. Heutige Browser überlassen die Entscheidung dem Nutzer und fragen einfach, ob die unverschlüsselt übertragenen Bestandteile einer Webseite angezeigt werden sollen, oder nicht. (Eine gute Übersicht zu den Sicherheitsfeatures aller gängigen Browsern findet man unter [Zal09].)

4.6.3 Phishing, Pharming und Visual Spoofing

Ähnlich wie bei Framespoofing machen sich Angreifer auch bei Visual Spoofing-Angriffen Sicherheitslücken in der grafischen Nutzeroberfläche von Webbrowsern zunutze. Die grafische Oberfläche wurde in den vergangenen Jahren um immer neue Features erweitert, von denen Javascript eine besonders kritische Position einnimmt.

Mittels Javascript ist es möglich, wichtige Elemente des Browserfensters, die Informationen zum Status der SSL-Verbindung enthalten, völlig auszublenden oder zu überschreiben. Dies ist nicht etwa ein Fehler der Software, sondern wurde zur Erweiterung der Möglichkeiten des Webdesigns bewusst eingeführt.

```
<html>
<head><title>Test</title>
<script type="text/javascript">
<!--
F1 =
window.open("da.html","F1","location=no,menubar=no,status=no,toolbar=no");
//-->
</script>
</head>
<body></body>
</html>
```

Bild 4.27: HTML/Javascript-Code zum Öffnen einen Browserfensters, bei dem alle Informationen zu SSL ausgeblendet sind.

Bild 4.27 zeigt, wie einfach die Darstellung von SSL ausgeblendet werden kann: Es werden nur vier Attribute im Javascript-Befehl zum Öffnen eines neuen Fensters benötigt. Die ausgeblendeten Bedienelemente können dann mit Hilfe von Frames (Bild 4.28), von Tabellen, von CSS-formatierten Abschnitten, oder durch Plugins wie Flash-Animationen nachgeahmt werden. Ein sehr ausgefeilter Proof-of-Concept für den Internet Explorer wird in [AGS05] beschrieben.

```
<html>
<frameset rows="20,40,*,20">
  <frame src="menuebar.html" name="Menuebar">
  <frame src="toolbar.html" name="Toolbar">
  <frame src="content.html" name="Content">
  <frame src="statusbar.html" name="Statusbar">
</frameset>
</html>
```

Bild 4.28: Datei „da.html“, die die ausgeblendeten Bedienelemente mit Hilfe von Frames nachahmt.

Es bleibt die Frage zu klären, wie die Opfer auf die gefälschte Webseite gelockt werden. Dafür steht einem Angreifer eine Fülle so genannter Trägerangriffe zur Verfügung:

- Er kann HTML-formatierte E-Mails mit gefälschtem Absender verschicken, die einen Link auf die gefälschte Seite enthalten („Phishing“).
- Er kann auf einem häufig besuchten Server ein bösartiges Script installieren, das das Opfer auf den Server des Angreifers umleitet („Cross Site Scripting“).
- Er kann die an verschiedenen Stellen im Internet gecachten DNS-Einträge manipulieren, so dass eine Anfrage nach www.bank.de die IP-Adresse des Angreifers liefert („Pharming“, vgl. Kapitel 8).

Einige Hersteller haben bereits auf diese Angriffe reagiert. So ist es z.B. nach Installation der Service Pack 2 für Windows XP nicht mehr möglich, die Statuszeile des Internet Explorer per Javascript auszublenden. (Die Adresszeile kann aber weiterhin gefälscht werden.)

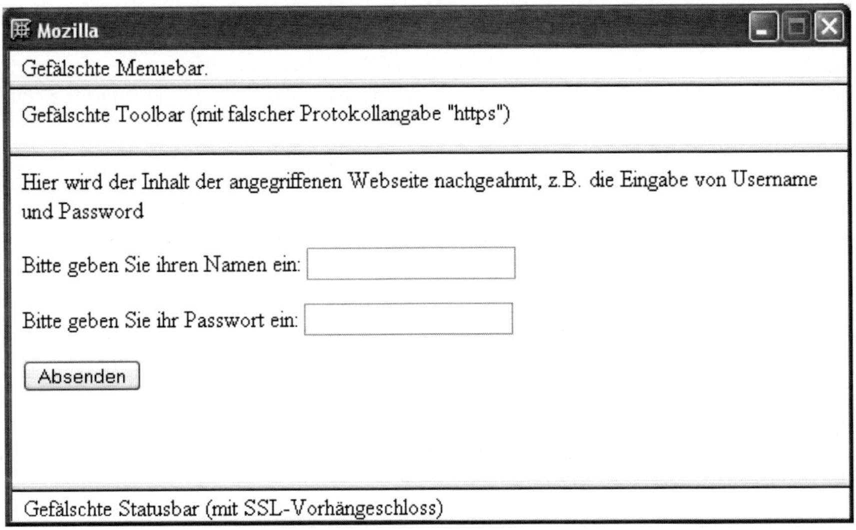

Bild 4.29: Das Ergebnis im Mozilla-Browser. Das Ergebnis wird durch Einbettung von Grafiken und Javascript in die einzelnen Frames beliebig überzeugend.

Es gibt verschiedene Lösungsvorschläge, wie man auf Clientseite diese Angriffe verhindern kann. Browser wie Opera, die ein völlig eigenständiges Design haben, sind weitgehend sicher, weil sie die Möglichkeiten des Webdesigns einschränken. [AGS05] enthält einen Überblick zu weiteren Schutzmöglichkeiten.

Als Reaktion auf diese Visual-Spoofing-Angriffe wurden in allen Browsern die SSL-Indikatoren grundsätzlich überarbeitet, und es wurde gemeinsam von Verisign und Microsoft eine neue Klasse von Zertifikaten eingeführt, die so genannten „Extended Validation" (EV)-Zertifikate (vgl. Abschnitt 4.7.3).

Die SSL-Indikatoren sind heute in allen Browsern neben der Adressleiste angeordnet, und zusätzlich wird die Adresszeile je nach SSL-Status farblich hinterlegt: Eine rote Markierung deutet auf Probleme mit dem Serverzertifikat hin, eine gelbe (beige) Hinterlegung auf ein „normales" Serverzertifikat, und eine grüne Hinterlegung auf ein EV-Zertifikat.

Das große, ungelöste Problem bei diesen farblichen Warnhinweisen ist die Farbe für nicht-SSL-Verbindungen: Hier wird in den Browser die Farbe weiß eingesetzt. Konsequent wäre hier eine Farbgebung „Violett" gewesen, da diese Verbindungen noch sehr viel einfacher angegriffen werden können als fehlerhafte SSL-Verbindungen. Diesen Schritt wollten die Browserhersteller aber nicht gehen, da die meisten Nutzer dies nicht verstanden hätten.

Es gibt bereits Angriffstools, die die ausnutzen: Das netzwerk-basierte Tool SSLStrip [SSLStrip] nutzt z.B. die Tatsache aus, dass die meisten Internetnutzer die gewünschte Adresse immer ohne die Protokollangabe „http" oder „https" eintippen. Tippt das Opfer also „www.bank.de" ein, so baut SSLStrip eine einfache, ungesicherte Verbindung zum Browser, und eine SSL-gesicherte Verbindung zur Bank auf. Das Opfer bemerkt den Unterschied nur, wenn es bemerkt, dass die Adresszeile weiß geblieben ist, und nicht gelb oder grün gefärbt wurde.

4.7 Praktische Aspekte

SSL ist heute das wichtigste und erfolgreichste Sicherheitsprotokoll des Internets. Entsprechend wichtig sind die praktischen Aspekte von SSL. Erfreulicherweise ist die Unterstützung für SSL breit, und es gibt freie SSL-Toolkits im Internet, um eigene Applikationen mit SSL abzusichern.

4.7.1 Sourcecode

Das wichtigste freie Toolkit für SSL ist OpenSSL (www.openssl.org). Hier kann man sich auch über kommerzielle Toolkits und SSL-Anwendungen informieren. OpenSSL ist aus der Bibliothek SSLey des Australiers Eric Young hervorgegangen, der zweiten wichtigen Referenzimplementierung von SSL neben SSLRef von Netscape.

Die wichtigste Anwendung von OpenSSL ist die Integration in den Apache Webserver, die es in zwei Versionen gibt: Als ApacheSSL (www.apache-ssl.org) und modSSL (www.modssl.org). Darüber hinaus gibt es weitere Integrationen von SSL in Anwendungsprogramme wie z.B. FTP-Clients. Eine ausführliche Liste findet man auf der OpenSSL Webseite.

4.7.2 Server und Clients

Alle wichtigen Webserver unterstützen SSL. Von besonderer Bedeutung ist dabei der bereits oben erwähnte Apache-Webserver wegen seiner großen Verbreitung und der freien Verfügbarkeit seines Sourcecodes.

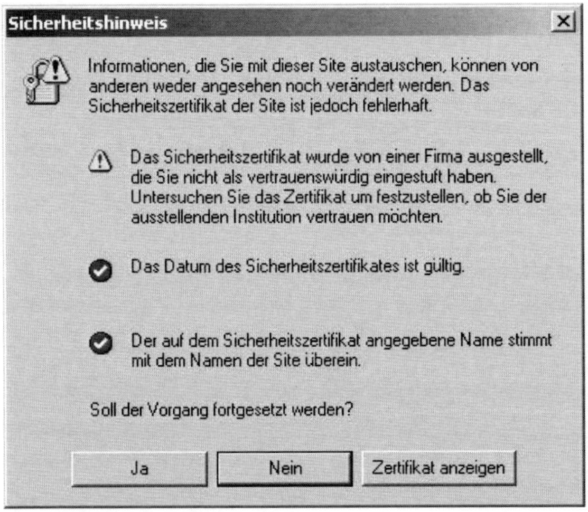

Bild 4.30: SSL-Warnhinweis bei fehlendem Wurzelzertifikat.

Auch kommt heute kein ernstzunehmender Browser an der Integration von SSL/TLS vorbei. Unterschiede gibt es hier aber in der Visualisierung der Sicherheitseigenschaften einer Verbindung, und in der Unterstützung von TLS. So unterstützt z.B. der Netscape Navigator in der Version 4.78 TLS noch nicht, wohl aber die Nachfolgeversion 6.1. Der Internet Explorer und Opera (www.opera.com) unterstützen mindestens ab Version 6.0 TLS, allerdings lassen sich die Ciphersuites von SSL 3.0 und TLS in Opera nur gemeinsam konfigurieren.

Als Symbol für eine sichere SSL-Verbindung hat sich in allen drei Browsern das Vorhängeschloss durchgesetzt.

4.7.3 Die PKI für SSL

SSL ist weitgehend transparent für den Nutzer. In den meisten Fällen wird er einfach durch anklicken eines https-Links auf eine mit SSL-geschützte Seite geführt und muss sich um die Sicherheit dieser Seite keine Gedanken machen.

Dies ist aber nur deshalb möglich, weil die Browser-Hersteller dem Nutzer die Entscheidung abgenommen haben, welche Websites als vertrauenswürdig anzusehen sind, und welche nicht: In jedem Browser ist bereits bei der Auslieferung eine lange Liste von Wurzelzertifikaten enthalten. Stellt der Browser nun eine SSL-Verbindung mit einer Website her, deren Zertifikat mit einem dieser Wurzelzertifikate überprüft werden kann, so gilt die Website implizit als vertrauenswürdig.

Wenn aber das SSL-Zertifikat nicht von einem dieser Wurzelzertifikate abgeleitet ist, so erhält der Nutzer eine Warnmeldung, wie sie in Bild 4.30 dargestellt ist. Um hier entscheiden zu können, ob man diese Firma trotzdem als vertrauenswürdig einstufen möchte, bedarf es einiger Kenntnisse über Zertifikate und Kryptographie. Damit ist jedoch der „normale" Internet-Nutzer in der Regel überfordert.

Das Phänomen, das man hier beobachten kann, ist die Entstehung einer rein kommerziellen Public Key-Infrastruktur (PKI). Im Gegensatz zu der bundesdeutschen staatlichen PKI, wie sie im deutschen Signaturgesetz [SigG97, SigG01, SigV97] beschrieben ist, wird hier keine einheitliche Hierarchie geschaffen, sondern es sind viele kleine Hierarchien entstanden.

In dieser kommerziellen PKI müssen relativ hohe Summen an die Browser-Hersteller gezahlt werden, damit diese ein Wurzelzertifikat in ihre Distribution aufnehmen. Erfolgreich sind dann die Zertifikatsherausgeber, deren Wurzelzertifikate in möglichst allen im Internet eingesetzten Browsern vorhanden sind.

Diese Strategie haben vor allem zwei Firmen konsequent verfolgt: Verisign in den USA (www.verisign.com) und Thawte in Südafrika (www.thawte.com). Die meisten der heute in großen Webservern eingesetzten SSL-Zertifikate stammen von einer dieser beiden Firmen, und mit dem Aufkauf von Thawte durch Verisign hat sich dieser Trend noch verstärkt. Es gibt allerdings viele kompetente Wettbewerber (eine Liste erhält man, wenn man sich die Liste der Wurzelzertifikate in einem der populären Webbrowser ansieht), und durch das Aussterben alter Browserversionen findet hier eine Egalisierung der Wettbewerbsbedingungen statt. Ein Preisvergleich lohnt sich daher auf alle Fälle.

4.7.4 Step-Up-Zertifikate/Server Gated Cryptography

Als Spätfolge der restriktiven US-Exportkontrolle wird die Verschlüsselungsstärke, die bei einer SSL-Verbindung zum Einsatz kommt, durch die alten Browser-Versionen von Netscape und Microsoft auf 40 Bit (mit dem RC2-Algorithmus) beschränkt. Diese Browser bieten in der ClientHello-Nachricht nur die schwachen Ciphersuites an.

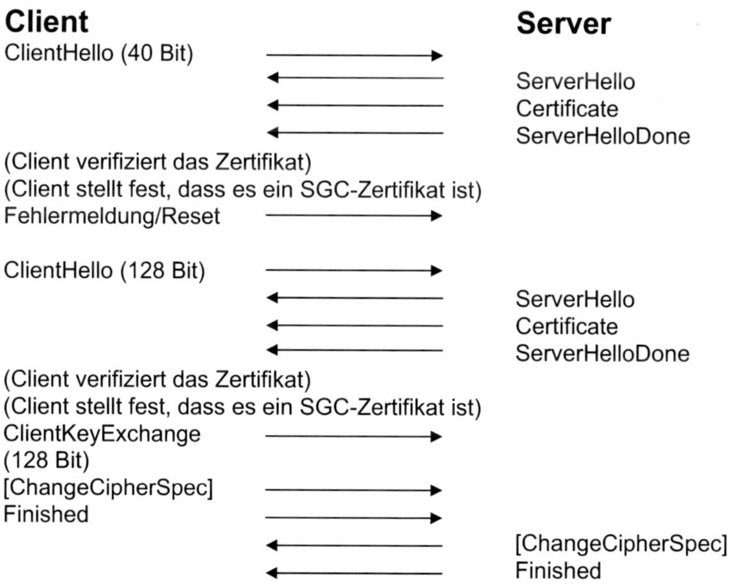

Bild 4.31: Client-Server-Kommunikation bei Microsofts "Server Gated Cryptography"-Variante von SSL.

Um ausgewählten Kunden mit erhöhtem Sicherheitsbedarf, z.B. im Bankenbereich und im Gesundheitswesen, eine angemessene Verschlüsselungsstärke bieten zu können, hatten Netscape und Microsoft sich einen Trick ausgedacht, um eine 128 Bit-Verschlüsselung auch in Exportbrowsern zu realisieren. Dieser Trick wird von Netscape "International Step-Up Encryption" (http://developer.netscape.com/tech/security/stepup/overview.html) und von Microsoft "Server Gated Cryptography" (http://www.microsoft.com/SECURITY/tech/sgc/default.asp) genannt.

Beiden Techniken ist gemeinsam, dass der Client einen begonnenen SSL-Handshake abbricht, wenn er auf ein spezielles Server-Zertifikat trifft, ein "Step-Up-Zertifikat" bzw. ein "SGC-Zertifikat". Diese Zertifikate enthalten eine spezielle proprietäre Extension nach dem X.509v3-Standard. Sie dürfen nur von wenigen kommerziellen Certification Authorities (CAs) ausgestellt werden, bzw. der Client akzeptiert nur von diesen CAs ausgestellte Zertifikate. In den beiden oben angegebenen Links wird nur Verisign genannt.

Die Techniken von Netscape und Microsoft unterscheiden sich nur in dem Zeitpunkt, zu dem der Client einen Neustart des Handshakes durchführt: Bei Netscape wird der erste Handshake vollständig ausgeführt, während bei Microsoft der Neustart bereits erfolgt, sobald der Client das SGC-Zertifikat als solches erkannt hat. Bild 4.31 gibt den Ablauf des kompletten Handshakes bei Microsofts SGC wieder.

Diese Technik ist heute nur noch dann interessant, wenn eine hochsichere Anwendung (z.B. Homebanking) mit einer Browserpopulation betrieben werden soll, die noch viele Exportbrowser enthält. Da Informationen zum verwendeten Browser fast immer bei einem HTTP-Request als Metainformation mit gesendet werden, kann der Systemadministrator dies feststellen.

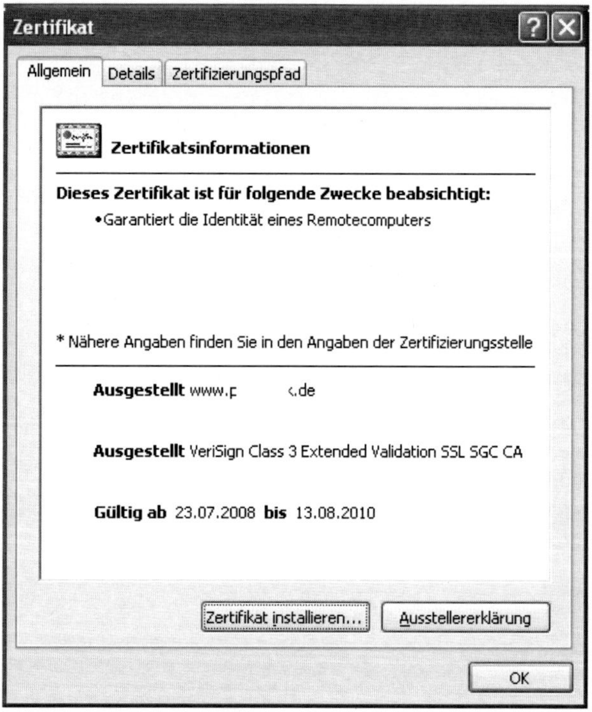

Bild 4.32: Screenshot eines EV-Zertifikats.

4.7.5 Extended Validation-Zertifikate

Durch den Preiskampf bei SSL-Server-Zertifikaten (Preise um $ 50 pro Zertifikat sind üblich) gingen die Zertifizierungsstellen immer mehr dazu über, nur automatische Überprüfungen vorzunehmen. Dadurch wurde es z.B. möglich, gültige Zertifikate für

Domains wie `bank.banking.com` zu erhalten, obwohl der Antragsteller keine Bank war, und diese Zertifikate zu missbrauchen.

Die Firma Verisign ergriff daher, unterstützt von Microsoft, die Initiative, und gab so genannte „Extended Validation" (EV)-Zertifikate heraus. Diese unterscheiden sich technisch nicht von anderen X.509-Zertifikaten (bis auf eine Zertifikatserweiterung), lediglich der Prozess der Ausstellung, und die Darstellung im Browser, sind anders:

- Jeder Antrag auf Ausstellung eines EV-Zertifikats wird manuell geprüft. Hierbei können z.B. auch Aspekte des Markenrechts in die Prüfung mit einfließen, etwa, wenn der Name einer Subdomain dem Namen einer eingetragenen Firma ähnelt. Durch diese manuelle Prüfung verteuern sich die Zertifikate: rund 1000 $ für ein ein Jahr gültiges Zertifikat[3].
- Im Browser wird die Farbe Grün für EV-Zertifikate reserviert. An dieser Stelle war die Unterstützung der Pläne durch Microsoft ausschlaggebend, da diese Regel erstmals im Internet Explorer 7 umgesetzt wurde.

Mittlerweile haben viele große Firmen EV-Zertifikate erworben. Eine Liste der Zertifizierungsstellen, die EV-Zertifikate herausgeben, findet sich unter http://www.cabforum.org/index.html. EV-Zertifikate werden ab Firefox 3, Internet Explorer 7, Opera 9.5 und Safari 3.2 unterstützt.

4.7.6 Client-Zertifikate

Auch ein anderer Typ von Zertifikaten gewinnt langsam an Bedeutung: die X.509 Client-Zertifikate. Die Authentifizierung des Client mittels eines Zertifikats war zwar schon immer innerhalb des SSL-Handshakes möglich, sie wurde aber nur sehr selten genutzt, weil es Probleme mit dem Aufbau einer geeigneten PKI für Client-Zertifikate, und deren Verteilung an die Nutzer gab. Außerdem waren Passwörter einfacher zu nutzen, und bis zur großen Phishing-Welle im Jahr 2004 anscheinend auch sicher.

Mittlerweile finden Passwort-, PIN- und Kreditkartendiebstahl im Internet in großem Maßstab statt, und es ist nicht abzusehen, wie man sich davor schützen kann. So gewinnen Client-Zertifikate in geschäftlichen Anwendungen zunehmend an Bedeutung: Amazon nutzt diese Möglichkeit, um den Zugang zur Amazon Cloud [ACEC2] zu schützen, und für das browserbasierte Single Sign-On mit SAML-Token [GJKS10] wurden Client-Zertifikate als wichtiges Hilfsmittel vorgeschlagen.

4.7.7 SSL ohne PKI

Der Bleichenbacher-Angriff war der letzte Angriff auf den SSL-Handshake selbst. Alle nachfolgenden Probleme mit SSL betreffen die Verknüpfung von Kryptographie mit Informationen, die aus anderen Systemen (z.B. DNS) stammen, und die für den menschlichen Nutzer bestimmt sind.

So wurde z.B. das Domain Name System erfunden, damit die menschlichen Nutzer die leicht memorierbaren Domainnamen (z.B. www.amazon.de) anstelle der unverständlichen IP-Adressen nutzen können. Dieses Prinzip wurde auch in den SSL-Serverzertifikaten umgesetzt: Hier wird ein unverständlicher öffentlicher Schlüssel an einen Domainnamen gebunden. Während des SSL-Handshakes überprüft der Browser, ob der Server den passenden privaten Schlüssel kennt, und ob der aufgerufene Domainname mit dem im Zertifikat gespeicherten übereinstimmt.

---

[3] http://www.verisign.com/ssl/buy-ssl-certificates/extended-validation-ssl-certificates/index.html?sl=boxlink, 13.1.2010

Was passiert aber, wenn der Domainname nicht passt? An dieser Stelle wird der Internetnutzer, der nichts von Kryptographie oder Internetsicherheit versteht, aufgefordert, eine Entscheidung zu treffen. Moderne Browser empfehlen, den Verbindungsaufbau abzubrechen, aber durchschnittliche Nutzer tendieren dazu, diese Warnmeldung zu ignorieren, weil sie ich Ziel (den Aufruf der Webseite) erreichen möchten.

Hat ein Nutzer die Entscheidung getroffen, die Warnmeldung zu ignorieren, so verhält sich der Browser, als sei alles in schönster Ordnung: Alle vertraulichen Daten (z.B. HTTP-Cookies, die den Browser gegenüber dem Server authentifizieren) werden an den nicht eindeutig identifizierten Server geschickt.

Man kann aber SSL auch ohne PKI betreiben, wenn man die Sicherheitsziele etwas abändert: Ein Server soll in diesem Fall nicht *identifiziert*, sondern nur *wiedererkannt* werden. Dieses neue Prinzip kann dabei helfen, das automatische Login weitaus sicherer zu machen. Im Moment wird es in der Forschungsliteratur [KSTW07, MS07] diskutiert, insbesondere im Bereich Single-Sign-On.

4.7.8 TLS 1.1 und TLS 1.2

In **TLS 1.1** [RFC 4346] werden, neben zahlreichen editorischen Verbesserungen, im Wesentlichen zwei Angriffe berücksichtigt.

Im CBC-Verschlüsselungsmodus werden Initialisierungsvektoren (IVs) benötigt, um die Daten im Record Layer zu verschlüsseln. Um diese IVs nicht übertragen zu müssen, gibt es in TLS eine Konstruktion, bei der der jeweils nächste IV aus dem vorangegangenen Chiffretextblock abgeleitet wird. Diese Konstruktion ist jedoch nicht sicher [CBCATT], und so wurde sie durch die explizite Übertragung der IV ersetzt.

Der Bleichenbacher-Angriff hat in TLS 1.1 noch keine Auswirkungen auf die Datenformate. Dies wird mit der Rückwärtskompatibilität begründet. Stattdessen werden Empfehlungen gegeben, wie der Seitenkanal auf Serverseite geschlossen werden kann, der diese Angriffe erst ermöglicht hat. Hierbei wird auch der verbesserte Bleichenbacher-Angriff aus [KPR03] berücksichtigt.

In **TLS 1.2** [RFC 5246] sind die Änderungen weitreichender:

- Die MD5/SHA-1-Kombination in der Pseudozufallsfunktion (PRF, vgl. 4.5.3) wurde durch Ciphersuite-spezifische PRFs ersetzt. Alle neu definierten Ciphersuites nutzen P_SHA256.
- Die MD5/SHA-1-Kombination bei der digitalen Signatur wurde durch einen einfachen Hashwert ersetzt. Signierte Elemente enthalten jetzt ein Feld, in dem der verwendete Hashalgorithmus angegeben wird.
- Die Möglichkeiten von Client und Server, eine Unterstützung für bestimmte Hash- und Signaturfunktionen zu signalisieren, wurden sauberer formuliert.
- Neue Erweiterungen und Cipher Suites wurden integriert. Die Standard-Ciphersuite, die immer implementiert sein muss, ist jetzt TLS_RSA_WITH_AES_128_CBC_SHA. Alle IDEA- und DES-basierten Ciphersuites wurden aus dem Dokument entfernt.
- Die Beschreibung der Gegenmaßnahmen zur Bleichenbacher/Klima-Attacke wurde verbessert, ein Abschnitt zur Beschreibung von Implementierungsfehlern wurde hinzugefügt.

Während TLS (1.0) von allen gängigen Browsern unterstützt wird, ist die Situation hinsichtlich TLS 1.1 und 1.2 sehr unübersichtlich: Opera 10 unterstützt TLS 1.1, soll angeblich aber auch Version 1.2 unterstützen[4]. Beim Internet Explorer 8 unter Windows XP ist nur die Version 1.0 selektierbar, unter Windows 7 soll allerdings auch Version 1.2 verfügbar sein[5].

[4] http://my.opera.com/core/blog/2009/02/25/new-in-opera-presto-2-2-tls-1-2-support, 13.1.2010.
[5] http://msdn.microsoft.com/en-us/library/dd208005%28PROT.13%29.aspx, 13.1.2010

5 IP Security (IPSec)

Das Internet Protocol (IP) hat in den letzten Jahren alle anderen Netzwerkprotokolle weitgehend verdrängt. Die Gründe für diesen verdienten Erfolg sind vielfältig und reichen von der sauberen Aufgabenteilung zwischen IP und TCP (Transport Control Protocol) über die Verbreitung von Open Source Software bis hin zum Erfolg des WWW in der Geschäftswelt.

Durch diese „evolutionäre Verdrängung" hat sich die technisch günstige Situation ergeben, dass es auf der Netzwerkschicht fast aller Netzwerke ein einheitliches Datenformat gibt (vgl. Bild 5.1). Diese Tatsache kann man sich zunutze machen, wenn man mit einem einzigen Sicherheitsmechanismus eine Vielzahl von Anwendungen absichern möchte: Man kann auf der Ebene der IP-Pakete Verschlüsselung und Authentikation einsetzen.

7 Anwendungsschicht	Anwendungsschicht	Telnet, FTP, SMTP, HTTP, DNS, NFS
6 Darstellungsschicht		
5 Sitzungsschicht		
4 Transportschicht	Transportschicht	TCP, UDP
3 Vermittlungsschicht	IP-Schicht	IP
2 Sicherungsschicht	Netzzugangsschicht	ATM, PPP, Frame Relay, Ethernet, IEEE 802.2, X.25
1 Bitübertragungsschicht		

Bild 5.1: Das TCP/IP-Schichtenmodell und seine Einordnung in das 7-Schichtenmodell der OSI. Für die Vermittlungsschicht gibt es im Internet nur ein einziges Protokoll: IP.

In Abschnitt 5.1 soll IP in seinen Grundzügen dargestellt werden. Einen ersten Ansatz zur Absicherung von IP machte die Firma SUN mit dem „Simple Key Management for Internet Protocols" (SKIP). Wir gehen darauf in Abschnitt 5.2 ein und nennen auch Gründe, warum sich SKIP nicht durchsetzen konnte. Die Abschnitte 5.3 bis 5.5 beschreiben dann die von der IETF standardisierte IPSec-Protokollsuite, die aus einer Reihe von RFCs besteht. Besondere Aufmerksamkeit wurde dabei dem IPSec Schlüsselmanagement gewidmet, da dies der komplexeste Teil von IPSec ist. Eine Darstellung der Entwicklung des IPSec-Schlüsselmanagements lässt begreifen, warum auch der heutige Standard „Internet Key Exchange" (IKE) noch nicht die endgültige Lösung dieses Problems ist.

5.1 Internet Protocol (IP)

Das Internet Protocol in der aktuellen Version 4 [RFC 791] und der zukünftigen Version 6 [RFC 1883, 2460] ist ein Netzwerkprotokoll und somit in der Vermittlungs- oder Netzwerkschicht (network layer) des OSI-Modells angesiedelt. Aufgabe von IP ist es, Datenpakete über verschiedene Netzwerke hinweg von einem Quellrechner A hin zu einem Zielrechner B zu transportieren. IP arbeitet dabei verbindungslos und paketorientiert, d.h. es wird keine virtuelle Verbindung zwischen A und B aufgebaut, über die alle Pakete gesendet werden (dies ist z.B. bei ATM der Fall), sondern jedes IP-Paket wird einzeln behandelt, und Pakete von A nach B können durchaus auf verschiedenen Wegen transportiert werden.

Rechner werden in IP-Netzen durch ihre IP-Adresse identifiziert. Dies ist für IPv4 ein (in der Regel weltweit eindeutiger) 4 Byte-Wert. Traditionsgemäß wird dabei jede solche Adresse in

„dotted decimal notation" angegeben, d.h. jedes Byte wird als vorzeichenlose Dezimalzahl interpretiert, und die vier Bytes werden durch Punkte getrennt. (Z.B. lautet die IP-Adresse des Webservers der Ruhr-Universität Bochum 134.147.64.11.)

In IPv6 sind die Adressen viel länger, nämlich 128 Bit oder 16 Byte. Sie werden hexadezimal geschrieben, wobei je 16 Bit zu einem Block zusammengefasst werden. Die 16 Bit Blöcke werden durch Doppelpunkt getrennt: FFFE:8000:0:0:123:4567:89AB:CDEF beschreibt z.B. eine IPv6-Adresse mit lokaler Gültigkeit in einem Netzsegment (Link Local Unicast Address).

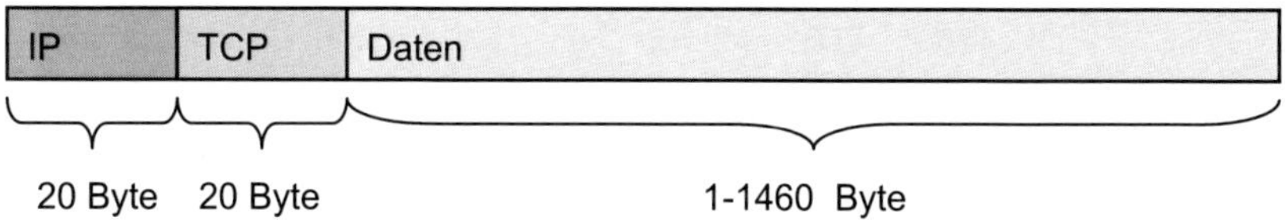

Bild 5.2: Ein typisches IPv4-Paket. IP wird meist in Verbindung mit dem Transportprotokoll TCP benutzt (zunehmend häufiger auch UDP), und beide Header benötigen jeweils standardmäßig 20 Byte. Die Länge des Datenblocks wird oft auf 1460 Byte begrenzt, damit das ganze Paket in einem Ethernet-Frame transportiert werden kann. Die theoretische Maximallänge eines IP-Pakets beträgt 65535 Byte.

In einem IP-Netz entscheiden Router anhand der IP-Zieladresse über die Weitergabe des Pakets. Sie gehen dabei nach dem „best effort"-Prinzip vor, indem sie „nach besten Kräften" versuchen, die Pakete beim Empfänger abzuliefern, die Pakete aber im Fehlerfall gelöscht und nur eine Fehlermeldung zurück an den Absender geschickt wird. Aufgabe von TCP ist es dann, die Daten zuverlässig beim Empfänger abzuliefern, ggf. durch mehrfaches Senden des gleichen IP-Pakets.

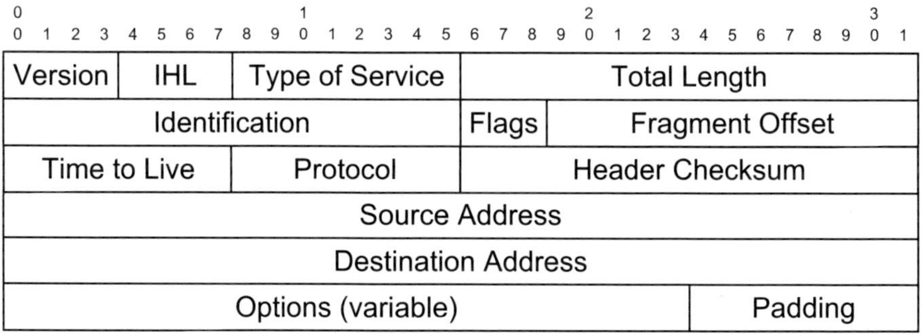

Bild 5.3: Der IPv4-Header. Die wichtigsten Felder sind die IP-Zieladresse der Pakets („Destination Address") und die IP-Nummer des Absenders („Source Address").

IP-Pakete besitzen einen Header, der alle Informationen darüber enthält, wie mit dem Paket zu verfahren ist (Bild 5.3). Dieses Prinzip muss man auch bei der Verschlüsselung und Authentisierung von IP-Paketen beachten: Alle Informationen, wie ein Paket entschlüsselt und seine Authentizität überprüft werden können, müssen in einem zusätzlichen Header enthalten sein, der jeweils hinter dem IP-Header eingefügt wird.

Da es sich bei der Kommunikation auf IP-Ebene oft um die Kommunikation zweier gleichberechtigter Partner handelt, basieren die meisten Vorschläge zum Schlüsselmanagement für IP-Sicherheit auf dem Schlüsselvereinbarungsprotokoll von Diffie und Hellman (vgl. 1.5.3), das ja auch nur zwei gleichberechtigte Partner kennt.

5.2 Erste Ansätze

5.2.1 Hybride Verschlüsselung

Zunächst einmal kann man die Nutzlast von IP-Paketen als eigenständigen Datensatz, also als „Mini-File", betrachten, und versuchen, sie mit Methoden der Fileverschlüsselung abzusichern. Man könnte also die Nutzlast mit einem Sitzungsschlüssel verschlüsseln, und diesen dann mit dem öffentlichen Schlüssel des Empfängers (der in einem öffentlichen Verzeichnis auf eine bestimmte Art und Weise mit der IP-Adresse des Rechners verknüpft sein muss) verschlüsseln.

Dieser Ansatz scheitert aber am Overhead: Die Datenmenge, die zusätzlich in jedem IP-Paket transportiert werden müsste, wäre zu groß. So würde z.B. das Kryptogramm eines Sitzungsschlüssels, verschlüsselt mit einem 1024 Bit Schlüssel (= 128 Byte), den Header-Anteil von 20 auf 148 Byte erhöhen, was bei einer üblichen Paketgröße von 1500 Byte einem Anteil von fast 10 % entspräche. Außerdem wäre auch der Rechenaufwand, der bei der Verarbeitung eines IP-Paketes anfiele, viel zu groß. Es müsste für jedes Paket eine Public Key-Entschlüsselung durchgeführt werden, also z.B. im Falle von RSA eine diskrete Exponentiation mit der Zahl d.

Wir müssen also eine Lösung finden, die sparsamer mit diesen Ressourcen umgeht.

5.2.2 Simple Key Management for Internet Protocols (SKIP)

Eines der ersten funktionsfähigen Protokolle zur Absicherung des Datenverkehrs auf der IP-Ebene war das "Simple Key Management for Internet Protocols (SKIP)" der Firma SUN [SKIP]. Hier wurde auch zum ersten mal das Schlüsselvereinbarungsprotokoll des Sun-Chefkryptologen Whitfield Diffie eingesetzt.

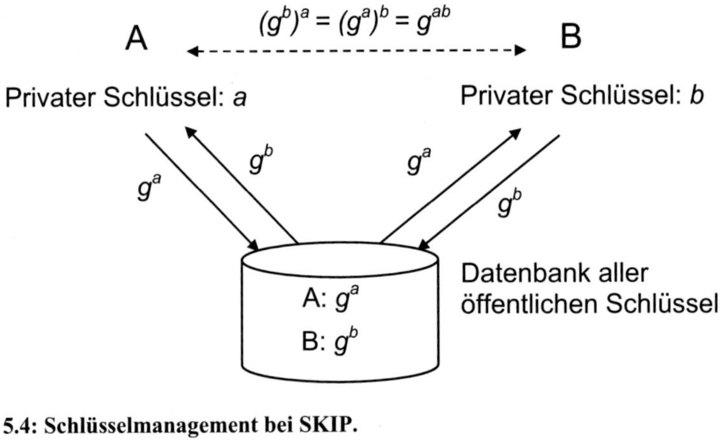

Bild 5.4: Schlüsselmanagement bei SKIP.

Die Grundidee hinter SKIP war die gleiche wie auch beim ElGamal Verschlüsselungsverfahren: Die im ersten Schritt des Diffie-Hellman-Verfahrens erzeugten Nachrichten

$$\sigma = g^s \bmod p$$

(s der geheime Schlüssel des Teilnehmers) werden für jeden Teilnehmer in einer öffentlichen Datenbank gespeichert. Möchte Teilnehmer A mit Teilnehmer B Kontakt aufnehmen, so kann er in der Datenbank den öffentlichen Schlüssel β von B abrufen, und mittels seines privaten Schlüssels a zunächst den Wert

$$G_{ab} = \beta^a \bmod p = (g^b)^a \bmod p$$

berechnen und daraus den gemeinsamen Schlüssel k_{ab}, in der Regel eine hinreichend große Anzahl von Bits von G_{ab}, ableiten.

Ein Grundprinzip der Kryptographie besagt, dass man mit einem Schlüssel nur eine begrenzte Menge von Daten verschlüsseln sollte. Dieses Grundprinzip wurde aus erfolgreichen Angriffen auf Verschlüsselungsverfahren abgeleitet, bei denen große Mengen von verschlüsselten Daten zur Verfügung standen.

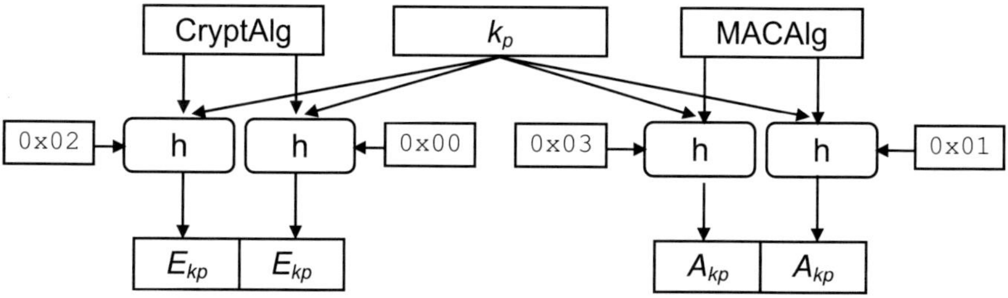

Bild 5.5: Ableitung der SKIP-Schlüssel aus kp. CryptAlg und MACAlg sind die 1-Byte-Werte aus den entsprechenden Feldern des Headers, h ist eine Hashfunktion, und die Hexadezimalzahlen 0x00 bis 0x03 erzwingen unterschiedliche Ausgaben.

Da über eine IP-Verbindung große Mengen von Daten ausgetauscht werden können, und da der Schlüssel k_{ab} zwischen A und B immer der gleiche bleibt, darf er nicht direkt zur Verschlüsselung von Daten verwendet werden. Daher wird ein Sitzungsschlüssel k_p gewählt, mit k_{ab} verschlüsselt und im SKIP-Header übertragen. Aus diesem Schlüssel k_p werden dann, wie in Bild 5.5 dargestellt, die Schlüssel zur Verschlüsselung und Authentisierung abgeleitet.

Der Schlüssel k_p (und damit auch sein Kryptogramm) ist zwischen 64 und 128 Bit lang, was 8 bis 16 Byte entspricht. Der rein kryptographische Overhead reduziert sich damit schon beträchtlich gegenüber dem ersten naiven Ansatz. Weiterhin müssen bei SKIP auch keine aufwändigen Public Key-Operationen für jedes Paket durchgeführt werden, sondern nur eine symmetrische Entschlüsselung von k_p.

Der SKIP-Header (Bild 5.6) enthält darüber hinaus noch eine Reihe weiterer Felder, von denen einige hier noch kurz erläutert werden sollen. Weitere Informationen findet man unter [SKIP].

Neben dem verschlüsselten Sitzungsschlüssel k_p werden noch weitere Angaben benötigt, damit der Empfänger das Paket auch entschlüsseln und überprüfen kann:

- Der Empfänger benötigt zunächst Angaben zu den verwendeten Algorithmen, da es hier verschiedene Kandidaten gibt. Diese Information wird in Form von registrierten Zahlenwerten zwischen 0 und 255 in vier 1-Byte-Feldern mitgeliefert.
- Um G_{ab} und k_{ab} berechnen zu können, muss der Empfänger erfahren, wie der öffentliche Schlüssel des Absenders lautet. Dazu dienen die beiden Felder *Source NSID* und *Source Master Key-ID*. Mit dem ersten Feld (1 Byte) wird angegeben, in welchem öffentlichen Verzeichnis der Schlüssel zu finden ist. Das zweite (4 Byte lange) Feld gibt dann die ID des Schlüssels in diesem Verzeichnis an.
- Analog dazu sind *Destination NSID* und *Destination Master Key-ID*. Mit diesen beiden Feldern kann der Empfänger auch überprüfen, ob der verwendete Schlüssel sein eigener ist, und im Fehlerfall eine Meldung an den Absender schicken.

Version	Res.	Source NSID	Dest. NSID	Next Header
Counter n				
Kij Algorithm		Crypt Algorithm	MAC Algorithm	Comp Algorithm
Kp encrypted with Kijn (8 – 16 Byte)				
Source Master Key-ID				
Destination Master Key-ID				

Bild 5.6: Der SKIP-Header [SKIP]. Er folgt bei SKIP-verschlüsselten Paketen auf den IP-Header.

SKIP reduziert den Overhead pro IP-Paket zwar schon beträchtlich gegenüber dem naiven Ansatz der hybriden Verschlüsselung, aber auch der SKIP-Header ist noch viel zu groß. Da Overhead auf Netzwerkebene direkt in eine geringere Netto-Bandbreite umrechenbar ist, muss hier an jedem Bit gespart werden (wie auch beim IP- oder TCP-Header, bei denen jedes Bit heiß diskutiert wurde).

Ein weiterer Nachteil von SKIP ist darin zu sehen, dass jeweils eine Datenbankabfrage benötigt wird, um an den öffentlichen Schlüssel von Sender oder Empfänger zu gelangen. Dies setzt die Existenz solcher leistungsfähigen Datenbanken voraus. Als Konsequenz daraus könnte SKIP zwar in mittleren Netzen mit einer reinen SUN-Infrastruktur eingesetzt werden, würde aber im Internet scheitern, da dort diese Datenbanken nicht zur Verfügung stehen.

SKIP wird heute noch von SUN unter dem Produktnamen SunScreen™ SKIP angeboten. Mit dieser Softwarelösung, die sowohl unter Solaris als auch Windows verfügbar ist, lassen sich Verbindungen zwischen zwei Hosts absichern. Nach einer großen Anstrengung von SUN im Jahr 1998, SKIP als de facto-Standard für den IP-Schlüsselaustausch durchzusetzen, wurden aber die Entwicklungen weitgehend eingestellt. (Die jüngsten technischen Papiere datieren von 1998.)

SKIP kann mit den Datenformaten ESP und AH zusammenarbeiten. Dabei bleiben aber die genannten Nachteile erhalten, Vorteile sind gegenüber der Verwendung der IPSec-Schlüsselverwaltung IKE nicht zu erkennen.

5.3 IPSec: Überblick

„IPSec" ist die Abkürzung für eine Reihe von Standards, die von der IP Security (IPSec) Working Group [IPSec] der IETF erarbeitet wurden. Diesen RFCs liegt ein wohldurchdachter Ansatz zugrunde, mit dem das komplexe Problem der Absicherung eines Netzwerkes (das viel schwieriger ist als die Absicherung einer Client-Server-Verbindung) überzeugend gelöst wurde. IPSec hat noch Ecken und Kanten, z.B. was den Umgang mit Zertifikaten und das Zusammenspiel mit Network Address Translation (NAT) Gateways betrifft, wird aber heute von allen Herstellern von Netzwerkequipment angeboten.

IPSec beschreibt Datenformate zur Verschlüsselung (ESP) und Authentisierung (AH, ESP) von IP-Paketen, und das Schlüsselmanagement (IKE).

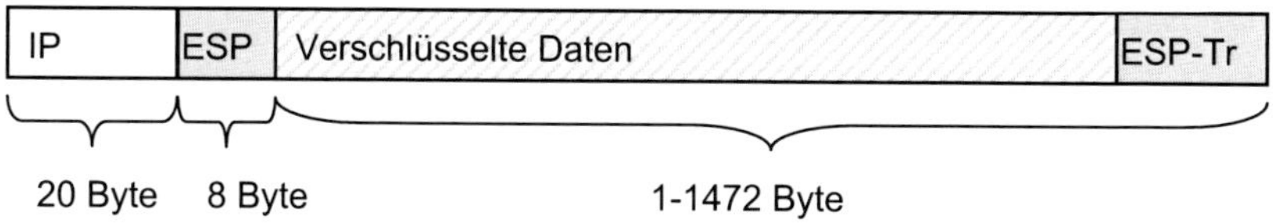

Bild 5.7: Ein mit IPSec ESP verschlüsseltes Paket.

5.3.1 SPI und SA

Die wichtigste Idee in den IPSec-Standards [IPSec] ist, im Header nur die minimal notwendige Information unterzubringen, die eine Entschlüsselung und ggf. die Überprüfung eines MAC erlaubt.

Diese minimale Information ist einfach ein *Verweis* auf einen Datei- oder Datenbankeintrag, der alle benötigten Informationen enthält. Dieser Verweis ist 32 Bit lang und wird *Security Parameters Index (SPI)* genannt. Zusammen mit der IP-Zieladresse und dem Sicherheitsprotokoll (ESP oder AH) ist er eine eindeutige Referenz auf eine Gruppe von kryptographischen Parameter und Algorithmen, die zur Verarbeitung des Pakets benötigt werden.

Jede solche Gruppe wird als *Security Association (SA)* bezeichnet. Die SAs werden bei IPSec in einer *Security Association Database (SAD)* verwaltet.

5.3.2 Software-Module

Eine typische IPSec-Implementierung besteht aus einer Reihe von Software-Modulen, die in Bild 5.8 wiedergegeben sind. Die Funktionsweise dieser Module wird in den nachfolgenden Abschnitten näher erläutert. Hier soll zunächst einmal ein grober Überblick über die Funktionsweise gegeben werden.

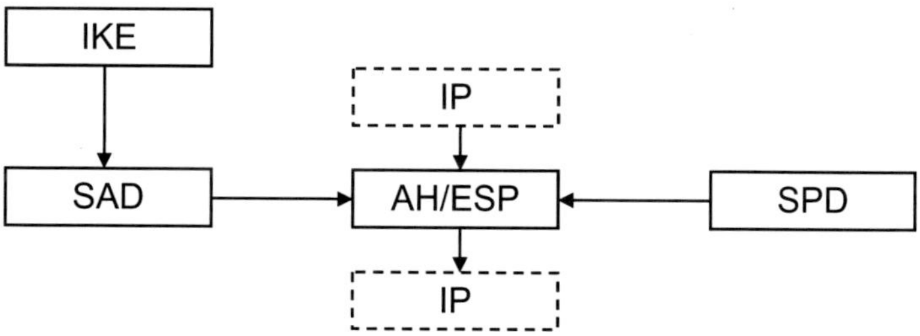

Bild 5.8: Blockstruktur einer IPSec-Implementierung.

Am schwierigsten zu implementieren ist das AH/ESP-Modul, da es sich in die Verarbeitung von IP-Paketen durch die Netzwerksoftware des Betriebssystems zwischenschalten muss. Aufgaben dieses Moduls sind:

- eingehende IPSec-geschützte Pakete zu entschlüsseln, zu überprüfen und als „normale“ IP-Pakete wieder an die Netzwerksoftware zu übergeben, und
- ausgehende IP-Pakete nach den Vorgaben des Netzwerkadministrators
  - unverändert durchzulassen,
  - zu verschlüsseln,
  - zu authentisieren oder

o zu verwerfen.

Die für diese Aufgaben benötigten Daten zu kryptographischen Algorithmen und Parametern holt dieses Modul sich aus der SAD, wobei IP-Zieladresse, IPSec-Protokoll (AH oder ESP) und SPI als Referenzen dienen.

Die Einträge in der SAD werden bei IPSec mit dem Schlüsselaustauschprotokoll *Internet Key Exchange (IKE)* ausgehandelt, wobei IKE in verschiedenen Public-Key-Varianten oder im „preshared secret"-Modus betrieben werden kann (vgl. 5.5.6).

Was mit ausgehenden IP-Paketen geschehen soll, ist in der „Security Policy Database (SPD)" beschrieben. Auch hier ist nicht unbedingt eine Datenbank gefordert, sondern die Regeln können z.B. auch in Form einer Routing-Tabelle realisiert werden, bei denen die zu verschlüsselnden IP-Pakete auf das Netzwerk-Interface des AH/ESP-Moduls geroutet werden. Bei einfachen IPSec-Implementierungen mit einer überschaubaren Zahl von Regeln wird die SPD meist in einer Konfigurationsdatei gespeichert.

5.3.3 Senden eines verschlüsselten IP-Pakets von A nach B

Im folgenden Beispiel gehen wir davon aus, dass alle Pakete zwischen den Rechnern A und B mit IPSec ESP im Transportmodus verschlüsselt werden sollen. Die entsprechenden Einträge in den SADs und SPDs seien dabei schon vorhanden.

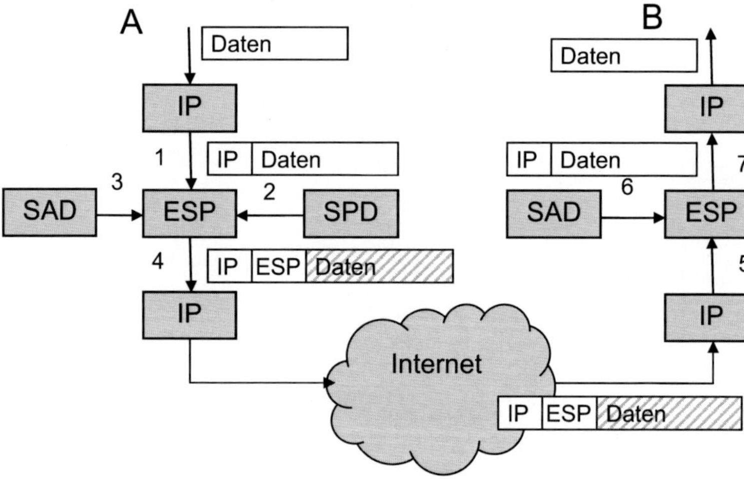

Bild 5.9: Senden eines verschlüsselten IP-Pakets von A nach B (Erläuterungen im Text).

Die folgenden Nummern beziehen sich auf Bild 5.9, in der das Verschlüsseln und Versenden eines Datensatzes graphisch dargestellt ist.

1. Die zu sendenden Daten von Rechner A wurden vom IP-Stack in ein IP-Paket verpackt.
2. Das ESP-Modul prüft anhand der SPD, wie mit dem Paket zu verfahren ist. In unserem Beispiel steht in der SPD ein Eintrag der besagt, dass alle IP-Pakete an Rechner B zu verschlüsseln sind. Die zu verwendende SA ist dort ebenfalls angegeben.

3. Das ESP-Modul liest die Daten der entsprechenden SA aus der SAD. Zur Verschlüsselung und Authentisierung werden die dort angegebenen Algorithmen und Schlüssel verwendet.
4. Das verschlüsselte und/oder authentisierte IP-Paket wird wieder an die Netzwerksoftware von Rechner A übergeben, die es über das Internet an Rechner B sendet.
5. Rechner B empfängt das Paket. Da im Feld „Protocol“ des IP-Headers der Wert für IPSec ESP eingetragen ist, leitet die IP-Software dieses Paket an das ESP-Modul weiter.
6. Das ESP-Modul von Rechner B liest die Daten der SA, die durch die Zieladresse (hier die IP-Adresse von Rechner B) und die im ESP-Header angegebene SPI referenziert werden, aus der SAD, und entschlüsselt das Paket damit.
7. Das entschlüsselte IP-Paket wird wieder an die IP-Software übergeben, die es entsprechend weiter verarbeitet.

5.3.4 Einsatzmöglichkeiten

IPSec ist vielfältig einsetzbar. Bild 5.10 gibt die wichtigsten Einsatzmöglichkeiten wieder.

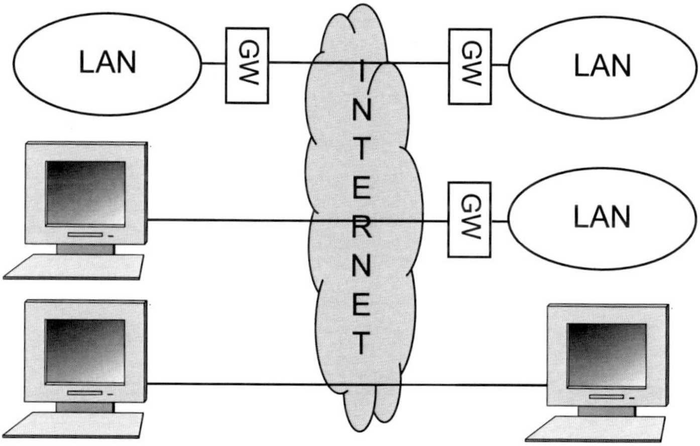

Bild 5.10: Einsatzmöglichkeiten von IPSec.

Die einfachste Möglichkeit, IPSec einzusetzen, besteht darin, lokale Netzwerke durch IPSec geschützt über das Internet zu verbinden. Viele Firmen haben von dieser Möglichkeit schon Gebrauch gemacht, um die Netze an den verschiedenen Standorten kostengünstig zu verbinden. Dabei blieb die Struktur des Gesamtnetzes weitgehend erhalten, denn auch vorher mussten die verschiedenen Standorte über Datenleitungen miteinander verbunden werden.

Ein privates Netz, das aus lokalen Netzwerken an den verschiedenen Standorten und gemieteten (privaten) Standleitungen (ATM, Frame Relay) bestand, wurde zu einem virtuellen privaten Netz (VPN), indem die privaten Standleitungen durch virtuelle Datenkanäle im Internet ersetzt wurden: Die mit IPSec geschützten Pakete passieren hier das öffentlich zugängliche Internet, aber niemand im Internet kann sie lesen oder fälschen.

VPN-Lösungen werden vor allen Dingen wegen der damit verbundenen Kostenersparnisse und der größeren Flexibilität eingesetzt: Benötigt man bei einem privaten Netz zur Verbindung von n Standorten $n(n-1)/2$ Standleitungen (wenn man nicht den gesamten

Datenverkehr über zentrale Knoten führen will), so braucht man bei einem VPN nur *n* Zugänge zum Internet.

Unter dem Schlagwort „VPN“ werden die verschiedensten Techniken zum Ersatz von Standleitungen durch das Internet angeboten. Eine dieser Möglichkeiten ist der IPSec Tunnelmodus, der als positiven Nebeneffekt die Daten noch kryptographisch absichert. Man kann IPSec auch dazu benutzen die Pakete anderer Tunnelprotokolle kryptographisch zu sichern, z.B. IPSec over L2TP [RFC 2888]. IPSec wird zum kryptographischen Schutz von VPN-Verbindungen gerne benutzt, weil es im Gegensatz zu anderen Techniken öffentlich diskutiert und akzeptiert ist.

Die zweite Möglichkeit besticht ebenfalls durch Kostenersparnis im geschäftlichen Umfeld: Musste ein Außendienstmitarbeiter sich bislang direkt über eine Telefonverbindung (im Extremfall international) in das Firmennetz einwählen, um auf seine Ressourcen (E-Mail, Terminkalender) zuzugreifen, so kann er sich einfach lokal bei einem Internet Service Provider einwählen, und die IP-Kommunikation wird mit IPSec geschützt.

Weniger häufig, weil in großem Stil schwerer zu realisieren, ist die direkte Verbindung zweier Hosts über IPSec. Sie ist nichtsdestotrotz möglich.

5.4 IPSec Datenformate

Eine eindeutige Formatierungsvorschrift, wie aus einem gegebenen ungeschützten Datenformat ein geschütztes gebildet und später wieder zurück transformiert wird, ist das Kernstück jedes Sicherheitsstandards. Für IPSec wurden zwei Formate spezifiziert:

- *Authentication Header (AH)* zum Schutz der Integrität eines IP-Pakets, und
- *Encapsulation Security Payload (ESP)* zum Schutz der Vertraulichkeit und Integrität.

Darüber hinaus wird unterschieden, welche Daten geschützt werden sollen:

- *Transport Mode*: Nur die Nutzlast des IP-Pakets wird geschützt. (In Bild 5.2 sind das der TCP-Header und die Daten.) Dieser Modus kann nur bei der dritten Einsatzmöglichkeit, der direkten Host-Host-Kopplung, eingesetzt werden.
- *Tunnel Mode*: Hier wird das gesamte IP-Paket (einschließlich des IP-Headers) geschützt und als Nutzlast in ein neues IP-Paket eingefügt.

Somit ergeben sich insgesamt vier verschiedene Datenformate, von denen ESP im Tunnelmodus zweifellos das wichtigste ist.

5.4.1 Transport und Tunnel Mode

In den Bild 5.11 bis 5.14 sind Transport- und Tunnelmodus graphisch dargestellt. Die Längenverhältnisse der einzelnen Felder sind ungefähr maßstabsgerecht wiedergegeben, mit Ausnahme des größten Feldes „Daten“.

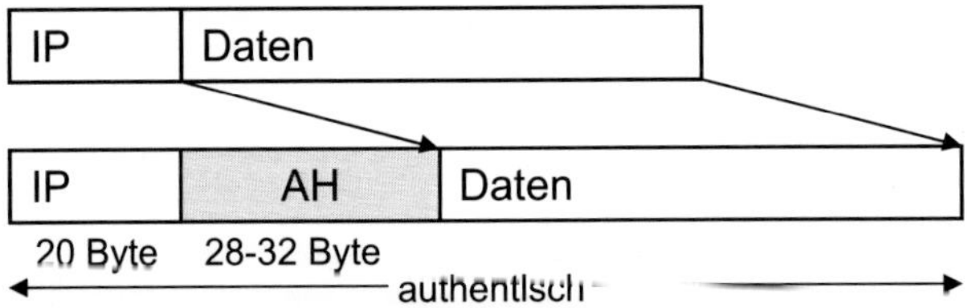

Bild 5.11: IPSec AH im Transport-Modus.

Bei AH im Transport-Modus wird zwischen die Daten und den IP-Header der Authentication Header eingeschoben. Dieser besteht aus 12 Byte, deren Aufteilung fest vorgegeben ist, und einem MAC-Wert variabler Länge (128-160 Bit, je nach gewählter Hashfunktion). Der MAC wird gebildet über

- die Daten,
- die Felder des IP-Headers, wobei die Felder, deren Zustand beim Erreichen des Ziels nicht vorhersagbar ist, auf „0“ gesetzt werden, und
- die Felder des AH-Header, wobei das MAC-Feld auf „0“ gesetzt wird.

Bei AH im Transport-Modus werden also die Felder des resultierenden Datenpakets authentisiert, bei denen dies möglich ist, aber nichts verschlüsselt.

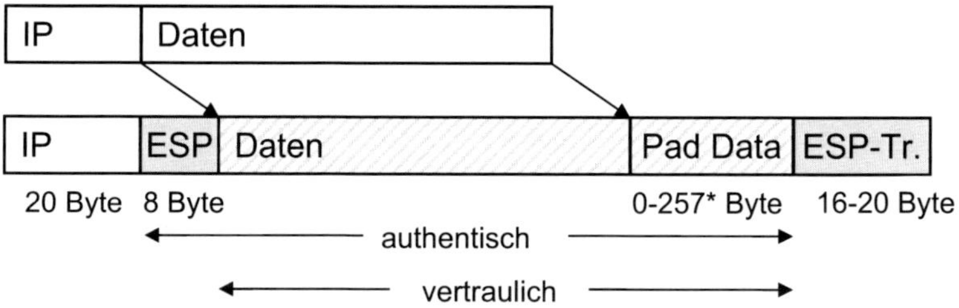

Bild 5.12: IPSec ESP im Transport-Modus. (* Pad Data besteht aus den Padding-Daten, der Padding-Längenangabe und dem Next Header-Feld, vgl. Bild 5.17.)

Das ESP-Datenformat hat eine etwas komplexere Struktur, da die ESP-Felder in einen ESP-Header und einen ESP-Trailer aufgesplittet werden. Außerdem müssen die Daten oft noch für die Verschlüsselung „aufbereitet“ werden, z.B. wenn eine Blockchiffre immer Böcke zu 64 Bit = 8 Byte verschlüsselt, die Länge der Daten aber kein Vielfaches von 8 Byte ist. Hier wird Padding eingesetzt, und zwar so, dass letztendlich die Daten und „Pad Data“ zusammen ein Vielfaches des kleinsten gemeinsamen Vielfachen von 32 Bit (der Internet-Wortlänge) und der Blocklänge der Blockchiffre bilden.

Zunächst muss also berechnet werden, wie viele und welche Bytes als Padding an die Daten angefügt werden müssen. Dies hängt von den ausgewählten Verschlüsselungs- und MAC-Funktionen ab. Anschließend werden die Daten- und „Pad Data“-Felder verschlüsselt.

Dann wird über das gesamte Paket vom Beginn des ESP-Headers bis zum Ende von „Pad Data“ ein MAC berechnet, der als ESP-Trailer an das Paket angefügt wird. Im Gegensatz zu AH wird der IP-Header bei der MAC-Berechnung nicht berücksichtigt.

Der Empfänger kann so zunächst die Authentizität des Pakets mit Hilfe des MAC überprüfen, bevor er es entschlüsselt.

Die Dienste „Vertraulichkeit“ und „Authentizität“ sind in ESP beide optional, aber mindestens einer von beiden muss auf ein IP-Paket angewandt werden. Wird nur Vertraulichkeit garantiert, so entfällt der ESP-Trailer. Soll ESP nur zum Schutz der Integrität eingesetzt werden, so erhält man eine „schwache“ Version von AH, da der IP-Header nicht mit authentisiert wird.

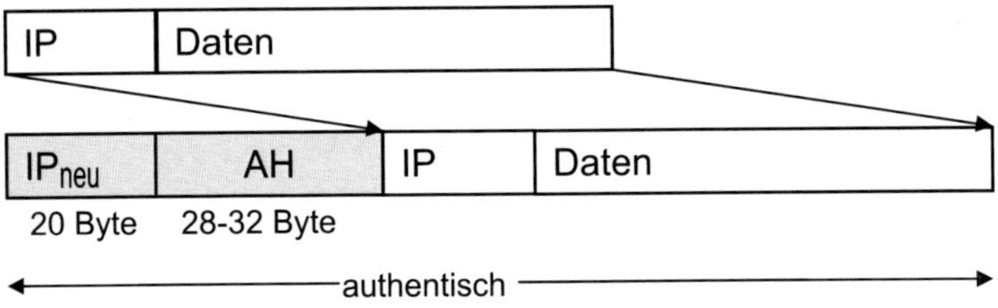

Bild 5.13: IPSec AH im Tunnel-Modus.

Bei AH und ESP im Tunnel-Modus zählt der IP-Header des Original-Pakets mit zu den zu schützenden Daten und wird auch so behandelt. Alle variablen Parameter des IP-Headers werden „eingefroren“ und ändern ihren Wert nicht mehr, solange das Originalpaket im ESP Tunnel-Modus transportiert wird.

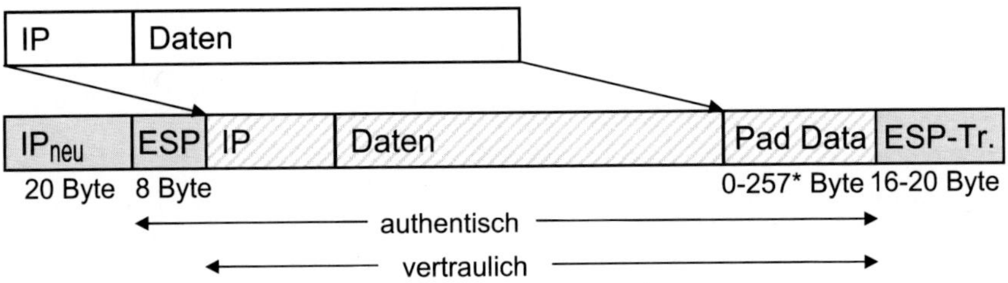

Bild 5.14: IPSec ESP im Tunnel-Modus. (* Pad Data besteht aus den Padding-Daten, der Padding-Längenangabe und dem Next Header-Feld, vgl. Bild 5.17.)

Im Tunnel-Modus ergibt sich aber für AH und ESP eine neue Fragestellung: Wie sollen die Parameter für den neuen Header IP_{neu} aus dem originalen IP-Header abgeleitet werden, und sollen die variablen Parameter des originalen IP-Headers nach dem Auspacken aus dem Tunnel-Format aktualisiert werden?

Als Antwort auf diese Frage wurde die Festlegung getroffen, dass es möglichst wenige Abhängigkeiten zwischen äußerem (IP_{neu}) und innerem (original) Header geben soll [RFC 2401, 4301]. Lediglich das TOS (Type of Service)-Feld wird vom inneren auf den äußeren Header kopiert, und das TTL (Time to Live)-Feld des inneren Headers wird vom Gateway vor der Verschlüsselung um 1 erniedrigt.

5.4.2 Authentication Header

Das Datenformat Authentication Header (AH) [RFC 2402, 4302, 4305] bietet als einzigen Sicherheitsdienst die Authentizität der übertragenen Daten an, bezieht aber zusätzlich die wichtigsten Teile des IP-Headers mit ein: Z.B. können Absender- und Zieladresse in einem mit AH geschützten Paket nicht verändert werden.

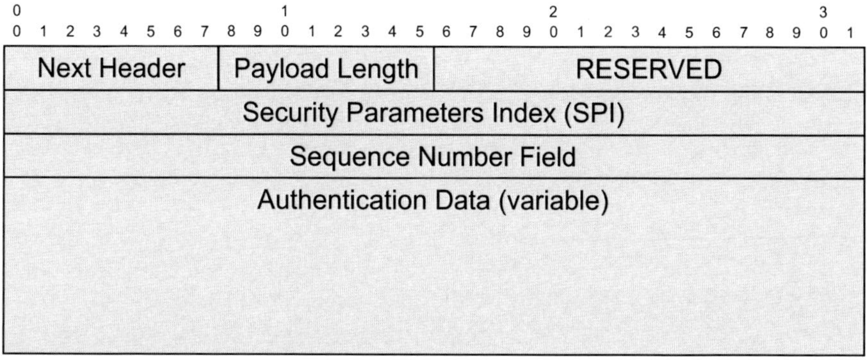

Bild 5.15: Aufbau des Authentication Headers in der im Internet üblichen Darstellungsweise. Jede Zeile umfasst 32 Bit (4 Byte).

Der Authentication Header besteht aus sechs Teilen:

- Das *Next Header*-Feld (1 Byte) gibt, wie in anderen Internet-Datenformaten auch, den Typ der nachfolgenden Daten (z.B. TCP) an.
- Die *Payload Length* (1 Byte) wird mit Rücksicht auf Festlegungen für IPv6 etwas seltsam berechnet: Sie wird berechnet als Länge des AH in 32 Bit-Worten minus 2. (Für ein Authentication Data Feld von 128 Bit beträgt dieser Wert also 5.)
- 16 unbenutzte Bits sind für zukünftige Nutzung reserviert.
- Der *Security Parameters Index (SPI)* bildet zusammen mit der IP-Zieladresse die eindeutige Referenz auf die zu verwendende SA. Die SPI wird normalerweise vom Empfänger zufällig gewählt; dabei sind aber die Werte 0 (ausschließlich lokale Verwendung) und 1 bis 255 (Verwendung durch die Internet Assigned Numbers Authority IANA) reserviert. (Z.B. wurde dem SKIP-Protokoll den SPI-Wert 1 zugewiesen. Wenn dieser Wert im SPI-Feld steht, so wird keine IPSec-SA für das Paket verwendet, sondern das SKIP-Protokoll.)
- Ein 32 Bit großes *Sequenznummernfeld* soll Replay-Attacken verhindern. Nach Aushandlung einer SA wird die Sequenznummer mit „0“ initialisiert, und das erste IP-Paket erhält die Sequenznummer „1“. Erfordert die Sicherheitspolitik den Schutz gegen Replay-Attacken, so muss nach spätestens 2^{32}-1 Paketen eine neue SA ausgehandelt werden. (Anmerkung: Auch TCP kennt eine 32 Bit Sequenznummer. Während aber bei TCP einzelne Bytes gezählt werden, sind es hier ganze IP-Pakete.) Die Sequenznummer muss vom Sender eingefügt werden, der Empfänger darf sie aber ignorieren.
- Das *Authentication Data* Feld ist in Inhalt und Größe abhängig von dem zur MAC-Berechnung verwendeten Algorithmus. Diese sind jeweils in separaten RFCs beschrieben (z.B. [RFC 2404]).

Bei der Berechnung des MAC, der bei IPSec auch Integrity Check Value (ICV) genannt wird, muss genau festgelegt werden, wie mit den Feldern im IP-Header zu verfahren ist.

Fließt in die MAC-Berechnung ein	Wird für die MAC-Berechnung auf „0“ gesetzt
• Version • Internet Header Length • Total Length • Identification • Protocol (Hier muss der Wert für AH stehen.) • Source Address • Destination Address (vgl. Text)	• Type of Service (TOS) • Flags • Fragment Offset • Time to Live (TTL) • Header Checksum

Bild 5.16: Behandlung von Feldern des IP-Headers bei der MAC-Berechnung.

Bild 5.16 gibt die Behandlung der einzelnen Felder wieder. Ein besonders interessanter Fall ist das *Destination Address*-Feld. Wird nämlich eine der Optionen *Loose Source Routing* oder *Strict Source Routing* verwendet, so soll das IP-Paket über eine festgelegte Folge von Routern übertragen werden. Diese Router sind als Folge von IP-Adressen in dem jeweiligen Optionseintrag angegeben, und als Zieladresse wird jeweils die nächste Adresse aus dieser Liste in das Feld „Destination Address“ eingetragen. Somit kann dieses Feld variabel sein, der Wert am IPSec-Ziel ist trotzdem vorhersagbar: Es ist die letzte Adresse im Optionsfeld im IP-Header.

Neben den festen Feldern kann jeder IP-Header eine variable Anzahl von Optionen enthalten. Diese Optionen werden von AH als Einheit betrachtet: Ist auch nur eine Option aus dieser Liste veränderbar, so wird das gesamte Optionsfeld für die MAC-Berechnung auf „0“ gesetzt. Eine Übersicht über die Behandlung der Optionen findet man in [RFC 2402].

5.4.3 Encapsulation Security Payload (ESP)

Der wichtigste Sicherheitsdienst für das „öffentliche“ Internet ist Vertraulichkeit. Während man für Wählverbindungen oder Standleitungen im Telekommunikationsbereich noch ziemlich zuverlässig das Risiko und den Aufwand für unberechtigtes Mitlesen ausrechnen kann, ist dies für das Internet nicht mehr der Fall, da der Weg eines IP-Pakets durch das Internet nicht vorhergesagt werden kann. Da manche Router öffentlich zugänglich sind, und auf LAN-Ebene (Ethernet) IP-Pakete oft von allen empfangbar sind, kann ein IP-Paket leicht einen „unsicheren“ Weg nehmen.

Vertraulichkeit wird bei IPSec mit Hilfe des Encapsulation Security Payload (ESP) realisiert. Der Dienst Vertraulichkeit ist optional, genau wie der Dienst Authentizität. Einer der beiden Dienste muss jedoch mit ESP angewendet werden (sonst macht diese Konstruktion keinen Sinn.) ESP enthält teilweise die gleichen Felder wie AH, nur in anderer Reihenfolge und in zwei Blöcke aufgeteilt:

- Die Felder *SPI* und *Sequence Number* haben die gleiche Bedeutung wie bei AH. Sie sind immer vorhanden. Im Unterschied zu AH kann aber die SA, auf die die SPI zusammen mit der IP-Zieladresse verweist, auch einen Verschlüsselungsalgorithmus und die dazu passenden kryptographischen Parameter wir Initialisierungsvektor und Schlüssel enthalten.

- *Payload Data* besteht im Transport Mode aus der Nutzlast des originalen IP-Pakets (meist ein TCP- oder UDP-Segment), und im Tunnel Mode aus dem originalen IP-Paket selbst. Benötigt ein Verschlüsselungsalgorithmus die explizite Übertragung eines Initialisierungsvektors (IV), so muss dies auch im Payload Data-Feld erfolgen. Der IV steht dann am Beginn dieses Feldes und wird *nicht* verschlüsselt.

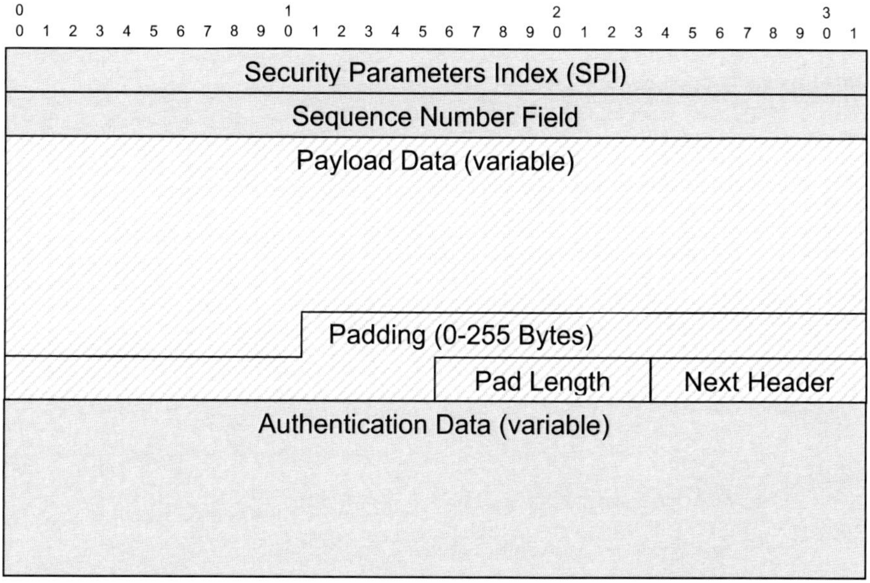

Bild 5.17: ESP Header und Trailer mit eingeschlossenen Daten und Padding.

- Padding Bytes müssen aus zwei verschiedenen Gründen eingefügt werden:
    - Der Beginn des Authentication Data-Feldes muss mit dem Beginn eines Internet-Wortes (32 Bit) zusammenfallen, damit diese Daten beim Durchlaufen des IPSec-Pakets schnell gefunden werden können. (Der MAC wird verifiziert, bevor die Entschlüsselung beginnt.) Dies gilt auch, wenn die Daten nicht verschlüsselt werden.
    - Bei Verwendung einer Blockchiffre wie DES oder AES zur Verschlüsselung der Daten muss beachtet werden, dass diese immer Blöcke von 8 oder 16 Byte verarbeiten. Die Anzahl der Padding-Bytes muss also so gewählt werden, dass die Länge von Payload Data plus Padding plus Pad Length plus Next Header immer ein Vielfaches dieser Blocklänge ist.
    - Ist n die Länge der Nutzlast in Bytes und m die Blocklänge der Chiffre in Bytes (bei Verwendung einer Stromchiffre oder der Chiffre NULL setzen wir $m=1$), so ergibt sich die minimale Anzahl p von Padding-Bytes (mehr sind erlaubt) aus der Formel

$$p = kgV(4,m) - ((n+2) \; MOD \; kgV(4,m)).$$

- Damit die Padding-Bytes nach der Entschlüsselung von ESP wieder entfernt werden können, muss ihre Anzahl in *Pad Length* mit übertragen werden. Da dieses Feld nur ein Byte groß ist, sind hier Werte von 0 bis 255 erlaubt.
- *Next Header* enthält wie üblich einen numerischen Wert zwichern 0 und 255, der den Inhalt der Nutzlast beschreibt.
- Die Berechnung des MAC, der dann im Feld *Authentication Data* gespeichert wird, ist bei ESP wesentlich einfacher als bei AH, da hier nur statische Felder einfließen und auch das Authentication Data-Feld explizit ausgenommen ist.

Referenz und Beschreibung	AH	ESP MAC	ESP Enc.
IP Authentication using Keyed MD5 (RFC 1828)	x		
The ESP DES-CBC Transform (RFC 1829)			x
HMAC: Keyed-Hashing for Message Authentication (RFC 2104)	x	x	
HMAC-MD5 IP Authentication with Replay Prevention (RFC 2085)	x		
The NULL Encryption Algorithm and Its Use With IPsec (RFC 2410)			x
The ESP CBC-Mode Cipher Algorithms (RFC 2451)			x
The Use of HMAC-MD5-96 within ESP and AH (RFC 2403)	x	x	
The Use of HMAC-SHA-1-96 within ESP and AH (RFC 2404)	x	x	
The ESP DES-CBC Cipher Algorithm With Explicit IV (RFC 2405)			x
The Use of HMAC-RIPEMD-160-96 within ESP and AH (RFC 2857)	x	x	
The AES-CBC Cipher Algorithm and Its Use with IPsec (RFC 3602)			x
The AES-XCBC-MAC-96 Algorithm and Its Use With IPsec (RFC 3566)	x	x	
Using AES Counter Mode With IPsec ESP (RFC 3686)	x	x	

Bild 5.18: Kryptographische Algorithmen für IPSec AH und ESP.

5.4.4 Kryptographische Algorithmen

Die Tabelle in Bild 5.18 gibt einen Überblick über die in RFCs zur Verwendung in AH bzw. ESP spezifizierten MAC- und Verschlüsselungsalgorithmen. Werden weitere Verschlüsselungsalgorithmen verwendet, so kann dies zu Interoperabilitätsproblemen führen.

5.4.5 IPv6

Nach IP Version 4, die heute im Internet verwendet wird, soll IP Version 6 (IPv6) eingeführt werden. (Die Version 5 ist eine experimentelle Version des IP-Protokolls, die nicht zum Einsatz kommt.)

Die Entwicklung von IPv6 war eine Reaktion auf die zunehmende Verknappung der IPv4-Adressen. Es sind zwar noch lange nicht alle ungefähr 2^{32} IPv4-Adressen vergeben, aber dies ist auch nicht möglich, weil IP-Adressen eine gewisse Struktur besitzen: IP-Adressen werden in IP-Netzen und Subnetzen zusammengefasst, um das Routing möglichst effizient zu machen. Außerdem sind einige IP-Adressen für spezielle Aufgaben reserviert. (Z.B. die IP-Adresse, deren Host-ID-Bits alle 0 sind, die Netzwerkadresse eines Subnetzes und die IP-Adresse, deren Host-ID-Bits alle 1 sind, ist die Broadcast-Adresse im Subnetz [Tan02].)

In IPv6 sind die IP-Adressen 128 Bit lang. Dies ergibt eine unerschöpfliche Anzahl von Adressen. (Zur Verdeutlichung: Man könnte mit 2^{128} Werten jedem Quadratmillimeter der Erdoberfläche ungefähr 667.088.217.668.537.139 IPv6-Adressen zuweisen.)

Da sowieso eine Revision des IP-Protokolls fällig war, hat die IETF dabei auch gleich einige Erfahrungen aus der Praxis in IPv6 einfließen lassen [Hui00]. Uns interessiert in diesem Zusammenhang nur das Konzept der Erweiterungsheader, da IPSec AH und ESP solche Erweiterungsheader sind.

Der IPv4-Header enthält einige Felder, die in der Praxis nur sehr selten genutzt werden. Dazu zählen unter anderem die Fragmentierungsfelder (*Flags, Fragment Offset*) und die verschiedenen Optionen. In IPv6 hat man daher konsequenterweise diese Felder aus dem eigentlichen IP-Header entfernt und in sogenannte Erweiterungsheader verbannt, die nur bei Bedarf zwischen dem IPv6-Header und der Nutzlast eingefügt werden.

AH und ESP sind im IPv6-Kontext zwei Erweiterungsheader, die nur dann eingefügt werden, wenn Vertraulichkeit oder Authentizität benötigt werden. Da AH und ESP nur Dienste für Absender und Empfänger bereitstellen, sollten sie hinter den Erweiterungsheadern platziert werden, die von IPv6-Routern benötigt werden. Weitere Header können vor oder hinter AH bzw. ESP platziert werden.

5.5 IPSec: Schlüsselmanagement

Das Schlüsselmanagement ist in der IPSec-Architektur eine unabhängige Anwendung, die eine nicht IPSec-geschützte TCP/IP oder UDP/IP-Verbindung nutzt. Sie wird in der Regel vom AH- oder ESP-Modul gestartet, wenn eine benötigte SA noch nicht zur Verfügung steht.

In den aktuellen IPSec-Implementierungen ist das Internet Key Exchange Protocol (IKE) [RFC 2409] bzw. IKEv2 [RFC 4306] für das Schlüsselmanagement zuständig. IKE hat eine lange Geschichte. Wir wollen daher in den folgenden Abschnitten in groben Zügen die Entstehungsgeschichte von IKE nachzeichnen um zu verstehen, warum IKE die heutige Form hat, und welche Features der Vorgängerprotokolle übernommen wurden.

5.5.1 Station-to-Station Protocol

Alle Vorschläge zur Schlüsselvereinbarung für IPSec basieren auf dem Diffie-Hellman-Schlüsselaustauschprotokoll. Da dieses jedoch anfällig gegen Man-in-the-middle-Attacken ist, wurde als Ausgangspunkt für praktische Entwicklungen das Station-to-Station (STS)-Protokoll von Diffie, van Oorschot und Wiener [STS92] verwendet.

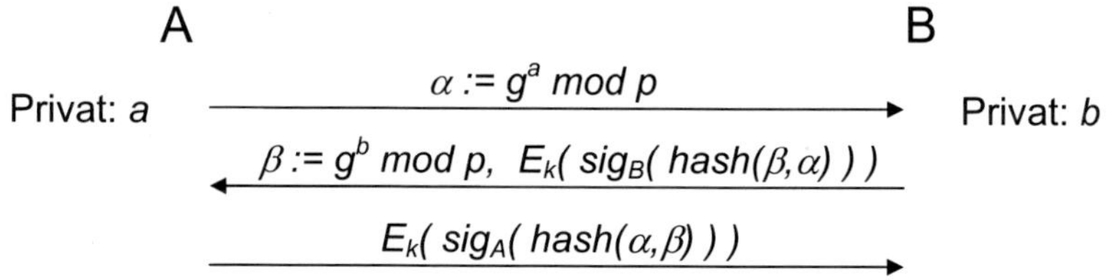

Bild 5.19: Das STS-Protokoll. Der zur symmetrischen Verschlüsselung benutzte Schlüssel k wird von A und B aus gab mod p abgeleitet.

Kernstück des STS-Protokolls ist natürlich die Diffie-Hellman Schlüsselvereinbarung. Die dabei zwischen A und B ausgetauschten Werte α und β werden zusätzlich authentisiert, indem zwei verschiedene Hashwerte (vertauschte Reihenfolge von α und β zur Vermeidung von algebraischen Angriffen) von A und B signiert und diese Signaturen mit dem nur A und B bekannten Schlüssel k, der aus $g^{ab}\ mod\ p$ abgeleitet wurde, verschlüsselt werden.

Im STS-Protokoll benötigen A und B jeweils einen authentischen öffentlichen Schlüssel (z.B. in Form eines X.509-Zertifikats), damit der jeweils andere die Signaturen in Nachricht 2 und 3 überprüfen kann. Diese öffentlichen Schlüssel werden jedoch nicht für den Schlüsselaustausch selbst, sondern nur zur Authentikation der ausgetauschten Werte α und β verwendet.

Durch diese Vorgehensweise kann das STS-Protokoll *Perfect Forward Secrecy (PFS)* garantieren: Wird der öffentliche Schlüssel eines Teilnehmers „geknackt", d.h. wird von unberechtigter Seite der dazu gehörige private Schlüssel berechnet, so kann man damit zwar evtl. zukünftige Nachrichten lesen, nicht aber die bislang ausgetauschten. Dieses Sicherheitskriterium wird durch die Beobachtung motiviert, dass zum Knacken eines Public Key eine große Rechenleistung benötigt wird, und dass dies sich nur für langlebige Schlüssel lohnt.

Bei STS wird Perfect Forward Secrecy dadurch erreicht, dass die öffentlichen Schlüssel nur zur Authentikation verwendet werden. Wird ein solcher Schlüssel geknackt, z.B. der von A, so kann sich der Angreifer ab diesem Zeitpunkt als A authentifizieren und erhält so ggf. für A bestimmte, vertrauliche Daten. Dies ist möglich, da er in diesem aktiven Angriff den Wert a des Diffie-Hellman-Austauschs selber wählen kann.

Um aber alte Daten lesen zu können, nützt ihm das gar nichts: Er müsste in jedem einzelnen Fall die Diffie-Hellman-Schlüsselvereinbarung in den vorangegangenen STS-Protokollen knacken.

5.5.2 Photuris

Das Senden eines Wertes α im STS-Protokoll löst in Host B mehrere Public-Key-Operationen aus: die Berechnung von β und einer digitalen Signatur. Dies bindet Ressourcen im Host B und kann für Denial-of-Service (DoS)-Attacken genutzt werden, indem ein Angreifer (mit gefälschter IP-Absenderadresse) viele zufällig gewählte Werte α' mit $0 \leq \alpha' < p$ an das Opfer sendet.

Photuris [RFC 2522] ist ein von P. Karn und W. Simpson beschriebenes Protokollschema, bei dem besonderer Wert auf den Schutz vor DoS-Angriffen gelegt wurde. Sie verwenden dazu einen *Cookie*-Mechanismus, um DoS-Angriffe zu verhindern. (Der Begriff „Cookie" wird auch im HTTP-Protokoll verwendet, dort allerdings für kleine Textdateien, die Zustandsinformationen speichern.)

Ein *Cookie* („Keks") ist beim Photuris-Protokoll eine 64 Bit Zufallszahl. Auf eine *Cookie-Request*-Nachricht von A, die einen 64-Bit-Wert (*Initiator-Cookie*) enthält, antwortet B zunächst nur mit einer *Cookie-Response*, die 64 (zufällig gewählte oder berechnete) Bit (*Responder-Cookie*) und Vorschläge für nachfolgend zu verwendende Schlüsselaustausch-Schemata (z.B. den Modulus p und den Generator g für das Diffie-Hellman-Protokoll, vgl. [RFC 2523]) enthält.

Ein gutes Cookie sollte drei Bedingungen erfüllen, um Angriffe unmöglich zu machen:

- *Das Cookie muss von der Internet-Adresse der beiden Parteien A und B abhängen.* Dies kann man z.B. dadurch erreichen, dass die Source- und Destination-IP-Adresse (und ggf. noch die beiden UDP-Ports) in die Berechnung des Cookies mit einfließen.
- *Niemand außer dem Absender des Cookies darf in der Lage sein, ein „echtes" Cookie zu erzeugen.* Dies ist dann der Fall, wenn zur Berechnung des Cookies ein geheimer kryptographischer Schlüssel verwendet wird.
- *Die Cookie-Erzeugung muss so schnell sein, dass sie keine bedeutenden Ressourcen im Rechner bindet.*

Als Möglichkeit zur Berechnung eines Cookies bietet sich somit z.B.

COOKIE := hash (secret_key, IP_Destination, IP_Source, Counter)

an, wobei der Zähler dazu dient, mehrere Verbindungen zwischen zwei Hosts aufbauen zu können (die Cookies dürfen sich ja nicht wiederholen). Der sendende Host muss bei dieser Methode nur den Zählerstand abspeichern und kann das Cookie, wenn es zurückkommt, anhand der gleichen Daten wieder rekonstruieren.

Ein Cookie, das ein Host jederzeit aus bestimmten Werten (IP-Adresse, kryptographischer Schlüssel, Datum, ...) erneut berechnen kann (und das er deshalb nicht speichern muss), heißt *Stateless Cookie*. Dieser Typ von Cookies eignet sich besonders gut zur Abwehr von DoS-Angriffen, weil hier kein Speicherplatz belegt wird. (Im Gegensatz dazu benötigen *Statefull Cookies*, die in der Regel eine zufällig gewählte Komponente enthalten, Speicherplatz, der proportional mit der Anzahl der Protokollanfragen wächst.)

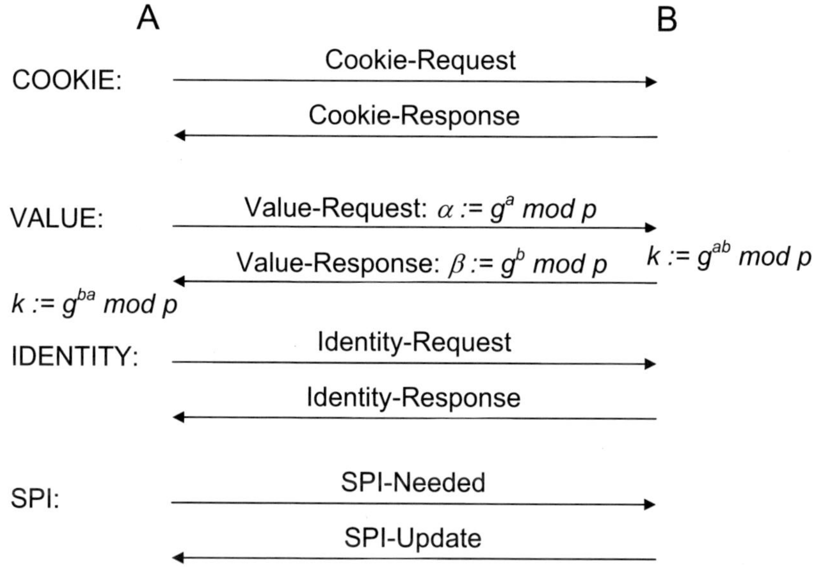

Bild 5.20: Die vier Phasen des Photuris-Protokolls.

Mittels IP-Spoofing kann ein Angreifer nun zwar viele Cookie-Requests senden, er erhält aber nie die Response mit einem gültigen Cookie von B, da die Antwort an die vom Angreifer gefälschte IP-Adresse gesendet wird. Beide Cookies müssen jedoch im Header aller nachfolgenden Datensätze enthalten sein, sonst reagiert B nicht. DoS-Angriffe werden so verhindert.

In den nachfolgenden Schritten wird zunächst ein gemeinsamer Diffie-Hellman-Wert vereinbart und weitere Attribute zum vereinbarten Schema ausgetauscht (Value-Request, Value-Response). Dann erst werden die Identitäten der beiden Partner und die Authentizität der bislang ausgetauschten Nachrichten verifiziert und die erste SA gebildet (Identity-Request, Identity-Response). Wird eine neue SA benötigt, so kann sie vom Initiator A mittels SPI-Needed angefordert werden, auf die Responder B mit SPI-Update antwortet.

Photuris ist bei der IETF über das experimentelle Stadium nicht hinausgekommen. Implementiert wurde es in der Unix-Version FreeBSD durch Niels Provos an der Uni Hamburg.

Wegweisend bei Photuris ist der Cookie-Mechanismus, der zunächst in OAKLEY und dann in IKE übernommen wurde. Dadurch ist es möglich, DoS-Angriffe auf Basis von IP-Spoofing abzufangen. Dies ist der wichtige Beitrag von Photuris zur Entwicklung von IPSec.

5.5.3 SKEME

Das SKEME-Protokoll von Hugo Krawzyk [Kra96] erweitert die vorangegangenen Protokolle um die Möglichkeit, einen Diffie-Hellman-Schlüsselaustausch auch ohne Einsatz von digitalen Signaturen zu authentisieren, und bietet eine veränderte Reihenfolge der Nachrichten an: Public-Key-Operationen werden hier schon in der ersten Phase durchgeführt.

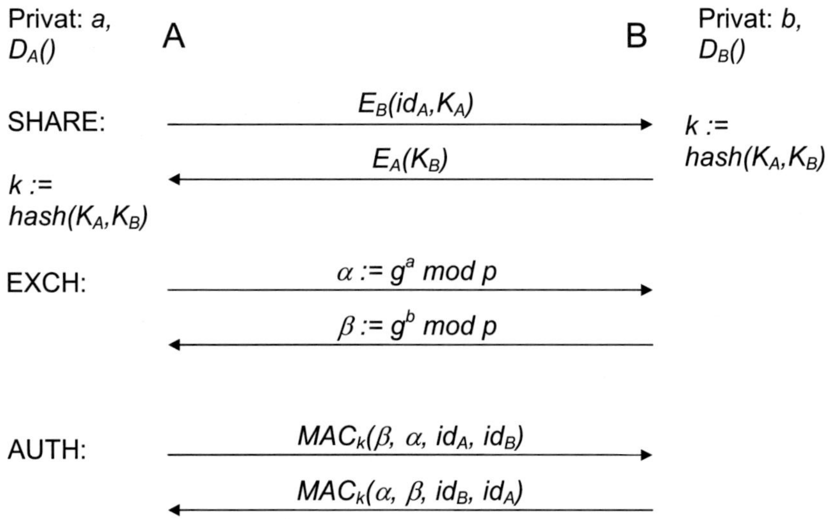

Bild 5.21: Die drei Phasen des SKEME-Protokolls.

In der SHARE-Phase tauschen A und B zwei „Halbschlüssel" aus, die dann mit Hilfe einer Hashfunktion zu einem symmetrischen Schlüssel k kombiniert werden. Dieser Austausch wird mit Hilfe des zertifizierten öffentlichen Schlüssels der jeweils anderen Partei vorgenommen, so dass nur die „echten" A und B nach Abschluss der SHARE-Phase im Besitz der beiden Halbschlüssel sind.

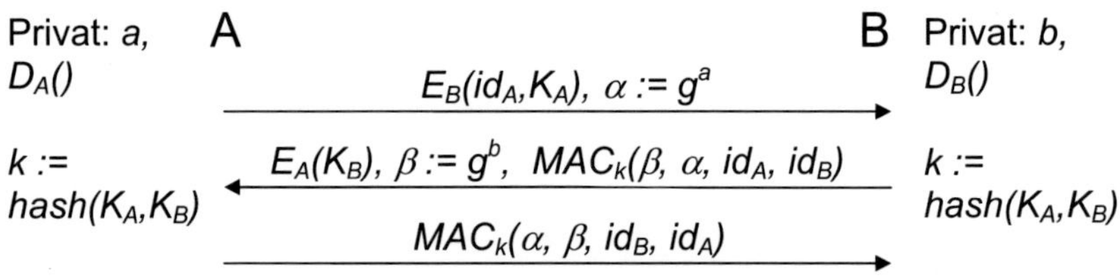

Bild 5.22: Das SKEME-Protokoll mit verschachtelten Phasen.

In der EXCH-Phase erfolgt der Diffie-Hellman-Schlüsselaustausch, und in der AUTH-Phase wird der nur A und B bekannte symmetrische Schlüssel k dazu benutzt, um die beiden Diffie-Hellman-Werte mit den Identitäten zu verknüpfen und zu authentisieren. Da in der AUTH-Phase nur symmetrische kryptographische Algorithmen zum Einsatz kommen, ergibt sich bei erneutem Diffie-Hellman-Austausch eine höhere Performance.

Die drei Phasen von SKEME können auch ineinander verzahnt werden, um eine schnellere Schlüsselvereinbarung zu erreichen.

5.5.4 OAKLEY

Hilary Orman kombinierte im OAKLEY-Protokoll [RFC 2412] die Konzepte aus Photuris, SKEME und dem STS-Protokoll und entwickelte sie weiter:

- Die Grundidee von STS, die Diffie-Hellman-Schlüsselvereinbarung mit der Überprüfung der Identität der beiden Parteien (und damit auch der Authentizität der ausgetauschten Nachrichten) zu verbinden, wird in Oakley übernommen. Aus SKEME werden weitere Varianten zur Authentisierung der beiden Parteien importiert.
- Eine zentrale Rolle spielen die Cookies aus Photuris. Sie verhindern in OAKLEY nicht nur DoS-Angriffe, sondern sie dienen auch zur Identifizierung der Nachrichten: Wie in Photuris steht zu Beginn jeder Nachricht ein Paar (CKY-I,CKY-R) aus Initiator- und Responder-Cookie.
- Wie bei jedem guten Sicherheitsstandard sind auch bei OAKLEY die eingesetzten kryptographischen Algorithmen aushandelbar. Dies betrifft sowohl die symmetrischen Algorithmen zur Verschlüsselung, Hash- und MAC-Bildung, als auch die mathematische Gruppe, in der Diffie-Hellman durchgeführt wird. (Letzteres ist eine wichtige Neuerung von OAKLEY.) Dadurch wird sichergestellt, dass das Protokoll weiter eingesetzt werden kann, auch wenn einer oder mehrere der ursprünglich vorgesehenen Algorithmen geknackt werden.

Datenfeld	**Beschreibung**
CKY-I	Cookie des Initiators
CKY-R	Cookie des Responders
MSGTYPE	Typ der nachfolgenden Nachricht: ISA_KE&AUTH_REQ oder ISA_KE&AUTH_REP bei Schlüsselaustausch, ISA_NEW_GROUP_REQ or ISA_NEW_GROUP_REP beim Aushandeln einer neuen Diffie-Hellman-Gruppe.
GRP	Name/Bezeichnung der verwendeten Diffie-Hellman-Gruppe
g^x (or g^y)	DH-Nachricht als ganze Zahl beliebiger Länge
EHAO	Liste mit angebotenen Verschlüsselungs-, Hash- und Authentisierungsalgorithmen („Encryption Hash Authentication Offering“)
EHAS	Auswahl jeweils eines Verschlüsselungs-, Hash- und Authentisierungsalgorithmus („Encryption Hash Authentication Selection“)
IDP	Flag das angibt, ob die Daten hinter der Verschlüsselungsgrenze verschlüsselt sind (IDP, 1) oder nicht (NIDP, 0)
ID(I), ID(R)	Identität von Initiator bzw. Responder
Ni, Nr	Zufallszahl („nonce“) von Initiator bzw. Responder

Bild 5.23: Datenfelder des OAKLEY-Schlüsselaustauschs

OAKLEY definiert keine feste Folge von Nachrichten, sondern kann eher als Bausatz gesehen werden, aus dem man verschiedenste Protokolle zusammenbauen kann. Dies erfolgt nach dem Prinzip der „schrittweisen Weitergabe von Information“: Jeder der beiden Partner entscheidet in jedem Protokollschritt, wie viel zusätzliche Information er an den anderen senden möchte. Dabei gilt: Je mehr Information, desto schneller ist der Austausch abgeschlossen, und je weniger Information, desto sicherer ist das Protokoll.

Wir wollen dieses Prinzip aus drei Beispielen aus [RFC 2412] erläutern. Vorher müssen wir jedoch noch die von OAKLEY verwendeten Datenfelder angeben.

In Bild 5.24 ist ein langsamer („conservative") Modus des OAKLEY-Protokolls wiedergegeben. Bei diesem Beispiel soll so viel Information wie nur irgend möglich vor einem passiven Angreifer verborgen werden.

Das Beispiel beginnt mit einer Anfrage des Initiators an den Responder, ob dieser bereit ist, einen Schlüsselaustausch zu beginnen (1). Diese Nachricht enthält keinerlei Informationen außer dem Datenfeld, das den Schlüsselaustausch signalisiert. (Anmerkung: Die in der Tabelle aus [RFC 2412] angegebenen Werte für MSGTYPE tauchen im RFC nicht wieder auf. Stattdessen werden OK_KEYX für OaKley KEY eXchange und INEWGRP zur Vereinbarung einer neuen Gruppe benutzt. In diesem Abschnitt wurden die Bezeichnungen aus den Beispielen übernommen.)

Der Responder antwortet mit einem Cookie (2), das nach dem gleichen Verfahren berechnet sein sollte wie im Photuris-Protokoll. Dies schützt ihn gegen Denial-of-Service-Angriffe.

Der Initiator muss dieses Cookie zusammen mit seinem eigenen an den Responder zurücksenden (3). Das wichtigste (und größte) Datenfeld dieser Nachricht enthält den Diffie-Hellman-Wert $g^x \bmod p$ des Initiators, wobei die Primzahl p (oder eine elliptische Kurve) durch den Wert GRP festgelegt wird, der eine der fünf im Anhang E des Standards beschriebenen mathematischen Gruppen bezeichnet (drei Primzahlgruppen und zwei elliptische Kurven). Außerdem sendet der Initiator eine Liste derjenigen kryptographischen Algorithmen zur Verschlüsselung, Hashwertbildung und Authentikation mit, die er unterstützt.

Der Responder wählt jeweils einen dieser vorgeschlagenen Algorithmen aus, und sendet seinen Diffie-Hellman-Wert (4). Nachdem der Initiator diese Nachricht empfangen hat, können beide Parteien Daten verschlüsseln.

Im folgenden Schritt nennt der Initiator seine eigene Identität und die vermutete Identität des Responders, und bereitet die Verifikation der Responder-Identität vor, indem er eine Zufallszahl Ni mit dem öffentlichen Schlüssel verschlüsselt, der zur vermuteten Identität des Responders gehört (5). Diese neuen Daten werden verschlüsselt übertragen, und zwar mit dem aus dem Diffie-Hellman-Austausch resultierenden Schlüssel, der aus $g^{xy} \bmod p$ abgeleitet wurde. Dieser Schlüssel erhält als „Namen" die 128-Bit-KEYID *CKY-I|CKY-R*. (Das Zeichen „|" bezeichnet hier die Konkatenation, also das „Aneinanderhängen", von zwei Zeichenfolgen.)

Die Identität des Responders wird mit der nächsten Nachricht dadurch bestätigt, dass nur der „echte" Responder die Zufallszahl *Ni* entschlüsseln und anschließend mit dem öffentlichen Schlüssel des Initiators wieder neu verschlüsseln kann (6). Zusätzlich packt der Responder noch eine Zufallszahl für den Initiator mit ein, um auch dessen Identität zu überprüfen. Schließlich werden noch alle bislang gesendeten Nachrichtenfelder authentisiert, indem sie (zusammen mit den nur Initiator und Responder bekannten Zufallszahlen *Ni* und *Nr*) in den Hashwert *Hash1* einfließen:

$$Hash1 := prf(\, prf(0\,,\, Ni|Nr)\,,\, ID(R)|ID(I)|GRP|g^y|g^x|EHAS\,)$$

prf(k,m) bezeichnet eine „pseudorandom function". Dies kann eine „keyed hash function" wie z.B. HMAC oder eine symmetrische Verschlüsselungsfunktion sein; k ist also ein geheimer kryptographischer Schlüssel.

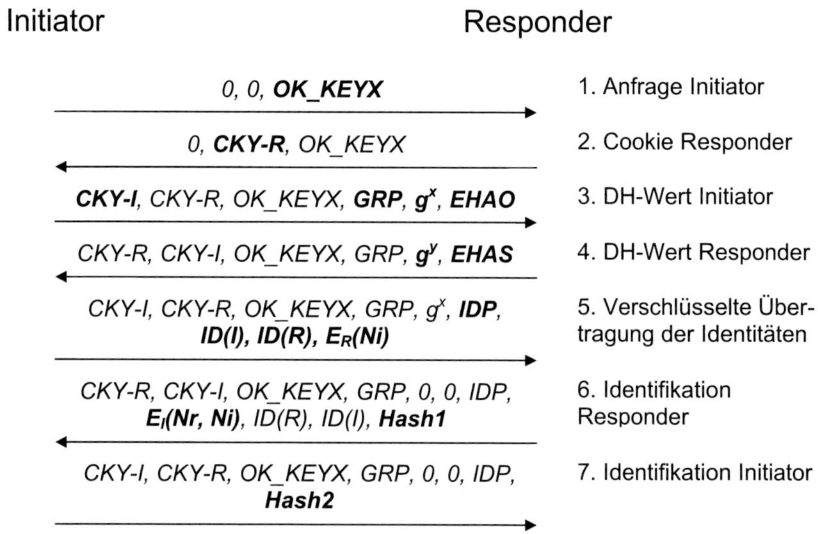

Bild 5.24: Langsamer Modus mit Schutz der Identitäten. Die in jedem Schritt neu hinzukommenden Informationen sind fett hervorgehoben.

Die Identität des Initiators wird in der letzten Nachricht (6) nur indirekt über den Wert *Hash2* verifiziert: Nur der echte Inititator, der die Identität *ID(I)* und somit auch den privaten Schlüssel zum Entschlüsseln von $E_I(Nr,Ni)$ besitzt, kann Nr entschlüsseln und

$$Hash2 := prf\,(\,prf(0\,,\,Ni|Nr)\,,\,ID(I)|ID(R)|GRP|g^x|g^y|EHAS\,)$$

korrekt berechnen.

Dieser Modus hat folgende Eigenschaften:

- Schutz gegen Denial-of-Service-Angriffe, weil die Nachricht (2) schnell und einfach generiert werden kann.
- Perfect Forward Secrecy durch Verwendung des Diffie-Hellman-Schlüsselaustauschs in (3) und (4).
- Vertraulichkeit der Identitäten durch Verschlüsselung in den Schritten (5) bis (7).

Nachteil dieses sehr sicheren Protokolls ist der hohe Zeitaufwand bis zum Abschluss der Schlüsselvereinbarung. Er beträgt 3,5 *Round Trip Times* (RTT, durchschnittliche Zeitdauer, bis ein Absender eine Antwort auf seine Nachricht erhält), und dieser Zeitfaktor kann für das Internet erheblich sein. Verzichtet man auf die erste und dritte Sicherheitseigenschaft des obigen Protokolls, so kann man aggressiver vorgehen und, wie in Bild 5.25 dargestellt, das Protokoll in 1,5 RTT abschließen.

Im Unterschied zum langsamen Modus werden im „aggressiven Modus" alle notwendigen Informationen über den Initiator (einschließlich dessen Identität, die somit nicht mehr vertraulich ist), bereits in der ersten Nachricht (1) übertragen. Die Authentizität dieser Daten wird durch

$$Sig1 := sig_I\,(\,ID(I)|ID(R)|Ni|0|GRP|g^x|0|EHAO\,)$$

gewährleistet.

Die Cookies dienen in diesem Modus auch nicht mehr zur Abwehr von DoS-Angriffen, sondern lediglich zur Identifizierung der Nachrichten, da der Responder bereits nach Empfang von Nachricht (1) eine digitale Signatur verifizieren muss.

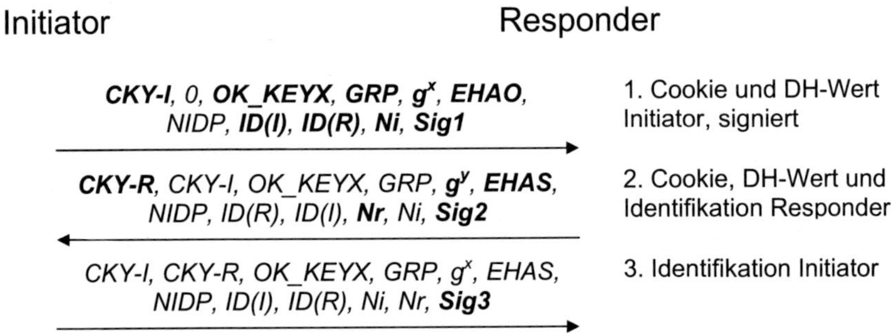

Bild 5.25: Der Aggressive Mode bei OAKLEY.

Der Responder liefert alle Informationen, die von seiner Seite noch benötigt werden, in Schritt (2) nach, und authentisiert alles durch

$$Sig2 := sig_R\,(\,ID(R)|ID(I)|Nr|Ni|GRP|g^y|g^x|EHAS\,).$$

In Schritt (3) bestätigt der Initiator lediglich mit seiner Signatur

$$Sig3 := sig_I\,(\,ID(I)|ID(R)|Ni|Nr|GRP|g^x|g^y|EHAS\,),$$

dass er alle Informationen korrekt erhalten hat, und dass der aus $g^{xy} \bmod p$ abgeleitet Schlüssel mit der KEYID $CKY\text{-}I|CKY\text{-}R$ authentisch ist.

Der aggressive Modus schützt zwar nicht die Identität der Teilnehmer, und bietet auch keinen Schutz gegen DoS-Attacken, das ausgehandelte Schlüsselmaterial hat aber weiterhin die Perfect Forward Secrecy-Eigenschaft.

Es ist zu betonen, dass der Responder nicht unbedingt mit Nachricht (2) aus Bild 5.25 antworten muss. Im Extremfall kann er so großen Wert auf den Schutz gegen DoS-Angriffe legen, dass er nur mit CKY-R antwortet, und den Rest der Nachricht verwirft.

Wurde bereits ein gemeinsamer Schlüssel sKEYID zwischen Initiator und Responder vereinbart, so kann man aus diesem Schlüssel schnell neue Schlüssel ableiten. In diesem Modus werden lediglich neue Nonces Ni und Nr übertragen und jeweils mit dem alten Schlüssel und einer Pseudozufallsfunktion authentisiert.

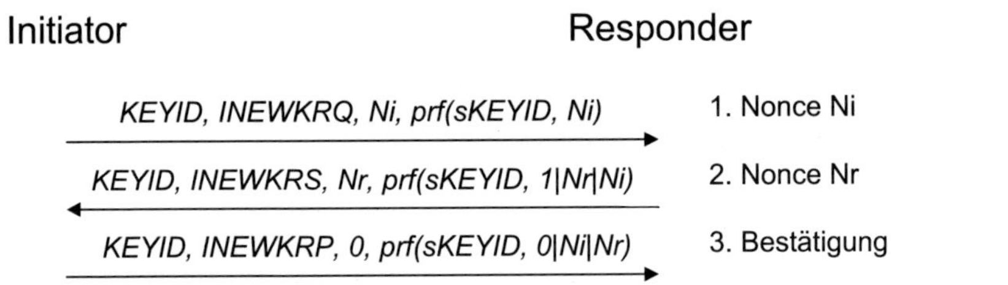

Bild 5.26: Der Quick Mode bei OAKLEY.

Der neue Schlüssel hat dann die neue KEYID $NKEYID := Ni|Nr$, und den neuen Wert

$$sNKEYID := prf\,(sKEYID,\, Ni|Nr\,).$$

(Anmerkung: Der neue Schlüssel wird aus einem Datensatz erzeugt, der sich nur durch die fehlende “0” von dem Datensatz unterscheidet, der zur Erzeugung des letzten Datenfelds von Nachricht (3) verwendet wurde.)

Beim Diffie-Hellman-Verfahren können alle Teilnehmer (also im Extremfall alle IPSec-fähigen Hosts) die gleiche mathematische Gruppe für ihre Berechnungen nutzen. (Beim RSA-Verfahren ist dies nicht der Fall: Hier muss jeder Nutzer seinen eigenen Modulus $n = pq$ generieren.)

```
p1  = 155251809230070893513091813125848175563133404943451431320235
      119490296623994910210725866945387659164244291000768028886422
      915080371891804634263272761303128298374438082089019628850917
      0691316593175367469551763119843371637221007210577919,
g1  = 22

p2  = 179769313486231590770839156793787453197860296048756011706444
      423684197180216158519368947833795864925541502180565485980503
      646440548199239100050792877003355816639229553136239076508735
      759914822574862575007425302077447712589550957937778424442426
      617334727629299387668709205606050270810842907692932019128194
g2  = 22

p5  = 241031242692103258855207602219756607485695054850245994265411
      694195810883168261222889009385826134161467322714147790401219
      650364895705058263194273070680500922306273474534107340669624
      601458936165977404102716924945320037872943417032584377865919
      814376319377685986952408894019557734611984354530154704374720
      774996976375008430892633929555996888245787241299381012913029
      459299994792636526405928464720973038494721168143446471443848
      8520940127459844288859336526896320919633919
g5  = 22
```

Bild 5.27: Die drei standardisierten OAKLEY-Primzahlgruppen. Gruppe 1 mit g_1 und p_1 ist der Default-Wert.

Dieser Eigenschaft trägt das OAKLEY-Protokoll Rechnung, indem es fünf Standard-Gruppen bereits definiert. Diese können dann über den GRP-Parameter direkt ausgewählt werden, ihre Beschreibung muss also nicht mit übertragen werden. Gruppen 1, 2 und 5 sind Primzahlgruppen mit Primzahlen der Länge 768, 1024 und 1536 Bit, Gruppen 3 und 4 elliptische Kurven-Gruppen.

Darüber hinaus stellt das Protokoll aber auch Konstrukte bereit, um zur Erhöhung der Sicherheit eigene, private Gruppen aushandeln zu können.

5.5.5 ISAKMP

Parallel zur Entwicklung der verschiedenen Schlüsselvereinbarungsprotokolle wurde an einem Nachrichtenformat gearbeitet, in das alle diese Protokolle hinein passen sollten. Das Internet Security Association and Key Management Protocol (ISAKMP) stellt also den Rahmen bereit, den Inhalt bildet ein konkretes Protokoll, z.B. OAKLEY.

ISAKMP arbeitet in zwei Phasen (vgl. Bild 5.28):

- In **Phase 1** wird eine ISAKMP-SA ausgehandelt. Die Nachrichten sind unverschlüsselt, bis auf ggf. verschlüsselte Felder in den Nutzdaten selbst.
- In **Phase 2** wird diese ISAKMP-SA benutzt, um die Nutzlast der ISAKMP-Pakete zu verschlüsseln. Mit diesen (verschlüsselten) Paketen werden dann die SAs für die Datenprotokolle (wichtigstes Beispiel: IPSec AH und ESP) ausgehandelt.

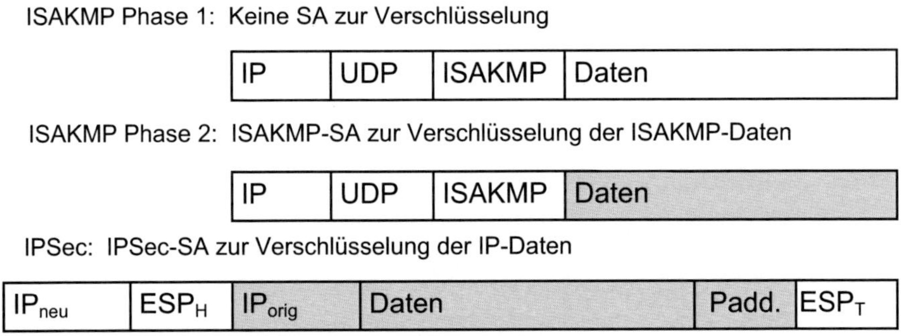

Bild 5.28: Die ISAKMP-Phasen 1 und 2 in Relation zu IPSec.

Die ISAKMP-SA ist bidirektional, d.h. sie wird von beiden ISAKMP-Instanzen genutzt. Die IPSec-SAs sind unidirektional, d.h. in Phase 2 muss für jede Richtung eine eigene SA ausgehandelt werden.

Alle Schlüsselaustauschprotokolle, die in den ISAKMP-Rahmen passen, verhalten sich wie Anwendungsprotokolle und kommunizieren über TCP oder UDP. (Anmerkung: Dies ist ein wichtiger Unterschied zu SKIP, da SKIP-Anwendungen nur auf der IP-Ebene kommunizieren.) Für ISAKMP wurde als Default-Wert UDP mit der Portnummer 500 von der IANA festgelegt. Alle Implementierungen müssen über UDP Port 500 kommunizieren können, dürfen aber auch weitere Möglichkeiten implementieren. Die SPD jeder IPSec-Implementierung enthält eine Standardregel, nach der UDP-Pakete mit Port 500 unbehandelt gesendet werden.

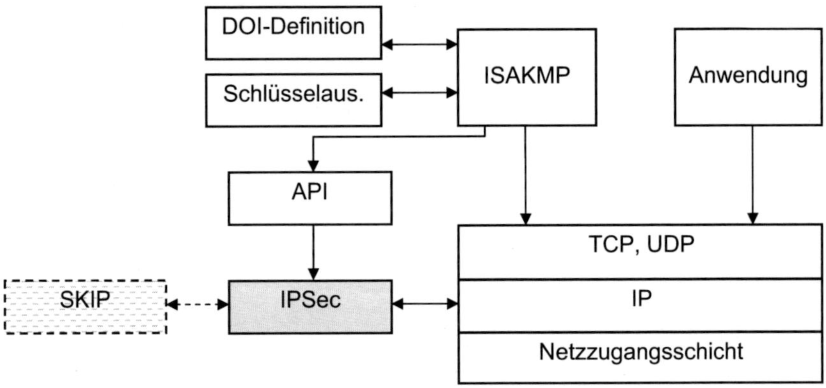

Bild 5.29: Kommunikations-Architektur von ISAKMP. Zum Vergleich ist hier noch einmal die Architektur von SKIP (vgl. Abschnitt 5.2) angegeben.

Die in Phase 2 ausgehandelte IPSec-SA wird über eine Schnittstelle (API) an das Datensicherheitsprotokoll (IPSec) übergeben.

ISAKMP benötigt zum Arbeiten eine Domain of Interpretation (für IP: Angabe der SAs, die für IPSec ausgehandelt werden müssen) und ein Schlüsselaustauschprotokoll (für IP: IKE, abgeleitet aus OAKLEY).

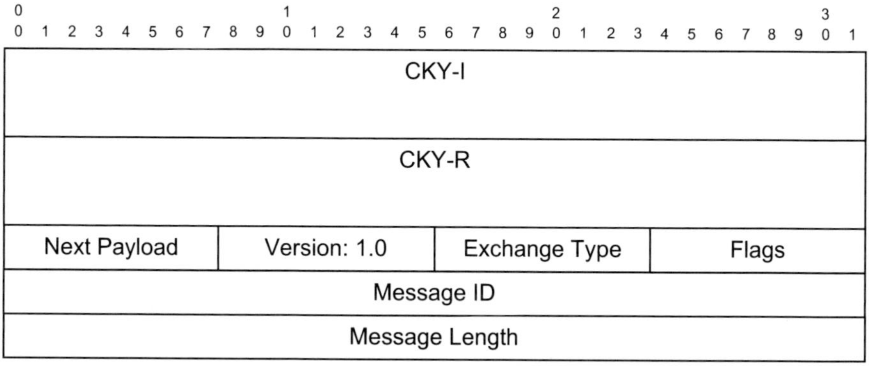

Bild 5.30: Der ISAKMP-Header.

ISAKMP definiert die Bitstruktur der einzelnen Nachrichten, die für eine Implementierung notwendigerweise bekannt sein muss. (In OAKLEY ist nur die abstrakte Struktur einer Nachricht beschrieben.)

Jede ISAKMP-Nachricht besteht aus einem ISAKMP-Header (Bild 5.30) und mehreren „Payload" („Nutzlast")-Feldern (Bild 5.31). Es gibt 13 fest definierte Payload-Formate, deren Struktur vorgegeben ist. Die konkreten Zahlenwerte, die in die vorgegebenen Felder eingefügt werden müssen (z.B. „ID Type" im „Identification Payload") müssen aber jeweils in einem „Domain of Interpretation"(DoI)-Modell beschrieben werden. Für IPSec ist [RFC 2407] dieses DoI-Dokument.

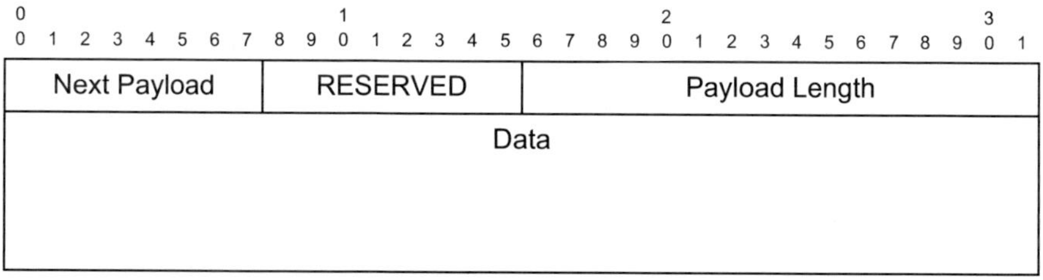

Bild 5.31: Generisches Format eines Payload-Headers.

Die Bestandteile einer ISAKMP-Nachricht sind über das „Next Payload"-Feld miteinander verknüpft. Dabei gibt das „Next Payload"-Byte am Beginn eines Payload-Feldes immer den Inhalt des nachfolgenden Payload-Feldes an (Bild 5.32).

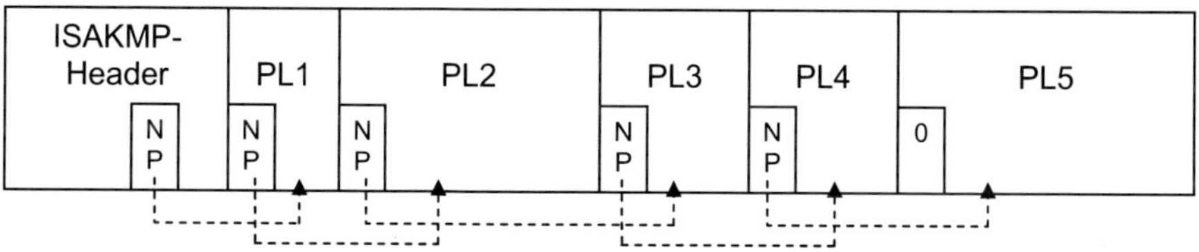

Bild 5.32: „Chaining" in einer ISAKMP-Nachricht mit Hilfe des „Next Payload" (NP)-Byte.

Neben den Datentypen definiert ISAKMP auch noch die „Exchange-Typen", die in den einzelnen Phasen zur Schlüsselvereinbarung eingesetzt werden dürfen. Diese Exchange-Typen entsprechen ungefähr den „Modes" von OAKLEY. Wir werden auf die wichtigsten dieser Typen im nächsten Abschnitt eingehen, denn nur die IKE-Typen werden in der Praxis eingesetzt.

5.5.6 IKE

Der Internet Key Exchange (IKE) [RFC 2409] füllt das von ISAKMP vorgegebene Gerüst mit Leben, indem die Protokolle aus OAKLEY den verschiedenen Phasen von ISAKMP zugeordnet und um Konstrukte aus SKEME ergänzt werden.

Um eine implementierbare Spezifikation zu erhalten, macht IKE außerdem zahlreiche Einschränkungen, die die unübersichtlich vielen Möglichkeiten von ISAKMP und OAKLEY deutlich einschränken:

- In ISAKMP Phase 1, in der eine SA für das ISAKMP-Protokoll selbst ausgehandelt wird, dürfen IKE Main Mode (sechs Nachrichten) oder Aggressive Mode (drei Nachrichten) verwendet werden. Main Mode muss dabei von jeder IKE-Implementierung unterstützt werden, Aggressive Mode ist optional.
- Es gibt vier Paare von Main Mode/Aggressive Mode-Protokollen, die sich durch die Art der Authentisierung unterscheiden: Hier können digitale Signaturen, Public Key-Verschlüsselung (in zwei Varianten) oder vorher ausgetauschte symmetrische Schlüssel („Preshared Keys") zum Einsatz kommen.
- Um auch im Aggressive Mode die Identität von Initiator und Responder schützen zu können, wurde die Methode der Public-Key-Verschlüsselung zur Authentikation von SKEME übernommen.
- In ISAKMP Phase 2, in der die SAs für IPSec AH oder ESP ausgehandelt werden, darf nur Quick Mode zum Einsatz kommen. Phase 2 ist bereits durch die ISAKMP SA geschützt, daher kann hier auf Main und Aggressive Mode verzichtet werden.

Wir wollen IKE nun an einem Beispiel erläutern, in dem digitale Signaturen zur Authentisierung verwendet werden. Wir treffen für dieses Beispiel die folgenden Festlegungen:

- In Phase 1 wird der Main Mode benutzt, bei dem sechs Nachrichten ausgetauscht werden. Die beiden Parteien werden dabei durch Nutzer-basierte X.509-Zertifikate identifiziert, die keine IP-Adresse enthalten. Dadurch kann auch der Fall dynamisch zugewiesener IP-Adressen mit behandelt werden.
- In Phase 2 sollen Security Associations für IPSec ESP mit Verschlüsselung und Authentikation ausgehandelt werden. Dafür wird der Quick Mode verwendet.
- Alle Nachrichten werden über UDP Port 500 ausgetauscht.
- Der Einfachheit halber soll der Initiator hier als A und der Responder als B bezeichnet werden.

Phase 1: Aushandeln der ISAKMP-SA

Die sechs Nachrichten des IKE Main Mode können in drei Gruppen unterteilt werden:

- Nachrichten 1 und 2 handeln die Rahmenbedingungen für die SAs aus. Dazu gehört der Zweck der SA (für ISAKMP oder IPSec) und die kryptographischen Algorithmen. Außerdem verhindert der Einsatz von Cookies Denial-of-Service-Attacken. Diese beiden Nachrichten sind unverschlüsselt und nicht authentisiert.
- Mit Nachrichten 3 und 4 werden Zufallszahlen und Diffie-Hellman-Werte zwischen den beiden Partnern ausgetauscht. Mit diesen Werten kann der Schlüssel SKEYID

berechnet werden. Diese beiden Nachrichten sind unverschlüsselt und nicht authentisiert.

- In den Nachrichten 5 und 6 werden mit digitalen Signaturen die Inhalte der früheren Nachrichten authentisiert. Sie enthalten in unserem Fall auch die Zertifikate zur Überprüfung dieser Signaturen. Diese Nachrichten sind durch die Algorithmen und den Schlüssel SKEYID geschützt.

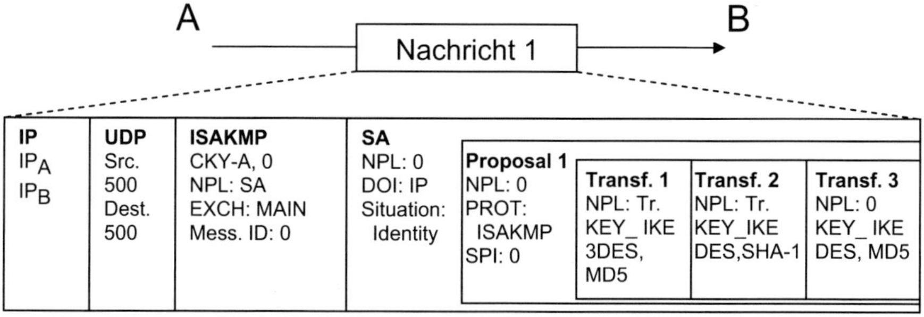

Bild 5.33: Phase 1 Main Mode, Nachricht 1: Liste mit Vorschlägen für B.

In Nachricht 1 sendet A die Informationen zum Kontext des Schlüsselaustauschs und eine Liste mit Optionen innerhalb dieses Kontexts an B. Der ISAKMP-Header enthält ein Cookie (zur späteren Identifizierung der Antwort von B) und die Information, dass der Schlüsselaustausch im Main Mode durchgeführt werden soll. Dann folgen (im SA-Payload) die Information, dass der Kontext dieses Austauschs IPSec ist, und ein Vorschlag (Proposal 1) mit drei verschiedenen Optionen (Transform 1 bis 3):

- Der Wert „PROT: ISAKMP" im Proposal-Payload teilt B mit, dass es sich um einen Phase 1-Austausch handelt (der Wert SPI muss also auf 0 gesetzt werden, da die auszuhandelnde ISAKMP-SA durch CKYI|CKYR identifiziert wird).
- Die drei Optionen (Transform 1 bis 3) können zu folgenden Parametern unterschiedliche Werte enthalten (nicht alle in Bild 5.34 aufgeführt):
  - Verschlüsselungsalgorithmus: DES-CBC, IDEA-CBC, Blowfish-CBC, RC5-R16-B64-CBC, 3DES-CBC, Cast-CBC.
  - Hashfunktion: MD5, SHA, Tiger
  - Verwendete Diffie-Hellman-Gruppe: MODP 768, MODP 1024, EC 2^{155}, EC 2^{185} (die OAKLEY-Gruppen 2 bis 5).
  - Authentisierungsmethode: Pre-Shared Key, DSS-Signaturen, RSA-Signaturen, Verschlüsselung mit RSA, Entschlüsselung mit RSA
  - Typ und Länge der Lebensdauer der SA, die in Sekunden oder Kilobytes angegeben werden kann.
  - (Weitere Parameter können hinzugefügt werden.)

In den Nachrichten 1 und 2 wird das Prinzip der Verkettung der einzelnen Felder mit Hilfe des NextPayload (NPL)-Feldes verdeutlicht (vgl. Bild 5.32): Transform Payloads werden als Teil eines komplex aufgebauten Proposal Payloads verstanden, und diese als Teil des SA-Payloads. Dies ist im ISAKMP-Standard explizit festgelegt. In den Bildern 5.33 und 5.34 ist dies graphisch dargestellt, und daraus erklären sich auch die „NPL: 0"-Einträge, die besagen, dass kein weiterer Payload (auf der gleichen Schachtelungsebene) folgt.

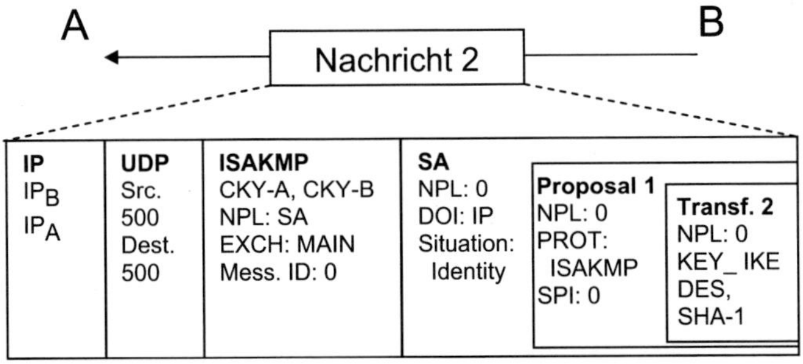

Bild 5.34: Phase 1 Main Mode, Nachricht 2: Auswahl eines Vorschlags

Mit Nachricht 2 wählt B eine der drei Optionen aus und ergänzt die Informationen um sein Cookie CKY-B. In diesem Schritt musste B noch keine rechenaufwendige Public-Key-Operation durchführen, so dass mit CKY-B ein DoS-Angriff auf Basis von Public-Key-Berechnungen verhindert werden kann. Allerdings muss B sich die Informationen aus den Feldern SA, Proposal und Transform merken, da diese später nicht mehr übertragen werden (was für einen „normalen" DoS-Angriff ausgenutzt werden könnte).

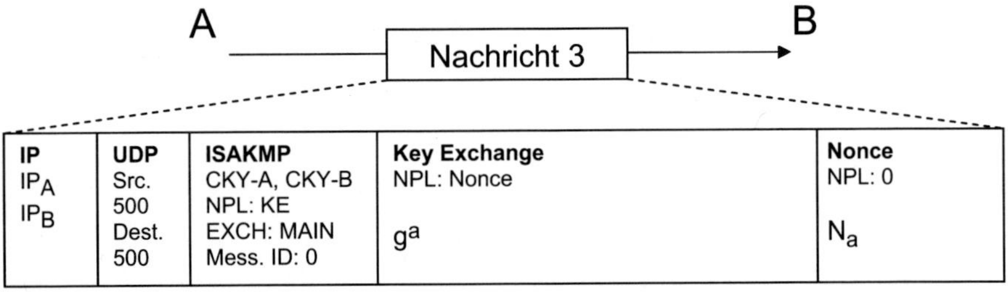

Bild 5.35: Phase 1 Main Mode, Nachricht 3: Diffie-Hellman und Nonce-Austausch.

Die Nachrichten 3 und 4 realisieren den Diffie-Hellman-Schlüsselaustausch und den Austausch von Nonces in beide Richtungen. Die Zufallszahlen N_a und N_b sind dabei nicht geschützt. Sie fließen zusammen mit dem Diffie-Hellman-Ergebnis in die Berechnung des Schlüssels SKEYID ein.

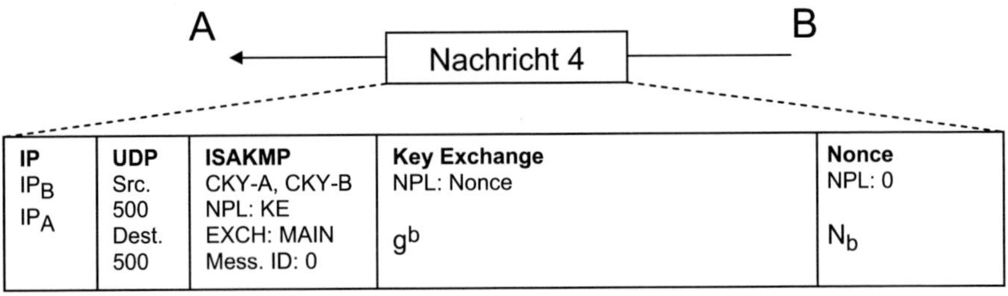

Bild 5.36: Phase 1 Main Mode, Nachricht 4: Diffie-Hellman und Nonce von B.

Nach Empfang der Nachricht 4 durch A können beide Seiten g^{ab} berechnen, und beide kennen N_a und N_b. Somit können sie den Schlüssel SKEYID durch Einsatz der in Nachricht 2 vereinbarten schlüsselgesteuerten Hashfunktion *prf* (in unserem Beispiel: HMAC-SHA1) berechnen:

$$SKEYID := prf\,(N_a|N_b,\ g^{ab}).$$

Aus diesem Schlüssel werden weitere abgeleitet:

- Ein Schlüssel SKEYID_d, aus dem weitere Schlüssel (in Phase 2) abgeleitet werden:

$$SKEYID\_d = prf(SKEYID,\ g^{ab} \mid CKY\text{-}A \mid CKY\text{-}B \mid 0)$$

- Ein Schlüssel SKEYID_a, der zur Authentisierung der ISAKMP-Nachrichten dient:

$$SKEYID\_a = prf(SKEYID,\ SKEYID\_d \mid g^{ab} \mid CKY\text{-}A \mid CKY\text{-}B \mid 1)$$

- Ein Schlüssel SKEYID_e, der zur Verschlüsselung von ISAKMP-Nachrichten dient:

$$SKEYID\_e = prf(SKEYID,\ SKEYID\_a \mid g^{ab} \mid CKY\text{-}A \mid CKY\text{-}B \mid 2)$$

Zu diesem Zeitpunkt besitzen A und B also gemeinsame Schlüssel und können alle weiteren Nachrichten verschlüsseln und authentisieren. Sie kennen aber noch nicht die Identität des jeweils anderen, die in den nächsten beiden Nachrichten verifiziert werden muss.

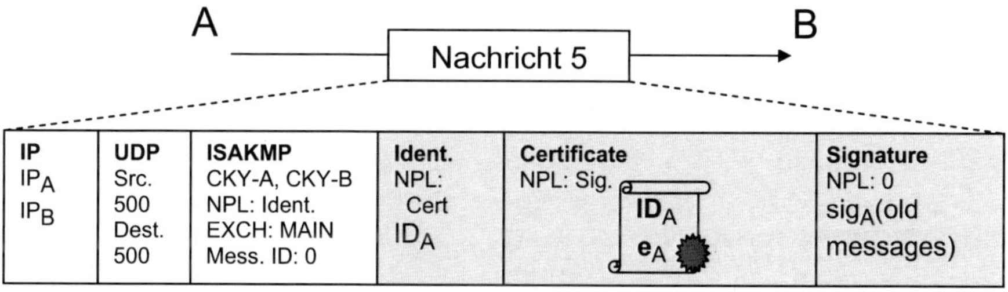

Bild 5.37: Phase 1, Main Mode, Nachricht 5: Identifizierung von A. Die grau unterlegten Datenfelder sind mit einem aus SKEYID_e abgeleiteten Schlüssel verschlüsselt.

Dies geschieht durch Senden von digitalen Signaturen in den Nachrichten 5 und 6, die jeweils über alle vorher ausgetauschten Nachrichten gebildet werden. Z.B. enthält das Signature-Feld von Nachricht 5 den Wert

$$sig_A(\,prf(\,SKEYID,\ g^a\,|g^b\,|CKY\text{-}A|CKY\text{-}B|SA_p|ID_A)\,),$$

wobei *sig* bzw. *prf* die in Nachricht 2 ausgewählten Signatur- bzw. schlüsselgesteuerte Hashfunktion ist, und SA_p den gesamten Inhalt des SA-Feldes der Nachricht 2 darstellt.

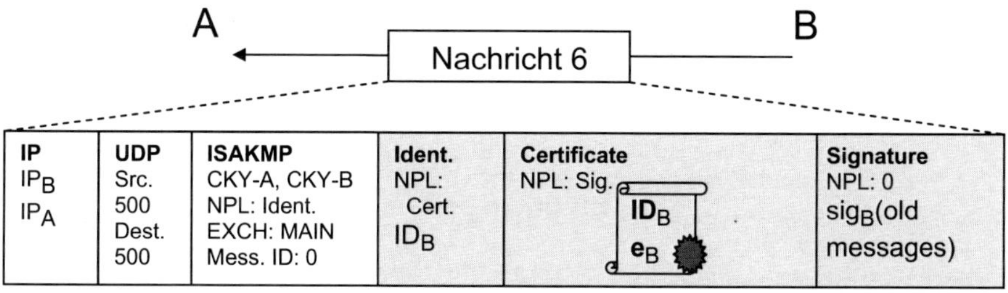

Bild 5.38: Phase 1, Main Mode, Nachricht 6: Identifizierung von B. Die grau unterlegten Datenfelder sind mit einem aus SKEYID_e abgeleiteten Schlüssel verschlüsselt.

Damit der andere Teilnehmer die Signatur auch verifizieren kann, muss mitgeteilt werden, welcher öffentliche Schlüssel zur Verifikation verwendet werden muss. Dies geschieht im Feld Identity, das eine eindeutige Identität enthalten muss. Dies kann ein Distinguished Name nach X.500 sein, aber auch eine IP-Adresse oder eine E-Mail-Adresse. Der Empfänger dieser

Nachricht muss jedenfalls in der Lage sein, sich den öffentlichen Schlüssel zu dieser Identität aus einer vertrauenswürdigen Quelle zu verschaffen.

Die Standardmethode dafür ist, sich ein Zertifikat zu dieser ID von einer vertrauenswürdigen Zertifizierungsinstanz zu beschaffen (z.B. über LDAP oder ein anderes Certificate Discovery Protokoll). Optional kann dieses Zertifikat, wie in unserem Beispiel dargestellt, auch schon in der Nachricht mit enthalten sein, was den Aufwand des Empfängers verringert.

Nach Überprüfung der Signaturen ist Phase 1 beendet.

Im IKE-Standard [RFC 2409] werden neben digitalen Signaturen noch andere Methoden zur Authentisierung von Nachrichten beschrieben. Dazu zählen „preshared keys", als geheime Werte, die irgendwie (z.B. durch den Systemadministrator) in die beiden Hosts gebracht werden müssen, oder auch Public Key-Verschlüsselung. Die Auswahl einer anderen Authentisierungsmethode verändert die Struktur der sechs ausgetauschten Nachrichten, nicht jedoch ihre Anzahl. Außerdem ändert sich die Berechnung des Wertes SKEYID, nicht aber die sich daran anschließende Ableitung der weiteren Schlüsselwerte.

Bei der Verwendung von „preshared keys" ist noch zu beachten, dass Phase 1 von IKE im Main Mode nur bei Verwendung von festen IP-Adressen funktioniert, weil der für die Authentikation zu verwendende Schlüssel durch die IP-Adresse bestimmt wird. (Im Aggressive Mode gibt es diese Einschränkung nicht.)

Phase 2: Aushandeln der SAs für IPSec ESP

In Phase 2 wird OAKLEY Quick Mode benutzt. In Bild 5.26 ist die Variante ohne Perfect Forward Secrecy angegeben, die wir auch hier in unserem Beispiel verwenden; man kann PFS erreichen, wenn in den Nachrichten 1 und 2 neue Diffie-Hellman-Werte in einem Key Exchange (KE)-Feld mit übertragen werden.

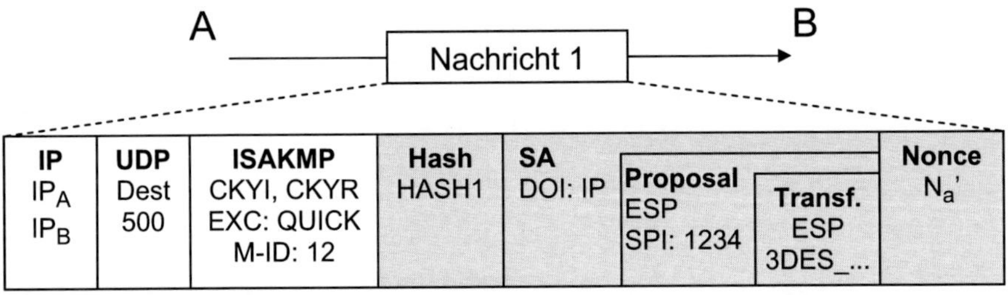

Bild 5.39: Phase 2 Quick Mode, Nachricht 1: Neuer Zufallswert Na' für B. Die grau unterlegten Datenfelder sind mit einem aus SKEYID_e abgeleiteten Schlüssel verschlüsselt.

Die Authentizität der Phase 2-Nachrichten wird durch den Schlüssel SKEYID_a garantiert. Daher muss jede Phase 2-Nachricht als erstes Feld nach dem Header ein Hash-Feld besitzen. Die Hashwerte werden jeweils über die wichtigsten Felder und Werte berechnet. In unserem Beispiel sind dies

$$HASH1 = prf(\ SKEYID\_a,\ M\text{-}ID \mid SA_p \mid N_a')$$

$$HASH2 = prf(\ SKEYID\_a,\ M\text{-}ID \mid N_a' \mid SA_p \mid N_b')$$

$$HASH3 = prf(\ SKEYID\_a,\ 0 \mid M\text{-}ID \mid N_a' \mid N_b')$$

jeweils in den Nachrichten 1, 2 und 3.

Die ISAKMP-SA, mit der die Phase 2-Nachrichten geschützt sind, und die zur Ableitung der Schlüssel in Phase 2 dann benötigt wird, ist durch das Paar CKY-A, CKY-B eindeutig bestimmt. Innerhalb dieser SA können mehrere Phase-2 SAs ausgehandelt werden. Diese werden anhand der Message ID (M-ID) unterschieden. (Für Phase 1 war M-ID 0 reserviert.)

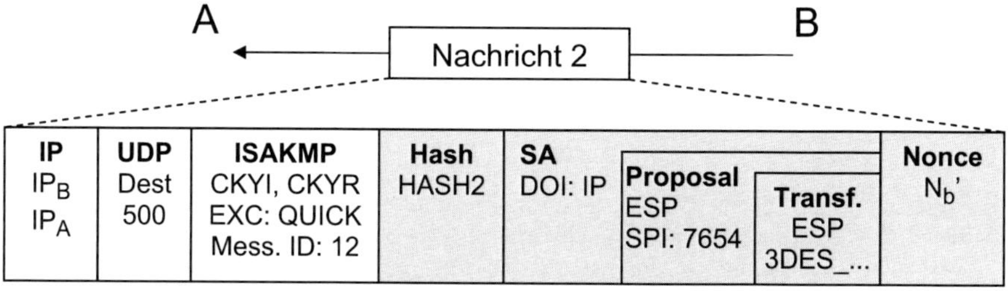

Bild 5.40: Phase 2 Quick Mode, Nachricht 1: Neuer Zufallswert Nb' für A. Die grau unterlegten Datenfelder sind mit einem aus SKEYID_e abgeleiteten Schlüssel verschlüsselt.

Aus den in den Nachrichten 1 und 2 ausgetauschten Werten können A und B nun für jede Richtung (AB und BA) eine SA bilden und das Schlüsselmaterial dafür wie folgt berechnen:

$$KEYMAT_{AB} = prf(SKEYID\_d, protocol \mid SPI_B \mid N_a' \mid N_b'),$$

$$KEYMAT_{BA} = prf(SKEYID\_d, protocol \mid SPI_A \mid N_a' \mid N_b').$$

In unserem Beispiel ist protocol=ESP. Aus $KEYMAT_{AB}$ und $KEYMAT_{BA}$ werden dann jeweils zwei Schlüssel abgeleitet, einer für den gewählten Verschlüsselungsalgorithmus und einer für den MAC-Algorithmus.

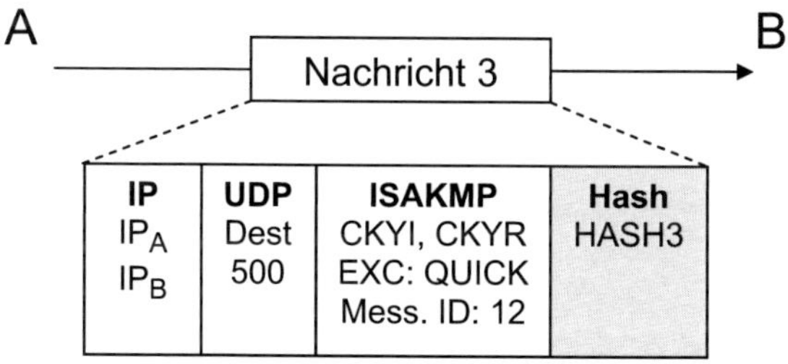

Bild 5.41: Phase 2 Quick Mode, Nachricht 3: Bestätigung durch A. Die grau unterlegten Datenfelder sind mit einem aus SKEYID_e abgeleiteten Schlüssel verschlüsselt.

Mit Nachricht 3 teilt A seinem Gegenüber B lediglich mit, dass der Austausch erfolgreich abgeschlossen wurde. Dies ist auch wegen der Verwendung von UDP als Transportprotokoll notwendig, weil UDP im Gegensatz zu TCP keinerlei Garantien dafür übernimmt, dass eine Nachricht ihr Ziel auch erreicht.

Damit ist auch Phase 2 abgeschlossen, und die vollständigen SAs für beide Richtungen können über die API in die SAD der IPSec-Implementierung geschrieben werden.

5.6 Die Zukunft von IPSec

Die IPSec Protokollsuite muss mit der ganzen Komplexität moderner IP-Infrastrukturen fertig werden. Daher wurde die Entwicklung der Standards noch weiter vorangetrieben. Auf die zwei wichtigsten Erweiterungen soll hier kurz eingegangen werden.

Anmerkung: Die IPSec-Arbeitsgruppe der IETF wird mittlerweile (Mai 2005) unter den „geschlossenen“ Arbeitsgruppen aufgeführt (http://www.ietf.org/html.charters/OLD/ipsec-charter.html). Die Arbeiten zu NAT Traversal wurden noch in Form von drei RFCs [RFC 3715, 3947, 3948] zu Ende geführt, während IKEv2 noch den Status eines Internet Draft hat.

5.6.1 IKEv2

Die IETF IPSec Arbeitsgruppe hat sich für einen Nachfolgre für IKE entschieden. IKEv2 („IKE version 2“) liegt als „Proposed Standard“ vor [RFC 4306].

Die Gründe für die Suche nach einem Nachfolger liegen in den inzwischen offensichtlichen Mängeln von IKE:

- **IKE ist zu langsam**: Allein für die Aushandlung der IKE-SA mit Schutz der Identität müssen, wie oben beschrieben, sechs Nachrichten ausgetauscht werden. Hinzu kommen für jede IPSec-SA mindestens weitere drei Nachrichten. Insgesamt dauert das 4,5 RTT (Round Trip Time, Zeit vom Absenden eines Pakets bis zum Empfang einer Bestätigung), und das kann im Internet sehr lange dauern.
- **IKE ist nicht sicher gegen Denial-of-Service-Angriffe**: In IKE werden die Cookies im Gegensatz zu Photuris als „stateful cookies“ verwendet. D.h. der Responder muss das Cookie, das er von einem (echten oder falschen) Initiator erhält, speichern. Dadurch werden Ressourcen gebunden, was für einen DoS-Angriff ausgenutzt werden kann.
- **IKE ist zu kompliziert**: Die Spezifikation von IKE ist über vier RFCs verteilt und enthält sehr viele verschiedene Optionen. Dadurch ist bei den Implementierungen eine Situation eingetreten, in der es auch Jahre nach Verabschiedung des Standards total inkompatible Implementierungen gibt.

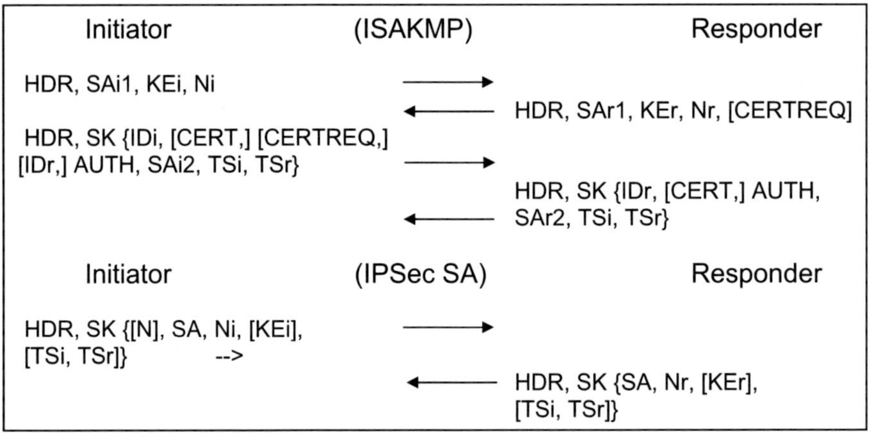

Bild 5.42: Übersicht zu IKEv2.

In IKEv2 werden daher die einzelnen Phasen so verschachtelt, dass nach nur drei Runden (sechs Nachrichten) die beiden ISAKMP Security Associations, und eine IPSec Security Association ausgehandelt sind.

Dies wird in Bild 5.42 als Übersicht dargestellt (HDR ist jeweils der ISAKMP-Header, der SPI, die Versionsnummer, und einige Flags enthält):

Im ersten Exhange (Nachrichtenpaar) handeln Initiator und Responder die Parameter für die IKE-SA SA1 aus. (SAi1 enthält die vom Initiator unterstützten Algorithmen, SAr1 eine

Auswahl des Responders daraus.) Das geheime Diffie-Hellman-Schlüsselmaterial g^{ab} ergibt sich aus KEi = g^a und KEr = g^b und den Zufallszahlen Ni und Nr. Der Responder kann optional ein Zertifikat anfordern.

Danach wird verschlüsselt und authentifiziert (Notation „SK{...}") die Identifizierung durchgeführt (IDi, IDr, AUTH) und die erste IPSec-SA SA2 vereinbart. Nach nur vier Nachrichten kann somit die Kommunikation mittels IPSec ESP oder AH starten. Die Traffic Selector-Werte TSi und TSr geben Adressbereiche (IPv4 oder IPv6) und Portnummern an, die der Host über diese SA senden (TSi) oder empfangen möchte (TSr).

Werden weitere IPSec-SAs benötigt, so können diese mit den Nachrichten 5 und 6 ausgehandelt werden, optional mit neuem Diffie-Hellman-Schlüsselmaterial.

5.6.2 NAT Traversal

Network Address Translation (NAT) wurde entwickelt, um eine kurzfristig verfügbare Lösung für das Problem der Knappheit von IPv4-Adressen zu haben. NAT wird heute aber auch eingesetzt, um die interne Struktur eines Firmennetzes nach außen hin zu verbergen.

Es gibt zwei Varianten des traditionellen NAT: Basic NAT und Network Address Port Translation (NAPT). Bei NAPT werden mehrere interne IP-Adressen auf eine einzige externe IP-Adresse abgebildet, aber mit verschiedenen Port-Nummern. In beiden Varianten wird bei ausgehenden Paketen die Source-, und bei eingehenden Paketen die Destination-IP-Adresse geändert.

Beim Datenformat Authentication Header erkennt man die Auswirkungen auf die Authentizität des IP-Pakets sofort: Die beiden Felder Source- und Destination-IP fließen in die Berechnung des MAC ein, bei einer Änderung in einem der beiden Felder wird also der MAC ungültig.

Bei ESP im Transport Mode sind die Auswirkungen etwas besser versteckt: Ist die Nutzlast des IP-Pakets ein TCP- oder ein UDP-Segment, so enthält dieses Segment eine Prüfsumme, die über einen Pseudoheader gebildet wird. Dieser Pseudoheader umfasst den TCP- oder UDP-Header, aber auch die beiden Felder Source- und Destination-IP des IP-Headers. Durch eine Modifikation in einem der beiden Felder ändert sich also diese Prüfsumme, und dadurch wird dann der MAC ungültig.

NAPT wird bei Einsatz der ESP-Verschlüsselung unmöglich gemacht: Da der TCP- bzw. UDP-Header hier verschlüsselt ist, kann das NAPT-Gateway die Portnummer nicht mehr modifizieren.

Unter dem Stichwort „NAT Traversal" wurden daher im Rahmen der IPSec-Arbeitsgruppe eine Reihe von RFCs erstellt, die dieses Problem lösen sollen. Die wesentliche Idee dabei [RFC 3948] ist, die IPSec-Pakete noch einmal in UDP-Segmente einzupacken und diese Pakete über den IKE-UDP-Port 500 auszutauschen. Dadurch wird es möglich, den Effekt eines NAT-Gateways zwischen den beiden IPSec-Hosts durch eine geänderte Behandlung des ESP- bzw. AH-Pakets beim Empfänger zu kompensieren.

Die Erkennung eines NAT-Gateways muss dabei im Rahmen des IKE-Protokolls erfolgen [RFC 3947]. Hierzu werden die Quell- und Ziel-IP-Adresse jeweils beim Initiator und Responder gehasht. Der jeweilige Empfänger kann diese Hashwerte dann mit seinen selbst berechneten Hashwert vergleichen; stimmen zwei Hashwerte nicht überein, so wurde ein NAT-Gateway erkannt.

6 Multicast-Netzwerke

Multimedia-Daten werden oft von einer Gruppe von Nutzern gleichzeitig empfangen. Beispiele dafür sind Radio und Fernsehen: Die Daten werden im Rundfunk-Modus („Broadcast“) gesendet, und jeder Nutzer, der innerhalb des Sendebereichs ein passendes Gerät besitzt, kann durch Auswahl der jeweiligen Frequenz (bzw. des Kanals, Transponders) diese Daten empfangen.

Weniger bekannt sind die Techniken, die von Pay-TV-Anbietern verwendet werden, um ihre Inhalte nur zahlenden Abonnenten zukommen zu lassen. Man könnte diese Techniken als „selektiven Broadcast“ oder auch als „Multicast über ein Broadcast-Medium“ bezeichnen. Wir werden in 6.3 kurz auf diese Techniken eingehen, da sie mittlerweile Eingang in die Internet-Standardisierung gefunden haben.

Der Trend zur Digitalisierung von Radio und Fernsehen lässt diese Medien enger mit dem Internet zusammenwachsen: Man kann jetzt IP-Pakete über Fernsehkanäle übertragen (z.B. über Satellit), und Radioprogramme über das Internet. Daher muss nach Möglichkeiten gesucht werden, wie man typische Radio- und Fernsehdienste, und insbesondere Pay-TV, im Internet möglichst effizient realisieren kann. Die Technik dafür, IP Multicast [RFC 1112], gibt es schon seit einigen Jahren.

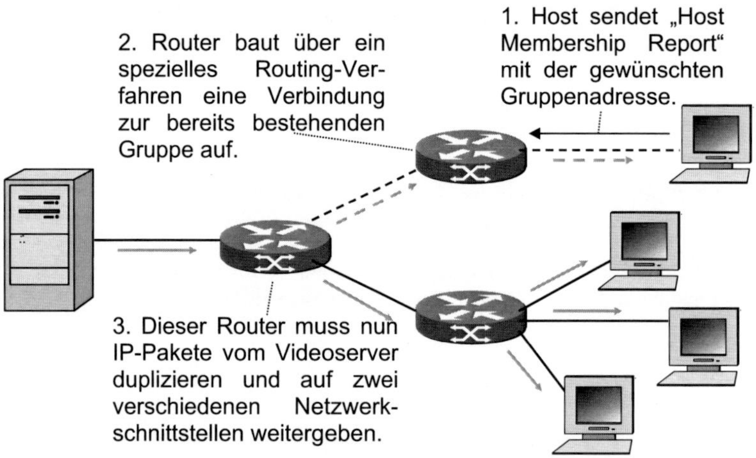

Bild 6.1: Ein Host „abonniert“ eine IP Multicast-Gruppe.

Auch für die Verschlüsselung von Datenströmen im Internet haben wir bereits eine universelle Lösung kennen gelernt, nämlich die IPSec Protokollsuite. Sie ist allerdings noch nicht ganz mit IP Multicast kompatibel, daher hat sich eine IETF Arbeitsgruppe mit dem Namen „Multicast SECurity“ (MSEC) mit diesem Thema beschäftigt.

Wir wollen in diesem Kapitel auf die Arbeiten zur Harmonisierung dieser beiden Internet-Standards eingehen. Insbesondere sollen dabei Lösungsmöglichkeiten für das Problem des Schlüsselmanagements vorgestellt werden: einmal aus dem Bereich des Pay-TV, und zum anderen als Verallgemeinerung des Diffie-Hellman-Schlüsselaustauschs für Gruppen.

6.1 IP Multicast

IP Multicast ist eine Technik, um kostbare Bandbreite im Internet zu sparen. Die Grundzüge dieser Technik sind in [RFC 1112] beschrieben.

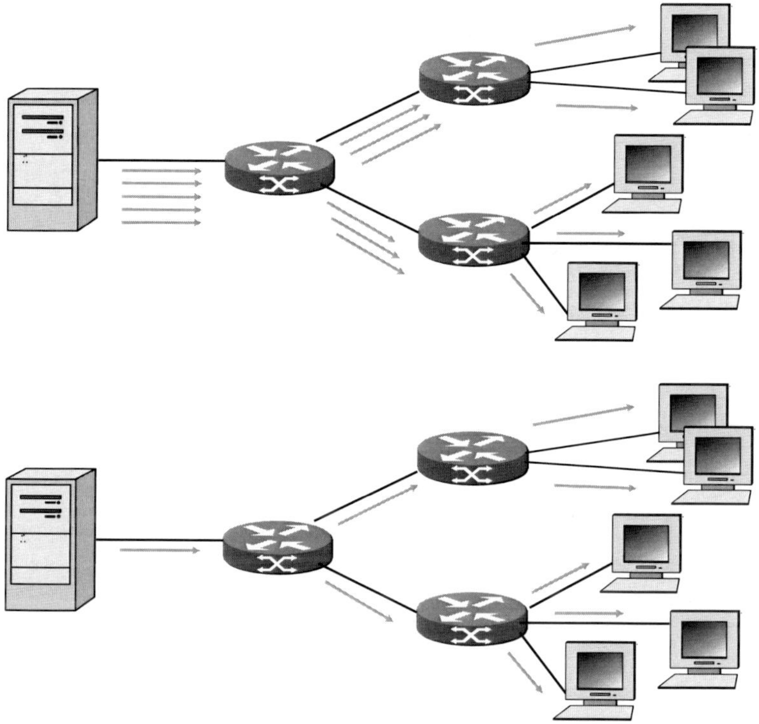

Bild 6.2: Unterschiedliche Netzlast für einen Video-Lifestream mit (normalem) IP Unicast (oben) und IP Multicast (unten).

- Es gibt spezielle Adressen, nämlich die IP Adressen 224.0.0.0 bis 239.255.255.255 (das sind die Adressen, die binär geschrieben mit „1110“ beginnen), die nicht für einzelne Hosts stehen, sondern für Gruppen von Hosts.
- Das Senden eine IP-Pakets an eine solche Gruppe ist einfach: Der Sender muss lediglich die entsprechende IP-Multicast-Adresse im „Destination“-Feld des IP-Headers eintragen.
- Um Multicast-Nachrichten empfangen zu können, muss ein Host sich erst bei der entsprechenden Gruppe anmelden („Subscription“). Dies geschieht durch spezielle Nachrichten an einen Multicast-fähigen Router, die im „Internet Group Management Protocol“, kurz IGMP, zusammengefasst sind.
- Aufgabe des Routers ist es dann, eine Verbindung zur Gruppe herzustellen, indem er sich in die baumartige Verteilstruktur einhängt, die für diese Gruppe aufgebaut wurde. Router, von denen drei oder mehr Kanten in diesem Baum ausgehen, müssen in der Regel IP-Pakete vervielfachen und auf jedem der zugeordneten Netzwerkinterfaces ausgeben.

Der Registrierungsvorgang für eine Multicast-Gruppe ist in Bild 6.1 grafisch dargestellt.

Ein anschauliches Beispiel für die Vorteile von IP Multicast erhält man, wenn man sich die Liveübertragung eines Fußballspiels über das Internet veranschaulicht (vgl. Bild 6.2). Hier gibt es einen Server, der die Videodaten des Fußballspiels in ein Internet-Videoformat (z.B. MPEG-4) konvertiert.

Steht diesem Server nur das normale IP Unicast zur Verfügung, so werden diese Daten für jeden einzelnen Empfänger zunächst in ein UDP- und anschließend in ein IP-Paket verpackt. Alle diese IP-Pakete enthalten die gleichen Daten, nur die Header sind verschieden. Dies bedeutet, dass die Anzahl der Hosts, die der Server bedienen kann, durch seine eigene Leistung und die ihm für seine Verbindung zum Internet zur Verfügung stehende Bandbreite beschränkt wird. Praktisch behilft man sich heute damit, dass die Videoserver kaskadiert eingesetzt werden, d.h. der erste Videoserver beliefert keine Hosts, sondern zunächst andere Server, und diese beliefern erst die Hosts (hier kann es noch mehr Ebenen geben). Mit dieser Vorgehensweise kann man die Leistung dieser Lösung um einen konstanten Faktor steigern, die beiden genannten „Flaschenhälse" sind aber weiter vorhanden.

Bei IP Multicast kann ein Server beliebig viele Hosts bedienen. Die Arbeit des Vervielfachens der IP-Pakete wird in die Router verlagert. (Da es sich hier um identisches Kopieren von IP-Paketen handelt, ist diese Arbeit einfacher, als die Aufgabe des Servers im IP Unicast-Fall.) Über jede Verbindung im Internet geht das IP-Paket nur einmal, so dass insgesamt auch das Netzwerk deutlich entlastet wird.

Neben diesem Live-Streaming-Beispiel gibt es noch viele andere Anwendungen, die für IP Multicast realisiert wurden, wie z.B. Newsticker, Datendistribution und Caching, Telelearning, Audio- und Videokonferenzen.

Wenn IP Multicast so viele Vorteile hat, warum ist es dann nicht weiter verbreitet? Es gibt zunächst technische Gründe: Ein Hochleistungs-Router ist ein extrem spezialisiertes Gerät, das darauf optimiert ist, IP-Pakete auf einem Netzwerkinterface anzunehmen und auf einem anderen weiter zu geben. Wenn solch ein „hochgezüchtetes" Gerät plötzlich diese IP-Pakete auch noch duplizieren soll, sinkt die Performance stark ab.

Auch kommerzielle Gründe können eine Rolle spielen: Selbst wenn es für den normalen Nutzer manchmal so aussieht, als ob das Internet ohne Geld funktionieren würde (zumindest wenn man es von einer Universität oder vom Arbeitsplatz aus nutzt), so muss doch letztendlich irgendjemand für die übertragenen Daten bezahlen. In der Regel ist das der Betreiber des Webservers, der pro abgerufenem Megabyte zur Kasse gebeten wird. Dieses Prinzip ist einfach auf Video- und Audiostreaming mit IP Unicast zu übertragen: Der Betreiber des Servers zahlt für jedes abgerufene Megabyte. IP Multicast stellt dieses Abrechnungsmodell auf den Kopf: Man kann die tatsächlich im Internet übertragenen Megabyte nicht mehr am Netzwerkinterface des Servers messen, denn die dort ausgegebene Datenrate ist gering und konstant.

Für einen flächendeckenden Einsatz werden also Multicast-optimierte Router und ein neues Abrechnungsmodell benötigt.

6.2 IPSec und IP Multicast

Wenn wir nach einer Möglichkeit suchen, IP Multicast zu verschlüsseln, so fällt unsere Wahl natürlich sofort auf IPSec, denn ein IP-Multicast-Paket unterscheidet sich (bis auf die Zieladresse) nicht von einem normalen IP-Paket. Wir dürfen also annehmen, dass die Datenformate AH und ESP ohne Probleme anwendbar sind.

Anders sieht es mit der Schlüsselvereinbarung IKE aus. Hier haben wir ein kleines und ein großes Problem:

- Als (kleines) Problem entpuppt sich die Tatsache, dass bei IKE der Empfänger die SPI festlegen darf, die im ESP- und AH-Header auftaucht. Für IP Multicast ist dies natürlich nicht möglich, da hier nur ein einziges IP-Paket an viele Empfänger gesendet wird. Die MSEC-Arbeitsgruppe der IETF hat daher festgelegt, dass bei IP Multicast der Sender die SPI bestimmen darf.
- Als wesentlich schwierigeres Problem stellt sich die Tatsache heraus, dass der Diffie-Hellman-Schlüsselaustausch, der ja das Kernstück von IKE und allen anderen bisher vorgeschlagenen Schlüsselvereinbarungsmethoden bildet, rein mathematisch gesehen nur bei zwei Parteien funktioniert. Wir können also keinen dieser Vorschläge als Basis für einen Multicast-Schlüsselaustausch verwenden.

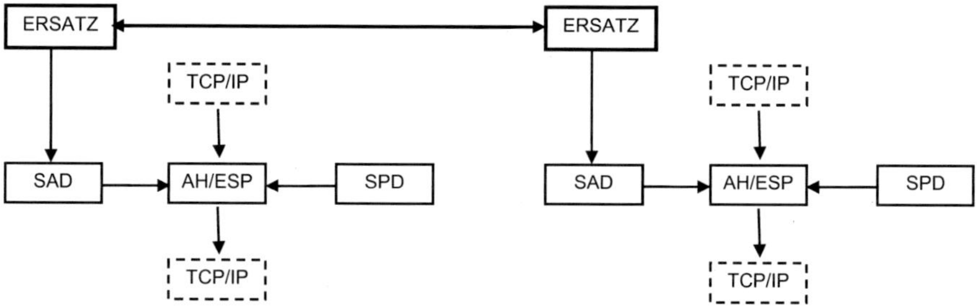

Bild 6.3: Die Problemstellung beim Einsatz von IPSec für IP Multicast. Gesucht wird eine Ersatzapplikation für IKE.

Gesucht wird daher eine Ersatzapplikation für IKE. Dieser Ersatz kann über TCP/IP arbeiten, besser wäre aber UDP/IP Multicast.

6.3 Schlüsselvereinbarung für Gruppen

In diesem Abschnitt wollen wir in zwei Richtungen nach einem Ersatz für IKE im IP Multicast-Umfeld suchen: Für Livestreaming-Anwendungen in Richtung der bereits länger eingesetzten Pay-TV-Technologien, und für komplexere Anwendungen im Bereich der Verallgemeinerungen des Diffie-Hellman-Verfahrens für Gruppen.

6.3.1 Pay-TV und die Logical Key Hierarchy

Problemstellung Pay-TV

Pay-TV-Systeme stellen eine extreme Herausforderung für Sicherheitsexperten dar:

- Kryptografische Schlüssel müssen sicher an eine sehr große Zahl von Abonnenten verteilt werden (in der Regel mehrere Millionen), und
- jeder dieser Kunden ist ein potenzieller Angreifer.

Besonders die zweite Tatsache hat in der Vergangenheit dafür gesorgt, dass das „Knacken" von Pay-TV-Systemen immer wieder in die Schlagzeilen geraten ist. Hinzu kommt, dass die beim Pay-TV eingesetzten Techniken oft Eigenentwicklungen von Firmen sind, nach dem Prinzip „Sicherheit durch Geheimhaltung". Eine offene Diskussion mit Experten, wie sie die erfolgreichen Internet-Sicherheitsstandards charakterisiert, fand nicht statt. Gerade bei einem neuen Bedrohungsmodell wäre aber eine offene Diskussion hilfreich gewesen. Wir wollen nun dieses neue Bedrohungsszenario näher beschreiben.

Die gesamte Kryptographie basiert auf der Annahme, dass jeder Teilnehmer versucht, ihm anvertraute geheime Schlüssel auch geheim zu halten. (Die wichtigste Aufgabe des Kapitäns eines Kriegsschiffes war es, im Fall einer Niederlage sofort alle kryptografischen Schlüssel zu vernichten.) Diese Annahme trifft auch auf alle bisher besprochenen Standards wie OpenPGP, S/MIME, SSL und IPSec zu.

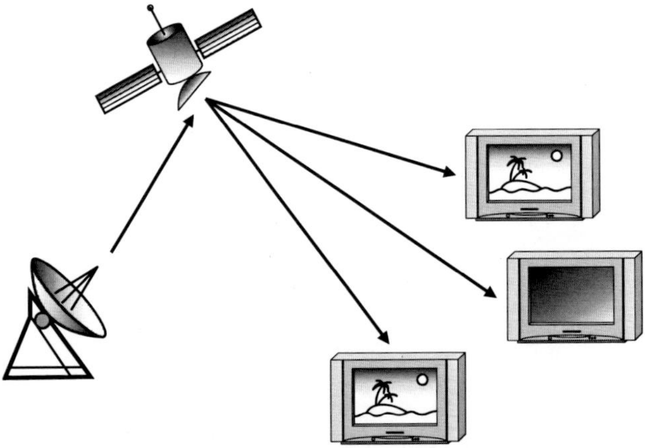

Bild 6.4: Aufgabenstellung bei Pay-TV: Über ein Rundfunkmedium soll ein Film so verteilt werden, dass nur zahlende Kunden ihn sehen können.

Bei Pay-TV sieht dies anders aus: Ein kryptographischer Schlüssel schützt hier nicht die Privatsphäre eines Individuums, sondern er stellt eine Berechtigung, eine „Eintrittskarte", für eine Filmvorführung dar. Wenn man nun diese Eintrittskarte vervielfältigen und an seine Freunde weitergeben könnte, wer würde dann noch an die Geheimhaltung eines Schlüssels denken?

Dies soll kein Ausflug in die Welt der Pay-TV-Systeme werden, die ein eigenes Buch erfordern würden. Es soll lediglich ein Bewusstsein für die Problematik schaffen. Wir werden im Kapitel über DRM-Systeme noch einmal auf diese Problemstellung stoßen.

Conditional Access-Systeme

Wie wurde nun das Problem der Schlüsselverwaltung in Pay-TV-Systemen gelöst? Bild 6.5 stellt die prinzipielle Funktionsweise und die Datentypen der Pay-TV-Schlüsselverwaltung, die häufig auch als „Conditional Access-System" bezeichnet wird, dar.

Zunächst einmal werden die Videodaten (und ggf. auch die Audiodaten) verschlüsselt, damit unberechtigte Empfänger den Film nicht sehen können. Dies geschieht beim digitalen Fernsehen durch eine echte symmetrische Verschlüsselungsfunktion, bei analogem Pay-TV durch *Scrambling* („Verwürfelung") des Bildes. Diese Funktion wird daher traditionellerweise als „Scrambling" bezeichnet.

Die Scrambling-Funktion wird durch einen kryptographischen Schlüssel gesteuert, der als *Control Word* („Kontrollwort", *CW*) bezeichnet wird. Dieses wird auf Sendeseite erzeugt, verschlüsselt, und das Kryptogramm in einer *Entitlement Control Message* („Berechtigungskontrollnachricht", *ECM*) zusammen mit dem Fernsehprogramm über Satellit, Kabel oder terrestrisch übertragen. Eine ECM enthält neben dem Kryptogramm des Kontrollworts auch noch zu überprüfende Bedingungen der Form „muss über 16 Jahre alt sein" oder „muss seine Abo-Gebühren für Februar bezahlt haben" (codiert als Zahlenwerte), und ist in der Regel mit einem MAC gegen Veränderung gesichert.

Verschlüsselt und authentisiert sind die ECMs mit einem Programmschlüssel („Service Key", SK), der für jedes Programm oder Programmpaket eindeutig ist. Dieser SK ist in modernen Pay-TV-Systemen auf einer Chipkarte gespeichert.

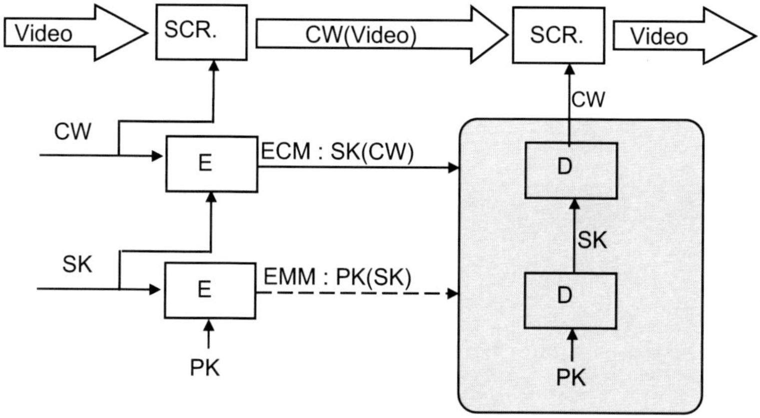

Bild 6.5: Datentypen im Pay-TV-Schlüsselmanagement.

ECMs werden im Decoder aus dem allgemeinen Datenstrom ausgefiltert und an die Chipkarte weitergeleitet. In der Chipkarte werden, sofern der passende SK vorhanden ist, der MAC überprüft und ggf. die Daten entschlüsselt. Danach werden die in der ECM enthaltenen Bedingungen mit den auf der Chipkarte gespeicherten Rechten verglichen (z.B. „Inhaber ist mindestens 18 Jahre alt" oder „Inhaber hat seine Abo-Gebühren für Januar und Februar bezahlt"), und wenn die Rechte den jeweiligen Bedingungen entsprechen, wird das Kontrollwort von der Chipkarte an den Decoder übergeben. Die Entschlüsselung des Films kann beginnen.

Die Chipkarte dient also als vertrauenswürdige Umgebung, in der die Überprüfung der Rechte sicher stattfinden kann. Schlägt diese Überprüfung fehl, so wird das Kontrollwort in der Chipkarte verworfen, der Film bleibt verschlüsselt.

Schlüsselhierarchien

Das Problem, einen Film nur selektiv an zahlende Kunden zu übertragen, wird so auf das Problem reduziert, einen Programmschlüssel SK an diese Kunden zu übertragen, und zwar auf dem gleichen Weg wie die Bild- und Tondaten. Wie funktioniert das in der Praxis?

Bild 6.6 gibt die Antwort auf diese Frage: Jede Chipkarte wird, ähnlich wie beim GSM-Mobilfunk, mit einem für jede Chipkarte individuellen Schlüssel PK_i personalisiert, bevor sie an die Kunden ausgeliefert wird. Dabei steht der Index i in der Regel für die Chipkartennummer, die auf der Karte abgedruckt ist. Beim Abschluss eines Vertrages wird diese Chipkartennummer i, und damit auch der Schlüssel PK_i, mit einem Kunden assoziiert.

Im Prinzip ist damit das Schlüsselverteilproblem gelöst: Der Pay-TV-Anbieter kann die Programmschlüssel SK und die Rechte des Teilnehmers mit PK_i verschlüsseln und authentisieren, und in einer speziellen „Rechtemanagementnachricht" („Entitlement Management Message", EMM) an die Chipkarte des Teilnehmers senden.

Diese Lösung lässt aber Performanceprobleme außer acht: Rechte müssen einmal im Monat erneuert werden, nämlich dann, wenn die monatliche Abogebühr beim Anbieter eingetroffen ist. Wenn eine EMM ca. 50 Byte lang wäre, so würde sich die für eine Million Kunden zu übertragende Datenmenge schon auf 50 Megabyte aufsummieren. Hinzu kommt, dass Daten nur empfangen werden können, wenn der Decoder eingeschaltet ist. Daraus folgt, dass diese Datenmenge mehrfach übertragen werden muss. (Ein praktisch verwendeter Wert ist, die EMM für einen Kunden pro halber Stunde mindestens einmal zu übertragen.)

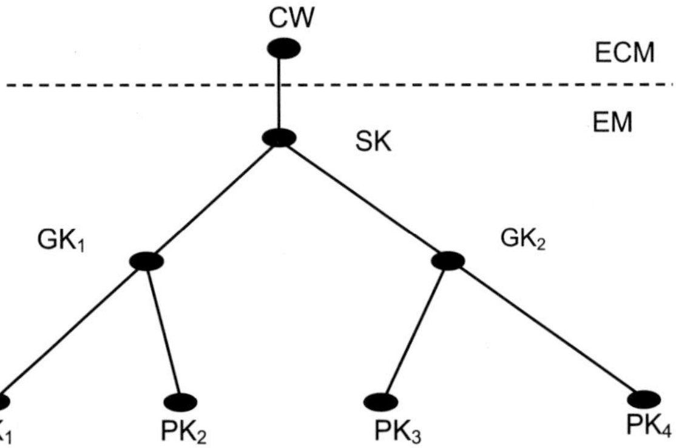

Bild 6.6: Typische Schlüsselhierarchie eines Pay-TV-Systems. Ein typischer Wert für die Größe von Teilnehmergruppen ist 256.

Bei diesen Datenmengen stellt sich die Frage nach Optimierungsmöglichkeiten. Diese sind gegeben, wenn mehrere Kunden zu einer Gruppe zusammengefasst werden. (Ein typischer Wert hierfür ist 256.) Die Übertragung eines Programmschlüssels SK erfolgt so in zwei Stufen:

- Zunächst wird für die Mitglieder einer Gruppe ein Gruppenschlüssel GK_j generiert. Dieser Schlüssel ist für jede Gruppe eindeutig. Er wird für jedes Gruppenmitglied jeweils mit dessen individuellem Schlüssel verschlüsselt und übertragen. Nachdem alle Gruppenmitglieder diese Kryptogramme empfangen und entschlüsselt haben, besitzen sie einen gemeinsamen Gruppenschlüssel. Der Gruppenschlüssel ändert sich nicht jeden Monat, sondern nur dann, wenn ein Mitglied der Gruppe sein Abonnement kündigt. Dieser Schritt muss daher nur selten durchgeführt werden.
- Der Programmschlüssel und die Rechte werden jetzt nur noch mit dem Gruppenschlüssel verschlüsselt. Dies muss weiterhin jeden Monat (ggf. im Stundenrhythmus) erfolgen, die Datenmenge hat sich jetzt aber erheblich reduziert (in der Praxis z.B. um den Faktor 256!).

Ein weiterer Vorteil der in Bild 6.6 dargestellten Schlüsselhierarchie ist die Möglichkeit, Rechte effizient zu entziehen. Um z.B. den Teilnehmer 4 nach einer Kündigung vom weiteren Empfang des Programms auszuschließen, geht man wie folgt vor:

- Der Pay-TV-Anbieter erzeugt einen neuen Gruppenschlüssel GK_2' und verschlüsselt diesen mit PK_3 (und nicht mit PK_4!). Nach Empfang des Kryptogramms kennt Teilnehmer 3 den neuen Schlüssel, Teilnehmer 4 aber nicht.
- Ein neuer Programmschlüssel SK' wird mit GK1 und dem neuen GK2' verschlüsselt übertragen. Jetzt kennen Teilnehmer 1, 2 und 3 diesen neuen Schlüssel, der ausgeschlossene Teilnehmer 4 dagegen nicht. ECMs werden jetzt mit dem neuen SK' verschlüsselt, und damit kann Teilnehmer 4 das Programm nicht mehr empfangen.

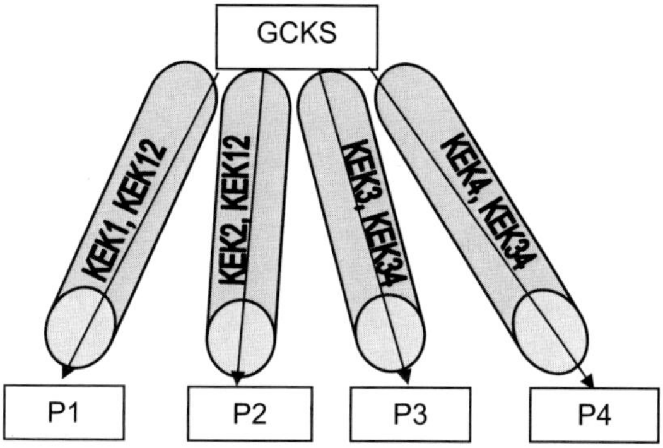

Bild 6.7: Initialisierung der Logical Key Hierarchy mit Hilfe eines Standard-Sicherheitsprotokolls.

Die Logical Key Hierarchy (LKH)

Der Wert 256 für die Gruppengröße ist praktikabel in Pay-TV-Systemen, wenn die Gruppen relativ stabil sind. Ändert sich die Zusammensetzung der Gruppe dagegen dynamisch, so ist es vorteilhaft, die Gruppengröße zu verkleinern und eine Schlüsselhierarchie mit noch mehr Ebenen zu verwenden. Hat die Hierarchie k Ebenen, und hat jeder Knoten in diesem Baum b Nachfolger (d.h. die Gruppengröße ist b), so können b^{k-1} Teilnehmer mit dieser Struktur verwaltet werden. Zum Ausschluss eines Teilnehmers sind ungefähr $2k$ Nachrichten erforderlich. Besonders günstig ist der Wert $b = 2$.

Solche binären Schlüsselhierarchien werden bei der IETF, und insbesondere in der MSEC-Arbeitsgruppe, unter dem Schlagwort „Logical Key Hierachy (LKH)“ diskutiert [BMS00, HH99]. Die Terminologie ist hier natürlich eine andere, da die Entwicklung weitgehend unabhängig von den Conditional Access-Systemen erfolgte.

Die MSEC-Arbeistgruppe der IETF [MSEC] ist Anfang 2001 aus der Secure Multicast-Gruppe [SMuG] der Internet Research Task Force (IRTF) entstanden. Die Aufgabenstellung von MSEC wurde dabei im Vergleich zur Aufgabe von SMuG („alle relevanten Aspekte der Multicast-Sicherheit diskutieren“) stark eingeschränkt: MSEC beschäftigt sich nur mit dem Szenario, in dem ein einzelner Sender Daten verschlüsselt an eine Multicast-Gruppe senden möchte.

Die Aufgabe, die kryptografischen Schlüssel zwischen dem einen Sender und den vielen Empfängern zu koordinieren, fällt dabei dem „Group Controller and Key Server“ (GCKS) zu [BCD01]. (Diese Funktion kann in der Praxis vom Videoserver mit erledigt werden. Damit würde dieser Server dem „Sendezentrum“ eines Pay-TV-Anbieters entsprechen.) Bei allen Diskussionen steht zwar immer noch das erfolgreiche Protokoll IPSec im Vordergrund, aber auch andere Protokolle wie z.B. das Secure Real-Time-Protocol [S-RTP] gewinnen an Bedeutung.

Die Initialisierung der Schlüsselhierarchie kann im IETF-Umfeld nicht mehr durch Personalisierung von Chipkarten mit individuell verschiedenen Schlüsseln erfolgen, sondern muss auf Standardprotokolle aus dem Bereich der Internetsicherheit zurückgreifen. Dazu baut der GCKS, wie in Bild 6.7 dargestellt, sichere Kanäle zu den einzelnen Teilnehmern auf (z.B. mit IPSec oder SSL) und sendet über diese Kanäle die „Key Encryption Keys“ (KEK) der LKH. Jeder Teilnehmer erhält dabei einen individuellen KEK (vergleichbar dem Chipkartenschlüssel PK_i) und alle KEKs (vergleichbar den Gruppenschlüsseln G_j), die auf dem Weg vom Teilnehmer zur Wurzel des LKH-Baumes liegen (Bild 6.7 und Bild 6.8).

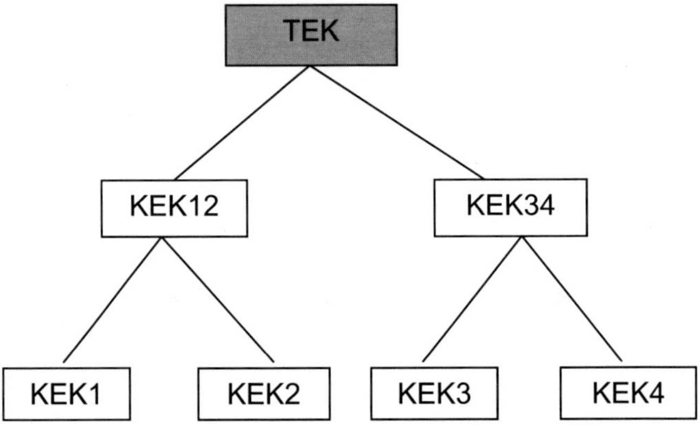

Bild 6.8: Aufbau der Logical Key Hierarchy (LKH) mit Key Encryption Keys (KEK) und dem Traffic Encryption Key (TEK) als Wurzel des Baumes.

Mit der Struktur, die sich so ergibt, kann nun der „Traffic Encryption Key" (TEK), der zur Verschlüsselung der Daten verwendet wird, übertragen werden. (Dies ist in der Praxis natürlich kein isolierter Schlüssel, sondern eher eine komplette Security Association im Sinne von IPSec.) Zur Übertragung können hier Techniken der Verschlüsselung und der Hashwertbildung verwendet werden [BMS00, HH99].

Die Baumstruktur bietet, analog zum Pay-TV, eine effiziente Möglichkeit zum Ausschluss von Teilnehmern, wobei die Effizienz hier durch die Verwendung von binären Bäumen (unterhalb jedes Knotens befinden sich höchstens zwei Nachfolger) noch erheblich gesteigert wird.

Als Anwendungsbeispiel kann man sich hier ein Pay-Per-Time-Angebot eines Musiksenders vorstellen, bei dem Kunden sich für eine gewisse Zeit aktuelle Musikvideos ansehen können. Die Gruppenzusammensetzung ist hier hoch dynamisch. Kompromisse sind nötig, z.B. das Updaten der Gruppenzugehörigkeit immer nur nach dem Ende eines Musikclips.

Gruppen-MAC

Ein Aspekt, der von immensem kryptografischen Interesse ist, soll hier noch kurz erwähnt werden: Wie kann man die Authentizität des Absenders in einer Gruppe mit Mitteln der symmetrischen Kryptographie realisieren? Kurz: Kann man einen Gruppen-MAC definieren?

Zum Nachweis der Authentizität eines IP Multicast-Pakets kann dieses digital vom Absender signiert werden. Diese Vorgehensweise ist jedoch sehr aufwändig, sowohl vom Rechen- als auch vom Übertragungsaufwand her. Kann man nicht auch hier einen Message Authentication Code verwenden, z.B. den beliebten HMAC?

Die Verwendung eines MAC stößt bei Gruppen von Teilnehmern, die alle einen gemeinsamen Gruppenschlüssel kennen, auf Probleme, denn für alle MAC-Konstruktionen gilt: Wer einen MAC verifizieren kann, der kann ihn auch erzeugen.

Dies ist normalerweise bei zwei Teilnehmern kein Problem: Wenn ich den MAC nicht erzeugt habe, dann muss es der andere Teilnehmer gewesen sein. Bei drei und mehr Teilnehmern weiß ich aber nur noch, dass irgendeiner der anderen den MAC erzeugt hat, aber nicht mehr, wer.

Eine Gruppe von Forschern hat sich dieses Problems angenommen [PCBTS01]. Ihre Lösung besteht darin, bestimmte physikalische Annahmen zum Übertragungskanal zu machen, z.B. dass ein IP-Paket auf seinem Weg durch das Internet höchstens drei der vor ihm gesendete IP-

Pakete desselben Datenstroms überholen kann. Mit diesen Annahmen, die natürlich immer auf ihre Plausibilität geprüft werden müssen, ist eine Lösung des Problems (auf die wir hier aus Platzgründen nicht näher eingehen können) möglich.

6.3.2 Diffie-Hellman für Gruppen

Die von MSEC getroffene Entscheidung, die Kontrolle der Gruppenzusammensetzung und des Schlüsselmanagements einer zentralen, allmächtigen Instanz, dem GCKS, zu überlassen, ist für manche Multicast-Anwendungen weniger geeignet.

So wäre z.B. bei einer Videokonferenz derjenige Teilnehmer, der die Rolle des GCKS übernommen hat, verpflichtet, bis zum (bitteren) Ende in dieser Diskussionsrunde auszuharren, auch wenn ihn die Diskussion überhaupt nicht mehr interessiert oder sogar unangenehm ist. Außerdem hätte er diktatorische Vollmachten und könnte alleine entscheiden, wer an der Diskussion teilnehmen darf, und wer nicht.

Diese beiden Eigenschaften des GCKS-Modells entsprechen nicht der Internet-Philosophie: Mit dem Arpanet-Forschungsprojekt wollte das US-Militär ja weg von Strukturen, bei denen der Ausfall einer zentralen Komponenten (hier des GCKS) den Ausfall der gesamten Kommunikation bedeuten würde. Auch sind diktatorische Vollmachten sich bei der Internet-Community nicht sonderlich beliebt.

In der IRTF-Arbeitsgruppe SMuG wurden daher auch Alternativen zum zentralisierten Modell diskutiert. Dabei spielte insbesondere die Verallgemeinerung des Diffie-Hellman-Protokolls für Gruppen von Teilnehmern eine Rolle. Dieses Thema, das seit Anfang der achtziger Jahre diskutiert wird, soll hier mit seinen bislang wichtigsten Stationen kurz dargestellt werden.

Das Konferenzschlüsselsystem von Ingemarsson, Tang und Wong [ITW82]

Warum funktioniert das Schlüsselaustauschverfahren von Diffie und Hellman? Diese Frage stellten sich sechs Jahre nach der Publikation I. Ingemarsson, D. Tang und C. Wong. Ihre Antwort lautete: Weil die Funktion $f()$, mit der die beiden privaten Schlüssel im Exponenten verknüpft werden, symmetrisch ist:

$$g^{f(a,b)} = g^{a \cdot b} = g^{b \cdot a} = g^{f(b,a)}.$$

„Symmetrisch" bedeutet hier, dass für jede mögliche Umordnung (Permutation) der Reihenfolge von a und b das gleiche Ergebnis herauskommt.

Die nächste logische Frage muss dann lauten: Funktioniert das auch für mehr als zwei private Schlüssel? D.h. gibt es z.B. eine Funktion $f(a,b,c)$ mit drei Argumenten a, b und c, für die

$$f(a,b,c) = f(a,c,b) = f(b,a,c) = f(b,c,a) = f(c,a,b) = f(c,b,a)$$

gilt?

Für die Verknüpfungen $+$ und $\cdot$ gibt es diese Funktionen tatsächlich, und sie sind Gegenstand der mathematischen Algebra: Es sind die so genannten symmetrischen Funktionen, und sie können aus den elementarsymmetrischen Funktionen zusammengesetzt werden. Für drei Argumente a, b und c lauten die elementarsymmetrischen Funktionen wie folgt:

$$f_1(a,b,c) = a + b + c$$

$$f_2(a,b,c) = a \cdot b + a \cdot c + b \cdot c$$

$$f_3(a,b,c) = a \cdot b \cdot c$$

Es lag also nahe, diese Funktionen auf ihre Eignung für den verallgemeinerten Diffie-Hellman-Schlüsselaustausch hin zu untersuchen.

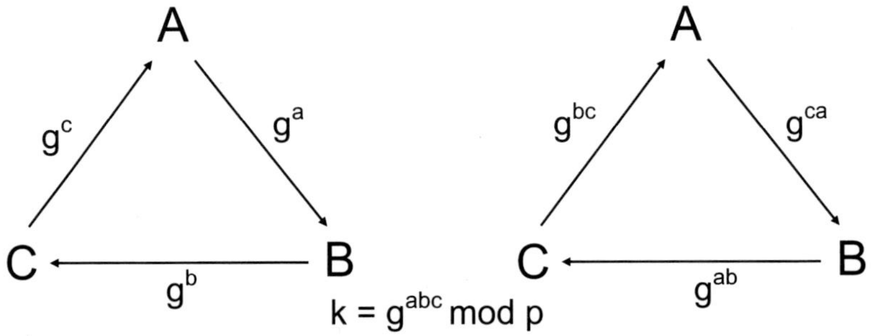

Bild 6.9: Die zwei Runden des ITW-Protokolls für drei Teilnehmer. Es genügt, wenn die Nachrichten jeweils an den im Uhrzeigersinn nächsten Teilnehmer gesendet werden, aber auch ein Multicast an alle Teilnehmer ist sicher.

Das Ergebnis von [ITW82] war, dass sich aus Sicherheitsgründen nur die letzte dieser Funktionen eignet: Alle anderen Varianten können durch Abhören einer hinreichend großen Anzahl von Schlüsselaustauschnachrichten geknackt werden. Die Funktionsweise des ITW-Protokolls für drei Teilnehmer ist in Bild 6.9 dargestellt.

Im allgemeinen Fall von n Teilnehmern $A_1, ..., A_n$ (mit privaten Schlüsseln $a_1, ..., a_n$) erhält z.B. Teilnehmer A_1 nacheinander die Werte

$$g^{a_n} \bmod p, g^{a_n a_{n-1}} \bmod p, ..., g^{a_n a_{n-1} \cdot ... \cdot a_3 a_2} \bmod p$$

und kann daraus schließlich den Schlüssel $k = g^{a_n a_{n-1} \cdot ... \cdot a_3 a_2 a_1} \bmod p$ berechnen.

So schön wie das Ergebnis aus [ITW82] in theoretischer Hinsicht ist, es hat einen gravierenden praktischen Nachteil: Die Anzahl der Runden, die das Programm für n Teilnehmer durchlaufen muss, ist $n-1$. Dies ist für praktische Zwecke zu groß. Es sollten aber 12 Jahre vergehen, bis ein wesentlich besseres Protokoll vorgestellt wurde.

Das Burmester-Desmedt-Protokoll [BD94]

Erst im Jahr 1994 (oder kurz vorher) stellten sich zwei Forscher die ursprüngliche Frage von Ingemarsson et. al. erneut, nämlich warum das Diffie-Hellman-Verfahren eigentlich funktioniert. Sie kamen zu einer anderen Antwort, die zu einer wesentlich besseren Lösung führte.

Die Antwort von Mike Burmester und Ivo Desmedt [BD94] lautete: Weil die Funktion *f()* eine zyklische Funktion ist, d.h. wenn man die Argumente von *f()* um eine Stelle verschiebt, und das heraus gefallene Argument an der freien Stelle wieder einfügt, dann kommt das gleiche Ergebnis heraus.

Für das ursprüngliche Diffie-Hellman-Protokoll mit nur zwei Teilnehmern sind beide Antworten identisch: Auf zwei Elementen gibt es nur zwei Permutationen, nämlich die Identität und das Vertauschen, und dem entsprechen die Schiebeoperationen um null oder eine Stelle.

Für mehr als zwei Teilnehmer ergeben sich aber völlig neue Möglichkeiten, denn man kann jetzt Funktionen der Form

$$f(a,b,c,d) = a \cdot b + b \cdot c + c \cdot d + d \cdot a$$

verwenden. Die Leistung von Burmester und Desmedt besteht nun darin zu zeigen, wie eine solche Formel im Exponenten effizient in nur zwei Schlüsselaustauschrunden berechnet werden kann.

In Bild 6.10 ist das Burmester-Desmedt-Protokoll für drei Teilnehmer dargestellt. In Runde 1 sendet jeder Teilnehmer I an alle anderen Teilnehmer den Wert $z_I = g^i \ mod\ p$. Die Teilnehmer müssen hier logisch in einem gerichteten Kreis angeordnet sein, und jeder merkt sich die Nachrichten seines Vorgängers und seines Nachfolgers.

In der zweiten Runde bildet jeder Teilnehmer den Quotienten aus der Nachricht seines Nachfolgers, geteilt durch die Nachricht des Vorgängers (natürlich modulo p), und potenziert das Ganze (modulo p) mit dem eigenen privaten Schlüssel i. Diesen Wert X_I sendet er wieder an alle.

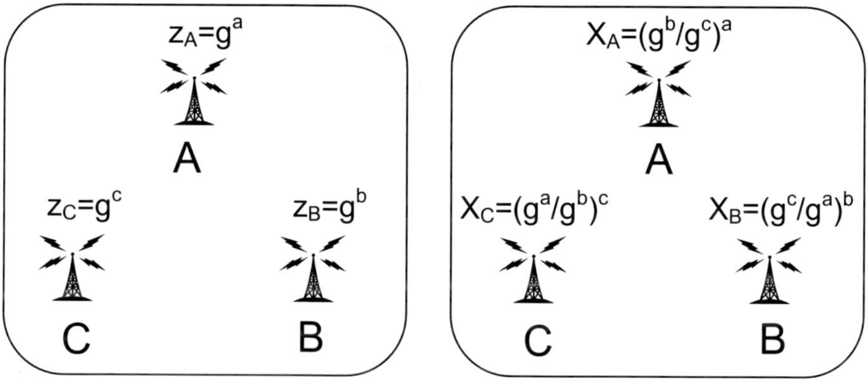

$$K_A = z_C^{3a} \cdot X_A^2 \cdot X_B = g^{ab+bc+ac} = K_B = K_C$$

Bild 6.10: Die beiden Runden des Burmester-Desmedt-Protokolls für drei Teilnehmer. Dieses Protokoll kommt für jede Anzahl von Teilnehmern mit nur zwei Runden aus.

Aus den X_I- und z_I-Werten ergibt sich dann der Schlüssel, den jeder Teilnehmer etwas anders berechnen muss. Hier zum Vergleich die Ergebnisse von B und C aus Bild 6.10. (Die modulo p-Reduktionen wurden der leichteren Lesbarkeit halber weggelassen, sind aber in jedem Rechenschritt vorzunehmen.)

$$K_B = z_A^{3b} \cdot X_B^2 \cdot X_C = (g^a)^{3b} \cdot (g^c/g^a)^{b \cdot 2} \cdot (g^a/g^b)^c = g^{3ab+2bc-2ab+ac-bc} = g^{ab+bc+ac}$$

$$K_C = z_B^{3c} \cdot X_C^2 \cdot X_A = (g^b)^{3c} \cdot (g^a/g^b)^{c \cdot 2} \cdot (g^b/g^c)^a = g^{3bc+2ac-2bc+ab-ac} = g^{ab+bc+ac}$$

Diese Formel lässt sich natürlich auch auf n Teilnehmer verallgemeinern, wobei der erste Faktor für den Teilnehmer I dann in der Potenz $n \cdot i$ (i der private Schlüssel des Teilnehmers), der zweite in der Potenz $n\text{-}1$, der dritte in der Potenz $n\text{-}2$, …, und schließlich der n-te in der ersten Potenz einfließt [BD94].

Mit dem Burmester-Desmedt-Verfahren haben wir ein praktisch optimales Protokoll, um bei einer bekannten und festen Anzahl von Teilnehmern einmalig einen Gruppenschlüssel zu vereinbaren. Wir sind damit aber noch nicht zufrieden, denn Forscher von IBM und der Universität von Kalifornien wandten ein: Was ist mit den hoch dynamischen Gruppen, mit der Aufnahme neuer und dem Ausschluss alter Mitglieder?

Protokolle zur Aufnahme und zum Ausschluss von Mitgliedern

In [STW98] stellten Michael Steiner, Michael Waidner (IBM) und Gene Tsudik (USC) eine „neue Annäherung an die Gruppenschlüsselvereinbarung" vor: Sie unterschieden erstmals konsequent zwischen

- Initial Key Agreement (IKA), dem Start der Gruppen-Kommunikation, bei dem erstmals ein Gruppenschlüssel vereinbart wird, und
- Auxiliary Key Agreement (AKA), bei dem der Gruppenschlüssel wegen des Eintretens eines der folgenden Ereignisse verändert werden muss:
  - Aufnahme neuer Mitglieder
  - Ausschluss/Ausscheiden alter Mitglieder
  - Vereinigung von Gruppen
  - Teilen von Gruppen

Da ein AKA auf bereist vorhandenen Informationen der Teilnehmer, z.B. dem aktuellen Gruppenschlüssel oder den bereist ausgetauschten Nachrichten aufbauen kann, sollte ein AKA mit weniger Ressourcen auskommen als ein IKA. Nur dann macht eine solche Unterscheidung Sinn. Ressourcen können dabei sein: Die Anzahl der benötigten Runden, die Anzahl der ausgetauschten Nachrichten oder der Rechenaufwand für jeden Teilnehmer.

In [STW98] wurden auch neue, Diffie-Hellman-basierte Protokolle angegeben, die sowohl für IKA als auch für AKA geeignet sind. Wegen der Komplexität der Protokolle sei hier auf eine Beschreibung verzichtet, die man in [STW98] und [STW96] finden kann.

Wie sieht nun die Eignung des Burmester-Desmedt-Protokolls für die unterschiedlichen Fälle des Auxiliary Key Agreement aus? Diese Frage wurde unter anderem in [SMS01] untersucht. Die Anzahl der Runden ist in jedem Fall zwei, hier lässt sich nichts mehr optimieren. Wie sieht es aber bei der Anzahl der Nachrichten aus?

Die Aufnahme eines neuen Gruppenmitglieds ist sehr effizient möglich: Der neue Teilnehmer D muss an einer Stelle in den logischen Kreis der Teilnehmer eingefügt werden, und muss mit den „alten" Teilnehmern folgenden Nachrichten austauschen:

- D sendet $z_D = g^d \; mod \, p$ an alle Teilnehmer.
- Die beiden unmittelbaren logischen Nachbarn von D und D selbst senden neu berechnete X_I-Werte an alle.
- D selbst benötigt noch die alten z_J- und X_J-Werte der Teilnehmer, die nicht seine Nachbarn sind. Diese Werte können ihm von einem „alten" Mitglied gesammelt in einer Nachricht zur Verfügung gestellt werden.

Wenn wir also in Bild 6.10 einen neuen Teilnehmer D zwischen C und A einfügen, so müssen die Nachrichten

$$z_D = g^d,\; X_D = (g^a/g^c)^d,\; X_A' = (g^b/g^d)^a \; und \; X_C' = (g^d/g^b)^c,$$

neu ausgetauscht werden, und nachdem D die restlichen alten Werte erhalten hat, können alle den neuen Schlüssel berechnen, z.B. D als

$$K_D = z_C^{4d} \cdot X_D^{3} \cdot X_A^{2} \cdot X_B = (g^c)^{4d} \cdot (g^a/g^c)^{d \cdot 3} \cdot (g^b/g^d)^{a \cdot 2} \cdot (g^c/g^a)^b$$
$$= g^{4cd+3ad-3cd+2ab-2ad+bc-ab} = g^{ab+bc+cd+da}.$$

Die Aufnahme eines neuen Teilnehmers ist damit also wesentlich effizienter als ein völlig neues IKA.

Anders sieht es beim Ausschluss eines „alten“ Teilnehmers aus: In [SMS01] konnte gezeigt werden, dass mindestens $(1{,}5)\cdot n$ der $2\cdot n$ Nachrichten des Burmester-Desmedt-Protokolls neu gesendet werden müssen, damit der alte Teilnehmer nicht weiterhin die Kommunikation entschlüsseln kann. Das ist nicht besonders effizient, in der Praxis würde man wohl ein komplettes IKA machen.

Iterierter Diffie-Hellman

Wenn man die Ideen von Diffie-Hellman mit den baumbasierten Ansatz der Logical Key Hierarchie kombiniert, erhält man ein Protokoll, das sehr gut geeignet ist, um ein dynamisches Gruppenverhalten abzubilden.

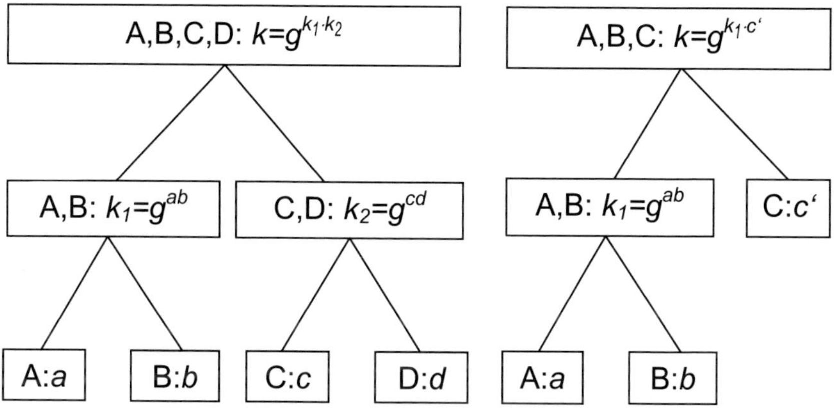

Bild 6.11: Die Iteration des Diffie-Hellman-Protokolls für eine Gruppe von $n=4$ bzw. $n=3$ Teilnehmern. Nach Beendigung der $\lceil log2n \rceil = 2$ Runden des Protokolls besitzen genau die vier (drei) Teilnehmer den gemeinsamen Schlüssel k.

Die Idee dabei ist, die Diffie-Hellman-Schlüsselvereinbarung iterativ einzusetzen: Wenn zwei Personen mit DH ein gemeinsames Geheimnis vereinbart haben, so können sie in einem neuen Diffie-Hellman-Verfahren als „Gruppe A“ oder „Gruppe B“ auftreten, und das gemeinsame Geheimnis als privaten Schlüssel verwenden.

Die Idee, das Diffie-Hellman-Verfahren zu iterieren, geht auf die Dissertation von Klaus-Clemens Becker zurück [B97]. Einer breiteren Öffentlichkeit wurde sie in [BW98] im Rahmen eines Beispielprotokolls zur Schlüsselvereinbarung vorgestellt.

In Bild 6.11 wird die iterierte Vereinbarung eines Schlüssels für eine Gruppe von vier Teilnehmern dargestellt (Iteriertes Diffie-Hellman-Verfahren, IDH). Je zwei dieser Teilnehmer (A und B, bzw. C und D) führen zunächst ein „normales“ Diffie-Hellman-Protokoll durch, um einen Schlüssel k_1 bzw. k_2 zu vereinbaren.

In der zweiten Runde bilden A und B eine Gruppe, die mit der Gruppe C, D einen weiteren Diffie-Hellman-Schlüsselaustausch durchführt. Dabei muss nur je ein Mitglied jeder Gruppe aktiv sein (z.B. A und C), die anderen Mitglieder bleiben passiv:

- A sendet den Wert $g^{k_1} \bmod p$ an alle Teilnehmer (z.B. mittels IP Multicast).
- C sendet den Wert $g^{k_2} \bmod p$ an alle Teilnehmer.
- A und B kennen k_1 und können so $k = (g^{k_2})^{k_1} \bmod p$ berechnen.

- C und D kennen k_2 und können ebenfalls $k = (g^{k_1})^{k_2} \bmod p$ berechnen.

Dieses Verfahren funktioniert natürlich auch für jede andere Zahl von Teilnehmern. In Bild 6.11 ist dies exemplarisch noch einmal für drei Teilnehmer dargestellt.

In [BW98] wird dieses Verfahren als IKA-Verfahren eingesetzt und präzise beschrieben. Dazu gehört auch eine Abbildung, die z.B. das Element $g^{ab} \bmod p$ der mathematischen Gruppe der Restklassen modulo p wieder in eine natürliche Zahl überführt, da jeder Exponent ja eine natürliche Zahl sein muss. Die klingt hier im Zusammenhang mit der „mod p"-Operation recht pedantisch, die Bedeutung einer mathematisch sauberen Definition wird aber spätestens dann klar, wenn man versucht, das IDH-Verfahren für elliptische Kurven zu beschreiben. Hier soll (der leichteren Lesbarkeit wegen) auf diese Definition verzichtet und stattdessen auf den ausgezeichneten Artikel [BW98] verwiesen werden. Dort wird auch gezeigt, dass das Verfahren genauso sicher ist wie das „normale" Diffie-Hellman-Protokoll.

Wie kann dieses Protokoll nun für AKA-Verfahren nutzen? Diese Frage wurde unabhängig voneinander von A. Perrig [P99] zusammen mit Y. Kim und G. Tsudik [KPT00], und vom Autor [S98] zusammen mit R. Schaffelhofer und T. Martin [SMS01] untersucht.

Die Idee ist dabei die gleiche, die auch der Logical Key Hierarchy zugrunde liegt:

- Wird ein neuer Teilnehmer hinzugefügt (vgl. Bild 6.12), so werden an das Blatt eines bestehenden Teilnehmers zwei Nachfolgeknoten angefügt, und dem „alten" sowie dem neuen Teilnehmer je ein Blatt zugewiesen. Alle Schlüssel/geheimen Werte, die auf dem Weg von diesem Blatt zur Wurzel des Baumes (dem Gruppenschlüssel) liegen, müssen ausgetauscht werden.
- Wird ein „alter" Teilnehmer aus der Gruppe ausgeschlossen (vgl. Bild 6.13), so wird sein Blatt und das seines „Partners" gelöscht, und der „Partner" wird dem neu entstandenen Blatt zugeordnet. Auch hier müssen alle Schlüssel/Geheimnisse, die auf dem Pfad vom ausgeschlossenen Teilnehmer hin zur Wurzel liegen, ausgetauscht werden.

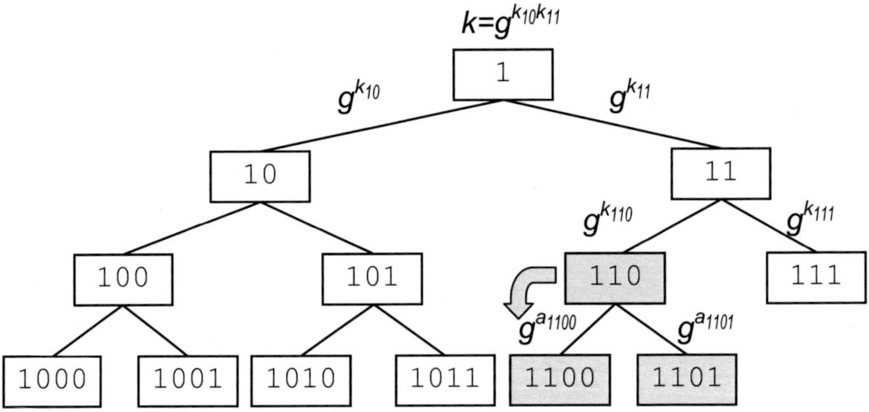

Bild 6.12: Das Hinzufügen eines neuen Teilnehmers zu einer Gruppe im iterierten Diffie-Hellman-Protokoll.

In Bild 6.12 ist ein möglicher Algorithmus zur Aufnahme eines neuen Teilnehmers in die Gruppe graphisch dargestellt:

- Jeder Teilnehmer muss beim IDH-Verfahren wissen, welchem Blatt er in dem binären Baum zugeordnet ist. Diese Information ist hier in Form eines Bitfolge kodiert: Der Wurzel des Baumes wird die Bitfolge `1` zugeordnet, und für jeden Knoten mit der Bitfolge $1b_2...b_n$ wird dem linken Nachfolger die Bitfolge $1b_2...b_n0$, und dem rechten Nachfolger die Bitfolge $1b_2...b_n1$ zugeordnet. Die Länge der Bitfolge gibt dabei die Entfernung des Knotens von der Wurzel an.

- Wenn ein neuer Teilnehmer B der Gruppe beitreten möchte, sendet er eine entsprechende Nachricht an diese.

- Jeder Teilnehmer darf darauf mit einer „Einladung" antworten. (Die Frage, wie eine Gruppe von Teilnehmern demokratisch entscheiden kann, wer aufgenommen wird und wer nicht, ist ein sehr interessantes Forschungsthema. Wir gehen davon aus, dass der Aufnahmewunsch bejaht wurde.) Dabei hängt die Verzögerung, mit der eine solche Einladung ausgesprochen wird, von der Länge der Bitfolge des jeweiligen Teilnehmers ab: Je länger die Bitfolge, desto länger die Verzögerung. Dadurch wird gewährleistet, dass der Baum stets „ausgeglichen" („balanced") wächst, und nicht ein Ast wesentlich stärker als der andere. Wurde eine Einladung (über IP Multicast, von Teilnehmer A) verschickt, so sehen alle anderen Gruppenmitglieder diese und verzichten darauf, eine eigene Einladung zu versenden.

- Die Einladung von A enthält eine Bitfolge, die durch Anfügen einer „`1`" an die Bitfolge von A entsteht. A selbst fügt eine „`0`" an seine alte Bitfolge an. Dadurch werden im Baum zwei neue Blätter erzeugt, von denen das linke dem einladenden alten Teilnehmer A, und das rechte dem neuen Teilnehmer B zugewiesen wird.

- A initiiert nun ein AKA-Protokoll, indem er eine Nachricht an alle Teilnehmer sendet, die mindestens das Paar $(1100, g^{a1100} \bmod p)$ enthält.

- Welcher Teilnehmer muss nun auf diese DH-Nachricht antworten? Diese Frage kann jeder Teilnehmer leicht beantworten, indem er das letzte Bit aus der gesendeten Bitfolge und das letzte Bit seiner eigenen Bitfolge entfernt (Rechtsshift, ganzzahlige Division durch 2). Sind die beiden so entstandenen Werte gleich, so muss er antworten. In unserem Beispiel muss der neue Teilnehmer mit $(1101, g^{a1101} \bmod p)$ antworten. Nach diesem Schritt kennen A und B den geheimen Wert k_{110}.

- A ist jetzt weiter aktiv und sendet $(110, g^{k110} \bmod p)$, worauf nach dem gleichen Algorithmus wie eben der Teilnehmer mit der Bitfolge `111` mit $(111, g^{k111} \bmod p)$ antworten muss.

- Dieses Verfahren wird mit den Nachrichten $(10, g^{k10} \bmod p)$ und $(11, g^{k11} \bmod p)$ abgeschlossen. Jeder Teilnehmer weiß jetzt, dass der aus diesen beiden Werten errechnete Schlüssel der Gruppenschlüssel ist.

Analog verfährt man beim Entfernen eines Teilnehmers E aus der Gruppe (Bild 6.13): Es wird angekündigt (am besten von ihm selbst), welcher Teilnehmer die Gruppe verlassen wird. Diese Ankündigung enthält die Bitfolge des zu entfernenden Teilnehmers E. Durch Entfernen des letzten Bits der eigenen und der Bitfolge von E kann jeder Teilnehmer überprüfen, wer aktiv werden muss. Dies liefert auch gleich die neue Bitfolge des „Partners" von E, und somit dessen neue Position im Baum.

Der AKA-Schlüsselaustausch wird dann mit der Nachricht $(101, g^{a101} \bmod p)$ initiiert, und läuft wie oben beschrieben ab.

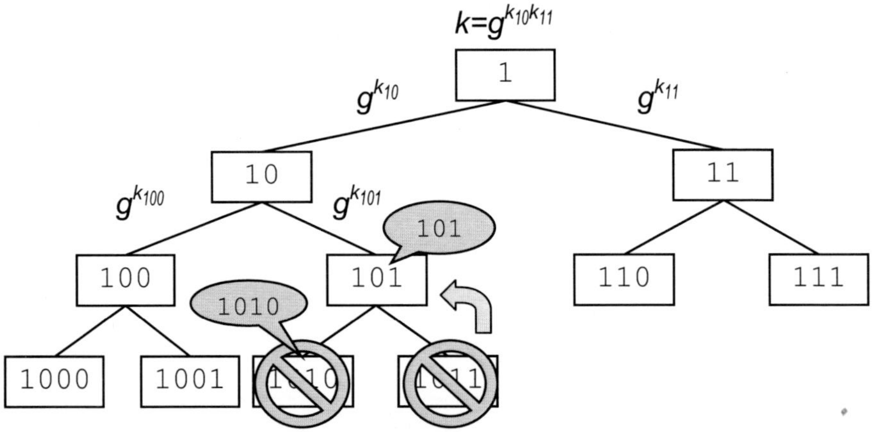

Bild 6.13: Das Entfernen eines Teilnehmers zu einer Gruppe im iterierten Diffie-Hellman-Protokoll.

Das Iterierte Diffie-Hellman-Verfahren (IDH) ist somit ein Kandidat für die Schlüsselvereinbarung in dynamischen, verteilten Anwendungen. Der große Vorteil gegenüber zentralisierten Verfahren wie etwa der Logical Key Hierarchy besteht darin, dass es keinen zentralen GCKS mehr gibt, der sich als Single Point of Failure bzw. Single Point of Attack herausstellen könnte.

Ein anderer wichtiger Kandidat ist das Burmester-Desmedt-Protokoll, das lediglich bei der Entfernung von Teilnehmern aus der Gruppe Schwächen aufweist. Bild 6.14 vergleicht die Parameter beider Verfahren. In bestimmten Fällen kann es jedoch möglich sein, zu warten, bis mehrere Mitglieder die Gruppe verlassen haben, um dann die Situation mit einem Burmester-Desmedt-IKA zu bereinigen. Damit würde der Performance-Vorteil von IDH geringer werden.

	Burmester-Desmedt		IDH	
	Runden	Nachrichten	Runden	Nachrichten
IKA	2	$2n$	$log_2 n$	$2n-2$
Add 1	2	4	$log_2 n$	$2\ log_2 n$
Delete 1	2	$\geq 1.5\ n$	$log_2 n$	$2\ log_2 n$

Bild 6.14: Vergleich der Parameter der Burmester-Desmedt und des IDH-Protokolls.

Was bleibt also noch zu tun?

- Beide Protokolle verwenden IP Multicast als Netzwerkprotokoll. Dies hat zur Folge, dass TCP nicht als Transportprotokoll eingesetzt werden kann, sondern nur UDP, das keine Mechanismen zur zuverlässigen Übertragung von Daten bereitstellt. Konkret bedeutet dies: Einzelne Nachrichten der Schlüsselvereinbarungsprotokolle können verloren gehen, beschädigt werden, oder mehrfach bei einzelnen Teilnehmern ankommen. Maßnahmen gegen Datenverlust sind daher erforderlich, z.B. auf Protokollebene mit NACKs (Negative Acknowledgements, d.h. Beschwerdenachrichten, die das Ausbleiben einer erwarteten Nachricht anzeigen) oder durch Verwendung eines „reliable“ Multicast-Protokolls.
- Eine „demokratische“, verteilte Abstimmung darüber, warum bzw. nach welchen Regeln ein Teilnehmer aufgenommen oder ausgeschlossen werden sollte. Hier kann

man z.B. versuchen, Einstimmigkeit oder bestimmte Mehrheitsentscheidungen in ein kryptografisches Protokoll umzusetzen. Dies wäre ein interessanter Testfall für die Praxistauglichkeit der kryptografischen Verfahren für elektronische Wahlen.

- Es kann auch wünschenswert sein, dass die Gruppe nach außen hin geschlossen auftritt (z.B. der Vorstand eines Unternehmens) und dies mit einer digitalen Signatur realisiert wird, die von jedem Gruppenmitglied erstellt werden kann. Wünschenswert wäre es, den Missbrauch dieser digitalen Signatur durch ein einzelnes Gruppenmitglied innerhalb der Gruppe aufdecken zu können.

Die Schlüsselvereinbarungsprotokolle für Gruppen bieten also noch jede Menge interessante Forschungsthemen, die darüber hinaus sogar noch enorme praktische Relevanz haben.

6.4 Multicast-Sicherheit im Internet

Die Homepage der IETF-Arbeitsgruppe zur Nutzung des MBONE ist http://www.ietf.org/dyn/wg/charter/mboned-charter.html. Allgemeine Informationen zu IP Multicast findet man unter http://www.ipmulticast.com/ .

Besonders wichtig für Fragen der Multicast-Sicherheit sind folgende IETF-Arbeitsgruppen:

- IRTF SMuG: Secure Multicast Group (http://www.SecureMulticast.org/smug-index.htm). Diese Gruppe beschäftigte sich bis zum Jahr 2000 mit Forschungsthemen rund um die Multicast-Sicherheit. Ziel war nicht die Erarbeitung von Internet-Standards, sondern die vorbereitende Forschung.
- IETF MSEC: Multicast Security (http://www.ietf.org/dyn/wg/charter/msec-charter.html). Diese Gruppe wurde Anfang des Jahres 2001 mit dem Ziel gegründet, Standards für sichere Multicast-Anwendungen im Client-Server- (Punkt-zu-Multipunkt-) Modell zu schaffen. Hier werden Konzepte wie GKCS und die Logical Key Hierarchy diskutiert, und erste Implementierungen realisiert.
- IETF S-RTP: Das Secure Real Time Protocol (S-RTP, [RFC 3711]) verwendet die gleichen Sicherheitsmechanismen wie IPSec, und die Multicast-Aspekte werden gemeinsam mit MSEC diskutiert.

7 Link Layer-Sicherheit

Die Sicherungsschicht (OSI-Schicht 2) dient eigentlich zur verlässlichen Übertragung von Datenrahmen („Frames“) zwischen zwei Computern (oder aktiven Netzwerkkomponenten) über ein einheitliches physikalisches Medium (z.B. eine direkte Kupferdraht-Verbindung) [Tan02]. Zu den Protokollen, die auf dieser Ebene eingesetzt werden, zählen so unterschiedliche Verfahren wie Ethernet (eine Rundfunksendung auf einem Draht) und diverse Modemstandards (Übertragung von Daten als Folge von Tönen über eine analoge Telefonverbindung). Mittlerweile ist das Einsatzgebiet von Schicht-2-Protokollen vielfältiger geworden. Es reicht von neuen physikalischen Medien wie Wireless LAN oder Mobilfunk bis hin zu Verbindungen, die größere Distanzen im Internet überbrücken.

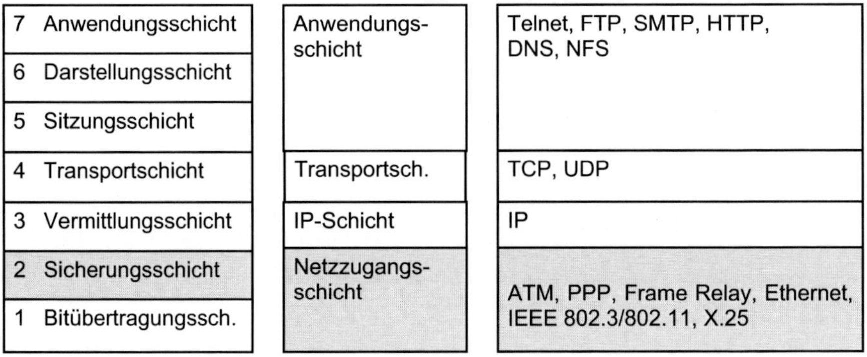

Bild 7.1: Das TCP/IP-Schichtenmodell

Wir wollen drei dieser Protokolle kurz beleuchten, die kryptographische Sicherheitsfeatures mit eingebaut haben. Mit der zunehmenden Vernetzung wird die Bedeutung von Ebene-2-Protokollen dieser Art mittelfristig stark zunehmen.

7.1 PPP-Sicherheit

Das Point-to-Point-Protocol (PPP) [RFC 1661] hat sich in den letzten Jahren als Standard für Einwahlverbindungen in Computernetze durchgesetzt: Internet Service Provider (ISP) binden ihre Kunden mit PPP an das Internet an, und Firmen bieten ihren Außendienstmitarbeitern PPP-Einwahlmöglichkeiten ins Firmennetz.

Der Erfolg von PPP ist wohl auch in den skalierbaren und in der Praxis erprobten Authentisierungsmöglichkeiten begründet. Mit Hilfe der Client-Server-Architektur von RADIUS (des bekanntesten Beispiels für ein Authentifizierungs-, Autorisierungs- und Abrechnungsprotokoll, AAA) und des Password Authentication Protocol (PAP) können ISPs Millionen von Kunden verwalten und Rechnungen erstellen.

Wir wollen daher kurz PPP und seine Authentisierungsprotokolle vorstellen, dann auf die Infrastruktur dahinter eingehen und schließlich aktuelle Vorschläge zur „Verlängerung“ von PPP durch das Internet diskutieren. Dass diese Vorgehensweise nicht ungefährlich ist, zeigten Mudge und Schneier [MS98] anhand von Sicherheitslücken in Microsofts PPTP-Protokoll auf. Da diese Lücken auf typische Implementierungsfehler zurückzuführen sind, wollen wir näher auf sie eingehen.

7.1.1 PPP

Das *Point to Point Protocol (PPP)* wurde 1994 als [RFC 1661] publiziert. Es ist kein vollständiges Ebene-2-Protokoll, sondern benötigt eine Vollduplex-Verbindung (gleichzeitiger Datentransport in beide Richtungen ist möglich) zwischen zwei Hosts, wie sie z.B. ISDN oder eine Modemverbindung bieten.

In PPP können beliebige Protokolle verpackt werden; meist ist dies heute das IP-Protokoll. PPP verwendet Hilfsprotokolle, um auf variable Situationen reagieren zu können:

- *Link Control Protocol*: Hier werden die PPP-Optionen ausgehandelt, z.B. Datenrate und Rahmengröße; auch die Authentisierung der Teilnehmer findet hier statt.
- *Network Control Protocol*: Unter diesem Begriff werden zusätzliche Protokolle zusammengefasst, die jeweils für ein bestimmtes Nutzlast-Protokoll bestimmt sind. So gibt es z.B. für IP ein Protokoll, über das die Zuweisung von IP-Adressen an einen

1 Byte	1 Byte	1 Byte	1-2 Byte	variabel		2 oder 4 Byte
Flag	**Address**	**Control**	**Protocol**	**Daten**	**Padding**	**FCS**
01111110	11111111	00000011				

Bild 7.2: Aufbau eines PPP-Rahmens. Die grau unterlegten Felder werden von [RFC 1661] spezifiziert, die weißen Felder sind beispielhafte Festlegungen für das zusätzlich benötigte „Framing".

Der Aufbau eines PPP-Rahmens ist in Bild 7.2 wiedergegeben. Das Feld „Protocol" gibt dabei mit einem durch die IANA festgelegten Zahlenwert an, welches Protokoll im Datenfeld transportiert wird (z.B. 0x0021 für IP, oder 0xc023 für PAP). Die ersten drei Felder dienen der Synchronisierung. Da es sich um ein Punkt-zu-Punkt-Protokoll handelt, ist das „Address"-Feld ohne Bedeutung. (Die Adressierung wird vom Modem- oder ISDN-Protokoll in Form der Telefonnummer ausgewertet.) Wie jedes gute Schicht-2-Protokoll sieht auch PPP einen fehlererkennenden Code am Ende jedes Frames vor, der eine bestimmte Anzahl von Bitfehlern erkennen kann.

```
+------+        +-----------+           +--------------+
|      | UP     |           | OPENED    |              | SUCCESS/NONE
| Dead |------->| Establish |---------->| Authenticate |--+
|      |        |           |           |              |  |
+------+        +-----------+           +--------------+  |
   ^               |                        |              |
   |         FAIL  |                  FAIL  |              |
   +<--------------+             +----------+              |
   |                             |                         |
   |            +-----------+    |           +---------+   |
   |       DOWN |           |    |   CLOSING |         |   |
   +------------| Terminate |<---+<----------| Network |<--+
                |           |                |         |
                +-----------+                +---------+
```

Bild 7.3: Phasendiagramm eines PPP-Verbindungsaufbaus [RFC 1661]. Wichtig ist hier die Authenticate-Phase, die zum Kern des Verbindungsaufbaus gehört.

Ein PPP-Verbindungsaufbau läuft wie folgt ab:

1. LCP-Protokoll: PPP-Pakete mit protocol=0xc021 handeln die PPP-Parameter aus.
2. Authentisierung: PPP-Pakete mit protocol=0xc023 PAP/0xc223 CHAP überprüfen die Authentizität des sich Einwählenden.
3. NCP-Protokoll: PPP-Pakete mit protocol=0x80** handeln weitere Parameter für das Nutzprotokoll aus (z.B. 0x8021 für IP).

4. Nutzprotokoll: Jetzt können PPP-Rahmen mit dem Nutzprotokoll ausgetauscht werden.
5. Zum Schluss wird die Verbindung wieder abgebaut.

7.1.2 PPP-Authentisierung

Wir wollen nun etwas näher auf die „Authenticate"-Phase eingehen. Für diese Phase können die beiden standardisierten Protokolle Password Authentication Protocol (PAP) [RFC 1334] oder Challenge Handshake Authentication Protocol (CHAP) [RFC 1994], oder eine Vielzahl von mehr oder weniger proprietären Verfahren zum Einsatz kommen.

Beim Password Authentication Protocol (PAP) sendet der Client das Paar (ID, Passwort) im Klartext. Ein *Network Access Server (NAS)* überprüft das Passwort gegen den zur ID gespeicherten Wert, oder besser gegen den gespeicherten Hashwert des Passworts. Dieses Verfahren ist natürlich nur dann halbwegs sicher, wenn die Verbindung, auf der das Passwort übertragen wird, physikalisch gegen Abhören geschützt ist. Dies kann für Telefonverbindungen angenommen werden, da hier nur das Personal der Firmen Zutritt zu den Vermittlungsstellen hat. Für LAN-, WAN- oder Internet-Verbindungen ist das in der Regel nicht der Fall, hier muss man anders vorgehen.

Das Challenge Handshake Authentication Protocol (CHAP) ist ein typisches Challenge-and-Response-Protokoll, wie es auch im Mobilfunk eingesetzt wird. Bei korrekter Implementierung ist es kryptographisch sicher. Voraussetzung ist, dass Client und Network Access Server (NAS) ein gemeinsames Geheimnis „secret" besitzen. Damit stellt sich wieder das Problem des Schlüsselmanagements.

Der NAS muss hier zunächst eine „challenge"-Nachricht an den Client senden. Dieser berechnet *response = hash(secret, challenge)* und sendet *response* an den NAS der überprüft, ob *response = hash(secret, challenge)* ist. Als Hashalgorithmus ist bisher MD5 (unter der Nummer 5) reserviert.

Viele neue Vorschläge zu PPP findet man unter http://ietf.org/html.charters/pppext-charter.html . Dazu zählen Vorschläge, ein SSL-ähnliches Verfahren in der Authenticate-Phase einzusetzen, konkrete Implementierungen zu CHAP (MS-CHAP) und Vorschläge, wie man ein Schlüsselmanagement zur Verschlüsselung der PPP-Nutzlast realisieren könnte.

- The PPP Encryption Control Protocol (ECP) (RFC 1968)
- PPP Extensible Authentication Protocol (EAP) (RFC 2284)
- The PPP DES Encryption Protocol, Version 2 (DESE-bis) (RFC 2419)
- The PPP Triple-DES Encryption Protocol (3DESE) (RFC 2420)
- Microsoft PPP CHAP Extensions (RFC 2433)
- PPP EAP TLS Authentication Protocol (RFC 2716)
- Microsoft PPP CHAP Extensions, Version 2 (RFC 2759)
- Microsoft Point-To-Point Encryption (MPPE) Protocol (RFC 3078)

Auf einige dieser Vorschläge gehen wir später noch ein. Zunächst aber noch ein Abschnitt darüber, wie die Authentisierung für ISPs skalierbar gemacht wird.

7.1.3 AAA: Authentication, Authorization and Accounting

Authentication, Authorization and Accounting (AAA) wird benötigt, um gegenüber Kunden abrechnen zu können. Dabei hat jeder Kunde eine Identität, mit der gewisse Rechte (Authorization) und ein Rechnungskonto (Accounting) verbunden sind.

Uns interessiert dabei die Authentication-Phase, bei der der Kunde nachweisen muss, dass er die vorgegebene Identität besitzt. Die Rechte und das Konto des Kunden sind dann als Einträge in einer Datenbank realisierbar.

Als Architektur, in der verschiedene Sicherheitsprotokolle zwischen Client und NAS ablaufen können, kommt dabei häufig der Remote Authentication Dial-In User Service (RADIUS) [RFC 2865-2869] zum Einsatz. RADIUS ist eine Client-Server-Lösung, bei der der RADIUS-Client auf dem Network Access Server (NAS) ausgeführt wird, der mit einem RADIUS-Server im Hintergrund verbunden ist.

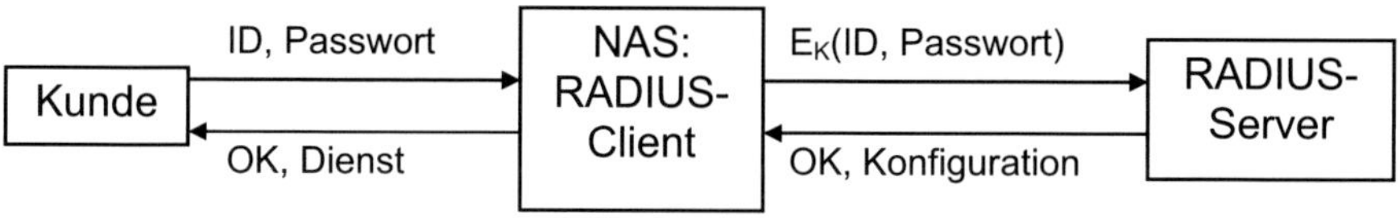

Bild 7.4: RADIUS-Architektur.

Da die Verbindung zwischen RADIUS Client und Server in der Regel über ein Wide Area Network (WAN) abläuft, und da die PAP-Passworte nicht im Klartext über ein WAN transportiert werden dürfen, wird auf dieser Strecke eine einfache Verschlüsselungslösung eingesetzt: Client und Server bilden aus einer Zufallszahl (Nonce) und einem gemeinsamen Geheimnis (muss vom Administrator eingetragen werden) mittels der Hashfunktion MD5 eine Bitfolge, die mit XOR mit den zu übertragenden Nachrichten verknüpft wird (vgl. auch [Hill01]). Bei CHAP generiert der RADIUS-Server die Challenge.

Neben PAP und CHAP unterstützt RADIUS noch andere Authentisierungsmethoden. Eine wichtige Rolle spielen One-Time-Password-Verfahren (OTP), die von verschiedenen Firmen angeboten werden. Der Einwahl-Kunde benötigt hier ein kleines Gerät, das in Form eines Schlüsselanhängers, einer Chipkarte oder einer Software-Applikation für PDAs oder Handys ausgeführt sein kann. Alle 10 Sekunden generiert dieses Gerät eine neue Zufallszahl mit Hilfe eines kryptographischen Algorithmus: z. B. wird ein zeitabhängiger Parameter verschlüsselt. Diese Zufallszahl muss dann zusammen mit der Seriennummer des Geräts an den entsprechenden RADIUS-Server übertragen werden, der mit Hilfe der Seriennummer das Geheimnis aus seiner Datenbank holt und den zeitabhängigen Parameter entschlüsselt. Da die Uhren von Gerät und Server nie absolut synchron laufen, gibt es ein zulässiges Zeitfenster, für das der Server Werte akzeptiert. Nach erfolgreicher Authentisierung kann der Server seine interne Uhr für das spezielle Gerät wieder synchronisieren. Die große Stärke dieses Verfahrens liegt in seiner Resistenz gegen Replay-Angriffe: Auch wenn ein Nutzer beim Eintippen des Wertes beobachtet wird, kann dieses Wissen von einem Angreifer nicht verwendet werden, da der Wert mittlerweile ungültig geworden ist.

Mittlerweile werden zunehmend TLS-basierende Authentifikationsprotokolle verwendet, beispielsweise EAP-TLS [RFC5216], EAP-TTLS [RFC5281] oder PEAP[6]. Diese Protokolle verwenden eine Public-Key basierte Authentifizierung des AAA-Servers, unterscheiden sich aber bei der Authentifizierung der Nutzer. EAP-TLS verwendet für den Nutzer ebenfalls eine Public-Key Authentifizierung, wobei EAP-TTLS und PEAP auch andere Verfahren (z.B. passwortbasierte) ermöglichen. Die Authentifikationsphase der Nutzer bei EAP-TTLS und

[6] http://www.potaroo.net/ietf/idref/draft-josefsson-pppext-eap-tls-eap/

PEAP wird durch einen vorher aufgebauten TLS-Tunnel geschützt und kann mit bereits bekannten Authentifizierungsprotokollen (z.B. PAP, CHAP, EAP-MD5,...) durchgeführt werden.

RADIUS bildet also einen sehr flexiblen Rahmen für die verschiedensten Protokolle. Ein alternatives AAA-System zu RADIUS ist das TACACS+ System von Cisco oder Diameter.

7.1.4 PPP-Verlängerungen

Wenn Außendienstmitarbeiter auf das Intranet der Firma zugreifen möchten, können sie im Prinzip jedes Sicherheitsprotokoll einsetzen: SSL, SSH oder IPSec. Diese Verfahren haben aber alle einen Nachteil: Zur Authentisierung von Nutzern in heterogenen Umgebungen liegen nur wenig Erfahrungswerte vor.

Dies ist aber gerade die Stärke von PPP: Die Authentisierungsfunktionen dieses Protokolls sind seit Jahren in großem Maßstab im Einsatz, und mit RADIUS oder TACACS+ liegen skalierbare Sicherheitsarchitekturen vor.

Hinzu kommt, dass sich Außendienstmitarbeiter auch bislang schon über Modemverbindungen und PPP direkt ins Firmennetz einwählen konnten. Die Infrastruktur und die Erfahrung zur PPP-Authentisierung sind also vorhanden.

Die direkte Einwahl per Telefon und PPP hat nur einen, dafür aber gravierenden, Nachteil: die Kosten. Ein Mitarbeiter, der in Kapstadt seine E-Mails mit Excel-, Word- oder Powerpoint-Attachments von einem Server in München abruft, wird seine Spesenrechnung deutlich erhöhen.

Die Lösung des Problems ist naheliegend: Anstelle einer Telefonverbindung von Kapstadt nach München könnte er doch eine Internet-Verbindung nutzen, indem er sich lokal per PPP bei einem Internet Service Provider einwählt. Damit trotzdem PPP-, und nicht IP-Pakete beim NAS der Firma ankommen, muss die PPP-Verbindung durch das Internet verlängert werden. Dazu gibt es prinzipiell zwei Möglichkeiten: Der Client des Mitarbeiters kann die PPP-Verbindung verlängern, oder der NAS des ISP vor Ort.

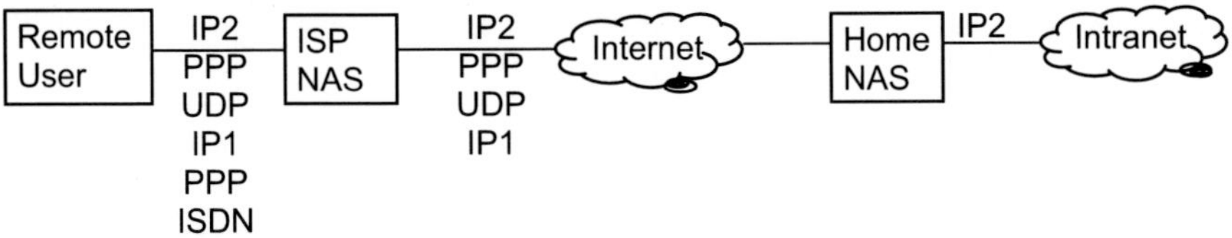

Bild 7.5: Client-Initiierter Tunnel. Die Beschriftung der Verbindungen gibt einen typischen Protokollstack an. (Z.B. sind im Internet die IP2-Pakete in PPP-Rahmen verpackt, diese stecken in UDP-Transportsegmenten, die wiederum die Nutzlast eines IP1-Pakets bilden.)

Beim Client-initiierten Tunnel (Bild 7.5) besorgt sich der Client durch PPP-Einwahl beim lokalen ISP zunächst einmal eine IP-Adresse IP1. Mit dieser Adresse kann er eine IP-Verbindung durch das Internet zum NAS („Home-NAS") seiner Firma herstellen.

Über diese IP-Verbindung sendet er dann PPP-Pakete. Die IP-Verbindung vom Client zum Home-NAS wird also als eine Art „virtuelle Telefonverbindung" behandelt.

Nach erfolgreicher Authentisierung durch den Home-NAS erhält er eine zweite IP-Adresse, IP2. Dies ist dann eine IP-Adresse aus dem Adressbereich der Firma. Mit dieser Adresse kann er sich im Intranet frei bewegen. Im Internet müssen die IP-Pakete mit Adresse IP2 in PPP-Rahmen und letztlich auch in IP-Paketen der Adresse IP1 eingepackt sein.

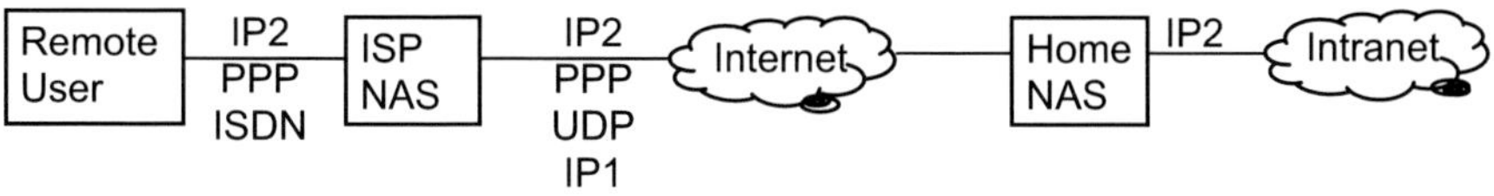

Bild 7.6: NAS-initiierter Tunnel

Bei dieser Art der Tunnelung bestehen gleichzeitig zwei PPP-Verbindungen: Eine zwischen dem Client und dem NAS des ISP, und eine zwischen dem Client und dem NAS der Firma. Da die zweite Verbindung in die erste verpackt ist, und zu dieser Verpackung auch noch ein IP-Header und ein UDP-Header (oder ein anderes Transportprotokoll) gehören, ist der Protokolloverhead beträchtlich.

Bei einem NAS-initiierten Tunnel (Bild 7.6) gibt es nur eine PPP-Verbindung: Die PPP-Verbindung, die der Client mit dem NAS des ISP aufbaut, wird von diesem durch das Internet an den Home-NAS weitergeleitet. Das spart Protokoll-Overhead, wie man beim Vergleich der Bilder 7.5 und 7.6 am kleineren Protokoll-Stack sehen kann. Ein NAS-initiierter Tunnel kann allerdings nur dann aufgebaut werden, wenn die Network Access-Server des ISP dies unterstützen.

Mit diesen beiden Lösungsmöglichkeiten hat man die Stärken von PPP voll ausgenutzt, seine Schwächen aber noch nicht beseitigt:

- Werden die PPP-Rahmen über das Internet transportiert, statt über eine Telefonleitung, so sind sie für eine große Zahl potenzieller Angreifer plötzlich sichtbar. Insbesondere sollten PAP-Pakete nicht unverschlüsselt über das Internet übertragen werden.
- Das Internet ist ein sehr viel unzuverlässigerer „Draht" als eine Telefonverbindung. Bei einer Modemverbindung hat PPP eine garantierte Datenrate, die es nutzen kann, im Internet nicht. Es wird noch eine Steuerleitung benötigt, um diese Effekte abzufangen.

IP Header	GRE-Header	PPP-Header	PPP Payload (verschlüsselt)

Bild 7.7: Ein Paket des Point-to-Point Tunneling Protocol (PPTP). Die grau unterlegten Felder sind verschlüsselt.

Zwei große Firmen hatten ungefähr gleichzeitig diese Probleme erkannt und präsentierten ihre Lösungen: Microsoft mit dem Point-to-Point Tunneling Protocol (PPTP), und Cisco mit dem Layer 2 Forwarding Protocol (L2F). Dass das nicht gut gehen konnte, lag auf der Hand, denn Microsoft konnte PPTP auf dem NAS-Markt nicht durchsetzen, und Cisco hatte keinen Einfluss auf die Windows-Betriebssysteme. Man einigte sich daher relativ problemlos auf einen gemeinsamen Standard, das Layer 2 Tunneling Protocol (L2TP).

Hier kurz die Eckdaten von PPTP, das wir uns später im Rahmen des von Mudge und Schneier [MS98] entdeckten kryptologischen Angriffs noch einmal näher anschauen werden:

PPTP verlängert PPP mit Hilfe von GRE (Generic Routing Encapsulation, [RFC 1701]), einem Protokoll, das zwischen Routern zum Aufbau von IP-in-IP-Tunneln verwendet wird.

Kontrollnachrichten werden bei PPTP mit Hilfe von TCP übertragen.

Verschlüsselung und Authentikation finden auf PPP-Ebene statt („link encryption"), d.h. der PPP-Payload selbst wird verschlüsselt. Der kryptographische Schlüssel zum Verschlüsseln der Nutzlast wird beim MS-CHAP (Microsoft-CHAP) aus dem Client und NAS bekannten Passwort abgeleitet. Es gibt aber auch Ansätze (und PPP bietet dazu die Möglichkeit), ein SSL-ähnliches Schlüsselmanagement einzusetzen. Dies wird unter dem Namen EAP-TLS in [RFC 5216] beschrieben.

IP	ESP	UDP	L2TP	PPP	PPP Payload	Pad.	ESP-Tr.

Bild 7.8: Ein Paket des L2TP-Protokolls. Die grau unterlegten Felder sind mit IPSec ESP verschlüsselt.

Das Layer 2 Tunneling Protokoll wurde als „Best of" PPTP und L2F beschrieben. Wichtig ist, dass es einen einheitlichen Standard gibt.

- In L2TP werden PPP-Pakete in UDP gekapselt. Auch die Kontrollnachrichten verwenden UDP, was gegenüber der Verwendung von GRE und TCP bei PPTP eine Vereinheitlichung bedeutet.
- Die Authentifikation, die ja die Stärke von PPP darstellt, findet weiter auf PPP-Ebene statt (PAP, CHAP, ...).
- Die Verschlüsselung der Daten überlässt man hier aber IPSec ESP. Dies mag mit den Sicherheitsproblemen von PPTP zusammenhängen, aber auch mit der Tatsache, dass die Microsoft-Kryptomechanismen nur schwer in andere Umgebungen zu übertragen sind.

Weitere Informationen zu L2TP findet man bei der IETF unter http://ietf.org/html.charters/l2tpext-charter.html .

7.1.5 Der PPTP-Angriff von Mudge und Schneier

Die Sicherheitsmechanismen von PPTP wurden von Microsoft aus den bereits in den Windows-Betriebssystemen vorhandenen Mechanismen heraus entwickelt. Wenn eine solche Vorgabe, für das neue Protokoll möglichst wenig an den alten Mechanismen zu ändern, noch mit der Forderung nach Rückwärtskompatibilität zusammenfällt, so ergeben sich daraus Gefahren für die Sicherheit des Ganzen.

1998 konnten Bruce Schneier und Mudge [MS98] den Nachweis erbringen, dass PPTP (damals in Version 1) tatsächlich gravierende Sicherheitsmängel besitzt, die auf die oben genannten Vorgaben zurückzuführen sind. Diese Sicherheitsmängel können dazu führen, dass ein passiver Angreifer, der nur die Kommunikation zwischen PPTP-Client und NAS belauscht, das gemeinsame Geheimnis der beiden berechnen und das System so vollständig kompromittieren kann.

Grundlage des Angriffs ist eine Wörterbuch-Attacke, die in einem guten Sicherheitssystem eigentlich nicht möglich sein sollte. Diese Attacken wurden entwickelt, um Passwortdateien zu knacken, in denen nicht das Passwort selbst, sondern nur sein Hashwert abgespeichert ist.

Bei einer Wörterbuch-Attacke versucht man, ein „Hashwert-Passwort"-Wörterbuch zu erstellen, ähnlich wie bei einer Fremdsprache: Wenn man ein englisches Wort nicht kennt, so schlägt man es im „Englisch-Deutsch"-Wörterbuch nach. Wenn man das Passwort zu einem Hashwert haben möchte, so schlägt man im „Hashwert-Passwort"-Wörterbuch nach.

Ein solches Wörterbuch kann man nur unter bestimmten Voraussetzungen erstellen:

- Es darf nicht zu viele verschiedene Klartext-Worte geben.

- Bei der Verschlüsselung oder beim Hashen darf nur das Klartext-Wort variabel sein; zusätzliche Werte wie öffentlich bekannte Zufallszahlen („Salt") sind nicht erlaubt.

Schneier und Mudge konnten ihren Angriff nur deshalb durchführen, weil alle diese Voraussetzungen beim PPTPv1 erfüllt waren. (Der besseren Lesbarkeit halber lassen wir im Folgenden die Versionsnummer 1 weg.)

Der Angriff wird wie folgt durchgeführt:

- Der Angreifer bildet den Hashwert aller Worte (Zeichenkombinationen), die als Passwort in Frage kommen könnten.
- Die Paare (Passwort, Hashwert) werden nach Hashwert sortiert.

Dieser Angriff funktioniert immer dann, wenn nur wenige Zeichenkombinationen als Passwörter verwendet werden (kleines Wörterbuch). Eine einfache Gegenmaßnahme wurde bereits oben beschrieben: Für jeden Benutzer muss ein anderes, öffentlich bekanntes „Salt" (eine Zufallszahl) eingeführt werden. Dieses Salt kann zusammen mit dem Hashwert gespeichert werden. Diese Maßnahme hat zur Konsequenz, dass für jeden Benutzer ein eigenes Wörterbuch angelegt werden muss. Dadurch wird der Angriff, der in der Regel doch erhebliche Ressourcen benötigt, uninteressant.

Was mussten Mudge und Schneier nun tun, um diesen Angriff auf PPTP anzuwenden? Da es in PPTP kein Public-Key-Schlüsselmanagement gibt, wird zur Generierung der kryptographischen Schlüssel auf das einzige Geheimnis zurückgegriffen, das PPTP-Client und Server noch aus PAP-Zeiten teilen: das Passwort. Aus dem Passwort werden bei PPTP zwei verschiedene Hashwerte gebildet. Die Grundvoraussetzungen für einen Wörterbuch-Angriff sind also gegeben.

Zur Authentisierung und ggf. Verschlüsselung gibt es bei PPTP drei verschiedene Optionen:

1. Passwort im Klartext senden/keine Verschlüsselung möglich: Diese unsichere Variante sollte auf keinen Fall eingesetzt werden.
2. Hashwert des Passworts senden/ keine Verschlüsselung möglich: Hier kann der Hashwert des Passworts abgehört und im Wörterbuch nachgeschlagen werden.
3. MS-CHAP: Die Hashwerte des Passworts werden zum Verschlüsseln der Challenge benutzt; dieser verschlüsselte Wert stellt die Response dar. Verschlüsselung ist möglich. Aber auch bei dieser anscheinend sicheren Variante kann man aus der Response und der Challenge einen Hashwert und anschließend auch das Passwort berechnen [MS98].

Das Erstellen eines Wörterbuchs ist relativ einfach. In PPTP werden zwei verschiedene Hashfunktionen benutzt: Die alte LAN-Manager-Hashfunktion (aus Gründen der Rückwärts-Kompatibilität auf NAS-Seite), und die neuere WindowsNT-Hashfunktion. Das Wörterbuch wird für die LM-Hashfunktion erstellt, weil es hier besonders einfach ausfällt (vgl. Bild 7.9):

- Passwörter können nie länger als 14 Byte sein, weil alle Bytes ab dem 15. Zeichen nicht verwendet werden. (Dies gilt auch für den WinNT Hash.)
- In der Regel sind Passwörter kürzer als 14 Zeichen. Durch das Auffüllen mit Nullen gibt es eine Standard-Methode zur Verlängerung, die das Wörterbuch nicht vergrößert.
- Die Umwandlung der Klein- in Großbuchstaben verringert den Umfang des Wörterbuchs erheblich.
- Durch das Aufspalten in zwei 7-Byte-Hälften kann man statt eines Wörterbuchs zwei wesentlich kleinere Wörterbücher einsetzen, indem man die ersten 7 Byte des

modifizierten Passworts mit den ersten 8 Byte des Hashwerts vergleicht, und analog auch für die zweite Hälfte vorgeht.

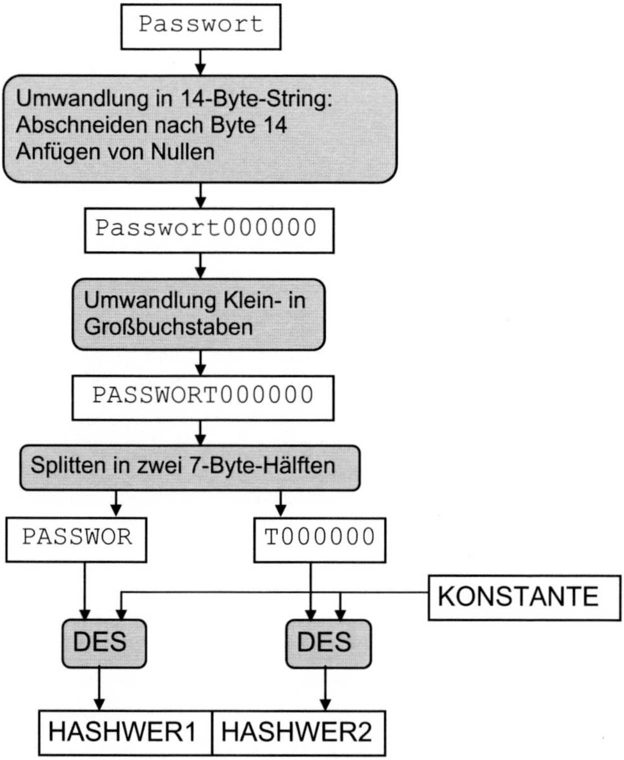

Bild 7.9: Berechnung des LAN-Manager Hash.

Als Ergebnis einer erfolgreichen Wörterbuchattacke erhält man das modifizierte Passwort, das aus den ersten 14 Zeichen des echten Passworts in Großschreibung besteht. Die korrekte Groß- und Kleinschreibung kann man dann mit dem zweiten Hashwert ermitteln, indem man alle möglichen Varianten (höchstens 2^{14}) ausprobiert.

Mit der Erstellung der beiden Wörterbücher für den LAN-Manager-Hash ist die Authentisierungsvariante 2 geknackt. Es bleibt Variante 3, bei der der Hashwert nie übertragen wird und somit auch nicht abgehört werden kann. Durch ungeschickte Wahl der Verschlüsselungsfunktion für die Challenge kann man aber hier die Hashwerte aus der Challenge und der Response mit vertretbarem Aufwand berechnen.

Die Erzeugung der Response ist in Bild 7.10 dargestellt. Es werden zwei verschiedene Responses berechnet: Eine mit dem LAN-Manager-Hash (für alte Versionen des NAS), und eine mit der sichereren Variante des WinNT-Hashs. Die Vorgehensweise ist in beiden Fällen identisch:

- Der 16-Byte-Hashwert wird mit fünf Nullbytes auf 21 Byte verlängert.
- Dieser Wert wird in drei Teile zu je 7 Byte (das entspricht 56 Bit) aufgeteilt. Jeder dieser Teile wird als DES-Schlüssel verwendet, um die Challenge zu verschlüsseln.

- Das Ergebnis sind drei mal acht Byte, die als 24-Byte-Response zurückgegeben werden.

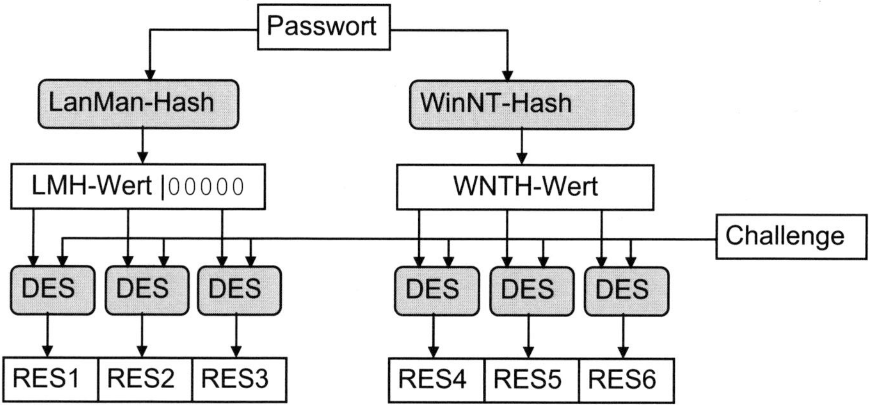

Bild 7.10: Berechnung der Response mit Hilfe des Passworts bei MS-CHAP. Die an die Hashwerte angefügten Nullen stellen jeweils ein Null-Byte dar.

Um den Angriff von Mudge und Schneier beschreiben zu können, müssen wir noch einige Bezeichnungen einführen: Die 14 Bytes des Passwortes bezeichnen wir mit $P_0, \ldots, P_{13}$, das Ergebnis des LAN-Manager-Hashs mit $H_0, \ldots, H_{20}$, wobei $H_{16} = \ldots = H_{20} = 0$ gilt. Die 24 Bytes der LM-Response werden mit $R_0, \ldots, R_{23}$ bezeichnet.

Der Angriff basiert auf der Beobachtung, dass die drei 8-Byte-Blöcke der Response unabhängig voneinander mit verschiedenen Bytes des Hashwerts berechnet werden. Die kann man ausnutzen.

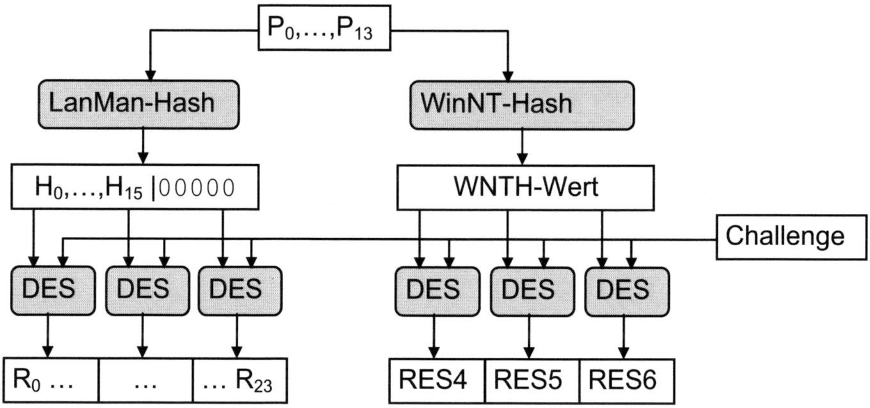

Bild 7.11: Der Angriff auf MS-CHAP.

Der Angriff läuft wie folgt ab:

1. Teste alle möglichen Werte (2^{16}) für H_{14} und H_{15}. Die richtigen Werte sind gefunden, wenn die Verschlüsselung der Challenge mit DES und dem Schlüssel $H_{14}|H_{15}|0|0|0|0|0$ den Wert $R_{16}|\ldots|R_{23}$ ergibt.

2. Teste alle wahrscheinlichen Möglichkeiten (die 7 letzten Byte von möglichen Passwörtern, ggf. mit vielen Nullen) für $P_7, \ldots, P_{13}$. Die meisten falschen Werte können aussortiert werden, indem man den LM-Hash von $P_7, \ldots, P_{13}$ bildet und überprüft, ob die letzten beiden Bytes gleich H_{14} und H_{15} sind.
3. Die N verbleibenden Möglichkeiten für $P_7, \ldots, P_{13}$ kann man wie folgt testen:
   a. Berechne für den Kandidaten $P_7, \ldots, P_{13}$ den Wert $H_8, \ldots, H_{13}, H_{14}, H_{15}$. ($H_{14}$ und H_{15} sind bereits bekannt.)
   b. Für jeden der 2^8 möglichen Werte von H_7, verschlüssele die Challenge mit $H_7|H_8|\ldots|H_{13}$. Wenn das Ergebnis gleich $R_8|\ldots|R_{15}$ ist, so sind H_7 und damit auch $P_7, \ldots, P_{13}$ mit an Sicherheit grenzender Wahrscheinlichkeit die korrekten Werte.
   c. Liefert kein möglicher Wert für H_7 das gewünschte Resultat, so war der Kandidat falsch.
4. Wenn $P_7, \ldots, P_{13}$ bekannt sind, so kann man $P_0, \ldots, P_6$ durch eine Wörterbuchattacke ermitteln, indem man zu jedem möglichen Hashwert aus dem Wörterbuch die LMH-Response berechnet und mit dem tatsächlichen Wert vergleicht.

Der beschriebene Angriff wurde im Cracker-Tool L0phtcrack [L99] implementiert.

Microsoft hat auf [MS98] reagiert, indem PPTP Version 2 spezifiziert und implementiert wurde. Als wichtigste Änderung hat sich darin die Eliminierung des LM-Hashs ergeben. Dennoch bleiben erhebliche Sicherheitsbedenken [SMW99]:

- Aufgrund der beibehaltenen Rückwärtskompatibilität zu PPTPv1 ist eine „Version Roll-Back"-Attacke möglich: Ein aktiver Angreifer kann gegenüber Client und Server vortäuschen, dass der jeweils andere nur PPTPv1 kann. Dann wird die alte, schwache Version verwendet.
- Die Ableitung der Response aus dem WinNT-Hash und der Challenge läuft weiter wie in Bild 4.10 beschrieben ab. Dadurch, dass man auch in diesem Fall die Bytes H14 und H15 separat verifizieren kann, wird ein Wörterbuch-Angriff um den Faktor 2^{16}=65.536 schneller. Dies hätte durch Verwendung einer Standard-Hashfunktion wie MD5 oder SHA-1 vermieden werden können.
- Der DES-Algorithmus spielt auch bei PPTPv2 eine entscheidende Rolle. Dieser Algorithmus hat aber nur 56 Bit Schlüssellänge und wird deshalb mittlerweile als unsicher betrachtet. Die Sicherheit einer 128-Bit-Verschlüsselung der PPP-Nutzlast verringert sich durch die Verwendung von DES bei der Schlüsselableitung auf höchstens 56 Bit Sicherheit [SMW99].

7.2 Wireless LAN

Ein LAN war schon immer ein unsicherer Ort, da z.B. im Ethernet (IEEE 802.3) alle Daten in einer Art Rundfunkverfahren an alle (an das Segment) angeschlossenen Hosts versendet werden. Höfliche Hosts ignorieren die Rahmen, die nicht für sie bestimmt sind. Jedoch kann jeder Netzwerk-Sniffer die Ethernet-Karte in den „promiscuous mode" schalten, bei dem sie alle Datenrahmen an das neugierige Programm liefert.

Dies war in der Vergangenheit kein Problem, da in der Regel nur Firmen-PCs an einem LAN angeschlossen waren. Als einfache Sicherheitsmaßnahme wurden „White Lists" erstellt, in denen alle erlaubten Ethernet-Adressen für ein Segment aufgelistet wurden. Diese Sicherheitsvorkehrung verhindert nicht das passive Mitlesen, wohl aber das aktive Einloggen, das den direkten Zugriff auf alle Firmendaten ermöglichen würde. Sie kann aber mit etwas

Geschick leicht umgangen werden. Grundsätzlich gab es aber für einen Angreifer die Schwierigkeit, sich physikalisch mit einem Kabel an das LAN anzuschließen, um es abhören zu können.

Diese Hürde ist seit der Einführung der drahtlosen („wireless“) LANs gefallen. Es fällt nicht unbedingt auf, wenn ein firmenfremder Besucher den Funkverkehr mit seinem Laptop belauscht, zumal die Reichweite eines WLANs nicht durch Bürowände begrenzt wird. Sicherheitsmaßnahmen sind also dringend erforderlich.

7.2.1 Sicherheitsfeatures von IEEE 802.11

Der wichtigste Standard für drahtlose LANs ist IEEE 802.11 [802.11] aus der Familie der IEEE-LAN-Standards. WLAN-Kommunikation kann nicht nur zwischen einem Endgerät und einem Access Point ablaufen (Infrastrukturmodus), sondern oder auch direkt zwischen zwei Endgeräten (Ad-Hoc Modus).

In WLANs kommen zunächst altbekannte Sicherheitsmechanismen zum Einsatz [PV01]: Zugangskontrolle über die MAC-Adressen der Netzwerkkarten, außerdem eine logische Unterteilung des Funkmediums durch Netzwerknamen (SSIDs), die im Klartext übertragen werden. Diese beiden Methoden bieten gegen einen entschlossenen Angreifer keinen hinreichenden Schutz.

Man hat dieses Problem erkannt und eine rudimentäre Sicherheitsarchitektur erarbeitet, die „Wired Equivalent Privacy“ (WEP). Wie der Name schon sagt, liegt der Fokus dabei nicht auf einem hochsicheren Standard, sondern lediglich auf der Schaffung einer den drahtgebundenen LANs ähnlichen Sicherheitsstufe.

Das Schlüsselmanagement von WEP ist rudimentär: Zur Verschlüsselung des Datenverkehrs zwischen Laptop und Access Point, oder zwischen zwei Laptops, müssen diese den gleichen symmetrischen Schlüssel k besitzen. Dieser Schlüssel muss manuell eingegeben werden, etwa in Form eines Passworts, das dann gehasht wird.

Der IEEE-Standard sieht natürlich die Möglichkeit vor, für jeden Nutzer einen eigenen Schlüssel zu verwenden (Key Mapping Key, [802.11i] 8.2.1.3 ff), aber wenn diese manuell in jedem Access Point administriert (und gewartet) werden müssen, stehen die Chancen für einen Einsatz einer kryptographisch sicheren Schlüsselverteilung schlecht.

Der Schlüssel k wird zusammen mit einem Initialisierungsvektor IV verwendet, um mit dem RC4-Algorithmus einen Bitstrom zu erzeugen. Der mit einer Prüfsumme (keinem MAC) versehene Klartext wird dann mit diesem Bitstrom XORed, und das Ergebnis zusammen mit dem IV über die Luftschnittstelle übertragen.

7.2.2 Sicherheitsprobleme

Das Schlüsselmanagement ist eines der Sicherheitsprobleme von WEP. In der Regel erhalten also alle Nutzer eines WLANs aus Gründen der Minimierung des Administrationsaufwands den gleichen Schlüssel, der dann nicht lange geheim bleiben wird:

- Ein entlassener Angestellter kann den Schlüssel verraten.
- Bei der Reparatur eines Laptops kann die Servicefirma in den Besitz des Schlüssels kommen.

Das zweite Problem ist die Verwendung der Stromchiffre RC4 zur Verschlüsselung, unter der Voraussetzung, dass der gleiche Schlüsselstrom s mehrfach verwendet wird. Durch XOR-Verknüpfung der beiden Chiffretexte erhält man nämlich Informationen über die Klartexte:

$$(m_1 \oplus s) \oplus (m_2 \oplus s) = m_1 \oplus m_2.$$

Je mehr Chiffretexte man abfangen kann, die mit dem gleichen Schlüsselstrom verschlüsselt sind, desto mehr Information über die einzelnen Nachrichten kann man berechnen.

Da alle Endgeräte in einem WLAN den gleichen Schlüssel k verwenden, liegt es nur noch am Initialisierungsvektor IV, das Auftreten gleicher Schlüsselfolgen zu verhindern. Hier liegt nun ein weiteres Sicherheitsproblem des WEP-Standards: Er macht keine Angaben dazu, wie der IV gewählt werden soll, sondern sagt nur aus, dass der IV für jeden Rahmen anders sein sollte.

Daher gibt es viele Implementierungen des WEP-Standards, die nach einem Reset einfach den IV auf Null setzen, und ihn dann in Einerschritten inkrementieren. Dadurch treten sehr oft gleiche Schlüsselfolgen auf. Diese sind leicht erkennbar, da der IV unverschlüsselt mit übertragen wird.

Noch schlimmer ist es, wenn der Klartext zu einem Chiffretext bekannt wird. In der Praxis treten bestimmte Kommunikationsmuster immer und immer wieder auf. Ein Beispiel dafür sind ARP-Anfragen, die dazu verwendet werden, eine IP-Adresse in eine Ethernet-Adresse aufzulösen. Erkennt der Angreifer ein verschlüsseltes Paket dieser Größe, kann er den korrekten Klartext mit einer nicht vernachlässigbaren Wahrscheinlichkeit erraten. Dadurch kann ein Angreifer

$$(m \oplus s) \oplus m = s$$

bilden und kennt so den Schlüsselstrom zu einem gegebenen IV. Er kann in Zukunft alle Nachrichten, die mit diesem IV und dem (dem Angreifer weiterhin unbekannten) Schlüssel k geschützt sind, lesen.

Dieser Angriff kann für den Fall verallgemeinert werden, dass nur Teile des Klartextes bekannt sind. In diesem Fall werden auch nur die entsprechenden Teile des Schlüsselstroms bekannt.

Wenn man einen Schlüsselstrom zu einem IV kennt, kann man auch eigene Nachrichten in das WLAN einschleusen: Der WEP-Standard sieht keinerlei Authentisierungsmechanismen für die Datenframes selbst vor, nur eine CRC-Prüfsumme, die irreführend als „Integrity Check Value" bezeichnet wird. (Eine Teilnehmer-Authentikation mit einem Challenge-and-Response-Verfahren ist optional vorgesehen.) Ein Angreifer kann eine beliebige Nachricht wählen, die CRC-Prüfsumme dazu bilden, das Ganze mit dem bekannten Schlüsselstrom XORen, und den passenden IV davor anfügen. Wenn er jetzt noch die anderen ungeschützten Felder des 802.11-Rahmens fälscht, ist das neue Paket im WLAN nicht von anderen unterscheidbar.

Da die Prüfsummenbildung mit dem XORen vertauschbar ist, kann ein aktiver Angreifer auch Nachrichten manipulieren, bei denen er den Schlüsselstrom gar nicht kennt. Er kann beliebig viele Bits des Klartextes gezielt invertieren (obwohl er nicht weiß, welchen Wert sie haben), und dann die Prüfsumme wieder korrigieren.

Um das Ganze auf die Spitze zu treiben, kann man diese Eigenschaft auch noch verwenden, um sich Pakete entschlüsseln zu lassen. Der Trick ist ganz einfach: In der WEP-Nutzlast werden meist IP-Pakete transportiert. Die Position der IP-Zieladresse in dieser Nutzlast ist leicht zu berechnen, und wenn die IP-Netzwerknummer bekannt ist, sind auch viele der Klartextbits bekannt. Ein Angreifer kann gezielt die Bits der IP-Zieladresse so abändern, dass das Paket in ein vom Angreifer kontrolliertes Netzwerk (oder in ein offenes LAN) umgeleitet wird. Die Entschlüsselung des Rahmens übernimmt der Access Point.

Als wäre das alles nicht schon schlimm genug, gibt es auch noch gravierende Probleme mit dem Algorithmus RC4. In [FMS01] haben Fluhrer, Mantin und Shamir eine Attacke beschrieben, die es ermöglicht, allein durch Abhören von verschlüsselten WEP-Paketen den geheimen Schlüssel zu berechnen. Dieser Attacke liegen Schwächen im Key-Scheduling-Algorithmus von RC4 zugrunde. Die geschilderten Angriffe aus [FMS01] wurden bereits in den Programmen AirSnort [AS02] und WEPCrack [WC02] implementiert und sind als Sourcecode verfügbar. Aktuelle Weiterentwicklungen des FMS-Angriffs, wie der Angriff von Pyshkin, Tews und Weinmann [PTW07] arbeiten deutlich effizienter und kommen bereits mit 40.000 bis 85.000 Paketen aus, um WEP128 zu brechen. Ein solcher Angriff ist innerhalb einer Minute möglich. Damit ist der WEP-Sicherheitsstandard geknackt. Weiterentwicklungen von WEP versuchen, eine Balance zwischen der Kompatibilität mit alten Geräten und dem Schutz gegen den FSM- oder PTW-Angriff zu finden, indem sie ein dynamisches Schlüsselmanagement zu WEP hinzufügen, bei dem die Schlüssel so oft gewechselt werden, dass die Angriffe ins Leere laufen.

Oft genug muss man allerdings gar keine Kryptographie knacken, da immer noch ein Großteil aller WLANs völlig ungeschützt betrieben wird. Dies wird im so genannten „Wardriving“ ausgenutzt, um auf Kosten fremder Personen kostenlos im Internet zu surfen, oder im Extremfall sogar illegale Inhalte ins Internet einzuschleusen.

Fazit: Es ist sehr schwierig, nur ein bisschen Sicherheit in ein Kommunikationsprotokoll einzubauen, weil die Sicherheitsmarge sehr schnell auf Null schrumpfen kann. Beim Thema Sicherheit muss die Devise „Alles oder Nichts“ lauten.

7.3 Mobilfunk

Der Mobilfunk eilt, was die Nutzerzahlen betrifft, sogar dem Internet davon. Die komplexe Technik der Mobilfunksysteme kann in einem kurzen Abschnitt nur punktuell diskutiert werden. Da das Internet und die Mobilfunkwelt aber immer mehr zusammenwachsen, soll hier trotzdem versucht werden, einen kurzen Überblick über die Sicherheitsmechanismen zu geben.

7.3.1 GSM und GPRS

Der GSM-Standard der „Groupe Spécial Mobile“ hat sich inzwischen zu einem weltweiten Standard entwickelt und ist einer der erfolgreichsten europäischen Technologieexporte. Er erobert mittlerweile auch die USA, die sich lange Zeit auf einen anderen Standard festgelegt hatten. Der auf GSM aufbauende „General Packet Radio Service“ stellt dabei die Verbindung zum Internet her, indem er die Übertragung von IP-Paketen von und zum Handy ermöglicht.

Das GSM-Sicherheitsprotokoll wurde mit der Maßgabe entwickelt, ein dem Festnetz vergleichbares Sicherheitsniveau zu erreichen und konzentriert sich daher vor allem auf die „Luftschnittstelle“, d.h. den drahtlosen Übertragungsweg zwischen Handy und Basisstation. Es hat zwei Aufgaben:

- Es muss einen Kunden zuverlässig authentisieren, um eine illegale Nutzung des Mobilfunkdienstes zu verhindern, und
- es muss die Luftschnittstelle gegen Abhören schützen.

Diese Aufgaben wurden durch die Verwendung von drei kryptographischen Algorithmen erreicht: dem A3-Algorithmus, der für die Authentikation des Endgerätes gebraucht wird, dem A5-Algorithmus, mit dem das Telefongespräch verschlüsselt wird, und dem A8-Algorithmus, der den dafür benötigten Schlüssel liefert. Diese Algorithmen sind geheim. Das Design des A5-Algorithmus ist jedoch inzwischen offen gelegt: Es handelt sich dabei um eine auf drei linearen Schiebregistern basierende Stromchiffre, bei der die Register gegenseitig ihre Taktung beeinflussen. Biryukov und Shamir [BS99] haben einen Angriff auf den A5 veröffentlicht, der jedoch keine praktische Relevanz zu besitzen scheint. Der A5 Algorithmus ist, unabhängig vom Hersteller in sämtlichen GSM-Handys und Basisstationen implementiert, ein standardisierter Algorithmus. Die Sprachdaten werden bereits in den Basisstationen wieder entschlüsselt - es wird also tatsächlich nur die Luftschnittstelle verschlüsselt.

Mit der Einführung von GPRS hat man daher die Instanz, an der im Netz entschlüsselt wird, von der Basisstation weg ins Festnetz verlegt, und zwar in den Serving GPRS Support Node (SGSN). Zudem wird aufgrund der anderen Datencharakteristik für die GPRS-Pakete auch ein anderer Algorithmus, der GEA (GPRS Encryption Algorithm) eingesetzt.

Das Schlüsselmanagement sowohl für GSM als auch für GPRS erfolgt zentral durch die Verteilung von personalisierten *Subscriber Identification Modules (SIM)* an die Mobilfunkkunden. Eine SIM ist dabei technisch äquivalent zu einer Chipkarte, nur mit weniger Plastik rundherum.

Zur Authentifizierung eines Teilnehmers wird ein Challenge-and-Response-Protokoll verwendet. Dazu erzeugt das Mobilfunksystem eine Zufallszahl RAND, die an den Teilnehmer gesendet wird. Dieser berechnet mit Hilfe seines individuellen Schlüssels Ki und dem Authentifizierungsalgorithmus A3 eine Antwort SRES („Signed RESponse") und sendet diese zurück an das System. Dort wurde bereits der individuelle Schlüssel des Teilnehmers aus einer Datenbank gelesen und mit seiner Hilfe die korrekte Antwort SRES' berechnet. Nur wenn die beiden Werte übereinstimmen, wird der Teilnehmer als berechtigt anerkannt und erhält Zugang zum Netz.

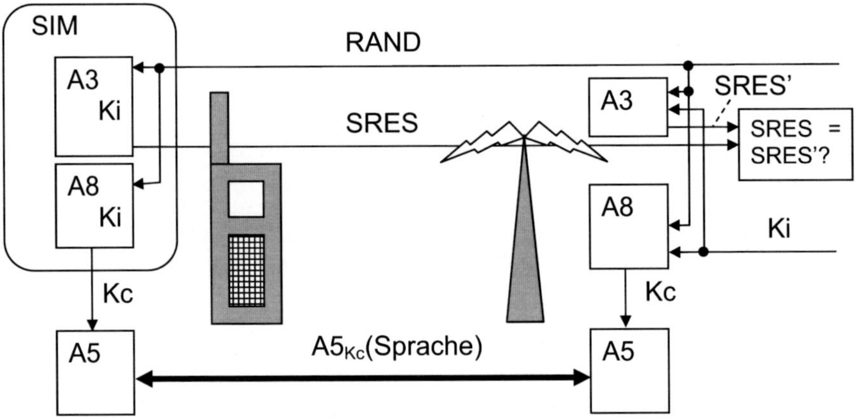

Bild 7.12: Sicherheitsfunktionen im GSM-Standard

Die Zufallszahl RAND wird außerdem zur Erzeugung eines Sitzungsschlüssels Kc verwendet. Dies geschieht in der SIM des Teilnehmers und im Hintergrundsystem. Es wird der Algorithmus A8 verwendet, der als Eingabewerte die Zufallszahl RAND und den individuellen Schlüssel Ki benötigt.

Nun kann das Telefongespräch beginnen: Alle Sprachdaten werden zunächst digitalisiert und dann auf der Luftschnittstelle mit dem Algorithmus A5 unter dem Schlüssel Kc verschlüsselt. Kc wird auch dazu genutzt, dem Teilnehmer verschlüsselt ein Pseudonym, die so genannte *Temporary Mobile Subscriber Identity (TMSI)* zu zuweisen, mit der sich der Teilnehmer beim nächsten Gespräch anmelden kann. Auf diese Weise wird das Erstellen von Bewegungsprofilen der mobilen Nutzer erschwert.

In GSM wurde auch eine Lösung für das Problem gefunden, wie sich ein Teilnehmer authentifizieren und verschlüsselte Gespräche führen kann, wenn er in einem fremden GSM-

Mobilfunknetz zu Gast ist (*Roaming*). Der fremde Netzbetreiber kennt den individuellen Schlüssel des Teilnehmers nicht, und er kann möglicherweise andere Varianten der Algorithmen A3 und A8 verwenden (nur der Algorithmus A5 ist standardisiert).

In der GSM-Lösung schickt das Heimatnetz des Teilnehmers auf „sichere" Art und Weise einige vorberechnete Tripel (RAND, SRES, Kc) an das fremde Netz. (Der GSM-Standard sagt jedoch nichts darüber aus, wie dies genau zu geschehen hat.) Dieses leitet die Zufallszahl RAND dann an den Teilnehmer weiter, vergleicht dessen Antwort mit dem Wert SRES und verwendet bei positivem Ausgang dieses Vergleichs den Schlüssel Kc zum Verschlüsseln der Luftschnittstelle.

Eine mögliche Variante des A3-Algorithmus (der ja nicht standardisiert ist), die von der GSM vorgehaltene Beispielimplementierung, wurde inzwischen geknackt [COMP128]. Dadurch wird jedoch die Sicherheit von GSM als Ganzem nicht beeinträchtigt, da dieser Algorithmus durch Austausch der SIM ersetzt werden kann.

Es gibt aber auch eine Schwäche des GSM-Systems selbst, die durch die technische Entwicklung zu einem Problem geworden ist: Bei GSM authentisiert sich zwar der Teilnehmer gegenüber dem Netz, aber nicht das Netz gegenüber dem Teilnehmer. Dies stellte kein Problem dar, als GSM gestartet wurde: Die Ausrüstung auf Netzseite war teuer und groß, und es gab nur wenige, meist noch staatliche Mobilfunkbetreiber.

Heute ist die Situation anders: Es gibt Geräte, so genannte „IMSI-Catcher", die wie ein Base-Station-Proxy arbeiten: Gegenüber einem Handy, das sich in ihrer Reichweite befindet, geben sie sich als Empfangsstation („Base Station") aus, und leiten das Gespräch dann an eine echte Base Station weiter.

Das wäre nicht weiter problematisch, wenn eine Verschlüsselung der GSM-Daten zwingend vorgeschrieben wäre. Aber auch im GSM-Standard gibt es die Regel „Funktionalität vor Sicherheit", und bevor man einen Teilnehmer wegen Problemen mit der Schlüsseldatenbank im Hintergrundsystem abweist, wird vorher lieber die Verschlüsselung ausgeschaltet. Die Unfähigkeit, zu verschlüsseln, kann von beiden Seiten signalisiert werden, und so kann der IMSI-Catcher eine unverschlüsselte Kommunikation erzwingen und das Gespräch mithören.

7.3.2 UMTS

Für die Mobilfunksysteme der dritten Generation, zu denen auch UMTS gehört, werden vom 3rd Generation Partnership Project [3GPP] die Standards erarbeitet, die die Interoperabilität der verschiedenen Systeme sicherstellen sollen.

Zu diesen Standards zählt auch die Sicherheitsinfrastruktur für das neue Mobilfunknetz. Die Grundzüge dieser neuen Architektur sollen hier wiedergegeben werden. Mehr Details findet man z.B. in [PSM01] und den dort angegebenen Referenzen.

UMTS ist das Nachfolgesystem von GSM, und es wird eine lange Zeit geben, in der beide Systeme nebeneinander bestehen. Bei der Festlegung der Sicherheitsfeatures wurden deshalb gleichzeitig zwei Ziele verfolgt:

1. Die bewährten Sicherheitsfeatures von GSM sollen beibehalten werden, und die Rückwärtskompatibilität so groß wie möglich sein. Beibehalten werden also:
    - Die Vertraulichkeit der Identität eines Teilnehmers (keine Erstellung von Bewegungsprofilen).
    - Die Authentisierung des Kunden gegenüber dem Netzwerk.
    - Die Verschlüsselung der Luftschnittstelle.

- Die Verwendung einer SIM als vom Handy unabhängiges Sicherheitsmodul (jetzt USIM genannt).
- Die Authentisierungsmöglichkeit eines Kunden gegenüber der SIM (Eingabe eines Passwortes als Schutz gegen Diebstahl).
- Für den Kunden transparente Sicherheitsmechanismen (außer der PIN-Eingabe).
- Eine Authentikation auch in fremden Netzwerken („Serving Network" im Gegensatz zum „Home Environment").
- Die Möglichkeit, dass jeder UMTS-Betreiber eigene Authentisierungsverfahren einsetzt.

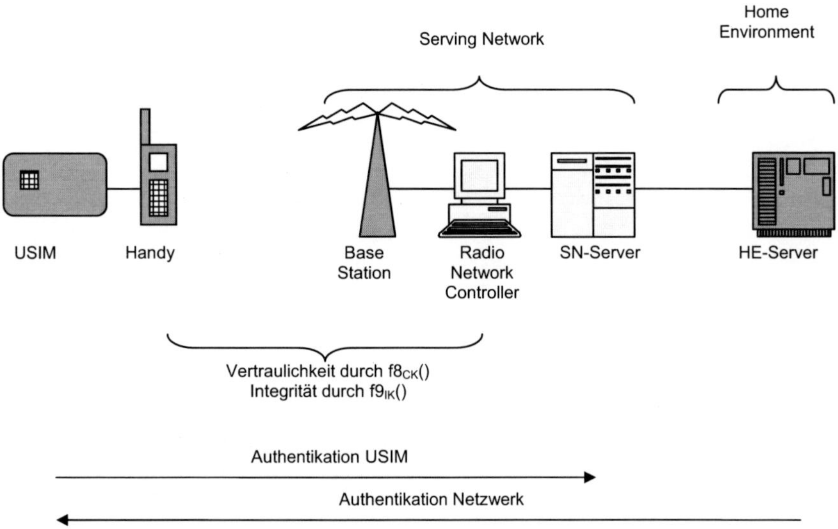

Bild 7.13: Sicherheitsdienste in UMTS.

2. Die Sicherheitsarchitektur soll neue Gegebenheiten berücksichtigen, und die daraus resultierenden bekannten Schwächen von GSM beheben, aber auch neue Sicherheitsfeatures anbieten. Das sind:
   - Authentisierung des Home Environment (HE) gegenüber der USIM.
   - Ein Sequenznummermanagement, um die Wiederverwendung von alten Authentisierungsdaten zu beschränken.
   - Übertragung eines „Authenticated Management Field" (AMF), damit der Betreiber die USIM über einen sicheren Kanal steuern kann.
   - Einführung eines Integritätsschlüssels, um Steuerbefehle authentisieren zu können.
   - Einführung von Sicherheitsfunktionalitäten für den Signalisierungsverkehr im Festnetz (so genannte Core Network Signalling Security), so dass z.B. die besonders sensitiven Authentisierungsdaten der Teilnehmer verschlusselt zwischen den Netzbetreibern ausgetauscht werden; dieses Feature ist jedoch z. Zt. nur optional.

Die verschiedenen Instanzen in einem UMTS-System, und die in dieser Architektur vorgesehenen Sicherheitsdienste, sind in Bild 7.13 visualisiert.

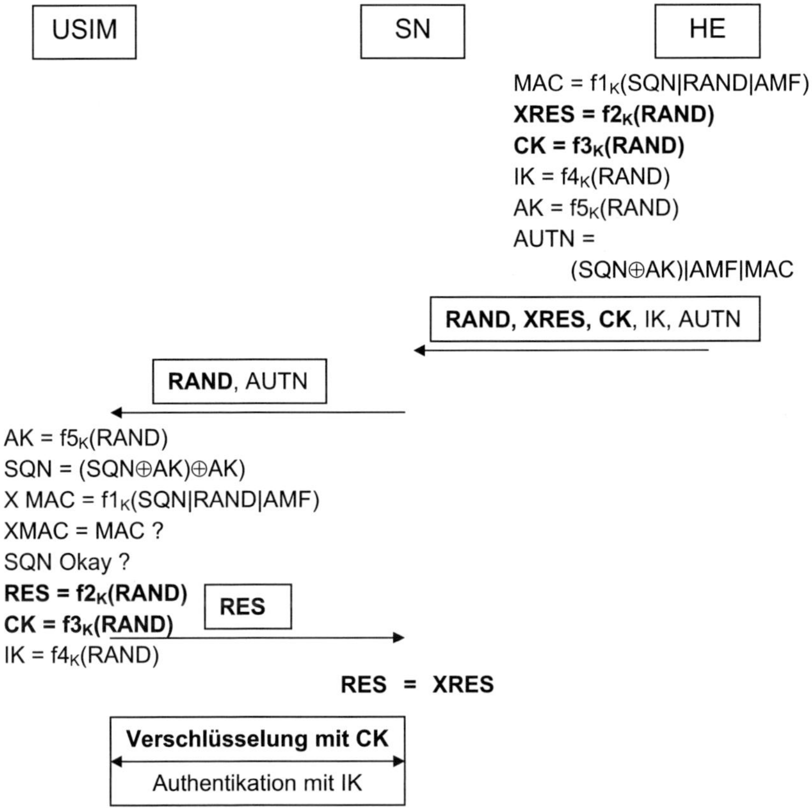

Bild 7.14: Das Authentisierungs- und Schlüsselvereinbarungsprotokoll von UMTS. Die Elemente dieses Protokolls, die auch schon bei GSM vorhanden waren, sind fett markiert. Der verwendete Schlüssel K ist der eindeutige symmetrische Schlüssel der USIM, und ist nur der USIM und dem HE bekannt.

Beide Ziele werden mit Hilfe eines kryptographischen Protokolls realisiert, das nur symmetrische Kryptographie verwendet. Dieses Protokoll ist in Bild 7.14 dargestellt, und soll im Folgenden näher besprochen werden.

Die Sicherheitsarchitektur von 3GPP erweitert das Challenge-and-Response-Protokoll von GSM um

- einen MAC, mit dem sich das Home Environment gegenüber der USIM authentisiert,
- eine Sequenznummer SQN, die die „Frische" der Protokolldaten garantiert,
- das USIM-Steuerfeld AMF und
- einen Integritätsschlüssel IK.

Das Protokoll aus Bild 7.14 wurde auch mit formalen Methoden analysiert [PSM01].

Die Authentisierung des HE gegenüber der USIM erfolgt über den Wert MAC. Dieser Wert kann nur vom HE und der USIM generiert werden, da nur in diesen beiden Umgebungen der eindeutige Schlüssel K der USIM bekannt ist. MAC wird im Feld AUTN übertragen, das das Serving Network vom Home Environment erhält und an die USIM weiterleitet.

Um den MAC verifizieren zu können, muss die USIM zunächst die Sequenznummer entschlüsseln. Diese ist mit dem „Anonymity Key“ AK geschützt; würde dieser Wert ungeschützt übertragen, so könnte er einem Angreifer wertvolle Hinweise auf die Wiederverwendbarkeit von alten Authentisierungsdaten geben. AK wird mit der Funktion f5 aus RAND berechnet, und anschließend kann SEQ entschlüsselt werden.

Wurde der MAC erfolgreich verifiziert, so sind damit die Daten SQN, RAND und AMF authentisiert: Sie stammen wirklich vom HE.

Im nächsten Schritt überprüft die USIM die Sequenznummer SQN auf ihre Aktualität hin. Die Verfahren zur Festlegung eines „aktuellen“ Nummernbereichs hängen so stark von betrieblichen Randbedingungen ab, dass hier nicht näher darauf eingegangen werden soll. Wir verweisen den interessierten Leser auf [PSM01].

Ist auch die Sequenznummer aktuell, so authentisiert sich die USIM gegenüber dem Serving Network (nicht gegenüber dem HE), indem sie die Response XRES generiert und sendet. Anschließend berechnet sie die Schlüssel CK zur Verschlüsselung der Daten auf der Luftschnittstelle, und IK zur Überprüfung der Echtheit von Steuerinformationen, die vom SN her kommen.

Wenn auch das Service Network die XRES überprüft hat, ist die UMTS-Verbindung hergestellt.

Die in diesem Protokoll verwendeten Algorithmen f1 bis f5 können für jeden UMTS-Betreiber verschieden sein, da sie nur in der USIM und im HE implementiert werden müssen. Eine Beispielspezifikation mit dem Namen „Milenage“, die auf dem AES-Algorithmus Rijndael basiert, wird von 3GPP zur Verfügung gestellt und soll auch publiziert werden.

Die Schlüssel CK und IK werden von den Funktionen f8 und f9 verwendet. Diese Funktionen müssen standardisiert sein, da sie in der Kommunikation zwischen Handy und SN eingesetzt werden. Für die Stromchiffre f8 wurde eine Variante der MISTY-Blockchiffre [Mat97] als Baustein eingesetzt; das Ergebnis heiß KASUMI und ist veröffentlicht [3GPP]. f9 ist als CBC-MAC von KASUMI implementiert.

Fazit: Die Offenlegung der Algorithmen und die neuen Sicherheitsfeatures lassen hoffen, dass das neue UMTS-System noch sicherer wird als GSM, und so für die Zukunft gerüstet ist.

8 DNS Security

Ein zentraler Dienst im Internet ist das Domain Name System (DNS). Er dient dazu, die für menschliche Nutzer leicht zu merkenden Servernamen wie www.firma.de oder mailhost.company.com in die eigentlichen Adressen des Internet, die IP-Adressen, zu übersetzen (oder auch umgekehrt).

8.1 Einführung Domain Name System

Die Ursprünge des Domain Name System sind in einer einfachen Textdatei namens hosts.txt zu finden, die alle Namen und IP-Adressen der Rechner im Arpanet enthielt. Diese Datei wurde durch das Stanford Research Institute manuell aktualisiert: Systemadministratoren meldeten neue Rechner mit Namen und Adresse per E-Mail, diese Angaben wurden (falls kein Namenskonflikt vorlag!) in die Datei übernommen, und die aktualisierte Version von hosts.txt per FTP zum Download angeboten.

Diese Lösung stieß natürlich schnell an ihre Grenzen:

- Da die aktualisierte Datei auf allen Rechnern des Arpanet täglich benötigt wurde, war die Netzwerklast proportional zum Quadrat der Anzahl der Computer (sowohl die Größe der Datei als auch die Anzahl der Abrufe per FTP hingen linear von der Anzahl der Computer ab).
- Namenskonflikte mussten manuell gelöst werden: Meldeten zwei Administratoren den gleichen Namen für zwei Rechner mit unterschiedlichen IP-Adressen an, so konnte dieser Name nur einmal vergeben werden.

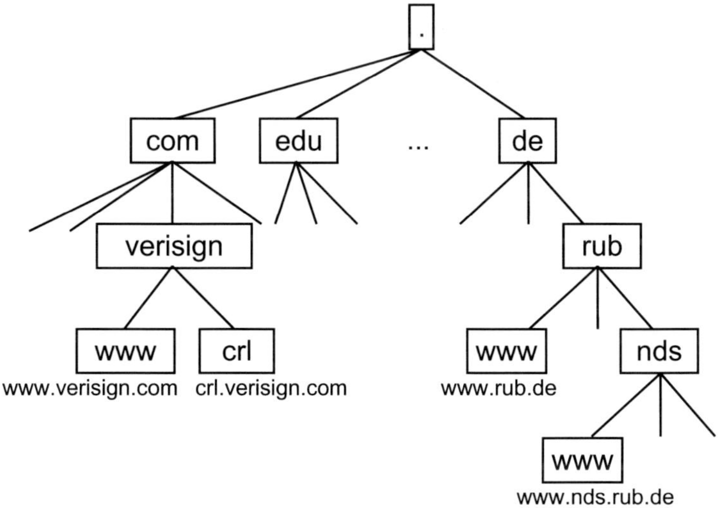

Bild 8.1: Ein kleiner Ausschnitt aus dem DNS-Baum.

Im November 1983 schlug daher mit Veröffentlichung der RFCs 882 („DOMAIN NAMES - CONCEPTS and FACILITIES“) und 883 („DOMAIN NAMES - IMPLEMENTATION and SPECIFICATION“) durch Paul Mockapetris die Geburtsstunde des Domain Name System (DNS) als weltweit verteilte Datenbank. Die ersten Top Level Domains (TLDs) „.gov“, „.com“, „.mil“, „.edu“ und „.org“ sowie die Country Code TLDs (ccTLDs, z.B. „.de” für Deutschland) wurden in RFC 920 definiert.

Paul Mockapetris programmierte auch den ersten DNS-Server; heute verwenden diese Server fast ausschließlich die Berkeley Internet Name Domain-Software (BIND, aktuelle Hauptversion 9), obwohl es auch mehrere andere Implementierungen gibt.

Was ist das DNS? Es ist eine weltweit verteilte, redundant ausgelegte Datenbank, die Domainnamen wie www.joerg-schwenk.de den entsprechenden IP-Adressen zuordnet. (Wir haben diese Funktionalität ja schon in Kapitel 4 kennen gelernt. Diese Datenbank speichert auch Informationen zum E-Mail-Routing (d.h. sie gibt Auskunft darüber, welche Mailserver E-Mails für eine bestimmte Domain, also z.B. das „joerg-schwenk.de" in „mail@joerg-schwenk.de") entgegen nehmen. Das Domain Name System bildet somit die Grundlage für nahezu alle Dienste im Internet.

8.1.1 Domainnamen und die DNS-Hierarchie

Wenn wir von einer verteilten Datenbank sprechen, dann müssen wir auch erklären, wie diese strukturiert ist.

Die logische Struktur dieser Datenbank ist die eines Baumes, dessen Wurzel das Label „ " besitzt. Direkt unter dieser Wurzel sitzen die Top Level-Domains, die den bekannten Endungen „com", „org" oder „de" entsprechen. Die Anzahl und Bezeichnung dieser TLDs ist streng reglementiert. Jeder nachfolgende Knoten wird mit einem weiteren Label versehen, das auf dieser Ebene eindeutig sein muss.

Ein Domainname (z.B. www.nds.rub.de) ist ein absoluter Pfad in diesem Baum. Eine Domain ist ein Teilbaum des DNS-Baumes, unterhalb des Knotens mit dem entsprechenden Domainnamen. So beinhaltet beispielsweise die Domain rub.de aus Bild 8.1 alle Rechner, deren DNS-Namen auf „rub.de" enden (z.B. www.rub.de und www.nds.rub.de).

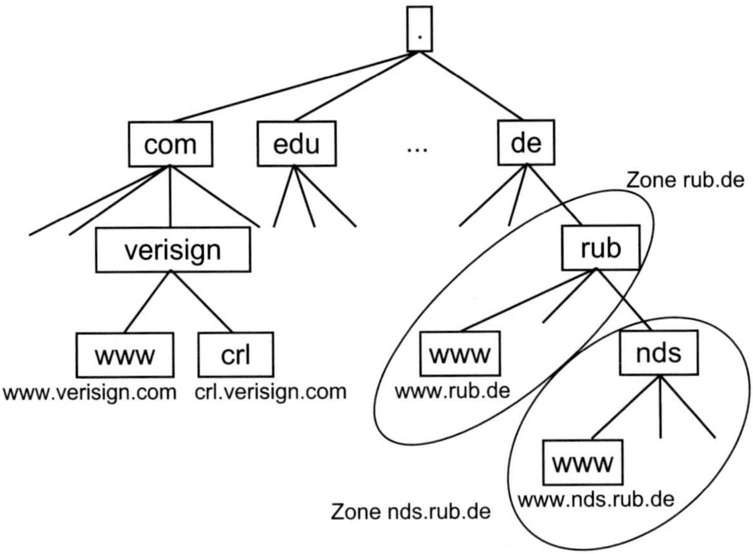

Bild 8.2: Aufteilung der Domain rub.de in die Zonen rub.de und nds.rub.de.

Eine Aufteilung der Datenbank für das DNS erfolgt dadurch, dass der gesamte Baum in Domain-Teilbäume zerlegt wird, und diese Domains dann in eine oder mehrere Zonen zerlegt werden. Für jede Zone müssen mindestens zwei Nameserver zur Verfügung stehen, die Anfragen zu dieser Zone beantworten können („authoritative nameserver").

In Bild 8.2 ist die Domain rub.de in zwei Zonen zerlegt worden: Die beiden Nameserver für die Zone nds.rub.de müssen in diesem Beispiel eine Zonendatei („zone file") pflegen, die Resource Records für alle Rechner enthält, deren Namen auf nds.rub.de enden. (Die verschiedenen Resource Records werden im nächsten Abschnitt kurz vorgestellt.)

Ein großer Performancegewinn ergibt sich dadurch, dass die Antworten der DNS-Server überall im Internet temporär in einem Cache gespeichert werden. So muss nicht für jede http-Anfrage an www.nds.rub.de auch eine Anfrage an den Nameserver für nds.rub.de gestellt, auch ältere, aber temporär gespeicherte Antworten können bis zum Ablauf ihrer Gültigkeit verwendet werden.

8.1.2 Resource Records (RR)

Eine Zonendatei besteht aus mehreren Resource Records (RR). Die Zonendatei wird auf dem primären Nameserver gepflegt, und vom sekundären Nameserver übernommen. RRs haben eine feste Struktur, die im Folgenden beschrieben wird.

Wir wollen unsere Erläuterungen an der folgenden fiktiven, aber korrekten Zonendatei festmachen.

```
$TTL 172800
example.com. IN SOA ns1.example.com. hostmaster.example.com. (
                                 2010010101 ; se = serial number
                                 172800     ; ref = refresh = 2d
                                 900        ; ret = update retry = 15m
                                 1209600    ; ex = expiry = 2w
                                 3600       ; min = minimum = 1h
                                 )
                      IN   NS    ns1.example.com.
                      IN   NS    ns2.example.com.
ns2.example.com.      IN   A     192.0.1.1
host2.example.com.    IN   A     192.0.0.2
host2.example.com.    IN   A     192.0.0.3
host4.example.com.    IN   A     192.0.0.4
ns1.example.com.      IN   CNAME host2.example.com.
```

Bild 8.3: Unsere beispielhafte Zonendatei.

In Bild 8.3 ist eine beispielhafte Zonendatei wiedergegeben, die uns im Folgenden zur Illustration der Konzepte von DNS und DNSSEC dienen soll.

Die Zonendatei ist aus einzelnen Resource Records (RR) aufgebaut, die die kleinste Informationseinheit darstellen. Jeder RR ist dabei ein 4-Tupel (Name, Klasse, Typ, RData). Nehmen wir die Zeile

```
host2.example.com.        IN   A    192.0.0.2
```

als Beispiel. Hier ist `host2.example.com.` der Name des RR, die für uns einzig relevante Klasse `IN` steht für „Internet" (es gibt auch andere Klassen, die aber in der Praxis nicht verwendet werden), und der Typ `A` für „Address" besagt, dass der RData-Teil eine IP-Adresse, nämlich `192.0.0.2`, enthält. Alle Namen in unserer Zonendatei sind so genannte „fully qualified domain names" (FQDN), d.h. sie geben den vollständigen Pfad im DNS-Baum bis zur Wurzel an. FQDNs sind durch den abschließenden Punkt gekennzeichnet, nach dem das leere Root-Label folgt. Dieser abschließende Punkt wird im täglichen Gebrauch oft weggelassen. Das Weglassen des Punktes in der Zonendatei hätte aber zur Folge, dass der betreffende Name um den FQDN der Zone verlängert wird.

Unterscheiden sich zwei RRs nur im RData-Teil, so werden sie konzeptionell zu einem Resource Record Set (RRSet) zusammengefasst. Da eine Anfrage immer nur Name, Klasse und Typ enthält, muss als Antwort immer ein komplettes RRSet gesendet werden. Somit reicht auch eine digitale Signatur für das ganze RRSet aus (darauf kommen wir bei der Betrachtung von DNSSEC nochmals zurück).

Im Folgenden sollen die einzelnen Einträge aus Bild 8.3 kurz erläutert werden.

Start of Authority (SOA) Resource Record

```
example.com. IN SOA ns1.example.com. hostmaster.example.com. (
                                2010010101 ; se = serial number
                                172800     ; ref = refresh = 2d
                                900        ; ret = update retry = 15m
                                1209600    ; ex = expiry = 2w
                                3600       ; min = minimum = 1h
                                )
```

Das SOA Resource Record enthält wichtige Informationen über die Zone mit dem Namen example.com. und die Zonendatei. Der Typ („type") dieses RR ist `SOA` für „Start of Authority". Der RData-Teil ist hier sehr umfangreich und enthält folgende Daten:

- Der autoritative primäre Nameserver für diese Zone heißt `ns1.example.com`.
- Der Administrator dieser Zone ist unter der Mailadresse `hostmaster@example.com` zu erreichen. Der erste Punkt im entsprechenden RData-Eintrag ist hier durch das „@"-Zeichen zu ersetzen.
- Der SOA-RR hat die Seriennummer `2010010101`. Diese Seriennummer gibt die Version der Zonendatei an. Sie hat kein vorgeschriebenes Format, doch oft wird eine Datumsangabe der Form JJJJMMTTxx verwendet.
- Nach `172800` Sekunden (oder anders ausgedrückt: zwei Tagen) muss der sekundäre Nameserver seine Daten mit dem primären Nameserver synchronisieren.
- Falls diese Synchronisation nicht klappt, muss er nach `900` Sekunden einen neuen Versuch starten.
- Wenn der primäre Nameserver ausgefallen ist, bleiben die Daten auf dem sekundären Nameserver für `1209600` Sekunden (2 Wochen) gültig.
- Negative Antworten des Nameservers („Diesen DNS-Namen gibt es nicht") sind nur 3600 Sekunden gültig. Einige ältere Nameserver können diesen Wert noch in seiner alten Bedeutung interpretieren, nämlich als Default-Wert für TTL bei Resource Records, für die kein eigener Wert angegeben ist.

Name Server (NS) Record

```
                    IN    NS    ns1.example.com.
                    IN    NS    ns2.example.com.
```

Hier werden die DNS-Namen der (mindestens zwei) Nameserver der Zone `example.com.` aufgelistet. Da diese beiden Einträge sich auf den gleichen Namen beziehen (`example.com.`, der aber für diese Einträge nicht angegeben werden muss), die gleiche Klasse und den gleichen Typ haben, und sich nur im Datenteil unterscheiden, bilden sie ein RRset. Ein RRset ist die kleinste Einheit, die von DNSSEC signiert wird.

Address (A) und CNAME Record

```
ns2.example.com.    IN    A     192.0.1.1
```

```
host2.example.com.    IN    A     192.0.0.2
host2.example.com.    IN    A     192.0.0.3
host4.example.com.    IN    A     192.0.0.4
```

Jede Zeile stellt hier einen Eintrag dar, der einem DNS-Namen (z.B. `host2.example.com.`) eine IP-Adresse (z.B. `192.0.0.2`) zuordnet. Der Buchstabe `A` kennzeichnet einen Address Resource Record, den Typ, für den DNS ursprünglich erfunden wurde. Einem Hostnamen dürfen dabei auch mehrere IP-Adressen zugewiesen werden, z.B. wenn der Host mit zwei verschiedenen IP-Netzen verbunden ist (z.B. ein Router). Die beiden Einträge für `host2.example.com.` bilden ebenfalls ein RRSet.

```
ns1.example.com.      IN    CNAME host2.example.com.
```

Hat ein Host im umgekehrten Fall mehrere DNS-Namen (z.B. `ns1` und `host2`), so kann dies über CNAME („Canonical NAME") Records mitgeteilt werden.

Weitere RRs

Es gibt noch unzählige weitere RRs, die im Laufe der Zeit für DNS spezifiziert wurden. Da sie für unser DNSSEC-Beispiel keine Rolle spielen, hier nur eine kurze Aufzählung.

- `MX` (Mail Exchange): Hier wird der Name des Hosts angegeben, der bereit ist, E-Mail für diese Domain über SMTP zu empfangen.
- `PTR` (Pointer): Gibt einen Alias für eine IP-Adresse an.
- `HINFO` (Host description): Informelle Beschreibung eines Hosts, z.B. typ der CPU und des Betriebssystems in ASCII.
- `TXT` (Text): Hier kann beliebiger, nicht interpretierter ASCII-Text stehen.

8.1.3 DNS-Server und DNS-Resolver

Das Domain Name System funktioniert nach dem Client-Server-Prinzip: Auf jedem internetfähigen Computer ist ein DNS-Client, ein so genannter Resolver, implementiert. Dieser ist heute typischerweise Teil des Betriebssystems, und ein Aufruf einer Funktion wie `getByName(host)` veranlasst den Resolver, bei einem DNS-Server den Namen `host` nachzufragen.

`nslookup` ist ein interaktiver Resolver, über den man direkt mit einem DNS-Server kommunizieren kann. Bild 8.4 gibt eine Anfrage nach `www.rub.de` mit `nslookup` wieder.

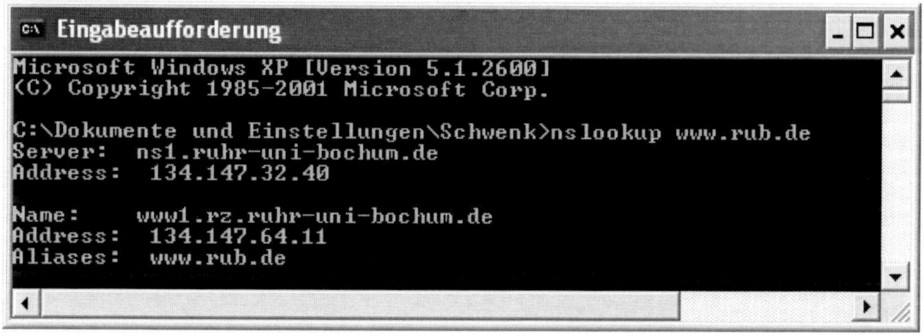

Bild 8.4: `nslookup` unter Windows XP.

Die meistverwendete DNS-Server-Software ist BIND („Berkley Internet Name Domain", [BIND9]). Wir haben für unsere Beispiele Version 9.3.4 verwendet, die DNSSEC unterstützt.

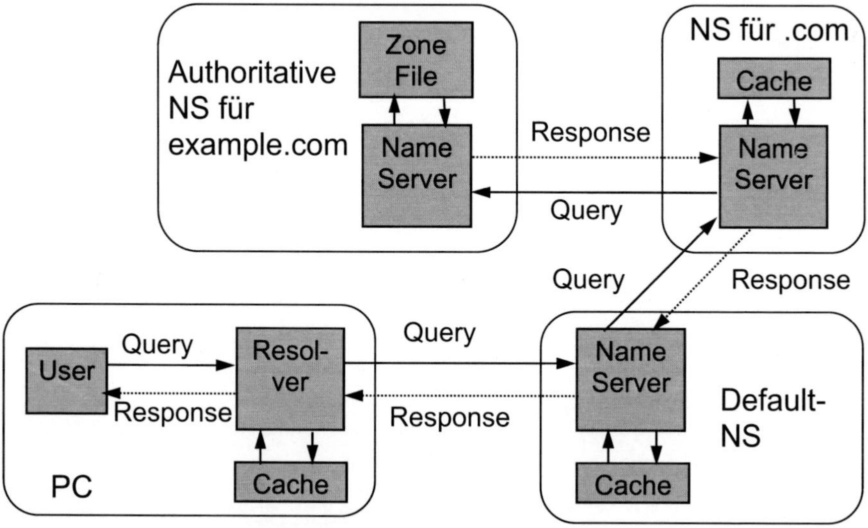

Bild 8.5: Vollständig rekursive Abfrage eines DNS-Namens.

8.1.4 Auflösung von Domainnamen

Wenn eine Anwendung (z.B. ein Browser) eine Verbindung zu einem Server www.example.com im Internet aufbauen muss, so übergibt sie eine entsprechende Anfrage an das Betriebssystem. Dort ist die IP-Adresse des Standard-Nameserver („Default-NS") eingetragen. Die Resolver-Routine des Betriebssystems erfragt nun die IP-Adresse des Servers bei diesem Standard-Nameserver.

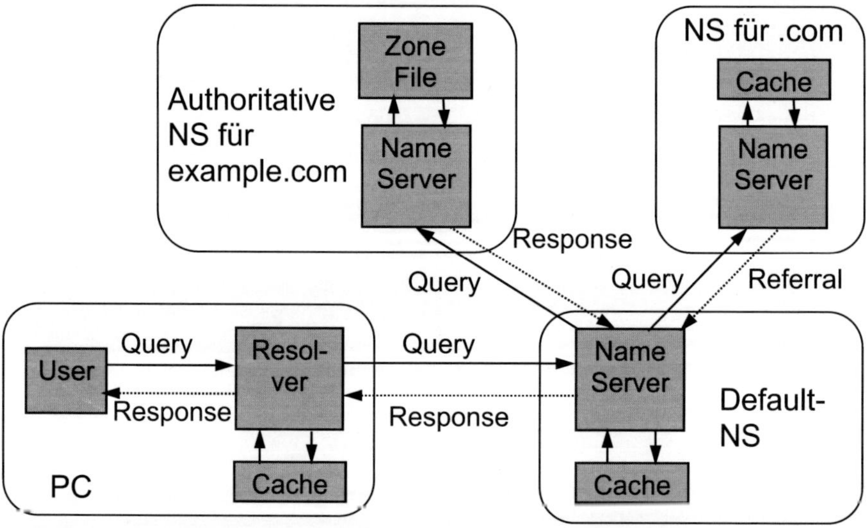

Bild 8.6: Der Default-Nameserver führt eine iterative Anfrage durch.

Kann dieser die Anfrage aus den in seinem Cache gespeicherten Werten beantworten, so ist der Vorgang beendet. Kann er dies nicht, so fragt er seinerseits bei einem Nameserver an, der für die .com-Domain zuständig ist (Bild 8.5 und 8.6). Dieser Nameserver hat nun zwei Optionen, wie er weiter vorgehen kann:

- Rekursive Abfrage (Bild 8.5): Er fragt seinerseits beim autoritativen Nameserver für die Domain example.com (wir unterstellen in diesem Beispiel, dass er diesen Nameserver kennt) nach der IP-Adresse für www.example.com. Diese liefert er als Antwort an den Standard-Nameserver der Applikation zurück, und speichert sie gleichzeitig in seinem Cache.
- Iterative Abfrage (Bild 8.6): Er liefert dem Standard-Nameserver keine Antwort, sondern ein so genanntes „Referral", also einen Verweis auf den nächsten zu befragenden Nameserver, zurück. In unserem Beispiel ist dies der autoritative Nameserver für example.com, und von diesem erhält der Standard-Nameserver die IP-Adresse für www.example.com.

8.1.5 DNS Query und DNS Response

Eine DNS-Anfrage ("Query") ist eine einfache ASCII-Nachricht, die per UDP oder TCP an den jeweiligen Server gesendet wird. Bild 8.7 gibt die Struktur einer DNS-Anfrage nach www.rub.de wieder. Die entsprechenden Nachrichten wurden mit Wireshark [Wireshark] aufgezeichnet.

```
Domain Name System (query)
    Transaction ID: 0x0002
    Flags: 0x0100 (Standard query)
    Questions: 1
    Answer RRs: 0
    Authority RRs: 0
    Additional RRs: 0
    Queries
        www.rub.de: type A, class inet
            Name: www.rub.de
            Type: Host address
            Class: inet
```

Bild 8.7: DNS-Query nach www.rub.de.

Die Anfrage nach www.rub.de wird vom Default-Nameserver in zwei Schritten beantwortet (Bild 8.8): Zunächst wird der Canonical Name (CNAME) des Servers angegeben, auf dem der Webserver für www.rub.de läuft. In einer zweiten Antwort (in der gleichen Nachricht) wird dann zu diesem CNAME die IP-Adresse mitgeteilt.

Zu beachten ist, dass die Antwort des DNS-Servers völlig ungeschützt übertragen wird. Ein Angreifer kann diese Nachricht leicht fälschen, und Aufrufe einer sicherheitskritischen Seite wie www.musterbank.de auf seinen eigenen Server umleiten.

8.2 Angriffe auf das Domain Name System

Da das Domain Name System bislang ohne jede kryptographische Absicherung betrieben wird, gibt es immer wieder Berichte über DNS Spoofing- und DNS Cache Poisoning-Angriffe. Eine gute Übersicht zu bisherigen erfolgreichen Angriffen findet man in [Hol03]. Eine aktuelle Bewertung der Schwächen von DNS findet man in [RFC 3833].

8.2.1 Abfangen und Fälschen von DNS-Anfragen

Es ist allgemein bekannt, dass Datenpakete im Internet abgefangen und verändert werden können. Dies kann in einem LAN geschehen (Ethernet, WLAN), oder an einem unsicheren

Router. Die Verwendung von UDP-Paketen zum Transport von DNS-Anfragen und Antworten macht diese Angriffe noch einfacher.

```
Domain Name System (response)
    Transaction ID: 0x0002
    Flags: 0x8580 (Standard query response, No error)
    Questions: 1
    Answer RRs: 2
    Authority RRs: 3
    Additional RRs: 3
    Queries
        www.rub.de: type A, class inet
            Name: www.rub.de
            Type: Host address
            Class: inet
     Answers
        www.rub.de: type CNAME, class inet,
                cname www1.rz.ruhr-uni-bochum.de
            Name: www.rub.de
            Type: Canonical name for an alias
            Class: inet
            Time to live: 1 day
            Data length: 26
            Primary name: www1.rz.ruhr-uni-bochum.de
        www1.rz.ruhr-uni-bochum.de: type A, class inet,
                addr 134.147.64.11
            Name: www1.rz.ruhr-uni-bochum.de
            Type: Host address
            Class: inet
            Time to live: 1 day
            Data length: 4
            Addr: 134.147.64.11
    Authoritative nameservers
        rz.ruhr-uni-bochum.de: type NS, class inet,
           ns ns1.rz.ruhr-uni-bochum.de
        rz.ruhr-uni-bochum.de: type NS, class inet,
           ns ns1.ruhr-uni-bochum.de
        rz.ruhr-uni-bochum.de: type NS, class inet,
           ns ns2.ruhr-uni-bochum.de
    Additional records
        ns1.rz.ruhr-uni-bochum.de: type A, class inet,
           addr 134.147.128.3
        ns1.ruhr-uni-bochum.de: type A, class inet,
           addr 134.147.32.40
        ns2.ruhr-uni-bochum.de: type A, class inet,
           addr 134.147.222.4
```

Bild 8.8: DNS-Answer des Default-Nameservers zur Query nach www.rub.de.

Zu einer abgefangenen Anfrage kann der Angreifer entweder eine gefälschte Antwort senden (*DNS Spoofing*, z.B. die IP-Adresse des Angreifers dem Namen www.musterbank.de zuordnen), oder er kann die Originalantwort subtil fälschen, z.B. durch Einfügen von Additional Records im Anhang der Antwort (*DNS Poisoning*, vgl. 8.2.3).

8.2.2 ID Guessing and Query Prediction

Hat man keinen direkten Zugriff auf die DNS-Anfrage, sondern es ist nur bekannt, dass das Opfer eine Anfrage gestellt hat, so sind zwei kleine Hürden zu überwinden, um trotzdem eine gefälschte Antwort an das Opfer senden zu können:

- Die UDP-Portnummer des Opfers (16 Bit) ist variabel.
- Die DNS-Anfrage enthält eine zufällig gewählte Transaktionsnummer (16 Bit, in Bild 8.7 und 8.8 z.B. der Wert 0x0002).

Beide Werte müssen vom Angreifer geraten werden, was eine Erfolgswahrscheinlichkeit von 1 zu 4.294.967.296 bedeuten würde. Diese Wahrscheinlichkeit kann durch die Beobachtung des vom Opfer tatsächlich verwendeten UDP-Ports (z.B. durch Erzeugung einer Anfrage an den DNS-Server des Angreifers) auf 1 zu 65.536 erhöht werden. Durch Ausnutzen des Geburtstagsparadoxons[7] kann man diese Wahrscheinlichkeit bei älteren Softwareversionen von BIND noch weiter erhöhen, indem man mehrere Anfragen nach der Adresse des Opfers (z.B. www.musterbank.de) an den Nameserver schickte, dessen Cache vergiftet werden sollte, und gleichzeitig mehrere Antworten auf die Anfrage des Nameservers beim nächst höheren Server generierte [Ste02].

8.2.3 Name Chaining

DNS-Antworten können, um die Performance des gesamten DNS zu verbessern, neben dem angefragten Datensatz noch weitere RRs enthalten. In unserem Beispiel aus Bild 8.8 sind dies:

- *Authoritative Nameservers*: Hier werden für die Domain rz.ruhr-uni-bochum.de, zu der der eigentliche Name des Webservers (`Primary name: www1.rz.ruhr-uni-bochum.de`) gehört, drei autoritative Nameserver genannt, die für zukünftige Anfragen an diese Domain verwendet werden können.
- *Additional Records*: Um die autoritativen Nameserver auch tatsächlich finden zu können, muss der Host ihre IP-Adressen kennen.

Im Beispiel aus Bild 8.8 stehen diese zusätzlichen Angaben eindeutig in Zusammenhang mit der ursprünglichen Anfrage. Die spannende Frage aber lautet: Kann man diese Zusatzinformationen zum DNS Cache Poisoning verwenden?

Das Szenario dazu sieht wie folgt aus: Der Angreifer bringt sein Opfer dazu, Daten von `www.angreifer.org` zu laden. Dazu reicht z.B. das Senden einer HTML-formatierten SPAM-Mail aus, in die ein kleines Bild eingebettet ist, das von diesem Server geladen werden muss:

```
<img src="http://www.angreifer.org/picture.gif" alt="Logo">.
```

Um diese Datei laden zu können, muss der E-Mail-Client eine DNS-Anfrage nach www.angreifer.org stellen. Der autoritative Nameserver ns.angreifer.org antwortet darauf mit der passenden IP-Adresse, sendet aber gleichzeitig bösartige Additional Records mit wie z.B.

```
www.musterbank.de: type A, class inet, addr 192.168.1.123
```

wobei `192.168.1.123` die IP-Adresse des Servers des Angreifers ist.

Natürlich werden die meisten Resolver auf solch plumpe Fälschungen nicht hereinfallen: Das Additional Record hat in diesem Fall offensichtlich nichts mit der Anfrage zu tun und kann mit einfachen Filterregeln verworfen werden.

[7] vgl. http://www.howstuffworks.com/question261.htm oder http://de.wikipedia.org/wiki/Geburtstagsproblem

Was passiert aber, wenn der Angreifer eine komplexe Namenskette bildet, z.B. wenn er behauptet, `www.angreifer.org` hätte einen CNAME `angreifer.musterbank.de`, und dann hierzu Zusatzinformationen liefert? Wird der Resolver diese Antwort verwerfen, oder wird er sie als plausibel einstufen?

Diese Name Chaining Attacks werden in [RFC 3833] als „perhaps the most interesting class of DNS-specific threats" eingestuft. DNSSEC bietet perfekten Schutz gegen diesen Angriff, bis zur flächendeckenden Verwendung von DNSSEC ist er aber als sehr kritisch einzustufen.

8.2.4 Betrug durch einen vertrauenswürdigen Server

Die meisten Client-Computer führen die DNS-Namensauflösung nicht selbst durch, sondern delegieren diese an einen Nameserver. Enthält dieser Nameserver fehlerhafte Daten, oder ist er gehackt worden, so kann der Client leicht einem Angriff zum Opfer fallen.

Fünf gehackte Unix-Server bildeten die Grundlage für einen größeren DNS Cache Poisoning-Angriff im April 2005 (http://isc.sans.org/presentations/dnspoisoning.php).

8.2.5 Wildcards

DNS Zonefiles können neben vollständig „ausgeschriebenen" DNS-Namen auch Einträge mit Wildcards enthalten. Um einen Missbrauch dieses Mechanismus zu verhindern, enthält DNSSEC Mechanismen, um auch RRs mit Wildcards signieren zu können.

8.2.6 Der Kaminski-Angriff

Im Jahr 2008 veröffentlichte Dan Kaminski [Kaminski08] den bislang schwersten Angriff auf das Domain Name System, nachdem er den Herstellern von DNS-Software Zeit gegeben hatte, einen Patch zu entwickeln.

Kaminski entwickelte dabei die Ideen rund um das Geburtstagsparadoxon weiter [Ste02]. Er berücksichtigt dabei aber auch eine Änderung, die als Reaktion auf den Angriff von Stewart eingeführt wurde: Die „In-Bailwick"-Restriktion für Additional Records. Diese Restriktion legt fest, dass Additional Records nur aus der gleichen Domain stammen dürfen, für die die Anfrage gestellt wurde.

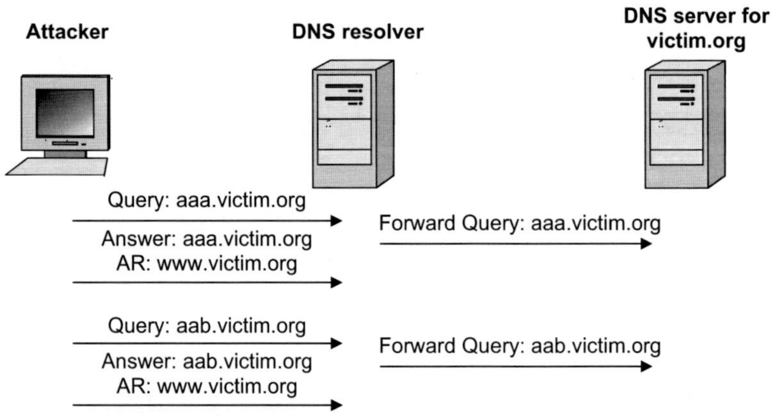

Bild 8.8a: Der Kaminski-Angriff

Der Angreifer sendet, wie in Bild 8.8a dargestellt, viele Anfragen nach nicht existenten Domainnamen wie aaa.victim.org, aab.victim.org, usw. Gleichzeitig beantwortet er diese, und fügt als Additional Record das eigentliche Ziel seines Angriffs ein, die (falsche) IP-Adresse für den Domainnamen www.victim.org.

Schafft der Angreifer es, eine Antwort auf eine dieser Anfragen schneller als der autoritative Nameserver, und mit der richtigen, 16 Bit langen Transaction ID zu senden, so hat er sein Ziel erreicht, und der Cache ist vergiftet.

Das Gravierende am Kaminski-Angriff ist, dass eine Abwehr dieses Angriff allein im DNS-Protokoll nicht mehr möglich ist. Hier muss ein weiteres Protokoll, nämlich UDP, bemüht und „Source Port Randomization" in UDP eingesetzt werden.

8.3 DNSSEC

Nach dieser relativ langen Einführung in das Domain Name System und seine Sicherheitsproblematik wollen wir uns nun endlich der Kryptographie widmen, die zur Absicherung verwendet werden soll.

Wie die aktuelle Entwicklung rund um DNSSEC, die in [G04] sehr anschaulich beschrieben ist, zeigt, ist diese Einführung zum Verständnis von DNSSEC notwendig. Das ursprüngliche RFC 2535 wurde bereits mehrfach überarbeitet, nicht wegen Sicherheitsproblemen, sondern vor allem wegen administrativer Probleme: Es war für den Eigentümer einer großen Zone wie .com oder .de schlichtweg nicht möglich, in jedem der Millionen untergeordneter Zonen einen öffentlichen Schlüssel zu signieren. Wir gehen auf dieses Problem und seine Lösung im Folgenden noch näher ein. Seit dem Jahre 2005 sind bezüglich DNSSEC nun die RFCs 4033, 4034 und 4035 aktuell. Die beiden letztgenannten RFCs wurden aber bereits auch schon wieder überarbeitet, die aktuellsten Änderungen hierzu finden sich nun in RFC 4470.

Unsere Beispielzone wurde mit Hilfe von BIND, Version 9.3.4, signiert. Dazu mussten wir zunächst mit dem Befehl

```
dnssec-keygen -a RSA -b 1024 -n ZONE -r /dev/urandom
example.com
```

ein DSA-Schlüsselpaar erzeugen (die Angabe der Zufallsquelle `/dev/urandom` ist systemspezifisch), das in den Dateien

`Kexample.com.+001+52055.key` (öffentlicher Schlüssel als DNSKEY-RR)

und

`Kexample.com.+001+52055.private` (privater Schlüssel)

abgespeichert wurde. Die Angaben „`+001`" im Dateinamen legt dabei fest, dass es sich um einen RSA-Schlüssel handelt, und die Zahl „`52055`" ist ein eindeutiger Identifikator für das generierte Schlüsselpaar.

Den in `Kexample.com.+001+52055.key` enthaltenen DNSKEY-RR kann man durch Einfügen der Zeile

```
$include Kexample.com.+001+52055.key
```

in die Zonendatei aufnehmen lassen. Diese ist jetzt vollständig und wird durch Aufruf von

```
dnssec-signzone -r /dev/urandom -t example.com
Kexample.com.+001+52055
```

mit dem privaten Schlüssel signiert. Das Ergebnis ist in Bild 8.9 und Bild 8.10 in voller Länge wiedergegeben und soll jetzt erläutert werden.

```
; File written on Wed Dec 16 23:16:52 2009
; dnssec_signzone version 9.3.4-P1.2
example.com. 172800 IN SOA   ns1.example.com. hostmaster.example.com. (
                             2010010105 ; serial
                             172800     ; refresh (2 days)
                             900        ; retry (15 minutes)
                             1209600    ; expire (2 weeks)
                             3600       ; minimum (1 hour)
                             )
                172800       RRSIG SOA 5 2 172800 20091226211652 (
                             20091216211652 52055 example.com.
                             sGYlFlE3DAzBjMPHQNoIoTWO2Ve12ryhA1FO
                             YZUESQ4u6O8JRPcbt/0rxsP+N3siewyK8dw5
                             W881yCkeI3N7UA== )
                172800       NS    ns1.example.com.
                172800       NS    ns2.example.com.
                172800       RRSIG NS 5 2 172800 20091226211652 (
                             20091216211652 52055 example.com.
                             Cn5n6q/IhFWvmOsuxuAk85tEfZ18qSX72cio
                             rDReajrM54+E5W5jIbYc6pzMsbPiIkUfcMyi
                             qkOgwakOHvrGKg== )
                3600  NSEC   host2.example.com. NS SOA RRSIG NSEC DNSKEY
                3600  RRSIG  NSEC 5 2 3600 20091226211652 (
                             20091216211652 52055 example.com.
                             kzGtc7jGOfASbHcS2lzZeRc0+InS52jA4c7a
                             KIvuqMgpzrkveIE0TWeCcoq2QkPyzFo0AEaU
                             l9Lh3/gvPt59Hg== )
                14400 DNSKEY       256 3 5 (
                             BQEAAAAB5ai/PN1I33a/Cj7+3CimY4O9or4T
                             5ws/RF48RLA1UFbzPiof4Fw/d3d9nmw7xNiy
                             9ipKahOmhCI53WiheDO+oQ==
                             ) ; key id = 52055
                14400 DNSKEY       257 3 5 (
                             BQEAAAABDSNtttzVA3mfF+IiWhw8nRlXwa1M
                             wmvwLYn+utYXkisZHPJP9PFH24JO0292NEZN
                             fzt8dLwm0NyiR9nN4jf5C0e0Laisi+gffqsr
                             udGeHEgyQhV3fEVMH8jw2hxgl4n0J7Heu29O
                             Noz6BoYRn7774oXSec7aY177J1XFjLYFlwSR
                             F3TPbYgS+2D/4O1fT6TTlpcOukzGWRivm2v4
                             Li+yR7CxcQ==
                             ) ; key id = 63306
                14400 RRSIG  DNSKEY 5 2 14400 20091226211652 (
                             20091216211652 52055 example.com.
                             hrUdofqNj/5d/HRsNpqwuO0/EsKTSHiBH1ZZ
                             xDZdjDRyYQdqK+NtWAZnOsbPonIIF7Saly+x
                             OUySeaiPG4xbnw== )
                14400 RRSIG  DNSKEY 5 2 14400 20091226211652 (
                             20091216211652 63306 example.com.
                             Bj7aCiQHjVRnaiV4arSt8rq/8doBIqRfEfnr
                             q3zMu9uRDSh0D9GkrVL7bpDWly03gul5TwOy
                             2FSjzaVs2OR1T0HKbfZKcMEDxJ7l4x49x5UL
                             WMmTmCJn1czRN2xVLFr8xmDYNulHvWSbknuB
                             HDiLKTQAUQaaU1KQe0guOoUwBSRLAfZejQc+
                             Rh9Cg0GC6Ci62NXyLfaOTXUh1WAQ6w/O+ly+
                             +A== )
```

Bild 8.9: Unser Beispielfile nach der Bearbeitung mit DNSSEC (Teil 1)

```
host2.example.com.      172800      IN A  192.0.0.2
                  172800      IN A  192.0.0.3
                  172800      RRSIG A 5 3 172800 20091226211652 (
                              20091216211652 52055 example.com.
                              S0rsZWiZrD6z3J0sgkDAc7fbl6LB56+4+uyx
                              9Sk6eu/DxEvKkjJiwqhcBzs78qVkWGDtxopZ
                              mDZFGp/4uSe1zg== )
                  3600  NSEC  host4.example.com. A RRSIG NSEC
                  3600  RRSIG NSEC 5 3 3600 20091226211652 (
                              20091216211652 52055 example.com.
                              N8gsZh//CJz8hoTz7tCf2Grb3MDWO+JgdM0L
                              dSkyG/cwZ6KDjK/rWtsDGbB8eTOPQgKeLoJ9
                              iEjH0Y2u5KTB6w== )
host4.example.com.      172800      IN A  192.0.0.4
                  172800      RRSIG A 5 3 172800 20091226211652 (
                              20091216211652 52055 example.com.
                              Dv3VCxqJ+iEzsqZNQ/JYJNGBa8l/pBDaDXWT
                              /eYfoYDAVLR427jQqjlkgmhkVtNv7gcj4/Ef
                              V8sABkqCKL5y9w== )
                  3600  NSEC  ns1.example.com. A RRSIG NSEC
                  3600  RRSIG NSEC 5 3 3600 20091226211652 (
                              20091216211652 52055 example.com.
                              vaFwrHbE5XoF5DJXlVo46L6teh12Bgt6BiFI
                              gc9AEsyLNLDMqh6y44Xa0MUPVYB8/9E0Xw6B
                              MTBp2DEjgXX7oQ== )
ns1.example.com.  172800      IN CNAME host2.example.com.
                  172800      RRSIG CNAME 5 3 172800 20091226211652 (
                              20091216211652 52055 example.com.
                              ci92eCj/+0CvRSoC2LDyG93woqzexDIKw0+0
                              1vodZ9y/bLdYpxTMhQOhXVutHIIRcyTkMQAp
                              OqBNAUuEalVLcw== )
                  3600  NSEC  ns2.example.com. CNAME RRSIG NSEC
                  3600  RRSIG NSEC 5 3 3600 20091226211652 (
                              20091216211652 52055 example.com.
                              NgLe0WiZuoFMn8r5fnLe1zA75ZkYLZvpd0Wi
                              +H358z3b7r1Uowt9yT053lX7whnMfgwtWUgP
                              7wnl/euiFq2DsA== )
ns2.example.com.  172800      IN A  192.0.1.1
                  172800      RRSIG A 5 3 172800 20091226211652 (
                              20091216211652 52055 example.com.
                              UEJYNCT6h+YEYguAIvQY78B/EHi73BHT03dU
                              SjGuYGmWnfEVPAZceyGtfwHVHhnMKuUYv1ft
                              EnakII9gCtZ/Sw== )
                  3600  NSEC  example.com. A RRSIG NSEC
                  3600  RRSIG NSEC 5 3 3600 20091226211652 (
                              20091216211652 52055 example.com.
                              gRhViazdxs26DPITsbsy+Quo3tCJ1Tn8U9/o
                              oY7YXUJH/f5IQ/Aw3dM74B6UMvvlzcfX96Kg
                              XXQcFSvexNBMHg== )
```

Bild 8.9: Unser Beispielfile nach der Bearbeitung mit DNSSEC (Teil 2)

Zunächst einmal fällt auf, dass die Zonendatei um ein Vielfaches länger geworden ist. Wenn man bedenkt, dass es zurzeit (Januar 2010) 206.741.990 aktive DNS-Namen weltweit gibt[8], kann man sich die Probleme in etwa vorstellen, die mit der Einführung von DNSSEC verbunden sind.

Die Vorgehensweise zum Signieren eines Zonefiles ist die folgende:

[8] http://news.netcraft.com/archives/2010/01/index.html

1. Die RRSets der Zonendatei werden nach ihrem Namen sortiert. Auf der gleichen Ebene des DNS-Baumes ist diese Sortierung lexikographisch. Dies ist wichtig, um mit Hilfe des NSEC-RR Aussagen über nicht vorhandene Domainnamen geben zu können.
2. Zu jedem Namen wird ein NSEC-Eintrag hinzugefügt. Dieser gibt den gemäß der definierten Ordnung nächsten Namen in der Zonendatei an.
3. Jedes RRSet (mit wenigen Ausnahmen, z.B. das DNSKEY-RR) wird signiert und ist somit authentisch. RRSet und Signatur können auch gecached werden.

Das DNSKEY-RR aus unserem Beispiel wird aus gutem Grund nicht signiert: Das Vertrauen in diesen öffentlichen Schlüssel kann nicht durch eine Selbstsignatur hergestellt werden. Im einfachsten Fall muss der Systemadministrator den öffentlichen Schlüssel manuell in der DNS-Software als vertrauenswürdig konfigurieren. (Fernes) Ziel von DNSSEC ist es jedoch, nur noch einen einzigen öffentlichen Schlüssel als vertrauenswürdig deklarieren zu müssen, nämlich den öffentlichen Schlüssel der DNS-Root.

```
0 1 2 3 4 5 6 7 8 9 0 1 2 3 4 5 6 7 8 9 0 1 2 3 4 5 6 7 8 9 0 1
+-+-+-+-+-+-+-+-+-+-+-+-+-+-+-+-+-+-+-+-+-+-+-+-+-+-+-+-+-+-+-+-+
|        type covered           |  algorithm    |     labels    |
+-+-+-+-+-+-+-+-+-+-+-+-+-+-+-+-+-+-+-+-+-+-+-+-+-+-+-+-+-+-+-+-+
|                         original TTL                          |
+-+-+-+-+-+-+-+-+-+-+-+-+-+-+-+-+-+-+-+-+-+-+-+-+-+-+-+-+-+-+-+-+
|                      signature expiration                     |
+-+-+-+-+-+-+-+-+-+-+-+-+-+-+-+-+-+-+-+-+-+-+-+-+-+-+-+-+-+-+-+-+
|                      signature inception                      |
+-+-+-+-+-+-+-+-+-+-+-+-+-+-+-+-+-+-+-+-+-+-+-+-+-+-+-+-+-+-+-+-+
|            key  tag           |                               |
+-+-+-+-+-+-+-+-+-+-+-+-+-+-+-+-+         signer's name         +
|                                                               /
+-+-+-+-+-+-+-+-+-+-+-+-+-+-+-+-+-+-+-+-+-+-+-+-+-+-+-+-+-+-+-+-/
/                                                               /
/                            signature                          /
/                                                               /
+-+-+-+-+-+-+-+-+-+-+-+-+-+-+-+-+-+-+-+-+-+-+-+-+-+-+-+-+-+-+-+-+

host4.example.com. 172800 IN  A 192.0.0.4
                   172800 RRSIG A 5 3 172800 20091226211652 (
                                20091216211652 52055 example.com.
                                Dv3VCxqJ+iEzsqZNQ/JYJNGBa8l/pBDaDXWT
                                /eYfoYDAVLR427jQqjlkgmhkVtNv7gcj4/Ef
                                V8sABkqCKL5y9w== )
```

Bild 8.10: Der RRSIG Resource Record. Dargestellt ist im oberen Teil das „wire format", in dem der RR als Folge von Bytes übertragen wird, und im unteren Teil ein Ausschnitt aus unserer Beispieldatei. (Die unterstrichenen Teile haben ein Pendant im „Wire format".)

8.3.1 Neue RR-Datentypen

In RFC 2535 „Domain Name System Security Extensions" werden drei neue Resource Records definiert, um Public-Key-Informationen im DNS ablegen zu können: SIG, KEY und NXT. Im Zuge der Überarbeitung von RFC 2535 wurden die Resource Records umbenannt: SIG in RRSIG, KEY in DNSKEY, und NXT in NSEC. Hinzu kommt ein neuer RR DS zum

Bilden der Public-Key-Hierarchie. Wir verwenden hier die neuen Namen, weil diese in den aktuellen Versionen von BIND zum Einsatz kommen.

Der *RRSIG Resource Record* ist mit Abstand der komplexeste Eintrag, der in einem DNS Zone File zu finden ist. Der an OpenPGP, PKCS#7, X.509 und später auch XML geschulte Leser wird sich allerdings nicht so leicht verwirren lassen, da dieser Eintrag wirklich nur die notwendigsten Informationen enthält:

- Was wird signiert? *type covered* ist der Typ des Resource Records (bzw. RRSets), der durch diese Signatur authentifiziert wird (in unserem Beispiel „A").
- Mit welchen Algorithmen wurde signiert? Für das Feld *algorithm* sind in RFC 2535 vier verschiedene Werte definiert (in unserem Beispiel „1" für MD5/RSA).
- Auf welcher Ebene des DNS-Baumes wurde signiert? Die ganze Zahl in *label* gibt an, aus wie vielen durch Punkt getrennten Teilen der Name des signierten Eintrags im Zonefile besteht. (Für die Signatur des Adresseintrags von host4.example.com muss hier somit die Zahl 3 stehen).
- Wie lange darf die Signatur maximal gecached werden? Der eigentliche TTL-Wert einer Signatur (Zahl „172800" vor dem „RRSIG" in unserem Beispiel in Bild 8.10), der mit dem TTL-Wert des geschützten RRSet identisch sein muss, ist nicht gegen Manipulationen geschützt. Beim Caching wird dieser Wert ständig erniedrigt. Die *original TTL* wird daher im RRSIG RR aufgenommen und mit signiert.
- Wie lange ist die Signatur gültig? Hier wird im Wire format Beginn und Ende der Gültigkeitsdauer der Signatur in Anzahl der Sekunden seit dem 1.1.1970 angegeben, in der ASCII-Darstellung des Zonenfiles wird dagegen das besser lesbare Format JJJJMMTThhmmss verwendet.
- Welcher öffentliche Schlüssel zur Verifikation herangezogen werden muss, ist aus dem *key tag*-Wert ersichtlich. (Der *key tag* unseres Beispielschlüssels ist die Zahl 16307, die auch in den Dateinamen der Public Key-Datei vorkommt.)
- Wer hat signiert? Hier wird natürlich der Domainname des Eigentümers des öffentlichen Schlüssels angegeben. (Im Beispiel example.com.)
- Natürlich muss auch die eigentliche Signatur angegeben werden, deren genaue Struktur von dem gewählten Algorithmus abhängt. (Base64-codiert „Hdx... 6QA=".)

Der *DNSKEY Resource Record* dient dazu, öffentliche Schlüssel in DNS wie in einem „Telefonbuch" abzulegen. (Dies käme näher an die ursprüngliche Idee von Diffie und Hellman heran als die heute verwendeten PKIs.)

Damit DNSSEC funktionieren kann, müssen natürlich zunächst einmal diejenigen Public Keys abgelegt werden, mit denen die aktuelle Zone oder eine ihrer Tochterzonen signiert ist. (Auf die Problematik, in welcher Zone Public Keys abgelegt werden sollten, gehen wir später näher ein.)

Die Information über das Anwendungsgebiet wird im *protocol*-Feld des DNSKEY RR in Form des in Klammern angegebenen Bytewertes gespeichert. Über DNSSEC (3) hinaus umfassen die vorgesehenen Verwendungszwecke aber auch TLS (1), E-Mail (2), und IPSEC (4).

Der *algorithm*-Eintrag definiert den Typ des *public key*. Vier Werte wurden bereits reserviert: 1 für RSA/MD5 [RFC 2537], 2 für Diffie-Hellman [RFC 2539], 3 für den von allen Implementierungen zu unterstützende DSA [RFC 2536], und 4 für einen Algorithmus auf Basis elliptischer Kurven. Die Werte 254 und 255 sind für proprietäre Algorithmen reserviert.

Am schwierigsten zu erklären ist die Rolle des *flags*-Feldes, da hier wieder Besonderheiten des Domain Name Systems eine Rolle spielen. Um diese Besonderheiten zu verdeutlichen, wollen wir noch einmal den SOA RR aus unserer Beispieldatei (Bild 8.3 oder Bild 8.9). Dort gibt es die Angabe `hostmaster.example.com`. Diesen Wert liest der ungeübte Betrachter als Hostnamen; es könnte z.B. der Name eines Nameservers dieser Zone sein. Tatsächlich stellt dieser Eintrag aber die E-Mail-Adresse `hostmaster@example.com` dar; das „@"-Zeichen darf in der Zonendatei nicht vorkommen.

```
0 1 2 3 4 5 6 7 8 9 0 1 2 3 4 5 6 7 8 9 0 1 2 3 4 5 6 7 8 9 0 1
+-+-+-+-+-+-+-+-+-+-+-+-+-+-+-+-+-+-+-+-+-+-+-+-+-+-+-+-+-+-+-+-+
|             flags             |   protocol    |   algorithm   |
+-+-+-+-+-+-+-+-+-+-+-+-+-+-+-+-+-+-+-+-+-+-+-+-+-+-+-+-+-+-+-+-+
|                                                               /
/                          public key                           /
/                                                               /
+-+-+-+-+-+-+-+-+-+-+-+-+-+-+-+-+-+-+-+-+-+-+-+-+-+-+-+-+-+-+-+-|

            14400 DNSKEY      256 3 5 (
                              BQEAAAAB5ai/PN1I33a/Cj7+3CimY4O9or4T
                              5ws/RF48RLA1UFbzPiof4Fw/d3d9nmw7xNiy
                              9ipKahOmhCI53WiheDO+oQ==
                              ) ; key id = 52055
```

Bild 8.11: Der DNSKEY Resource Record

Mit der Hilfe zweier Bits aus dem flags-Feld kann man unterscheiden, ob es sich bei dem Schlüssel zum Namen `host.example.com` um

- den Schlüssel der Zone host.example.com handelt, mit dem alle Signatureinträge im Zonefile verifiziert werden können (wie in unserem Beispiel), oder
- ob es sich um den Public Key eines Hosts handelt, der z.B. für IPSec verwendet werden kann, oder
- ob hier ein Schlüssel hinterlegt wurde, der nicht zu einem physikalisch existenten Gerät, sondern zu einem Nutzerkonto („User account", z.B. für die E-Mail-Adresse `host@example.com`) gehört.

Darüber hinaus enthält das flags-Feld noch weitere Informationen, z.B. zu den erlaubten Verwendungszwecken des Schlüssels [RFC 2535].

```
 0 1 2 3 4 5 6 7 8 9 0 1 2 3 4 5 6 7 8 9 0 1 2 3 4 5 6 7 8 9 0 1
+-+-+-+-+-+-+-+-+-+-+-+-+-+-+-+-+-+-+-+-+-+-+-+-+-+-+-+-+-+-+-+-+
|                      next domain name                         /
+-+-+-+-+-+-+-+-+-+-+-+-+-+-+-+-+-+-+-+-+-+-+-+-+-+-+-+-+-+-+-+-+
|                        type bit map                           /
+-+-+-+-+-+-+-+-+-+-+-+-+-+-+-+-+-+-+-+-+-+-+-+-+-+-+-+-+-+-+-+-+

      3600 NSEC host2.example.com. NS SOA RRSIG NSEC DNSKEY
```

Bild 8.12: Der NSEC Resource Record

Auch auf Anfragen nach nichtexistenten Namen antwortet das Domain Name System, und auch diese Antworten müssen in DNSSEC signiert sein, sonst könnten solche Antworten als Basis für Denial-of-Service-Angriffe genutzt werden.

Das Problem hierbei ist, dass es potenziell unendlich viele nichtexistente Namen in jeder Domain gibt. So gibt es in unserer Beispieldomain z.B. keine Einträge zu host5.example.com, host6.example.com, host7.example.com, usw. Man kann also nicht einfach zu jedem nichtexistenten Namen eine digitale Signatur generieren.

Die DNSSEC-Lösung für dieses Problem ist der NSEC-RR . Er beschreibt die Tatsache, dass sich „zwischen" zwei Einträgen keine gültigen Hostnamen befinden.

Damit NSEC eingesetzt werden kann, muss man die Einträge in der Zonendatei in eine bestimmte Ordnung bringen. Diese Ordnung ist im Wesentlichen lexikographisch, wobei man die einzelnen Labels des DNS-Namens natürlich von rechts nach links betrachte muss. Sie ist darüber hinaus zyklisch, d.h. nach dem lexikographisch letzten Eintrag folgt wieder der erste Eintrag des Zonefiles.

Die wichtigste Neuerung in DNSSEC betrifft die Einführung des neuen *DS*-Resource Records.

Jeder DS-RR gehört zu einem DNSKEY-RR für einen Zonenschlüssel, nur werden die Resource Records in verschiedenen Zonendateien gespeichert: Für unser Beispiel example.com. würde der DNSKEY-Eintrag an der gleichen Stelle in Bild 8.9 stehen, der DS-RR für den Namen example.com. würde aber im Zonefile der .com-Domäne stehen. Wir werden im nächsten Abschnitt sehen, wie dies zur Verifikation einer signierten DNSSEC-Antwort genutzt wird.

```
0 1 2 3 4 5 6 7 8 9 0 1 2 3 4 5 6 7 8 9 0 1 2 3 4 5 6 7 8 9 0 1
+-+-+-+-+-+-+-+-+-+-+-+-+-+-+-+-+-+-+-+-+-+-+-+-+-+-+-+-+-+-+-+-+
|           Key Tag             |  Algorithm    |  Digest Type  |
+-+-+-+-+-+-+-+-+-+-+-+-+-+-+-+-+-+-+-+-+-+-+-+-+-+-+-+-+-+-+-+-+
/                                                               /
/                            Digest                             /
/                                                               /
+-+-+-+-+-+-+-+-+-+-+-+-+-+-+-+-+-+-+-+-+-+-+-+-+-+-+-+-+-+-+-+-+
```

Bild 8.13: Der NSEC Resource Record

Im Key Tag-Feld des DS-RR wird der Schlüssel identifiziert, dessen Authentizität hier garantiert werden soll. Der Wert ist identisch mit dem Key Tag-Wert in einem RRSIG-RR, das mit diesem Schlüssel erstellt wurde.

Das Algorithm-Feld gibt den Public Key-Algorithmus an und sein Wert ist identisch mit dem Wert im Algorithm-Feld des KEY/DNSKEY-RR.

Digest Type gibt den Hashalgorithmus an, mit dem der Wert von Digest berechnet wurde.

8.3.2 Sichere Namensauflösung mit DNSSEC

Nehmen wir an, wir möchten den Webserver www.example.com kontaktieren. Nach einer kompletten Einführung von DNSSEC bräuchte unser Resolver (der auf unserem Client-PC oder dem Default-Nameserver laufen kann) nur einen einzigen öffentlichen Schlüssel zu kennen, nämlich den der Rootzone „ ". Dieser Schlüssel (der vom Hersteller unseres Betriebsystems oder unserem Netzwerkadministrator eingegeben wurde) muss sehr sorgfältig gegen Veränderung geschützt werden, da er die einzige Garantie für die Korrektheit der Antworten von DNSSEC ist.

Unser Resolver muss folgende Schritte durchführen:

1. Er fragt den Rootserver nach www.example.com.

2. Der Rootserver kennt diesen Namen nicht, er weiß aber, welche Nameserver für die Domäne `.com` zuständig sind. Wir erhalten in einer *Referral* genannten Nachricht
   - die Namen der Nameserver (unsigniert, da Änderungen dieser Namen von der `.com`-Domäne verwaltet werden)
   - die IP-Adressen der Nameserver (unsigniert, s.o.) und
   - den NSEC-RR für `.com`, einschließlich des RRSIG -RR dazu.
3. Der Resolver verifiziert das RRSIG-RR zum NSEC-RR mit Hilfe des vorkonfigurierten Schlüssels für die Root-Zone, und macht nur weiter, falls diese Verifikation positiv ist.
4. Der Resolver fragt bei einem der `.com`-Nameserver nach `www.example.com`.
5. Der `.com`-Nameserver kennt diesen Namen nicht, er weiß aber, welche Nameserver für die Domäne `example.com` zuständig sind. Wir erhalten in der Referral-Nachricht
   - die Namen der Nameserver (unsigniert),
   - die IP-Adressen der Nameserver (unsigniert),
   - den DNSKEY -RR für die Zone `.com`, einschließlich des zugehörigen RRSIG-RR und
   - den NSEC-RR für `example.com`, einschließlich des RRSIG-RR dazu.
6. Der Resolver verifiziert diese Antwort, indem er
   - den Hashwert des DNSKEY-RR für die `.com`-Zone mit dem in Schritt 2 erhaltenen NSEC-RR vergleicht, und
   - den RRSIG-RR zum NSEC-RR mit dem öffentlichen Schlüssel der `.com`-Zone verifiziert.
7. Der Resolver fragt bei einem der `example.com`-Nameserver nach `www.example.com`.
8. Der `example.com`-Nameserver kennt diesen Namen und sendet
   - die IP-Adresse von `www.example.com` (A-RR), zusammen mit dem RRSIG-RR dafür, und
   - den DNSKEY-RR für die Zone `.com`, einschließlich des zugehörigen RRSIG-RR.
9. Der Resolver verifiziert diese Antwort, indem er
   - den Hashwert des DNSKEY-RR für die `example.com`-Zone mit dem in Schritt 5 erhaltenen NSEC-RR vergleicht, und
   - den RRSIG-RR zum A-RR mit dem öffentlichen Schlüssel der `example.com`-Zone verifiziert.

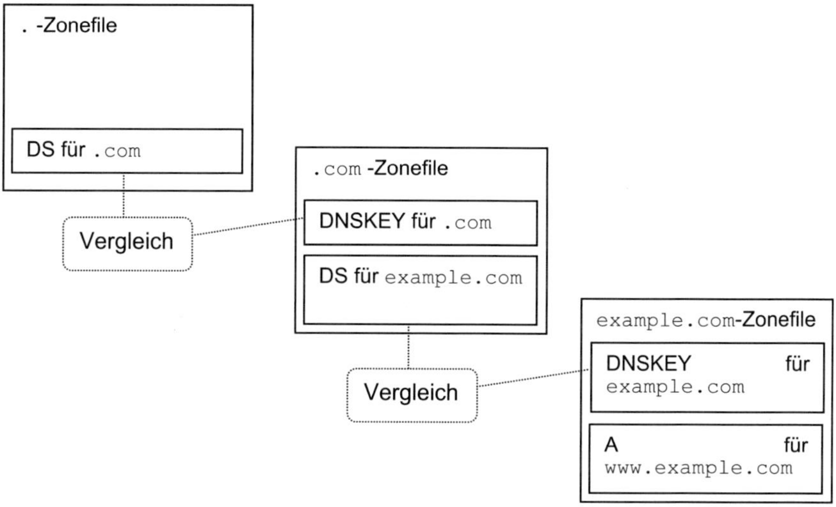

Bild 8.14: Verkettung der Schlüssel in DNSSEC am Beispiel `www.example.com`

Bild 8.14 fasst diesen Vorgang zusammen; wir sehen einen kleinen Ausschnitt aus der Public-Key-Hierarchie, wie sie für DNSSEC erforderlich ist.

8.4 Probleme mit DNSSEC

Der erste RFC zu DNSSEC [RFC 2065] wurde Anfang 1997 publiziert, der zweite [RFC 2535] im März 1999. Mittlerweile ist DNSSEC in sechs Ländern weltweit produktiv im Einsatz, um Teile des DNS abzusichern. Seit etwa 10 Jahren versucht man also, die bekannten Probleme des Domain Name Systems durch Kryptographie in den Griff zu bekommen, dabei stellten sich vor allem praktische Probleme.

Einige dieser Probleme sollen hier kurz angesprochen werden.

8.4.1 Größe

Das DNS ist die größte und dynamischste Datenbank der Welt, mit aktuell gut 200 Millionen aktiven Domainnamen[9], die aber nur einen Teil der Einträge ausmachen. Wenn man beachtet, dass sich die Größe unserer Beispieldatei aus Bild 8.3 durch Einsatz von DNSSEC mehr als versechsfacht hat, erhält man die erste Dimension des Größenproblems.

Weitaus relevanter dürfte die Größe der DNSSEC-Antworten sein, die sich auch vervielfachen wird und ggf. nicht mehr in ein UDP/IP-Paket passt. Resolver müssten dann zusätzliche Arbeit leisten.

Der Aufwand, die großen Zonendateien der Top-Level-Domains zu signieren, ist beherrschbar, wie in Versuchen gezeigt wurde [G04]. Die einfache Parallelisierbarkeit der Signaturerstellung trägt dazu bei.

Letztendlich ist auch der Verifikationsaufwand nicht zu unterschätzen, der von Nameservern geleistet werden muss, bevor sie DNSSEC-Einträge in ihren Cache übernehmen. Dies könnte leicht für DoS-Angriffe ausgenutzt werden, und es könnte den Zeitbedarf für eine Namensauflösung bis in subjektiv wahrnehmbare Größenordnungen steigern.

[9] http://news.netcraft.com/archives/2010/01/index.html

8.4.2 Automatisierung

Das Domain Name System ist so groß, dass nicht alles manuell erledigt werden kann. Wer soll z.B. die Hashwerte der Public Keys überprüfen, die dem Administrator der .com-Zone zum Einfügen in ein NSEC-RR zugesandt werden? Wer ist verantwortlich, wenn aufgrund eines Tippfehlers im öffentlichen Schlüssel der Zone einer großen Firma die Server dieser Firma im Internet nicht mehr sichtbar sind, weil alle Signaturen ungültig sind? Hier sind umfangreiche Hilfs- und Testfunktionen für die Systemadministratoren erforderlich.

Der Administrationsaufwand wird besonders in der Übergangsphase von DNS zu DNSSEC enorm sein, weil einige Zonen signiert sind, und andere nicht. Die Systemadministratoren müssen hier viele „Inseln des Vertrauens“ gleichzeitig managen; automatisierte Skripte wären hier hilfreich (vgl. hierzu http://www.opendnssec.org).

8.4.3 Sicherheit der privaten Schlüssel

BIND speichert die privaten Zonenschlüssel in einer Datei. Wird ein solcher Server gehackt, kann der Angreifer beliebige DNSSEC-Einträge ab dieser Zone fälschen. Die Sicherheit dieser Schlüssel muss noch verbessert werden, z.B. durch Einbindung eines PKCS#11-Moduls in die BIND-Software (vgl. auch hierzu http://www.opendnssec.org)..

8.4.4 Key Rollover

DNSSEC versucht genau das, woran X.509 Public-Key-Infrastrukturen bisher gescheitert sind: ein Schlüsselhierarchie mit nur einem einzigen Rootschlüssel einzuführen. Die Voraussetzungen sind bei DNSSEC wesentlich günstiger: Es gab bei Einführung von X.509 die weltumspannende Datenbank X.500 nur auf dem Papier, aber das Domain Name System ist Realität.

Trotzdem bleibt ein zentrales Problem bestehen: Wie kann man Schlüssel in einer solchen globalen Hierarchie austauschen, ohne die Funktionalität des Systems zu beeinträchtigen? Dieses Problem ist auch als *Key Rollover*-Problem bekannt, und es ist zumindest für den Schlüssel der Rootzone schwierig. Hierzu existieren mittlerweile zwei RFCs [RFC 4986, RFC 5011].

Vergleichen wir zunächst den Rollover von Schlüsseln unterhalb des Rootschlüssels in X.509 und DNSSEC:

- In X.509 haben alle Zertifikate nur eine begrenzte Gültigkeit. Nach Ablauf dieses Zeitraums darf der darin enthaltene öffentliche Schlüssel nicht mehr verwendet werden, es sei denn, er wird in ein neues Zertifikat übernommen. Soll ein Zertifikat vor Ablauf seiner Gültigkeit aus dem Verkehr gezogen werden, so kann man dieses Zertifikat auf eine Certificate Revocation List setzen lassen, die aber in der Praxis kaum beachtet werden.
- Auch in DNSSEC haben Signaturen eine begrenzte Gültigkeit, und ein DNSKEY-RR darf nur so lange verwendet werden, bis die zugehörige Signatur ungültig ist. (Eine Erneuerung des RRSIG-RR entspricht hier der Generierung eines neuen Zertifikats.) Revocation Lists werden nicht benötigt, da der Original TTL-Eintrag in der Signatur angibt, wie lange diese maximal gecached werden darf. Ein Rückruf eines öffentlichen Schlüssels kann daher im Prinzip durch Entfernen des DNSKEY-RR aus der Zonendatei des autoritativen Nameservers erfolgen. Ganz sicher ist diese Methode aber nur dann, wenn alle Nameserver des DNS die Kombination DNSKEY-RR/RRSIG-RR immer nur vom autoritativen Nameserver akzeptieren.

Wie sieht es beim Rollover des Root-Schlüssels aus? Hier haben weder X.509 noch DNSSEC bislang überzeugende Lösungen gefunden.

- In X.509 werden entweder unrealistisch lange Gültigkeiten für Rootzertifikate (10 bis 20 Jahre bei den Rootzertifikaten im Microsoft Internet Explorer) angegeben, oder es werden manuelle Nachkonfigurationen gefordert (Deutsches Signaturgesetz).
- In DNSSEC könnte man die Betreiber von Nameservern verpflichten, jährliche neue Rootschlüssel einzupflegen, aber bei Resolvern, die auf Client-PCs laufen, ist das nicht möglich. (Vgl. hierzu auch [10] und [11].)

Überdies erfordert der Einsatz von SIG-RRs eine wenigstens ungefähre Synchronisation der Zeit auf allen an das Internet angeschlossenen Systemen, da ein Angreifers sonst sein Opfer durch Verstellen der Uhr zum Akzeptieren einer abgelaufenen Signatur bringen könnte.

8.5 TSIG

Neben DNSSEC gibt es noch einen zweiten, wesentlich einfacheren Sicherheitsstandard, die Secret Key Transaction Authentication for DNS (TSIG) [RFC 2845]. TSIG dient zum sicheren Datenaustausch zwischen zwei DNS-Servern, die dazu ein gemeinsames Geheimnis besitzen müssen. Eine typische Anwendung wäre z.B. der Datenabgleich zwischen primärem du sekundärem Nameserver einer Zone.

Die ausgetauschten Daten werden dazu mit einem Message Authentication Code (MAC) gesichert, der durch Berechnung des HMAC-MD5 der Daten und des Geheimnisses entsteht. Das Ergebnis wird in einem eigenen RR übertragen, der eine TTL von 0 besitzt.

[10] http://www.heise.de/newsticker/meldung/DNS-Sieben-Schluesselbewahrer-fuer-die-Rootzone-856563.html
[11] http://www.root-dnssec.org.

9 XML- und Webservice-Security

Der Begriff „Webservice“ ist in den letzten Jahren zu einem wichtigen Paradigma in der Informatik geworden. Die Grundidee dahinter ist schon länger formuliert: Eine komplexe Anwendung wird nicht nur auf einem Server ausgeführt, sondern setzt sich aus Komponenten zusammen, die über das ganze Internet verteilt sein können. Diese Komponenten haben klar definierte Schnittstellen, sie können „On Demand“ zur Anwendung hinzugebunden werden.

Diese Idee, die auch die CORBA-Standards („Common Object Request Broker Architecture“) konkretisieren, wurde in ihrer Dynamik durch zwei Beobachtungen enorm gesteigert:

- Im Prinzip kann man jeden Server im Internet über das HTTP-Protokoll ansprechen.
- Einfache Webservices (z.B. Zähler für die Zugriffe auf eine Webseite) werden im WWW schon lange mit Erfolg genutzt.

Man benötigte nur noch eine Sprache, die mächtig genug war, um Webservice-Anfragen und Webservice-Schnittstellen zu beschreiben, und die leicht mit Hilfe des HTTP-Protokolls übertragen werden konnte.

Diese Sprache existiert glücklicherweise schon, es ist die eXtensible Markup Language (XML). Sie entstand aus dem Bemühen, die Vermischung von Inhalt und Formatierung im populären HTML zu beseitigen und eine klare Trennung herbeizuführen. Man muss es aus dem Blickwinkel der IT-Sicherheit fast schon als glücklichen Zufall bezeichnen, dass XML Signatur und XML Verschlüsselung mit zu den ersten Standards gehörten, die vom World Wide Web-Konsortium (www.w3c.org) im Bereich XML verabschiedet wurden.

Im Folgenden soll zunächst die Sprache XML vorgestellt werden, gefolgt von den drei Sicherheits-Costandards XML Signature, XML Encryption und XML Key Management. Anschließend wird als Beispiel für einen kryptographischen Webservice Microsoft Passport vorgestellt und seine Probleme analysiert. Den Abschluss bildet ein Ausblick auf die Aktivitäten im Bereich Webservice-Security, der ein sehr aktives Forschungsgebiet darstellt.

9.1 eXtensible Markup Language

Vergleicht man HTML mit einem Microsoft Word-Dokument, so haben beide zunächst gemeinsam, dass man Texte durch Formatierungen strukturieren kann. Aber die Unterschiede sind wichtiger: Während man zur Erstellung eines HTML-Dokuments nur einen einfachen Texteditor benötigt, der auf jeder Plattform verfügbar ist, braucht man für das Word-Dokument ein Textverarbeitungsprogramm.

Ähnlich sieht es mit kryptographischen Standards aus: Um ASN.1-basierte Datenformate wie PKCS#7 oder X.509 untersuchen zu können (z.B. weil man wissen will, warum ein Browser ein Zertifikat nicht akzeptiert), benötigt man die Unterstützung von Hilfsprogrammen. Nur Spezialisten kennen sich hier aus.

Der große Erfolg von HTML erklärt sich aus der Tatsache, dass HTML von Menschen leicht zu editieren ist, dass die Semantik eines HTML-Dokuments von Menschen ohne Hilfsprogramme verstanden werden kann, und dass die Bedeutung einer HTML-Datei dadurch unabhängig von der Plattform ist, auf der sie angezeigt wird.

Andererseits ist HTML ein recht starrer Standard: Er verfügt nur über eine geringe Anzahl von Tags, und wurde daher in der Vergangenheit immer wieder durch ad-hoc-Konstrukte erweitert. Das WWW-Konsortium [W3C], das sich um die Weiterentwicklung des World Wide Web kümmert, startete daher eine Initiative zur Standardisierung einer Nachfolgesprache, die eXtensible Markup Language (XML) genannt wurde.

9.1.1 Was ist XML?

Das WWW-Konsortium hat ein Dokument publiziert, das XML in zehn Punkten (von denen allerdings bisher nur sieben formuliert sind) erklären soll [XML10]. Hier ist die Übersetzung:

1. XML ist eine Methode, um strukturierte Daten in Textdateien (statt in Binärdateien) abzulegen.
   - Beispiel: Microsoft Word-Dokumente können als *.doc (Binärformat) oder als *.rtf (Textformat), und neuerdings auch als *.docx, gespeichert werden.
2. XML sieht aus wie HTML, ist aber kein HTML
   - HTML hat Tags mit fester Bedeutung. Bei XML wird die Bedeutung der Tags durch eine Beschreibung festgelegt. (Z.B. muss <p> nicht „paragraph“ bedeuten.)
3. XML ist Text, der aber eigentlich nicht von Menschen gelesen werden soll.
   - Das Textformat dient nur zum leichteren Debuggen und Reparieren von Dateien.
4. XML ist eine Familie von Technologien.
   - XML 1.0, Xlink (Hyperlinks), XSL (Style Sheets & Transformationen), XMLDSIG, ...
5. XML-Dateien sind größer als Binärdateien, aber das ist kein Problem.
   - Da auch binäre Werte wie z.B. Fließkommazahlen, im ASCII-Format abgespeichert werden müssen, entsteht durch die angewandte Codierung (z.B. Base64) eine größere Datenmenge. Durch Kompression von gespeicherten Dateien oder bei Übertragung dieser Dateien kann man dieses Problem lösen.
6. XML ist neu, aber nicht ganz neu.
   - XML ist mächtiger als HTML (1990) und leichter zu bedienen als SGML (die von der ISO 1986 definiert wurde).
7. XML ist lizenzfrei, Plattform-unabhängig und gut unterstützt.

Wie sieht nun ein XML-Dokument aus? Bild 9.1 gibt ein einfaches Beispiel, bei dem eine Unterhaltung modelliert wird. Das Element <conversation> umschließt dabei als Klammer die Elemente `<greeting>` und `<response>`.

```
<?xml version="1.0" standalone="yes"?>
<conversation>
  <greeting>Hello, world!</greeting>
  <response>
    Stop the planet, I want to get off!
  </response>
</conversation>
```

Bild 9.1: Ein einfaches XML-Dokument.

Man kann die Struktur eines XML-Elements auch in Form eines Baumes darstellen (Bild 9.2).

Das Dokument aus Bild 9.1 ist natürlich noch nicht vollständig. Da die Bedeutung der einzelnen Tags nicht mehr wie bei HTML vom Standard vorgegeben ist, müssen sie irgendwo definiert sein. Dazu gibt es verschiedene Möglichkeiten.

Die ältere Möglichkeit ist die, eine Document Type Definition [DTD] zu erstellen. Dieses Verfahren wurde in XML Version 1.0 vorgeschlagen. Eine DTD kann ein eigenständiges Dokument sein, oder sie kann in das XML-Dokument mit eingebunden werden. Nachteil einer DTD ist, dass sie selbst nicht der XML-Syntax genügt, und dass sie die XML-Namensräume (s.u.) nicht gut unterstützt.

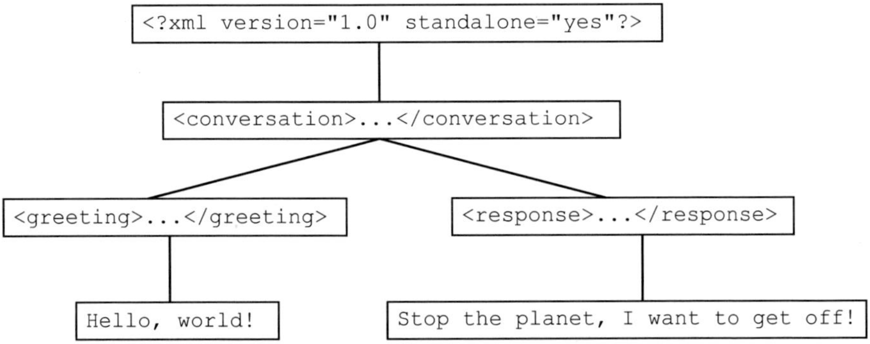

Bild 9.2: Die Struktur des XML-Dokuments aus Bild 9.1.

Die heute favorisierte Methode heißt XML Schema. Ein XML-Schema für ein XML-Dokument ist selbst wieder in XML formuliert. Der Standard für XML Schemata ist allerdings sehr komplex.

Eine gute Übersicht und Einführung zu den verschiedenen Definitionssprachen für XML-Dokumente findet man unter [MS01]. Natürlich sind die aktuellen Standards auch unter [W3C] abrufbar. Wer mit DTDs und Schemata experimentieren möchte, kann dies mit dem Webinterface von [Tie01] tun.

In XML-Dokumente können Referenzen auf externe Dokumente eingebunden werden, z.B. auch auf DTDs oder XML Schemata. Damit Namenskonflikte vermieden werden (z.B. kann der Tag `<title>` in vielen DTDs auftauchen), müssen diese Dokumente eindeutig bezeichnet werden können, durch einen eindeutigen Namen.

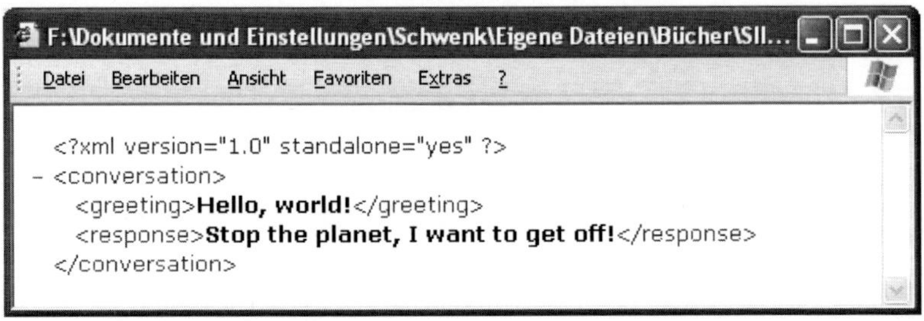

Bild 9.3: Strukturierte Darstellung eines reinen XML-Dokuments im Internet Explorer.

XML löst dieses Problem, indem zu den Tags eindeutige Präfixe in Form von Unique Ressource Identifiern (URI) vorangestellt werden. Als URIs werden meist URLs verwendet, da sie auch Angaben dazu machen, wo entsprechende Informationen zu dem definierten Namespace zu finden sind. Z.B. gibt der Eintrag

`xmlns="http://www.w3.org/2000/02/xmldsig#",`

den wir weiter unten in unserem Beispiel zur XML-Signatur finden werden, an, dass alle Tags wie `<Signature>` oder `<SignatureValue>` in dem Namespace definiert sind, der an die angegebene URL gebunden ist. Zusätzliche Informationen zu diesem Namespace, wie

DTD und XML Schema-Datei sind dann üblicherweise ebenfalls unter dieser URL abrufbar (auch wenn dies generell nicht erforderlich ist).

9.1.2 XSLT

XML ist eine reine Datenbeschreibungssprache. Die einzelnen Tags (z.B. der Tag `<greeting/>` im obigen Beispiel) sagen nichts darüber aus, wie der darin eingeschlossene Text (z.B. „Hello, World!") dargestellt bzw. verarbeitet werden soll. Betrachtet man ein einzelnes XML-Dokument in einem Browser, so wird daher nur die Struktur dieses Dokuments dargestellt (Bild 9.3).

Möchte man XML-Dateien komfortabel darstellen, so transformiert man sie in ein Zielformat wie HTML oder PDF. Dies soll an einem kleinen Beispiel erläutert werden.

```
<?xml version="1.0" ?>
<?xml-stylesheet type="text/xsl" href="book_list.xsl"?>
<book_list>
<book>
    <title> Moderne Verfahren der Kryptographie, 5. Aufl. </title>
    <author> A. Beutelspacher, J. Schwenk, K.-D. Wolfenstetter </author>
    <year> 2003 </year>
</book>
<book>
    <title> Sicherheit und Kryptographie im Internet, 2. Aufl. </title>
    <author> J. Schwenk </author>
    <year> 2005 </year>
</book>
</book_list>
```

Bild 9.4: XML-Liste der Bücher von Jörg Schwenk.

```
<?xml version="1.0"?>
<xsl:stylesheet xmlns:xsl="http://www.w3.org/1999/XSL/..." version="1.0">
<xsl:template match="/">
<html>
<body>
<table border="2">
   <tr>
       <th> Titel</th>
       <th> Autor</th>
       <th> Jahr </th>
   </tr>

   <xsl:for-each select="book_list/book">
   <tr>
       <td> <xsl:value-of select="title"/> </td>
       <td> <xsl:value-of select="author"/> </td>
       <td> <xsl:value-of select="year"/> </td>
  </tr>
  </xsl:for-each>
</table>
</body>
</html>
</xsl:template>
</xsl:stylesheet>
```

Bild 9.5: Eine XSL-Transformation zur Erzeugung einer HTML-Tabelle.

Alle Bücher des Autors „Schwenk" sind in der XML-Datei aus Bild 9.4 zusammengestellt. Durch Angabe einer *XML Stylesheet Language Transformation* (XSLT) kann man ein XML-Dokument in eine andere Form überführen; im vorliegenden Beispiel soll dies eine HTML-Tabelle sein. Eine XSL-Transformation ist dabei ein kleines Programm, das auch

Schleifenkonstrukte „normaler“ Programmiersprachen enthält (z.B. „for-each“, vgl. Bild 9.5), aber in XML notiert ist. Das Ergebnis der Transformation im Internet Explorer ist in Bild 9.6 wiedergegeben.

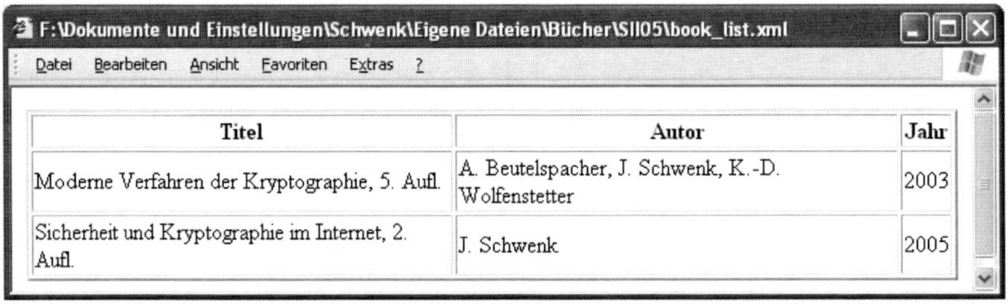

Titel	Autor	Jahr
Moderne Verfahren der Kryptographie, 5. Aufl.	A. Beutelspacher, J. Schwenk, K.-D. Wolfenstetter	2003
Sicherheit und Kryptographie im Internet, 2. Aufl.	J. Schwenk	2005

Bild 9.6: Strukturierte Darstellung eines reinen XML-Dokuments im Internet Explorer.

9.1.3 XML Schema

Unser Beispiel aus Bild 9.4 hat einen klaren Aufbau: Die Bücherliste `<book_list>` besteht aus einer Folge von beliebig vielen `<book>`-Elementen, und jedes `<book>`-Element hat genau drei Untereinträge in der Reihenfolge `<title>`, `<author>` und `<year>`. Weiter enthalten `<title>` und `<author>` nur alphanumerische Zeichen, während `<year>` eine ganze Zahl enthalten sollte.

Während ein menschlicher Leser der XML-Datei genau diese Struktur erwartet, da sie ihm durch die Namensgebung der einzelnen Tags suggeriert wird, ist es einem Computer zunächst einmal egal, ob die Daten zwischen `<year>` und `</year>` eine natürliche Zahl oder eine codierte MP3-Datei darstellen. Wenn er die XML-Datei auf Einhaltung einer sinnvollen Struktur überprüfen soll, so muss ihm zunächst mitgeteilt werden, was „sinnvoll“ bedeutet.

```
<?xml version="1.0"?>
<xsd:schema xmlns:xsd="http://www.w3.org/2001/XMLSchema">
<xsd:element name="book_list“ type=“bl”>
<xsd:complexType name=“bl”>
   <xsd:element name="book" type=“b” minOccurs="1" maxOccurs="unbounded"/>
</xsd:complexType>
<xsd:complexType name=“b”>
   <xsd:element name="title" type="xsd:string"/>
   <xsd:element name="author" type="xsd:string"/>
   <xsd:element name="year" type="xsd:positiveInteger"/>
</xsd:complexType>
</xsd:schema>
```

Bild 9.7: XML Schema für das Beispiel aus Bild 9.4.

Mittel hierzu ist die Spezifikation eines XML Schemas [XMLSchema], das diese Struktur genau beschreibt. (Die ältere Methode der Strukturbeschreibung über Document Type Definition [DTD] ist bei weitem nicht so mächtig und wird zunehmend zugunsten von XML Schema aufgegeben.) Bild 9.7 gibt ein XML Schema für unser Beispiel an.

9.1.4 XML-Signature Syntax and Processing

Der Standard zum digitalen Signieren von (Teilen von) XML-Dokumenten wurde von einer gemeinsamen Arbeitsgruppe von W3C und IETF erarbeitet [XMLSig]. Das Dokument „XML-Signature Syntax and Processing“ beschreibt als Kerndokument den Aufbau und die Verarbeitung einer digitalen Signatur in XML. (Wir haben ähnliche Datenformate schon in den Kapiteln zu PGP und S/MIME kennen gelernt; dort waren es binäre Formate.)

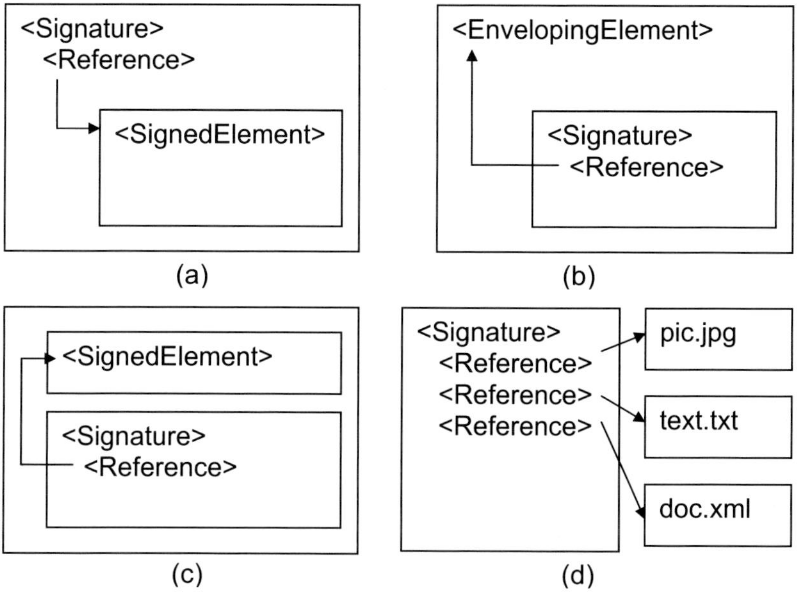

Bild 9.8: Die drei Arten von XML-Signaturen. (a) Enveloping Signature, (b) Enveloped Signature, (c) Detached Signature (im gleichen XML-Dokument), (d) Detached Signature mit externen Referenzen.

Es gibt drei Typen von Signaturen (Bild 9.8):

- Enveloping Signature: Das `<Signature>`-Element umschließt als Klammer die signierten Daten.
- Enveloped Signature: Das `<Signature>`-Element ist Teil der signierten Daten (es fließt aber nicht in die Bildung des Hashwerts ein).
- Detached Signature: Das `<Signature>`-Element enthält eine oder mehrere Referenzen mit *Unique Ressource Identifier* (URI) auf die signierten Daten.

Das `<Signature>`-Element aus Bild 9.9 enthält drei große Blöcke: Den `<SignedInfo>`-Block mit Informationen, welches Dokument wie signiert wurde, die eigentliche Signatur im `<SignatureValue>`-Feld, und Informationen zu dem öffentlichen Schlüssel, der zur Überprüfung der Signatur verwendet werden muss (`<KeyInfo>`).

- `<SignedInfo>`: Der wichtigste Eintrag hier ist das `<Reference>`-Element, das mehrfach vorkommen kann. Es enthält jeweils Informationen zu den Daten, die durch diese Signatur authentisiert werden. Dazu gehören die URI, unter der das (Teil-) Dokument gefunden werden kann, die Algorithmen, mit dem dieses (Teil-) Dokument in seine endgültige Form transformiert wurde (`<Transforms>`), und der Hashalgorithmus (`<DigestMethod>`), mit dem aus dieser Bytefolge der `<DigestValue>` berechnet wurde. Mit `<CanonicalizationMethod>` wird dann noch einmal das ganze `<SignedInfo>`-Element in die kanonische Form gebracht, bevor mit der Kombination aus Hash- und Signaturfunktion, die in `<SignatureMethod>` beschrieben ist, die eigentliche Signatur berechnet wird.

```
<Signature Id="MyFirstSignature" xmlns="http://www.w3.org/
                              2000/09/xmldsig#">
  <SignedInfo>
    <CanonicalizationMethod Algorithm="http://www.w3.org/TR/
                              2001/REC-xml-c14n-20010315"/>
    <SignatureMethod Algorithm="http://www.w3.org/
                              2000/09/xmldsig#dsa-sha1"/>
    <Reference URI="http://www.w3.org/TR/
                              2000/REC-xhtml1-20000126/">
      <Transforms>
        <Transform Algorithm="http://www.w3.org/TR/
                              2001/REC-xml-c14n-20010315"/>
      </Transforms>
      <DigestMethod Algorithm="http://www.w3.org/
                              2000/09/xmldsig#sha1"/>
      <DigestValue>
          j6lwx3rvEPO0vKtMup4NbeVu8nk=
      </DigestValue>
    </Reference>
  </SignedInfo>

  <SignatureValue>MC0CFFrVLtRlk=...</SignatureValue>

  <KeyInfo>
    <KeyValue>
      <DSAKeyValue>
        <P>...</P><Q>...</Q><G>...</G><Y>...</Y>
      </DSAKeyValue>
    </KeyValue>
  </KeyInfo>

</Signature>
```

Bild 9.9: Beispiel für eine XML Detached Signature [RFC 3275].

- <SignatureValue>: Der Wert der Signatur ist Base64-codiert in diesem Element abgespeichert.
- <KeyInfo>: Zum Überprüfen der digitalen Signatur benötigt man einen öffentlichen Schlüssel. Im vorliegenden Beispiel wird er direkt angegeben, in Form von Base64-codierten ganzen Zahlen. (<P>, <Q>, <G> und <Y> sind hier die Parameter des Digital Signature Algorithmus.) Dies ist in der Praxis natürlich nicht sinnvoll und sollte durch ein X.509-Zertifikat (Base64-codiert) oder eine Referenz auf einen öffentlichen Schlüssel, der bereits authentifiziert ist, ersetzt werden.

Wie man an diesem Beispiel schon sieht, sind die Möglichkeiten, XML-Dokumente zu signieren, sehr vielfältig. So kann man mit einem einzigen <Signature>-Element mehrere XML-(Teil-)Dokumente oder Nicht-XML-Dateien signieren, indem man in das <SignedInfo>-Feld mehrere <Reference>-Elemente einfügt.

Noch ein Wort zu der kanonischen Form von XML-Dokumenten: Wer das Beispiel aus Bild 9.9 genau mit dem Beispiel aus [RFC 3275] vergleicht, wird an einigen Stellen Unterschiede entdecken: So habe ich die URLs aus Formatierungsgründen umgebrochen, und das

<DigestValue>-Feld benötigt in Bild 9.9 drei Zeilen gegenüber nur einer Zeile in [RFC 3275]. Diese Abweichungen verändern die Semantik des Beispiels jedoch nicht, würden aber die Verarbeitung durch einen XML-Prozessor beeinflussen (und auch eine XML Signature invalidieren).

Damit semantisch äquivalente XML-Dokumente auch immer denselben Hashwert liefern, werden sie vor dem Hashen in eine kanonische Form transformiert. Dieses Verfahren ist in [XMLCan] beschrieben. So vermeidet man Schwierigkeiten bei der Überprüfung der Signatur.

```
<?xml version="1.0"?>
<PaymentInfo xmlns="http://example.org/paymentv2">
  <Name>John Smith<Name/>
  <CreditCard Limit="5,000" Currency="USD">
    <Number>4019 2445 0277 5567</Number>
    <Issuer>Bank of the Internet</Issuer>
    <Expiration>04/12</Expiration>
  </CreditCard>
</PaymentInfo>
```

Bild 9.10: Das XML-Element <PaymentInfo> enthält Informationen zur Kreditkarte von John Smith [XMLEnc2].

9.1.5 XML Encryption

Nach der digitalen Signatur folgte als zweiter großer Wurf des WWW-Konsortiums die Verschlüsselung [XMLEnc]. Das Ziel war die Verschlüsselung von beliebigen Elementen eines XML-Dokuments, und die Einbindung der zur Entschlüsselung benötigten Schlüsselinformation in XML. Da der Signaturstandard bereits fertig war, musste sich der neue Standard natürlich an diesen anpassen.

```
<?xml version="1.0"?>
<PaymentInfo xmlns="http://example.org/paymentv2">
  <Name>John Smith</Name>
  <EncryptedData
   Type="http://www.w3.org/2001/04/xmlenc#Element"
   xmlns="http://www.w3.org/2001/04/xmlenc#">
    <CipherData>
      <CipherValue>A23B45C56</CipherValue>
    </CipherData>
  </EncryptedData>
</PaymentInfo>
```

Bild 9.11: Das XML-Element <CreditCard> wurde komplett verschlüsselt, nur der Name des Inhabers ist noch lesbar [XMLEnc2].

Wir wollen die Möglichkeiten dieses Standards anhand eines Beispiels erläutern, nämlich der der Übertragung von Kreditkarteninformationen.

Kreditkarten-Informationen werden heute meist nur Transport-verschlüsselt übertragen, z.B. mit TLS. Dies hat den Nachteil, dass sie auf dem Server des Händlers unverschlüsselt vorliegen, und im Falle eines Einbruchs in diesen Server auch missbraucht werden können. Die Kreditkartenindustrie hat daher vor einigen Jahren versucht, eine Verschlüsselung der Kreditkartendaten selbst unter dem Namen „Secure Electronic Transactions (SET)" einzuführen, die sich jedoch nie richtig durchgesetzt hat.

Mit der XML-Verschlüsselung steht nun ein Standard bereit, der an Stelle von SET eingesetzt werden könnte. Die Idee ist hier, dass ein Händler nicht alle Informationen einer Kreditkarte sieht, sondern nur die von ihm benötigten. Zur Überprüfung der Kreditwürdigkeit kann er den Datensatz dann mittels eines Webservice beim Herausgeber der Kreditkarte verifizieren lassen.

Aus dem XML-Dokument aus Bild 9.11 kann der Händler nur entnehmen, dass ein gewisser John Smith behauptet, eine Kreditkarte zu besitzen. Man beachte, dass ein ganzes XML-Element, nämlich `<CreditCard>`, mit allen seinen Untereinträgen verschlüsselt wurde.

```
<?xml version="1.0"?>
<PaymentInfo xmlns="http://example.org/paymentv2">
  <Name>John Smith<Name/>
  <CreditCard Limit="5,000" Currency="USD">
    <EncryptedData
     Type="http://www.w3.org/2001/04/xmlenc#Content"
     xmlns="http://www.w3.org/2001/04/xmlenc#">
      <CipherData>
        <CipherValue>A23B45C56</CipherValue>
      </CipherData>
    </EncryptedData>
  </CreditCard>
</PaymentInfo>
```

Bild 9.12: Der Eintrag „Limit“ im XML-Element `<CreditCard>` bleibt lesbar, der Rest ist verschlüsselt [XMLEnc2].

Bleibt wenigsten der Eintrag „Limit“ unverschlüsselt, so weiß der Händler wenigstens, bis zu welchem Limit der Kunde John Smith Waren mit dieser Kreditkarte bezahlen kann. Bei diesem Beispiel wurde nicht ein Element, sondern die drei Einträge `<Number>`, `<Issuer>` und `<Expiration>` verschlüsselt.

Natürlich kann man auch nur die wichtigste Information, die Kreditkartennummer, verschlüsseln. Hier wird nur der ASCII-Inhalt des Elements `<Number>` verschlüsselt.

Dieses kleine Beispiel sollte nur die Möglichkeiten der XML-Verschlüsselung vorführen, es ist natürlich keine vollwertige Verschlüsselungslösung. Der erfahrene Leser wird gleich bemerkt haben, dass bei diesem naiven Ansatz natürlich Replay-Attacken möglich sind, bei denen man ein mitgeschnittenes, verschlüsseltes `<CreditCard>`-Element einfach wiederholt an den Händler senden kann.

9.1.6 XML-Schlüsselmanagement

Beim Schlüsselmanagement steht XML vor einem etwas überraschenden Problem, nämlich der Auswertung von X.509-Zertifikaten.

Zertifikate nach dem X.509-Standard bilden heute das Rückgrad der Public-Key-Infrastrukturen im Internet. Sie sind aber in der Metasprache ASN.1-Standard definiert [X-208] und mit den Distinguished Encoding Rules binär codiert, so dass sie sich nicht ohne weiteres in die XML-Welt einbinden lassen.

Um also ein Zertifikats-basiertes Schlüsselmanagement in eine XML-Anwendung zu integrieren, muss ein Programmierer zwei völlig verschiedene Module zusammenbinden, eines für XML und ein anderes für ASN.1.

```
<?xml version="1.0"?>
<PaymentInfo xmlns="http://example.org/paymentv2">
  <Name>John Smith<Name/>
  <CreditCard Limit="5,000" Currency="USD">
    <Number>
      <EncryptedData
       xmlns="http://www.w3.org/2001/04/xmlenc#"
       Type="http://www.w3.org/2001/04/xmlenc#Content">
        <CipherData>
          <CipherValue>A23B45C56</CipherValue>
        </CipherData>
      </EncryptedData>
    </Number>
    <Issuer>Bank of the Internet</Issuer>
    <Expiration>04/12</Expiration>
  </CreditCard>
</PaymentInfo>
```

Bild 9.13: Nur die Kreditkartennummer ist verschlüsselt [XMLEnc2].

Aus diesem Grund macht sich die XML Key Management Working Group [XMLKey] Gedanken darüber, ob man die Auswertung der X.509-Zertifikate nicht spezialisierten Webservices überlassen sollte. Eine einfache XML-Anwendung könnte dann ein Zertifikat, das sie nicht versteht, an einen spezialisierten Webservice senden, der dann unterschiedlich detaillierte Antworten im XML-Format zurück liefern kann: Vom einfachen „Hier hast Du einen gültigen Public Key" bis hin zu einer detaillierten Übersetzung der Inhalte eines Zertifikats in die XML-Syntax ist alles denkbar, und wird zur Zeit diskutiert.

Der XML Key Management Standard (XKMS) besteht aus zwei Teilen:

- XML Key Information Service Specification (XKISS): Mit diesem Service kann das Schlüsselmanagement einer Anwendung an einen Webservice ausgelagert werden. Die Schlüssel können in einer X.509-PKI oder mit XKRSS hinterlegt worden sein.
- XML Key Registration Service Specification (XKRSS): Mit diesem Service kann der Eigentümer eines Schlüssels diesen registrieren lassen, so dass es danach über XKISS oder X.509 abgerufen werden kann.

9.2 Microsoft Passport

Microsoft Passport ist ein kryptographischer Webservice, der ein bekanntes Problem des Internet auf neue Art und Weise zu lösen versucht: MS Passport soll den technisch gesehen anonymen Nutzern des Internet eine Identität geben (daher der Name). MS Passport soll hier stellvertretend für eine große Klasse von Protokollen stehen, die Sicherheitsdienste im Internet nutzen, auf Client-Seite aber nur einen Webbrowser benötigen. Die Klasse ist genauer in [PW02] beschrieben.

Der aufmerksame Leser wird einwenden, dass dieses Problem doch schon durch X.509-Zertifikate gelöst werden kann, z.B. in Kombination mit SSL-Clientauthentifizierung (vgl. Kapitel 4). Leider haben sich an dieser Stelle aber Theorie und Praxis weit auseinander entwickelt: Während SSL-Serverzertifikate in fast jedem größeren Webserver zu finden sind, konnte sich die Client-Authentisierung nicht durchsetzen, da die wenigsten Internet-Nutzer über ein X.509-Zertifikat verfügen. Daher werden auch heute Nutzer von Webseiten fast ausschließlich über Username/Password authentifiziert.

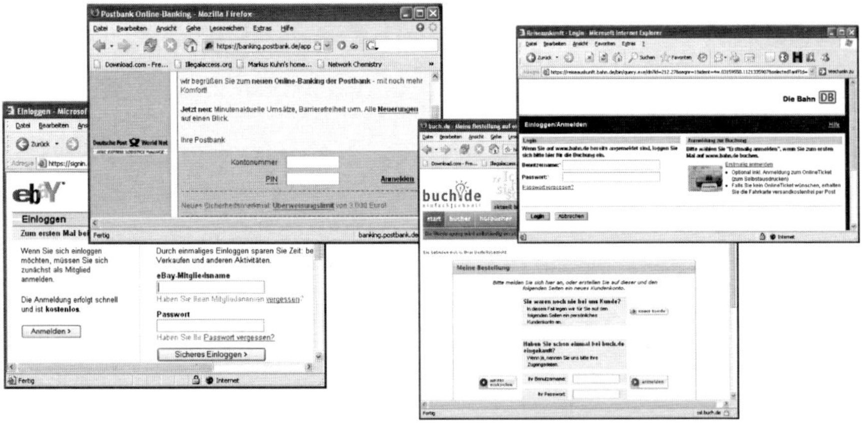

Bild 9.14: Internet-Nutzer müssen sich heute oft eine Vielzahl von Passwörtern merken.

Die Firma Microsoft hat versucht, dieses Problem zu lösen, indem sie eine Authentifizierungstechnologie für Microsoft-Domänen auf das Internet übertragen hat. Dieser Versuch hat viel Kritik geerntet, da hier zum einen der Versuch gesehen wurde, das gesamte Internet zu monopolisieren, zum anderen durch die Beschränkung auf einen Browser und auf das HTTP-Protokoll viele neue Sicherheitsprobleme aufgetreten sind.

Nichtsdestotrotz werden ähnliche Protokolle vorangetrieben (für eine Übersicht siehe [PW02]). Daher soll Microsoft Passport hier als Prototyp dieser Verfahren vorgestellt werden, zumal hier auch ein interessantes kryptographisches Verfahren, das Kerberos-Protokoll, zum Einsatz kommt.

9.2.1 Kerberos

Das Kerberos-Protokoll (vgl. **1.6.4**) kann eingesetzt werden, um mit Hilfe eines zentralen Servers, dem Key Distribution Center (KDC), mit symmetrischer Kryptographie einen Schlüsselaustausch und eine gegenseitige Authentifizierung zwischen zwei Computern durchzuführen, die noch kein gemeinsames Geheimnis besitzen. Kerberos wurde am MIT zum praktischen Einsatz in Computernetzen entwickelt [KNT91], und wird von Microsoft zur Authentifizierung von Windows-Rechnern innerhalb einer Domäne verwendet. (Die Rolle des KDC spielt dabei das „Active Directory".)

Die Grundidee von Kerberos ist relativ einfach: Die beiden Computer, hier C (Client) und S (Server) genannt, besitzen beide jeweils einen geheimen Schlüssel kc bzw. ks, der auch dem KDC bekannt ist.

In einer ersten Nachricht muss C dem KDC zunächst mitteilen, mit welchem anderen Computer (S) er kommunizieren möchte. Damit er die Antwort des KDC später wieder erkennt, und um Replay-Angriffe zu verhindern, fügt er noch einen zufälligen Wert n (Englisch „nonce") hinzu.

Die Antwort des KDC besteht aus zwei Teilen:

- Teil 1 ist für C bestimmt, deshalb auch mit kc verschlüsselt, und enthält den Kommunikationsschlüssel kcs (zukünftiger gemeinsamer Schlüssel zwischen C und S), und die von C gesandte „nonce" n.
- Teil 2 ist für S bestimmt, deshalb ist das darin enthaltene Ticket Tcs mit ks verschlüsselt. Es enthält:

- ID_c , die Identität des Kommunikationspartners C (z.B. seine IP-Adresse oder seinen Rechnernamen),
- kcs, den Kommunikationsschlüssel und
- tSTART, tEXPIRES, die Gültigkeitsdauer der Tickets. (Bei wiederholter Authentifizierung von C beim gleichen Server S zwischen tSTART und tEXPIRES muss nur die Nachricht 3 mit neu generiertem Authentikator gesendet werden.)

Teil 2 dieser Nachricht wird von C unverändert an S weitergeleitet. (C kann damit ja nichts anfangen.) Hinzu kommt ein Authentikator, der einen mit dem Kommunikationsschlüssel verschlüsselten Zeitstempel A_c enthält.

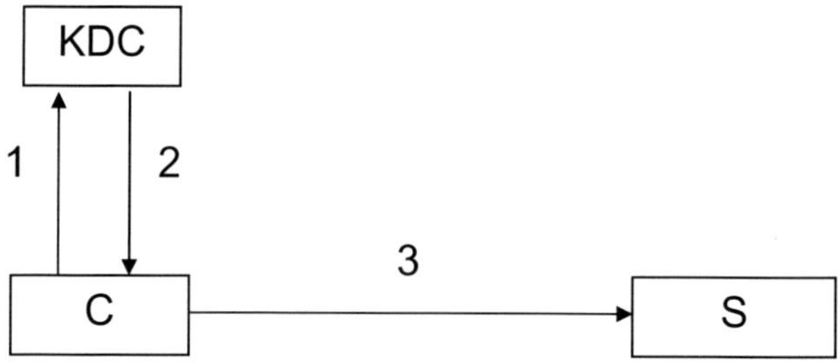

1. C $\rightarrow$ KDC : C, S, n
2. KDC $\rightarrow$ C : $E_{kc}(kcs, n)$, $E_{ks}(Tcs)$
3. C $\rightarrow$ S : $E_{kcs}(A_c)$, $E_{ks}(Tcs)$

(In Version 4 lautet die Nachricht 2: $E_{kc}(K_{c,s}$, n, $E_{ks}(Tcs))$.)

Bild 9.15: Version 5 des einfachen Kerberos-Protokolls.

Nach Austausch dieser drei Nachrichten sind C und S gegenseitig implizit über den Schlüssel kcs authentifiziert: C (bzw. S) weiß, dass derjenige, der mit kcs verschlüsselte Nachrichten (sinnvoll) beantworten kann, S (bzw. C) sein muss.

Der große Vorteil dieser Lösung gegenüber Zertifikaten besteht darin, dass der Schlüssel kc (da er ein Schlüssel für ein symmetrisches Verfahren ist) aus einem Passwort generiert werden kann. Ein solches Passwort kann ein Internet-Nutzer (im Gegensatz zu einem X.509-Zertifikat) leicht überall einsetzen (z.B. im Internetcafé).

Eine weitere Optimierung wurde in das Kerberos-Protokoll eingeführt: Ein typischer Nutzer wird während seiner Arbeit am Computer nicht nur einen, sondern mehrere Server abfragen. Hierzu wäre im ursprünglichen Modell jedes Mal eine Anfrage beim KDC erforderlich.

Daher wurde das Konzept der Tickets um ein „Ticket Granting Ticket" erweitert. Das KDC stellt nur noch dieses Ticket aus und bestätigt so die Berechtigung des Client, sich über einen Ticket Granting Server T weitere Tickets zur Verbindung mit Servern ausstellen zu lassen.

Der Ablauf dieses Protokolls ist in Bild 9.16 dargestellt, wobei kc und kt die Schlüssel sind, die Client C und Ticket Granting Server T mit dem KDC teilen, während die Schlüssel ks der Server beim Ticket Granting Server hinterlegt werden. kxy bezeichnet wie im Standard-Kerberos-Protokoll einen frisch erzeugten Sitzungsschlüssel für die Kommunikation zwischen X und Y.

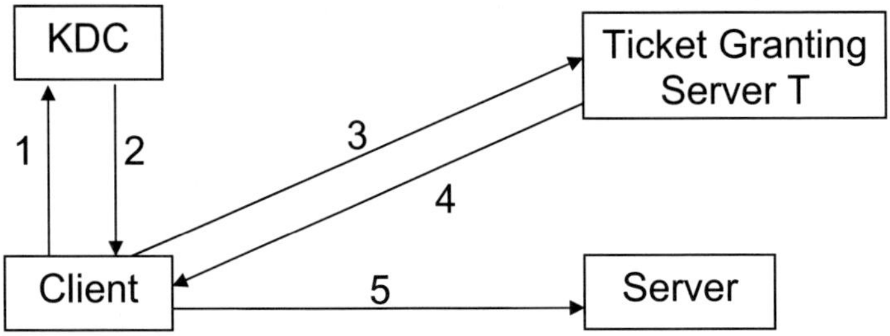

1.	C	→ KDC:	C, T, n
2.	KDC	→ C:	$E_{kc}(kct, n)$, $E_{kt}(Tct)$
3.	C	→ T:	$E_{kct}(A_c)$, $E_{kt}(Tct)$, s, n
4.	T	→ C:	$E_{kct}(kcs, n)$, $E_{ks}(Tcs)$
5.	C	→ S:	$E_{kcs}(A_c)$, $E_{kt}(Tcs)$

Bild 9.16: Durch Einführung eines Ticket Granting Servers muss ein Client sich nur noch einmal authentisieren, um beliebig viele Serverdienste in Anspruch nehmen zu können.

Die Vorteile dieser Erweiterung sind:

- Der geheime gemeinsame Schlüssel kc zwischen Client und KDC ist besser geschützt, da er nur einmal eingesetzt wird, nämlich zur Beantragung des Ticket Granting Ticket Tct. Anschließend kann kc auf dem Client-Computer gelöscht werden, nur der temporäre Sitzungsschlüssel kct wird noch benötigt. Diese Eigenschaft ist besonders wichtig, wenn ein Nutzer sich in einer unsicheren Umgebung, z.B. einem Internet-Café, befindet.
- Die Authentisierung gegenüber den verschiedenen Servern ist für den Nutzer transparent, d.h. er bekommt davon nichts mit. Der Nutzer muss sich nur einmal gegenüber dem KDC authentisieren.

9.2.2 Kerberos v5 und Microsofts Active Directory

Mit Version 5 war Kerberos so weit entwickelt, dass sein Siegeszug über die akademischen Grenzen hinaus begann: Microsoft machte Kerberos zum Standard-Authentifizierungsdienst in Windows 2000 und allen bisherigen Nachfolgeprodukten.

Hier zur Orientierung in der Microsoft-Welt einige kurze Begriffserklärungen:

Eine (Windows-)*Domäne* ist **eine** Gruppe von Computern, die Teil eines Netzwerkes sind und eine gemeinsame Verzeichnisdatenbank nutzen. Eine Domäne wird als eine Einheit mit gemeinsamen Regeln und Verfahren verwaltet. Jede Domäne hat einen eindeutigen Namen.

Um die volle Funktionalität einer Domäne nutzen zu können, muss als Verzeichnisdatenbank ein *Active Directory* eingesetzt werden. Kerberos ist dann der Standard-Authentifizierungsdienst, der in einer solchen Domäne eingesetzt wird, und der Active-Directory-Server fungiert als Key Distribution Center und Ticket Granting Server.

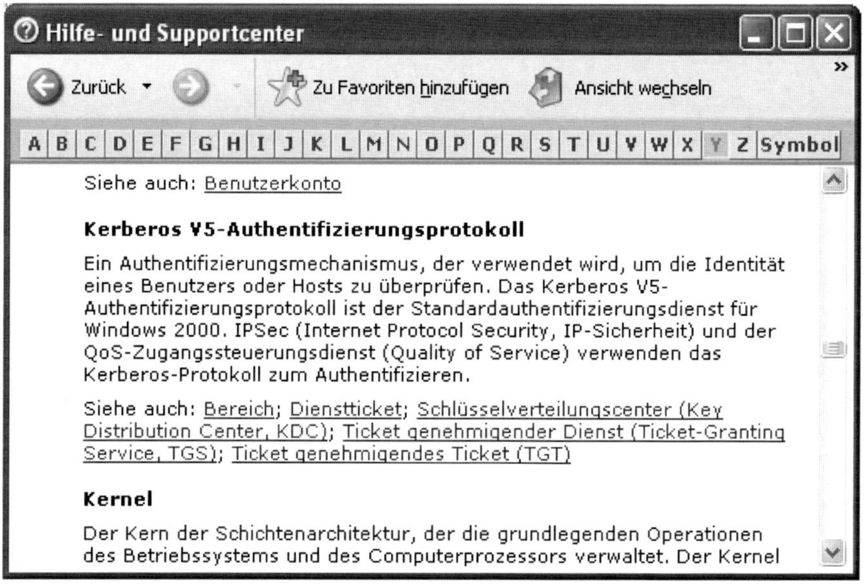

Bild 9.17: Erläuterung der Kerberos-Protokolls in der Windows XP-Hilfe

Damit haben wir das Kerberos-Protokoll auf seinem Weg in die Welt der Computernetze bis hin zum Einsatz in geschlossenen, relativ kleinen Netzwerken begleitet. Bevor wir schildern können, wie Kerberos dann auch mit Microsoft Passport seinen Weg ins Internet gefunden hat, müssen wir kurz einige Standard-Internettechnologien erläutern.

9.2.3 HTTP Cookies

In Kapitel **4.1** haben wir bereits die grundlegende Funktionsweise des HTTP-Protokolls vorgestellt. Um Microsoft Passport verstehen zu können, müssen wir noch *HTTP-Cookies*, die *HTTP-Redirect-Direktive,* und *HTML-Formulare* einführen.

HTTP ist ein verbindungsloses Protokoll, verschiedene HTTP-Anfragen vom gleichen Client stehen für den Server in keinem Zusammenhang. Das ist perfekt geeignet für das ursprüngliche Hypertext-Internet, bei dem die Server nur Dokumente ausliefern sollten. Es wurde jedoch schon für Webshops problematisch: Wie merkt sich der Webshop-Server, welche Produkte der Kunde beim letzten Besuch in seinen Einkaufswagen gelegt hat?

Solange der Kunde nur den Webshop besucht, kann dieses Problem im Prinzip auch anders gelöst werden: Nach jeder neuen Anfrage kann der Shop-Betreiber dem Kunden eine im Server individuell erzeugte HTML-Seite zusenden, in der die Produkte im Einkaufswagen als verstecktes („invisible“) HTML-Formular oder in den eingebetteten Hyperlinks codiert sind.

Diese Lösung funktioniert allerdings nicht mehr, wenn der Kunde zwischendurch eine andere Webseite besucht (etwa um Preise zu vergleichen), oder wenn er seinen Einkauf unterbricht und den Browser ausschaltet.

Bild 9.18: Übertragung von Cookies für die Domäne shop.de

Aus diesem Grund hat die Firma Netscape, der Marktführer in Sachen WWW-Browser in den Anfangsjahren dieses Mediums, das HTTP-Protokoll um das Konzept der *Cookies* („Plätzchen") erweitert. Wenn die Cookie-Funktionalität im Browser aktiviert ist (man kann sie aus Datenschutzgründen auch deaktivieren), so passiert folgendes:

- Beim ersten Besuch eines Browsers wird in der Antwort des Servers eine kleine Textdatei übermittelt (als Feld `set-cookie` im HTTP-Header), die neben anderen Informationen auch einen Domainnamen (z.B. „shop.de") enthält. Diese Information wird vom Browser gespeichert.
- Wird der Server (oder ein anderer Server in der gleichen Domain) zum zweiten Mal besucht, so überprüft der Browser vor Senden des Requests, ob für diese Domain ein Cookie gespeichert ist. Wenn ja, liefert er dieses Cookie mit ab, und der Server weiß wieder, mit wem er redet.

Cookies können unterschiedliche Informationen transportieren: Referenzen auf Datenbankeinträge beim Shop-Betreiber, Präferenzen für Internet-Portale, den Inhalt des Einkaufswagens, aber auch persönliche Informationen des Nutzers. So genügt es zum Beispiel, ein Werbebanner auf einer Webseite zu platzieren (das im Extremfall nur 1 mal 1 Pixel groß sein muss), um per Cookie über alle Besucher auf dieser Webseite informiert zu werden. Aus diesem Grund sind Cookies für den Datenschutz problematisch.

Wenn im `set-cookie`-Feld der Wert `secure` auftaucht, so wird der Browser damit aufgefordert, das Cookie nur dann an den Server zurückzusenden, wenn SSL aktiviert ist. Von dieser Eigenschaft wird im Passport-Protokoll ausgiebig Gebrauch gemacht.

Im Prinzip würden sich HTTP-Cookies eignen, um Informationen von einem Server an einen anderen zu übertragen. Aus Datenschutzgründen wurde aber einige Zeit nach Einführung der Cookies die so genannte „Cross-Domain"-Nutzung in Browsern unterbunden: HTTP-Cookies dürfen heute nur noch für die eigene Domain, und ggf. für Subdomains gesetzt werden. Daher benötigen wir andere Methoden, um Daten „Cross-Domain" zu übertragen.

9.2.4 HTTP Redirect

Die erste Methode, die zur Cross-Domain-Kommunikation eingesetzt wird, ist die HTTP-Redirect-Direktive des HTTP-Protokolls.

Ist die gesuchte Information nicht auf dem Server vorhanden, den der Browser kontaktiert hat, so sieht das HTTP-Protokoll im Wesentlichen zwei Möglichkeiten vor, wie mit dieser Situation umzugehen ist:

- Ausgabe einer Fehlermeldung (z.B. die relativ bekannte Meldung „404 File not found"), oder

- ein HTTP Redirect (Statusmeldungen 3xx, z.B. 302 „Found", 303 „See Other" oder 307 „Moved Temporarily"), bei dem der andere Server, auf dem die Information zu finden ist, im HTTP-Headerfeld `Location` angegeben wird..

Der Browser reagiert auf eine Statusmeldung 3xx direkt mit einer neuen Anfrage an den in der Meldung genannten Server, ohne den Nutzer darüber zu informieren. Normalerweise merkt der Nutzer also nichts von dieser Umleitung, außer dass sich ggf. die URL ändert. Ein HTTP Redirect kann zur Verbesserung der Performanz des WWW („Caching") eingesetzt werden, zur Verknüpfung eines Domainnamens mit den auf einem anderen Webserver gespeicherten Seiten, oder auch zum Umleiten verschiedenster Anfragen auf einen zentralen Server, wie im Fall von MS Passport.

Möchte Server A nun eine Information an Server B senden, so codiert er diese Information als Textstring, und fügt diesen Textstring als so genannten Query String an die URL an, die im `Location`-Feld angegeben wird:

```
Location: http://www.ServerB.com/auth.php?data="g34ad7rjUzdeU"
```

Dieses Feld fügt er in die HTTP-Antwort auf die Anfrage des Browsers ein, zusammen mit dem Status Code „3xx", der ein Redirect im Browser bewirkt. Der Browser sendet nun

```
GET auth.php? data="g34ad7rjUzdeU"
```

an Server B, und dieser kann die Daten aus dem String `"g34ad7rjUzdeU"` extrahieren.

9.2.5 HTML-Formulare

Für Query-Strings gibt es Längenbeschränkungen, so dass große Datensätze nicht in dieser Form zwischen zwei Servern ausgetauscht werden können. In diesen Fällen verwendet man HTML-Fomulare [Selfhtml], um diese Daten zu übertragen.

```
<form action="http://www.nds.rub.de/pay.php" method="post">
  Select Payment Method:
  <input type="radio" name="method" value="cash"> Cash
  <input type="radio" name="method" value="credit"> Credit
  <br>
  Credit Card Number: <input type="text" name="cardno"><br>
  Expiration Date: <input type="text" name="expdate"><br>
  <input type="submit" value="Submit">
</form>
```

Bild 9.19: HTML-Quelltext für das Formular in Bild 9.20.

Ein HTML-Formular dient normalerweise dazu, Informationen vom Nutzer über den Browser an den Server zu übertragen, wie das Beispiel aus Bild 9.19 zeigt. Innerhalb des `<form>`-Tags können Eingabefelder und sonstiger HTML-Code stehen. In die Felder `<input Type="text">` kann beliebiger Text eingetragen werden.

Wenn der Nutzer auf den Knopf „Submit" klickt, der durch ein Input-Feld vom Typ „`submit`" erzeugt wird, so wird die im öffnenden `<form>`-Tag spezifizierte Aktion durchgeführt. In unserem Beispiel ist die die Übertragung der im Formular ausgewählten oder eingegebenen Werte innerhalb eines POST-Requests an den Webserver `www.nds.rub.de`, und dort an das PHP-Skript `pay.php`.

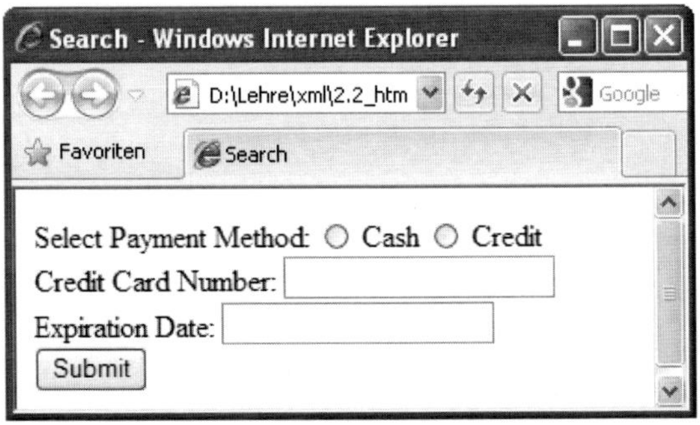

Bild 9.20: Einfaches Formular zur Eingabe von Kreditkarten-Informationen.

Eingabefelder eines HTML-Formulars dürfen schon vorausgefüllt sein, und dieser Trick wird benutzt, um größere Datenmengen von Server A an Server B zu übertragen.

Server A sendet eine Webseite an den Browser zurück, die ein verstecktes (d.h. für den Nutzer unsichtbares) Formular enthält, das mit den zu übertragenden Daten schon vorausgefüllt wurde. Im `action`-Parameter wird die Adresse von Server B angegeben. Jetzt fehlt nur noch eine Aktion, um das Formular abzusenden, und diese Aktion kann auch von Javascript direkt nach dem Laden des Formulars ausgeführt werden, eine Interaktion des Nutzers ist somit nicht erforderlich. Als Ergebnis dieser Aktion werden die im versteckten Formular enthaltenen Daten mit Hilfe eines POST-Requests an Server B übertragen.

9.2.6 MS Passport

Dem Dienst Microsoft Passport liegt das Kerberos-Protokoll zugrunde, das jedoch an die Gegebenheiten des Internet angepasst wurde:

- Der Client ist ein Standard-Browser, der nur eine einzige kryptographische Fähigkeit besitzt: Er kann mit SSL geschützte Verbindungen zu verschiedenen Servern aufbauen, wobei der Server authentifiziert wird. Im Gegensatz zu Kerberos hat er keinen gemeinsamen Schlüssel mit dem KDC (hier ein Server in der Domain passport.com) und kann keine Kryptogramme entschlüsseln.
- Zur Übertragung der Nachrichten stehen ausschließlich HTTP-Cookies, HTML-Formulare und HTTP Redirect zur Verfügung.
- Es wird kein Sitzungsschlüssel zwischen Client und Server ausgehandelt (diese Aufgabe übernimmt SSL), sondern es wird lediglich der Client gegenüber dem Server authentifiziert.

Im Folgenden soll die Funktionsweise des MS Passport-Protokolls anhand der (fiktiven) Zielserver bank.de und auto.de erläutert werden.

Bild 9.21 gibt den Ablauf einer Passport-Authentifizierung wieder, wenn der Nutzer zwar einen Passport-Account besitzt, aber in seinem Browser kein gültiges Ticket in Form eines Cookies gespeichert ist.

Versucht der Nutzer sich auf dem Server bank.de mittels Passport zu authentisieren, so wird er anschließend mit einem HTTP Redirect auf einen Server in der passport.com-Domäne umgeleitet. Dieser Passport-Server authentisiert den Nutzer über Username/Passwort, die SSL-geschützt übertragen werden. Dies ist ein Unterschied zu dem in Bild 9.16 beschriebenen Kerberos-Protokoll: In Kerberos wird der Client implizit über den Schlüssel kc authentisiert, den er mit dem Kerberos-Server gemeinsam hat. In Passport ist dies nicht möglich, weil der Browser lediglich Cookies speichern kann.

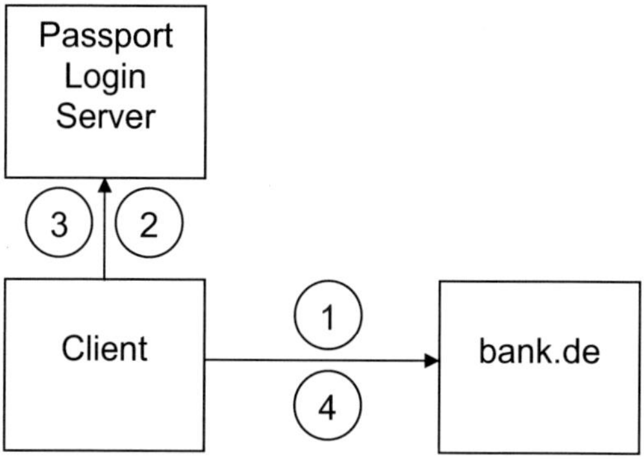

Schritt	Request	Response
1	HTTP(S) GET auf geschützte Seite (keine Cookies)	Anzeige der Login-Seite. Nach Klick auf das MS Passport-Icon erfolgt ein HTTP(S) Redirect zum Passport Login Server mit den Daten bank.de ID, ReturnURL, TimeWindow, ... im Query String.
2	HTTP(S) GET auf PP Login Server (bank.de-Infos im QS)	200 OK Sign In Form
3	Eingabe von Username/Passwort, HTTPS POST auf PP Login Server (enthält Username/Passwort)	302 HTTPS Redirect zurück zu bank.de, falls Authentifizierung positiv. Folgende Daten werden im Querystring übertragen, bzw. als Cookie gesetzt: ▪ Ticket granting cookie für passport.com (verschl. mit „central key) ▪ Ticket cookie für bank.de (verschl. mit bank.de-Schlüssel) ▪ Profile cookie für bank.de (verschl. mit bank.de-Schlüssel))
4	HTTPS GET auf geschützte Seite (sendet Ticket Cookie und Profile Cookie für bank.de)	200 OK mit Inhalt der aufgerufenen Webseite Passport Manager Software ▪ entschlüsselt Ticket cookie und Profile cookie (verschl. mit bank.de-Schlüssel), ▪ schreibt Site-Cookie für passport.com (wichtig für Logout)

Bild 9.21: Erstmalige Authentifizierung des Kunden über MS Passport (kein Kerberos-Ticket in Form eines Cookies gespeichert).

Der Passport-Server übernimmt die Rolle von KDC und Ticket Granting Server und erzeugt folgende Datensätze:

- Ein Ticket granting cookie, damit der Nutzer Username/Passwort nur einmal eintippen muss. Dieses wird vom Passport-Server gesetzt.
- Ein Ticket cookie für bank.de, mit dem dieser Server über die erfolgreiche Authentifizierung und die Gültigkeitsdauer unterrichtet wird. Dieser Datensatz wird

zunächst an den bank.de Server übertragen (im Query-String), und dann von diesem als persistentes Cookie gesetzt.

- Ein Profile cookie, in dem noch weitere Informationen zum Kunden (Präferenzen, Kreditkartennummer) abgelegt sein können. Dieser Datensatz wird ebenfalls zunächst im Query String übertragen, und dann vom bank.de-Server als Cookie gesetzt.

Durch ein HTTP Redirect wird der Nutzer nach seiner Eingabe direkt wieder an den bank.de-Server zurückgeleitet; dabei sendet der Browser automatisch die beiden Cookies für bank.de mit. Der Server überprüft diese beiden Cookies, und sendet im Erfolgsfall den gewünschten Inhalt.

Zusätzlich setzt der bank.de-Server ein Site-Cookie für die Domäne passport.com. Dieses Cookie ist wichtig für das Logout: Der Passport-Server erhält beim Logout die Site-Cookies aller Webseiten, die der Nutzer seit seinem Login besucht hat, und kann alle diese Server über das Logout informieren.

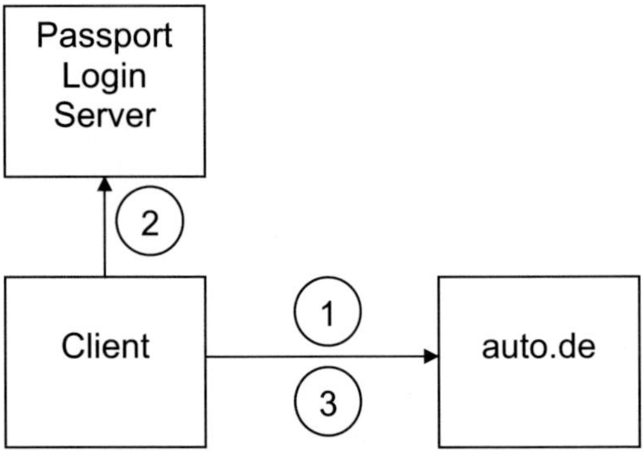

Schritt	Request	Response
1	HTTP(S) GET auf geschützte Seite (keine spez. Cookies)	302 HTTP(S) Redirect zum Passport Login Server (auto.de ID, ReturnURL, TimeWindow, ... im QS)
2	HTTP(S) GET auf PP Login Server (bank.de-Infos im QS)	302 HTTPS Redirect zu auto.de (mit ticket und profile cookies, verschlüsselt mit auto.de-Schlüssel)
3	HTTPS GET auf geschützte Seite (sendet Ticket Cookie und Profile Cookie für auto.de im QS)	200 OK mit Inhalt der aufgerufenen Webseite (Passport Manager Software ▪ entschlüsselt Ticket cookie und Profile cookie (verschl. mit auto.de-Schlüssel), ▪ schreibt weiteres Site-Cookie (wichtig für Logout))

Bild 9.22: Erstes Login bei auto.de.

Nachdem sich der Nutzer über seinen Kontostand informiert hat, besucht er den Server auto.de eines Anbieters für Gebrauchtwagen. Auch hier kann er sich per MS Passport authentisieren und klickt wieder auf das Passport-Logo.

Beim Redirect zum Passport-Server wird diesmal das Ticket granting cookie (das ja für die Domäne passport.com gesetzt ist) mit übertragen. Daher entfällt für den Nutzer die Notwendigkeit, sich erneut manuell zu authentisieren. Der Passport-Server berechnet das

Ticket Cookie und das Profile Cookie für auto.de und sendet diese per Redirect zu auto.de, wobei die Cookies natürlich auch im Browser gespeichert werden. Von all diesen Redirects merkt der Nutzer nichts, erst die von auto.de gelieferte HTML-Seite wird ihm angezeigt.

Der auto.de-Server muss für das Logout wieder ein Site-Cookie liefern.

Will der Nutzer nun zur Sicherheit noch einmal seinen Kontostand überprüfen, so hat sein Browser ein gültiges Ticket Cookie gespeichert, das vom bank.de-Server überprüft werden kann. Es ist keine Interaktion mit dem Passport-Server erforderlich.

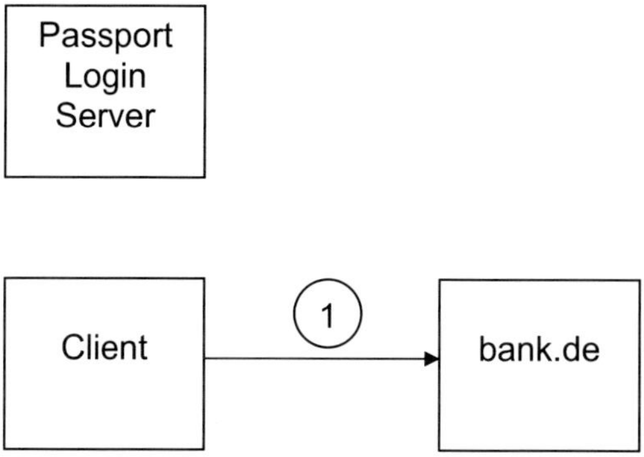

Schritt	Request	Response
1	HTTPS GET auf geschützte Seite (mit Ticket und Profile Cookies)	200 OK mit Inhalt der aufgerufenen Webseite

Bild 9.23: Zweites Login bei bank.de

9.2.7 Sicherheitsprobleme

Das Problem bei MS Passport ist, dass alle Authentisierungsinformationen in Cookies gespeichert sind. Kann ein Angreifer diese Cookies in seinen Besitz bringen, so kann er sich damit für die gesamte Gültigkeitsdauer eine falsche Identität beschaffen.

Cookies für eine Domäne (z.B. example.com) werden vom Browser immer dann mit einer HTTP-Anfrage mitgesendet, wenn der DNS-Name des Rechners in dieser Domäne liegt (z.B. www.example.com). Außerdem kann man mit Hilfe von Javascript auf diese Cookies zugreifen, vorausgesetzt, der Javascript Code stammt von einem Rechner aus dieser Domäne. Es ergeben sich also prinzipiell zwei Angriffsmöglichkeiten:

- Mittels DNS- oder ARP-Spoofing kann ein Rechner dem Browser vorgaukeln, er besitze einen Namen aus der Zieldomäne.
- Cookies können über Cross-Site Scripting-Angriffe (CSS) ausgelesen werden. Ein solcher Angriff ist möglich, wenn der Server der Zieldomäne an ihn gesendete Inhalte nicht sorgfältig genug filtert.

In [Sle01] wird ein Angriff beschrieben, mit dem es möglich war, sich mittels CSS die Passport-Cookies für Microsoft Hotmail-Accounts zu beschaffen. In [KR00] werden weitere Probleme von MS Passport angesprochen.

Auch bei dem Nachfolger von Passport, Microsoft Cardspace, sind noch ähnliche Sicherheitsprobleme vorhanden [GSSX09].

9.3 Webservice Security

Microsoft Passport ist ein sehr spezielles Beispiel für einen Webservice: Die Authentifizierung eines Kunden wird nicht mehr in der Webshop-Software selbst vorgenommen, sondern an einen entfernten Rechner in der Domain passport.com delegiert. Dies ist eine Ausprägung der Idee, einzelne Funktionen einer Anwendung auf verschiedene (auch geographisch weit voneinander entfernte) Rechner zu verteilen, und diese Funktionen mit Hilfe einer „Middleware" zu einer funktionierenden Einheit zusammenzufügen.

Realisiert wurde diese Idee bereits mit vielen verschiedenen Technologien, für die die Schlagworte RMI, DCOM und CORBA stehen. Allen bisherigen Implementierungen war kein großer Erfolg beschieden, entweder weil sie auf eine Programmiersprache (RMI) oder ein Betriebssystem (DCOM) beschränkt waren, oder weil das Resultat zu komplex war (CORBA).

Das Thema Middleware wurde plötzlich wieder aktuell, als man beobachtete, wie einfach und selbstverständlich verteilte Anwendungen im WWW eingesetzt werden können: Es ist auch für den Laien kein Problem, einen Zähler für die Zugriffe auf die eigene Webseite zu realisieren, einfach durch Einbetten eines Hyperlinks auf einen Server, auf dem dieser Dienst implementiert ist.

Damit war die Marschrichtung vorgegeben: Man suchte nach einer Implementierung der Middleware-Idee, bei der (fast) ausschließlich existierende Technologien verwendet werden sollten (und nicht von Grund auf neu entwickelt werden mussten wie bei CORBA):

- Als Transportprotokoll wurde im Normalfall HTTP gewählt, weil es einfach ist und überall verfügbar. (Andere Protokolle sind aber ebenfalls möglich, z.B. SMTP.)
- Anstelle von HTML mit seinen eingeschränkten Möglichkeiten wählte man XML zur Formatierung der zu übertragenden Nachrichten.

In diesem Abschnitt möchte ich eine kurze Einführung in die Sicherheitsprobleme und die bisher vorgeschlagenen Lösungen geben. Da viele Standards auf diesem Gebiet aber noch „Work in Progress" sind, soll hier noch einmal explizit auf die Webseite zum Buch verwiesen werden. Eine gute und ausführliche Zusammenfassung des Stands der Technik im Jahr 2004 bietet [RR04].

9.3.1 SOAP, WSDL und UDDI

Da XML eine unbegrenzte Vielfalt von Möglichkeiten bietet, wie Nachrichten formatiert werden können, müssen noch (in XML formulierte) Vereinbarungen über die zu verwendenden Formatierungen getroffen werden, um eine Interoperabilität zwischen verschiedenen Systemen zu ermöglichen.

```
<?xml version="1.0" ?>
<env:Envelope xmlns:env="http://www.w3.org/2003/05/soap-envelope">
   <env:Header>
    ...
   </env:Header>
   <env:Body>
    ...
   </env:Body>
</env:Envelope>
```

Bild 9.24: Struktur einer SOAP-Nachricht

Die bekanntesten Datenaustauschformate im Internet, E-Mail und HTTP, bestehen jeweils aus einem Header, der Metainformationen transportiert, und einem Body, der die eigentlichen

Daten enthält. Dieses Prinzip wurde auch für das Datenformat zum Austausch von Daten zwischen Webservices, SOAP [SOAP], gewählt. Bild 9.24 gibt die Grundstruktur einer SOAP-Nachricht wieder.

Während SOAP den Rahmen zum Aufruf verschiedener Webservices darstellt, muss der Inhalt von SOAP Header und Body noch genauer beschrieben werden. Dazu dient die Web Services Description Language [WSDL], die recht komplex ausgefallen ist. WSDL-Beschreibungen von Webservices werden daher oft automatisch generiert.

Um einen benötigten Webservice (z.B. einen Service zur Buchung von Hotels) im Internet auch zu finden, ist ein entsprechendes Verzeichnis („Gelbe Seiten") erforderlich. Eine Initiative hierzu ist Universal Description, Discovery and Integration [UDDI].

9.3.2 WS-Security-Protokolle

SOAP-basierte Webservices setzen herkömmliche Sicherheitsmechanismen außer Kraft: SOAP-Nachrichten werden in der Regel über HTTP versendet, und der HTTP-Port 80 ist üblicherweise auf allen Firewallsystemen offen. Gleichzeitig können über SOAP komplexe Serverskripte oder Java-Anwendungen gestartet werden, und Firmen vernetzen nicht mehr nur ihre Webserver mit dem Internet, sondern ihre Kernapplikationen untereinander. Der mögliche Schaden, den ein Angreifer hier anrichten könnte, kann gar nicht überschätzt werden.

Daher haben im Jahr 2002 Microsoft und IBM in einem gemeinsamen Konzeptpapier „Security in a Web Services World: A Proposed Architecture and Roadmap" [IM02] weit reichende Pläne vorgestellt, Webservices umfassend abzusichern. Die Bestandteile der WS-Security Roadmap sind in Bild 9.25 dargestellt.

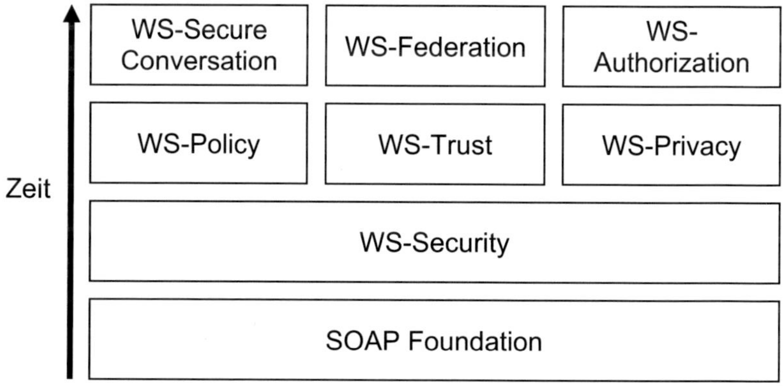

Bild 9.25: Bestandteile der WS-Security Roadmap

Mittlerweile (Januar 2010) liegen große Teile dieser Roadmap als Standards vor. Es ist nicht leicht, sich einen Überblick zum Stand der Arbeiten zu verschaffen, da verschiedene Standardisierungsgremien eingebunden sind: Unter den OASIS-Standards [OASIS] sind Web Services Security v1.1 [WSSec], WS-SecureConversation 1.3 [WSSC], WS-SecurityPolicy 1.2 [WSSP], WS-Trust 1.3 [WSTr] und als mögliche Formate für XML Security Tokens eXtensible Access Control Markup Language TC 2.0 (XACML) und Security Assertion Markup Language (SAML) 2.0 [SAML] gelistet. WS-Policy 1.5 [WSP] wird vom World Wide Web Consortium (W3C) weiterentwickelt, und WS-Federation [WSFed] ist immerhin auf den Webseiten von IBM und Microsoft zu finden.

WS-Security

Mit WS-Security wird SOAP um Sicherheitskonstrukte erweitert. Dazu zählen

- Security Tokens. Mit diesen Tokens können Authentisierungs- und Autorisierungsinformationen übermittelt werden. Im einfachsten Fall ist das ein Username/Passwort-Paar, es sind aber auch komplexe SAML-Statements (s.u.) möglich.
- XML Signature. Mit einer oder mehreren XML-Signaturen können Teile der SOAP-Nachricht signiert werden.
- XML Encryption. Teile de SOAP-Nachricht können verschlüsselt werden.

```
<?xml version="1.0" encoding="utf-8"?>
<soap:Envelope xmlns:soap="..." xmlns:wsse="..." xmlns:enc="..."
   xmlns:ds="..." xmlns:wsu="...">
   <soap:Header>
      <wsse:Security xmlns:wsse="...">
         <!-- Security Token -->
         <xxx:CustomToken wsu:Id="MyID" xmlns:xxx="...">
            FHUIORv...
         </xxx:CustomToken>
         <!-- XML Signature -->
         <ds:Signature>
            ...
         </ds:Signature>
         <!-- XML Encryption -->
         <enc:ReferenceList>
            ...
         </enc: ReferenceList>
      </wsse:Security>
   </soap:Header>
   <soap:Body wsu:Id="MsgBody">
      ...
   </soap:Body>
</soap:Envelope>
```

Bild 9.26: Erweiterung des SOAP-Headers durch WS-Security

Der `<wsse:Security>`-Block kann ein- oder mehrfach im SOAP-Header auftauchen. Beinhaltet die Verarbeitung einer SOAP-Nachricht mehrere Stationen, so kann jede dieser Stationen den Inhalt des Blocks modifizieren (falls dieser Block für diese Station bestimmt ist), oder es können neue Blöcke hinzugefügt werden.

Es ist eine Vielfalt von Security-Tokens denkbar, im Standard werden folgende Typen aufgelistet: UsernameToken, BinarySecurityToken (Kerberos, X.509) und XML Tokens (z.B. SAML Assertions, s.u.).

Bei der Verwendung von XML Signature und XML Encryption ist zu beachten, dass die signierten oder verschlüsselten Elemente aus SOAP-Header oder -Body nach Möglichkeit über ID-Attribute referenziert werden sollen (im Gegensatz z.B. zur Referenzierung über XPath-Ausdrücke), um die Verarbeitung von SOAP-Nachrichten zu erleichtern.

WS-SecurityPolicy

Ein Webservice wird seine Dienste in der Regel nur unter bestimmten Voraussetzungen zur Verfügung stellen, und auch ein Client kann bestimmte Anforderungen an einen Webservice stellen. Allgemeine Anforderungen werden in WS-Policy beschrieben, Sicherheitsanforderungen in WS-SecurityPolicy. Dabei wurden die Standards WSDL, SOAP und WS-Security berücksichtigt.

Eine Minimalanforderung dürfte z.B. sein, dass der Client sich authentisiert. Um Missbrauch durch veränderte SOAP-Aufrufe zu verhindern, könnte der Webservice auch fordern, dass der SOAP-Body digital signiert ist.

Mittels WS-SecurityPolicy kann ein Webservice verlangen, dass der Client sich über ein SecurityToken authentisiert, dass die Integrität bestimmter Teile der SOAP-Nachricht gewährleistet sein muss, dass bestimmte Teile vertraulich oder sichtbar (d.h. unverschlüsselt oder mit einem dem Webservice bekannten Schlüssel verschlüsselt) sein müssen, dass der SOAP Security Header eine bestimmte Struktur hat, und wie alt die SOAP-Nachricht sein darf.

WS-Trust

Das schwierigste Problem im Bereich der Sicherheit ist das Problem, Vertrauen zwischen zwei Kommunikationspartnern herzustellen. Wir übertragen nur dann verschlüsselte Daten an eine andere Person, wenn wir ihr vertrauen, und wenn wir glauben, dass der verwendete Schlüssel auch wirklich zu dieser Person gehört.

```
<?xml version="1.0" encoding="utf-8"?>
<soap:Envelope xmlns:soap="..." xmlns:wsse="..." xmlns:wsu="...">
   <soap:Header>
      <wsse:Security>
         <!-- Username Token -->
         <wsse:UsernameToken wsu:Id="MyID">
            <wsse:Username>Schwenk</wsse:Username>
            <wsse:Nonce>FHUIORv...</wsse:Nonce>
            <wsu:Created>2005-06-28T15:30:00Z</wsu:Created>
         </wsse:UsernameToken>
         <!-- Message Authentication Code mit Passwort-->
         <ds:Signature xmlns:ds="...">
            ...
         </ds:Signature>
      </wsse:Security>
   </soap:Header>
   <soap:Body wsu:Id="MsgBody">
      <wsse:RequestSecurityToken>
         <wsse:TokenType>wsse:X509v3</wsse:TokenType>
         <wsse:RequestType>wsse:ReqIssue</wsse:RequestType>
         <wsse:Base>
            <wsse:Reference URI="#MyID"/>
         </wsse:Base>
      </wsse:requestSecurityToken>
   </soap:Body>
</soap:Envelope>
```

Bild 9.27: Anforderung zur Umwandlung eines Username/Passwort-Tokens in ein X.509-Zertifikat mit SOAP und WS-Trust.

Dieses Problem ist uns schon in den Kapiteln zu Public Key-Infrastrukturen und zu PGP begegnet. Auf die Frage hin, wie Vertrauen erzeugt werden kann, gab es zwei unterschiedliche Antworten: hierarchisch durch Übertragung des Vertrauens, das gegenüber dem Wurzelzertifikat besteht (X.509), oder durch sukzessiven Ausbau bestehender Vertrauensbeziehungen (Web of Trust von PGP).

An dieser Stelle kann man die Frage stellen, die direkt die Aufgabe von WS-Trust beschreibt: Wie kann eine Firma, die eine eigene X.509-PKI zur Authentifizierung ihrer Mitarbeiter verwendet, mit einer Organisation zusammenarbeiten, die das Gleiche mit Username/Passwort realisiert?

In WS-Trust wird hierzu die Rolle des Trust Broker („Vertrauensmakler") eingeführt, die auch als Webservice realisiert wird. Der Trust Broker wandelt dabei die Security-Tokens, die das Vertrauen in der einen Domäne belegen (in unserem Beispiel: Username/Passwort) in ein anderes Token um, das in der zweiten Domäne verstanden wird.

Bild 9.27 stellt eine Anfrage eines Webservice-Client an einen Trust Broker zur Ausstellung eines X.509-Zertifikats dar. Natürlich muss sich der Client dazu authentisieren. Dies geschieht mit Hilfe des Username-Tokens aus dem SOAP-Header, zu dem der Client mit Hilfe des nur ihm und dem Trust Broker bekannten Passworts einen MAC berechnet hat.

Der Trust Broker wird mit Hilfe des `<RequestSecurityToken>`-Elements im SOAP-Body aufgefordert, ein X.509-Zertifikat auszustellen. Als Basis für seine Entscheidung, diese Aufforderung durchzuführen oder nicht, wird im `<Base>`-Element auf die Username/MAC-Authentisierung im SOAP-Header verwiesen.

WS-Trust umfasst noch viele weitere Möglichkeiten, wie ein Trust Broker vermittelnd zwischen zwei Vertrauensdomänen aktiv werden kann. Eine schöne Einführung dazu findet man in [RR04].

WS-SecureConversation

Das Ziel von WS-SecureConversation kann man wie folgt zusammenfassen: WS-SecureConversation soll das SSL für Webservices werden.

Genauer gesagt: Ziel von WS-SecureConversation ist es, einen Sicherheitskontext zu etablieren, so dass Client und Server die SOAP-Nachrichten mit den ausgehandelten Schlüsseln und Algorithmen schützen können. Neben SSL-ähnlichen Ansätzen können dabei auch Kerberos, IKE (IPSec) oder gemeinsame Geheimnisse als Basis dienen. Weitere Informationen finden Sie in [RR04].

WS-Federation

Auch WS-Federation soll hier nur kurz behandelt werden, da wir den Vorläufer dieser Art von Webservice in aller Ausführlichkeit besprochen haben: WS-Federation soll den Ansatz von MS Passport verallgemeinern und das Management von Identitäten über verschiedene Vertrauensdomänen hinweg ermöglichen.

WS-Privacy

Die WS-Privacy-Webseite ist nicht mehr erreichbar, es ist daher auszugehen, dass dieser Standard nicht weiterentwickelt wird..

WS-Authorization

WS-Authorization ist ebenfalls noch nicht publiziert. Mit diesem Standard sollen Zugriffsregeln auf Webservices und deren Management festgelegt werden. Auch hier ist unklar, ob er weiterentwickelt wird..

9.3.3 SAML

Alle WS-*-Spezifikationen beschäftigen sich mit Erweiterungen des SOAP-Datenformats. Daneben gibt es drei Standards, die auf verschiedene, aber ähnlich Art versuchen, Zugriffsbedingungen und Zugriffsrechte zu definieren.

Die stärkste Unterstützung aus der Industrie hat die Security Assertion Markup Language [SAML], die den Begriff „Assertion“ („Zusicherung“) in den Mittelpunkt stellt. In einem SAML-Statement werden dazu Behauptungen aufgestellt und auch bewiesen.

```
<saml:Assertion Version ID IssueInstant>
   <saml:Issuer>                       Ich sage Ihnen
   <ds:Signature>?                     (ja, ich bin es wirklich)
   <saml:Subject>?                     etwas über diese Person/dieses Ding.
   <saml:Conditions>?                  Bitte beachten Sie diese Informationen,
                                       wenn Sie diese Daten verwenden.
   <saml:Advice>?                      Übrigens, wussten Sie schon, dass ...
   <saml:Statement>*                             Also hier ist das,
   <saml:AuthnStatement>*                        was Sie über diese
   <saml:AuthzDecisionStatement>*                Person/dieses Ding
   <saml:AttributeStatement>*                    wissen sollten.
 </saml:Assertion>
```

Bild 9.28: Eine SAML-Assertion mit Erläuterungen.

Bild 9.28 stellt den Aufbau einer SAML-Assertion dar, zusammen mit ein paar Merksätzen zur Bedeutung der einzelnen Elemente. Man kann diese Assertions als Verallgemeinerungen von X.509-Zertifikaten ansehen; sie stellen ein ideales Datenformat dar, um Aussagen über Identitäten zu machen.

Die SAML-Standards haben vor allen Dingen deshalb so breite Akzeptanz gefunden, weil sie neben den reinen Datenformaten, den Kommunikationsschemata zum Austausch dieser Daten und den Bindings dieser Schemata an bekannte Kommunikationsprotokolle wie HTTP und SOAP auch echte Anwendungsszenarien mit berücksichtigt haben. Das wichtigste dieser Szenarien ist das Browser-basierte Single-Sign-On-Szenario, wo die Erfahrungen, die mit MS Passport und anderen Vorläufern gemacht wurden, erstmals systematisch standardisiert wurden.

9.3.4 XACML und XrML

Die eXtensible Access Control Markup Language (XACML) ist ein Schema zur Darstellung von Autorisierungen und Berechtigungen. XACML hat also mit Zugriffskontrolle oder Rechtemanagement zu tun und definiert Regeln darüber WER, WAS, WANN und WIE darf.

Die eXtensible Rights Markup Language (XrML) stammt aus dem Bereich des Digital Rights Management und soll eine implementierungsunabhängige Formulierung von Zugriffsrechten auf digitale Inhalte darstellen.

Diese beiden Standards sind in [RR04] beschrieben.

10 Malware und Kryptographie

Dieses Kapitel ist einem Thema gewidmet, deren praktische Bedeutung in den letzten Jahren stetig gewachsen, und für das noch keine endgültige Lösung in Sicht ist: Malware (Schadsoftware) in Form von Computerviren, Würmern, Trojanischen Pferden, Rootkits, Downloadern und bösartigem Skriptcode.

Die Angriffsmöglichkeiten für Malware scheinen unbegrenzt: Immer neue Sicherheitslücken werden in Betriebssystemen, oder verstärkt auch in weit verbreiteten Anwendungen wie Browsers oder PDF-Viewern gefunden. Seit der ersten Welle von Angriffen auf Online-Banking im Jahr 2004 ist Malware das wichtigste Tool für diese Angriffe geworden, und wird daher ständig weiterentwickelt und auf einem grauen Markt zum Kauf angeboten.

Eine ganze Branche lebt davon, mit der rasanten Entwicklung neuer Schadprogramme schritt zu halten und die Virenscanner immer auf den neuesten Stand zu bringen. Wie jede Muster-basierte (und damit nicht-kryptographische) Lösung bieten auch Anti-Viren-Signaturen, bei denen typische Bytemuster im Binärcode der Schadsoftware zu deren Erkennung ausgenutzt werden, nur relativen Schutz. So sind die Erzeuger von Schadsoftware mittlerweile dazu übergegangen, ein und dieselbe Malware in vielen verschiedenen Binärvarianten einzusetzen. Für jede Variante muss in der Regel eine neue AV-Signatur eingesetzt werden, die Varianten sind aber z.B. durch Änderung der Compileroptionen leicht zu erzeugen.

Abhilfe schaffen könnten hier zwei Konzepte: Die Code-Signatur, bei dem jedes ausführbare Programm mit einer Signatur versehen sein muss, und so der Virenscanner durch eine PKI ersetzt wird, und Trusted Computing, wo ein TPM-Chip anhand einer kryptographischen Prüfsumme feststellt, ob Malware auf dem Computer installiert wurde.

10.1 Malware

Die Installation neuer Software auf einem PC ist nicht ungefährlich, heutzutage wird dies aber ständig gefordert: Es müssen Updates für Betriebssysteme und Anwendungsprogramme eingespielt werden, und viele Webseite sind ohne dynamisch geladene Skripte überhaupt nicht funktionsfähig.

Viele Nutzer sind hier überfordert, „echte“ von „falschen“ Updates zu unterscheiden, und so ist einer der Hauptverbreitungswege für Malware heute das *Social Engineering*, bei dem man Nutzer durch E-Mails oder Einträge in Web 2.0-Plattformen dazu bringt, eine Schadsoftware (meist ein kleines *Downloader*-Programm) zu installieren.

Ein klassischer Verbreitungsweg, der über Netzwerkanwendungen in Betriebssystemen, hat durch die Einführung von Personal Firewalls in fast allen aktuellen Betriebssystemen an Bedeutung verloren. An seine Stelle sind so genannte *Drive-by-Downloads* getreten: Besucht der Nutzer eine verseuchte Webseite, und verwendet er einen veralteten (und damit leichter angreifbaren) Browser, so wird eine Sicherheitslücke im Browser oder einem seiner Plugins (z.B. für Audio, Video oder PDF) ausgenutzt, um ein kleines *Downloader*-Programm ohne Zutun des Nutzers zu installieren.

Malware ist heute modularisiert: Der einmal auf den Rechner geladene Downloader lädt dann weiteren Schadcode nach, so dass im Prinzip jede beliebige Funktionalität auf dem Rechner (unter Kontrolle des Angreifers) realisiert werden kann. Auf diese Art und Weise können sogar ausgefeilte kryptographische Schutzmaßnahmen umgangen werden, z.B. für Chipkarten-basierte digitale Signaturen [Lan06] oder HBCI-Online-Banking [LS07].

Um Angriffe mittels Malware durchzuführen, wird heute kein großes Spezialwissen mehr benötigt: Es gibt hier Anbieter, die z.B. für Angriffe auf Online-Banking Komplettlösungen bestehend aus einer Serversoftware zum Einsammeln der Kontodaten, und verschiedenen

Malware-Komponenten zur Installation auf dem PC des Opfers. Für letztere wird sogar oft eine Art „Garantie“ gegeben, dass diese durch aktuelle AV-Software nicht erkannt werden. (Dies ist leider relativ einfach, vgl. [GP09].)

Verstärkt rückt auch das vielgepriesene Web 2.0 in den Fokus der Angreifer:

- Javascript wird immer öfter zur Umgehung von Sicherheitsmechanismen des Betriebssystems und zur Vorbereitung der Installation von Malware eingesetzt.
- Der Browser und seine Schwachstellen bilden die Grundlage für Drive-by-Downloads, und sind plattformübergreifend verfügbar.
- Soziale Netzwerke, die in der Regel nur über eine schwache Sicherung der einzelnen Nutzeraccounts verfügen, sind eine ideale Basis für Social Engineering-Angriffe.

10.1.1 Viren und Trojanische Pferde

Eine Klassifikation der verschiedenen Malware-Typen wird durch die Modularisierung immer schwieriger. Zu den klassischen *Viren*, *Würmern* und *Trojanischen Pferden* (die nachfolgend beschrieben werden) sind z.B. *Downloader*, *Rootkits* (hier versteckt sich die Malware im Betriebssystem) und *Web 2.0-Würmer* hinzu gekommen.

Computerviren haben eine große Ähnlichkeit mit biologischen Viren. Hier wurde für ein Computer-Phänomen ein selten treffender Begriff gewählt:

- Computerviren können sich selbst vermehren, indem sie sich an ein anderes Programm anheften. Analog zu biologischen Viren sind sie alleine nicht lebensfähig.
- Viren enthalten oft Schadfunktionen, die den Wirt (Computer, Mensch oder Tier) erheblich schädigen können.

Man kann verschiedene Arten von Viren unterscheiden, je nachdem, was von ihnen befallen wurde. Eine Beschreibung dieser Virenarten findet man z.B. in [Tan02].

Ein *Computerwurm* ist, wie der Name in Abgrenzung zu den Viren signalisiert, ein selbst lebensfähiges Programm. Es benötigt keinen Wirt, um sich zu replizieren oder Schaden anzurichten.

Die Schadfunktionen von Viren und Würmern reichen von einfachen Warnmeldungen über die gezielte Zerstörung bestimmter Informationen bis hin zu Erpressung („Wenn Sie den Schlüssel zur Entschlüsselung Ihrer Festplatte benötigen, überweisen Sie EUR XXX auf folgendes Konto.“) und blinder Zerstörungswut. Besonders heimtückisch sind Viren, die nur geringe Veränderungen vornehmen (z.B. die Einträge einer Tabellenkalkulation um 10% modifizieren), da sie nur schwer zu entdecken sind.

Ein *Trojanisches Pferd* ist ein eigentlich nützliches Programm, das aber versteckte Schadfunktionen enthält. Meist sind dies Hilfsprogramme, die als Freeware im Internet angeboten werden, und nach der Installation neben den nützlichen auch die bösartigen Funktionen ausführen.

Ein besonders augenfälliges Beispiel, wie Trojanische Pferde auch kryptographische Mechanismen unterlaufen können, wurde im Jahr 2000 sogar im Spiegel anhand des HBCI-Online-Banking-Verfahren vorgestellt [Spi00]. HBCI arbeitet mit digitalen Signaturen, die nach Eingabe einer PIN auf einer Chipkarte erzeugt werden. Ein wesentliches Sicherheitsfeature dieses Standards ist dabei die Tatsache, dass der private Schlüssel sicher auf der Chipkarte gespeichert ist.

Das Trojanische Pferd umging aber diese Vorkehrung, indem es die Eingabe des PIN-Codes für die Chipkarte mitprotokollierte. Der Angriff läuft wie folgt ab:

- Soll ein Datensatz (Überweisungsauftrag, Dokument) mit Hilfe des auf einer Chipkarte gespeicherten privaten Schlüssels signiert werden, so muss der Besitzer der Chipkarte diesen Vorgang durch Eingabe eines PIN-Codes autorisieren.
- Das Trojanische Pferd protokolliert während eines solchen Vorgangs die Eingaben auf der Tastatur durch Abhören des Tastaturpuffers, und filtert aus diesen Daten die PIN heraus.
- Bei eingeschaltetem PC und eingesteckter Chipkarte kann der Trojaner nun einen eigenen Datensatz (z.B. einen Überweisungsauftrag auf ein Konto des Programmierers) generieren. Diesen Datensatz (bzw. den Hashwert davon) sendet der Trojaner an die Chipkarte mit der Anweisung, eine digitale Signatur zu generieren.
- Die Chipkarte verlangt daraufhin die Autorisierung in Form der PIN. Diese hat der Trojaner gespeichert und kann somit die Signatur autorisieren.
- Die Chipkarte erhält die PIN über ihre Schnittstelle zum PC hin und kann nicht unterscheiden, ob diese PIN über die Tastatur eingegeben wurde oder aus einer anderen Quelle stammt.

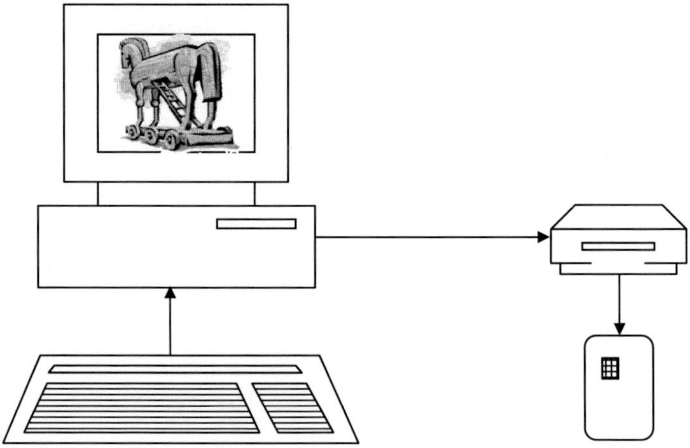

Bild 10.1: HBCI-Angriff mit Hilfe eines Trojanischen Pferdes, das die Eingabe der PIN auf der PC-Tastatur mitprotokollierte.

Dieses Problem ist mittlerweile gelöst: Chipkartenleser mit eigener Tastatur verhindern, dass der Angreifer die PIN mitlesen kann. Leider ist das grundsätzliche Problem damit nicht gelöst, wie in [Lan06] und [LS07] gezeigt wurde: Durch Überlagerung von Desktop-Fenstern oder durch Austausch der Treibersoftware für den Chipkartenleser ist es immer noch möglich, beliebige eigene Daten signieren zu lassen.

Letztendlich kann man dieses Problem nur dann lösen, wenn die zu authentifizierenden Daten noch einmal am Chipkartenleser angezeigt werden. Dies ist z.B. im Online-Banking möglich, da die Datensätze hier relativ klein sind: Sie bestehen im Wesentlichen aus der Nummer des Zielkontos, dem Betrag und ggf. der Bankleitzahl der Zielbank. Dies wurde von deutschen Banken auch bereits umgesetzt, in zwei verschiedenen Varianten: Einmal als tragbares Gerät ohne Verbindung zum PC, und zum anderen in einer erweiterten HBCI-Variante unter dem Namen „Secoder". Dass letztere Variante sicher sein kann, wurde in [GLS07] gezeigt.

10.1.2 Aktive Inhalte im WWW

Es begann mit der Idee, Programmcode von den überlasteten Servern auf die im Allgemeinen wenig geforderten Clients zu übertragen. Dies wurde zunächst mit Hilfe von Java-Applets realisiert, mit denen z.B. Funktionsberechnungen und die grafische Darstellung der Ergebnisse in einem speziellen Fenster auf dem Client-PC durchgeführt werden konnten. Missbrauch wird durch das so genannte „Sandbox"-Modell vorgebeugt: Jedes Applet hat seinen eigenen „Sandkasten", ein Fenster auf dem Client-PC, in dem es tun und lassen kann, was es will. Es darf diesen Sandkasten aber nicht verlassen, und hat keinen Zugriff auf andere Ressourcen des PCs.

Einfacher verwendbar sind Scriptsprachen wie Javascript, die direkt in den HTML-Code einer Webseite eingebettet werden können. Javascript wird heute von einem Großteil aller professionellen Webseiten eingesetzt, besonders zur Erleichterung der Navigation, und für Animationseffekte. Varianten von Javascript, z.B. Actionscript von Adobe, werden für verbesserte Animationen von Webseiten eingesetzt. Skriptsprachen werden heute häufig für Angriffe eingesetzt.

Mit dem Internet-Explorer von Microsoft kamen sich Betriebssystem und Browser näher, und eine strikte Trennung nach dem Sandbox-Modell erschien allzu restriktiv. Der Browser sollte jetzt in der Lage sein, über Active-X-Controls auf das Betriebssystem zuzugreifen.

Alle drei bisher genannten Mechanismen können und sollten mit kryptographischen Mechanismen abgesichert werden, um Missbrauch zu vermeiden/zu minimieren. Wie dies genau geschieht, ist Gegenstand des nächsten Abschnitts.

Zuvor aber noch ein Wort zu anderen Erweiterungen der Funktionalitäten eines Browsers. Während Active-X-Controls und Javascript jeweils bei Bedarf geladen werden, haben sich eine ganze Reihe von Hilfsprogrammen oder Plug-Ins in WWW als Standards etabliert. Plug-Ins werden nur einmal geladen und auf dem PC gespeichert. Bei Bedarf, d.h. wenn eine WWW-Seite einen bestimmten MIME-Typ enthält, der von einem Plug-In bearbeitet werden muss, kann der Browser dieses Plug-In aufrufen und das Ergebnis in die Webseite integrieren.

10.2 Code-Signatur

Kryptographische Mechanismen können nicht verhindern, dass eine bestimmte Software Viren, Würmer oder Trojaner enthält. Mit Kryptographie kann man nicht den Funktionsumfang oder die Semantik eines Programms prüfen.

Es soll damit vielmehr ein Ersatz für das Vertrauen geschaffen werden, das ein Händler seinen Kunden dadurch bietet, dass er Software in einer geschlossenen Packung zum Verkauf anbietet (Unversehrtheit des Inhalts) und garantiert, dass diese Software vom Originalhersteller stammt.

Was man tun kann, ist den Mechanismus der Nachrichten-Integrität und der Sender-Authentisierung einzusetzen. Da es beim Problem der Software-Verteilung einen Sender (das Softwarehaus) und viele Empfänger (die Käufer bzw. Nutzer) gibt, muss Public-Key-Kryptographie eingesetzt werden.

Der grundlegende Mechanismus, der hier angewandt wird, ist also die Signatur des Hashwerts der Software mit dem privaten Schlüssel des Softwarehauses. Der zur Verifikation der Signatur benötigte öffentliche Schlüssel muss dabei mit Hilfe einer PKI an eine Privatperson oder eine Firma gebunden werden.

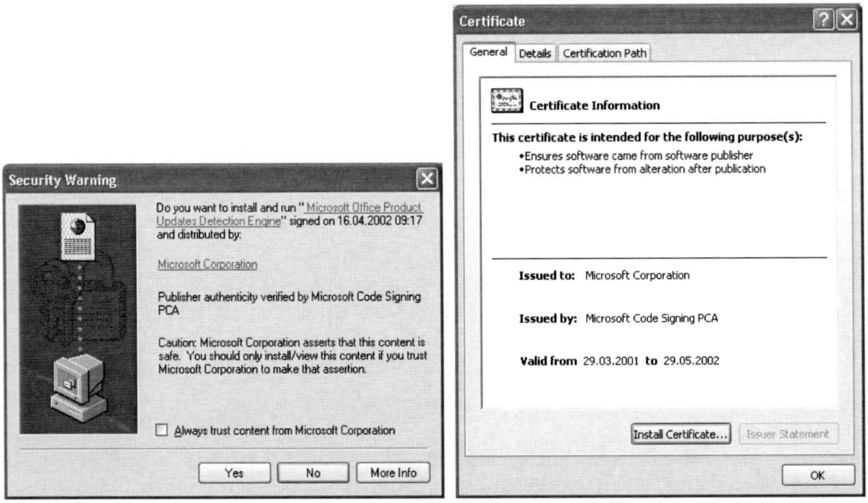

Bild 10.2: Warnmeldung vor der Installation eines Authenticode-signierten Programms, und das zugehörige Zertifikat der Microsoft Corporation.

Dadurch werden die Kunden in die Lage versetzt, zwei Dinge zu überprüfen:

- Quelle der Software. Vor dem Installieren der Software wird dem Kunden die Identität des Softwarehauses oder der Privatperson angezeigt, die die Software erstellt hat. Diese Identität ist durch eine PKI mit vertrauenswürdigem Root-Zertifikat bestätigt.
- Unversehrtheit der Software. Durch erfolgreiche Überprüfung der digitalen Signatur ist gewährleistet, dass die Software nicht verändert wurde.

Im Folgenden soll dieser Mechanismus in seinen verschiedenen Ausprägungen dargestellt werden. Das die Umsetzung dieser Idee nicht trivial ist, lässt sich anhand von Pannen nachvollziehen.

Microsoft Authenticode [MSAC]

Der Internet Explorer (ab Version 4.0) von Microsoft ist mit Sicherheitsfunktionen ausgestattet, die auch die Authenticode-Funktionalität beinhalten. Dieser Browser wird in Windows-Betriebssystemen dazu benutzt, Programme aus dem Internet zu laden, z.B. kleine Anwendungen wie ActiveX-Controls (*.ocx) und Java-Code, aber auch ausführbare Programme (*.exe) oder Programmbibliotheken (*.dll).

Ist die Sicherheitsstufe in einer solchen Internet-Anwendung auf „hoch" eingestellt, so werden nur Programme ausgeführt, die mit Hilfe der Authenticode-Technologie digital signiert wurden. Sind sie auf „mittel" eingestellt, so wird der Nutzer gewarnt; er kann dann entscheiden, ob er das Risiko eingehen will, ein unsigniertes Programm zu starten. Bei der Einstellung „niedrig" findet keine Überprüfung oder Warnung statt.

Bild 10.2 gibt eine Warnmeldung vor der Installation eines Microsoft-Zusatzprogramms wieder. Durch Anklicken der unterstrichenen Links kann der Nutzer vor einer Entscheidung Informationen zum Programm anfordern, oder sich das Authenticode Zertifikat der Microsoft Corporation ansehen.

Das Warnfenster enthält eine Versicherung des Herausgebers, dass diese Software keine Schadfunktionen enthält. Eine Installation der Software sollte nur dann erfolgen, wenn der

Nutzer dem Herausgeber der Software vertraut, da durch ein Authenticode-Zertifikat nur die Identität eines Herausgebers, nicht aber seine Vertrauenswürdigkeit garantiert ist.

Wie wachsweich eine solche Versicherung ist, lässt sich daran ablesen, dass auch sogenannte „Dialer"-Programme mit Hilfe von Authenticode-Zertifikaten signiert sind. Diese Programme installieren sich auf dem PC und bauen eine Internet-Verbindung über eine teure 0190-Nummer auf. Sie dienen oft zur Abrechnung von Sex-Angeboten im Internet. Viele hohe Telefonrechnungen sind dadurch zustande gekommen, dass Dialer-Programme eine teure Verbindung aufgebaut haben, ohne dass dies den Nutzern des PCs bewusst gewesen wäre.

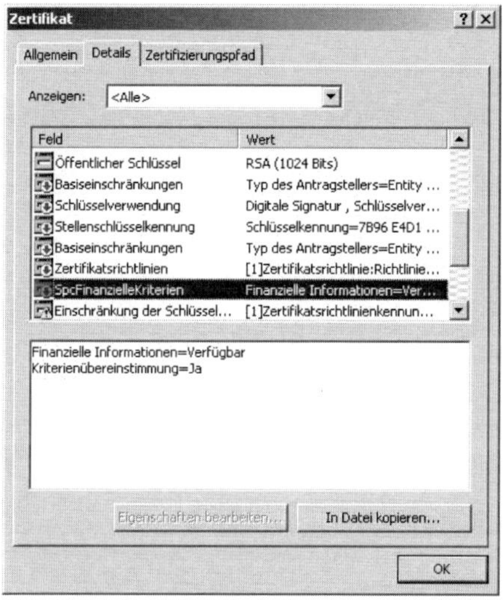

Bild 10.3: X.509-Extension für Authenticode-Zertifikate mit Informationen zur finanziellen Situation des Softwarehauses.

Firmen müssen, um ein Authenticode-Zertifikat zu erhalten, gewisse finanzielle Kriterien erfüllen. Welche Kriterien das sind, kann von Land zu Land sehr unterschiedlich sein. Bild 10.3 gibt die entsprechende Erweiterung im X.509-Zertifikat wieder.

Einzelpersonen stehen nur mit ihrem „guten Namen" für die von ihnen erstellte Software gerade. Wichtig ist hier der Nachweis, von wem ggf. eine Schadsoftware stammt. (Wären Viren nur mit Authenticode-Signatur ausführbar, so würde dies die Anzahl der im Umlauf befindlichen Computerviren sicher stark senken.)

Eine Schwäche des Authenticode-Ansatzes besteht darin, dass Zugriffsrechte auf das Betriebssystem nur pauschal gewährt oder verweigert werden können. Es gibt keine Information darüber, was das Programm denn genau tut: Es kann ein großer Unterschied sein, ob ein Programm Dateien auf der Festplatte nur Lesen, oder ob es sie auch überschreiben will.

Netscape Object Signing [NSOS]

Wenn Java-Applets ihren Sandkasten verlassen wollen, oder wenn Javascript auf spezielle Ressourcen des Client-Rechners zugreifen möchten, so benötigen sie dazu erweiterte Privilegien. Netscape Communicator informiert den Nutzer darüber, welche erweiterten Rechte angefordert werden (Bild 10.4), zusätzlich zu den Angaben über den Ersteller der Software und den Herausgeber des Zertifikats (Bild 10.5). Der Nutzer wird hier also genau über die Risiken informiert, die er mit Ausführung der Software eingeht.

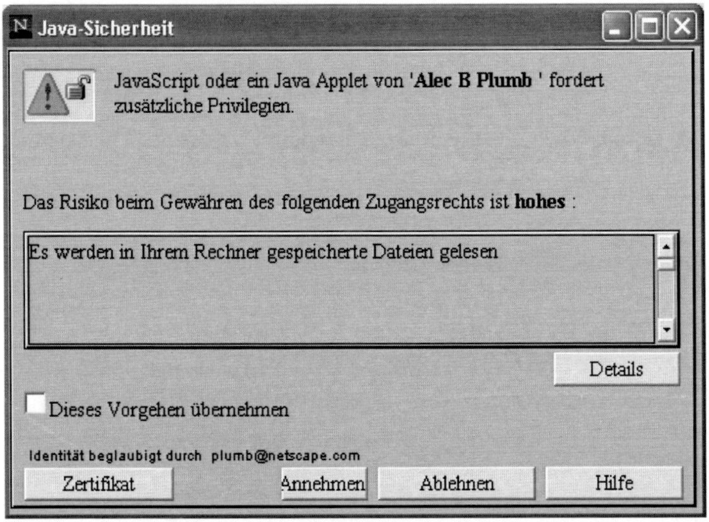

Bild 10.4: Informationen zu den von JavaScript oder einem Java Applet angeforderten Privilegien.

Der Nutzer kann diese zusätzlichen Privilegien einmalig oder dauerhaft gewähren. Diese Privilegien können später über den Eintrag Java/Javascript im Sicherheitsfenster des Communicator editiert werden.

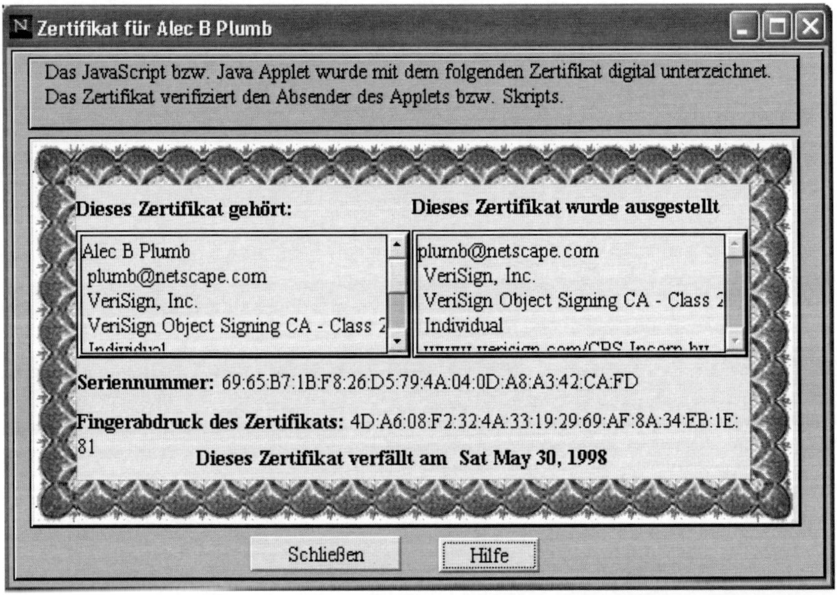

Bild 10.5: Informationen zum Programmierer eines JavaScripts oder eines Java Applets.

Microsoft Office und VBA

Microsoft Office-Applikationen wie Word, Excel, Powerpoint und Outlook 2000 können Visual Basic-Makros ausführen. In diesen Makros können, wie in jedem ausführbaren Code, Schadfunktionen versteckt sein. Man spricht hier von Makroviren.

Um diese Makroviren besser unter Kontrolle halten zu können, wurde in die Office-Applikationen (und ggf. auch in andere Applikationen, die VBA 7.0 unterstützen) der gleiche Mechanismus eingebaut wie in die Internet-Applikationen von Microsoft. Auch hier kann der Nutzer durch Einstellen der Sicherheitsstufen „hoch", „mittel" oder „gering" festlegen, ob nur signierte Makros, oder ggf. auch unsignierte Makros mit oder ohne Warnmeldung verarbeitet werden sollen.

Apple iPhone

Während all bisher genannten Hersteller Probleme mit der Akzeptanz ihres Code Signing-Ansatzes haben, ist es dem Neuling auf diesem Gebiet gelungen, eine digitale Signatur für alle Anwendungen durchzusetzen: die modischen Apps für das iPhone sind alle signiert[12]. Dies hat bislang Angriffe auf diese Plattform erfolgreich verhindert.

10.3 Trusted Computing

Ein weiterer Ansatz zum Schutz von Computern soll nicht unerwähnt bleiben, da er in den vergangenen Jahren viel Aufmerksamkeit auf sich gezogen hat: Das unter dem werbewirksamen Namen „Trusted Computing" von der Trusted Computing Group [TCG] propagierte Konzept, das einen kryptographischen Spezialchip, das so genannte Trusted Platform Module (TPM), und diverse Protokolle zur Nutzung dieses Chips beinhaltet.

Mit Hilfe des TPM-Chips kann zunächst überprüft werden, ob sich an der Hardware- oder Softwarekonfiguration des Rechners etwas geändert hat. Dazu berechnet das TPM eine kryptographische Prüfsumme über Hard- und Software, und vergleicht diese Prüfsumme mit einem gespeicherten Wert.

Bei Rechnern, deren Softwarekonfiguration nur selten geändert wird, kann dieses Konzept sofort zum Einsatz kommen, also z.B. bei Servern, auf denen lange Zeit die gleiche Software ausgeführt wird. Für alle anderen Rechner muss hier eine andere, flexiblere Lösung gefunden werden, da sich deren Software durch die häufigen Updates der einzelnen Komponenten fast ständig ändert.

Nicht erfasst werden von diesem Konzept Softwarekomponenten, die zur Laufzeit aus dem Internet nachgeladen werden, da diese Prüfung beim Booten des Rechners stattfindet. Dadurch können z.B. Angriffe mittels Javascript mit Trusted Computing nicht verhindert werden.

Ein TPM-Chip kann aber noch mehr: Er kann gegenüber einem anderen Computer nachweisen, dass seine Konfiguration nicht modifiziert wurde. Dies geschieht mittels Remote Attestation (RA), oder Direct Anonymous Attestation (DAA). Die besondere Herausforderung liegt hierbei in den Datenschutzaspekten: Ein Computer soll zwar mit Hilfe von RA oder DAA seine Integrität nachweisen können, aber dadurch im Internet nicht identifizierbar werden. Insbesondere im Rahmen von DAA wurden hier sehr interessante moderne kryptographische Verfahren verwendet, deren Erläuterung aber den Rahmen dieses Buches sprengen würde.

[12] http://www.roughlydrafted.com/2008/03/18/iphone-20-sdk-how-signing-certificates-work/

10.4 Fazit

Angriffe mittels Malware stelle zurzeit die größte praktische Herausforderung für die Sicherheit im Internet dar. Code Signing und Trusted Computing sind zwei interessante Ansätze, die sich gegenseitig ergänzen. Sie können aber Malware-Angriffe allein nicht verhindern.

Dies wurde z.B. durch einen neuen Ansatz zur Programmierung von Malware nachgewiesen, dem Return Oriented Programming [Sha07]. Hier wird überhaupt kein neuer, ausführbarer Code benötigt, sondern der signierte bzw. durch dem TPM-Chip überprüfte Code selbst wird genutzt: Auf den Stack eines Prozesses werden viele Rücksprungadressen geschrieben, die jeweils einige wenige Maschinenbefehle aus vorhandenen Bibliotheken ansprechen. So kann man aus Schnipseln vorhandener Software eine neue zusammensetzen.

Auch Return Oriented Programming kann man erschweren oder unterbinden, aber eben nicht allein mit den in diesem Kapitel beschriebenen Maßnahmen. Hier sind Kreativität und Ideen gefordert.

11 Literatur

Internetstandards der IETF, die sogenannten „Request for Comments“ (RFC), sind im Internet unter http://www.ietf.org/rfc.html zu finden. Kennt man bereits die Nummer des RFCs, z.B. RFC 1234, so kann man auch direkt auf http://www.ietf.org/rfc/rfc1234.txt oder http://tools.ietf.org/html/rfc1234 zugreifen. Es wurde daher darauf verzichtet, die angegebenen RFCs hier noch einmal gesondert aufzuführen.

[3GPP] The 3GPP Website: http://www.3gpp.org.

[802.11] Information technology—Telecommunications and information exchange between systems—Local and metropolitan area networks—Specific requirements—Part 11: Wireless LAN Medium Access Control (MAC) and Physical Layer (PHY) Specifications. ANSI/IEEE Std 802.11, 1999 Edition.

[802.11i] IEEE Standard for Information technology—Telecommunications and information exchange between systems—Local and metropolitan area networks—Specific requirements. Part 11: Wireless LAN Medium Access Control (MAC) and Physical Layer (PHY) specifications. Amendment 6: Medium Access Control (MAC) Security Enhancements. http://standards.ieee.org/getieee802/download/802.11i-2004.pdf

[ACEC2] Amazon Elastic Compute Cloud (Amazon EC2): http://aws.amazon.com/ec2/

[AES] Federal Information Processing Standards Publication 197, November 26, 2001. Specification for the ADVANCED ENCRYPTION STANDARD (AES) http://csrc.nist.gov/publications/fips/fips197/fips-197.pdf

[AGS05] André Adelsbach, Sebastian Gajek and Jörg Schwenk: Phishing - Die Täuschung des Benutzers zur Preisgabe geheimer Benutzerdaten. 9. Deutscher IT-Sicherheitskongress des BSI, Mai 2005.

[AS02] AirSnort Homepage: http://airsnort.shmoo.com/.

[AST98] G. Ateniese, M. Steiner and G. Tsudik, Authenticated group key agreement and friends. 5th ACM Conference on Computer and Communication Security, November 1998.

[B96] A. Ballardie, Scalable multicast key distribution. IETF RFC 1949, May 1996.

[B97] Klaus-Clemens Becker, Design und Analyse von Konferenzschlüsselsystemen. Dissertation Justus-Liebig-Universität Gießen (1996), Shaker Verlag, Aachen 1997.

[Bac] Adam Back, PGP Timeline. http://www.cypherspace.org/adam/timeline/

[Bau00] F. L. Bauer, Entzifferte Geheimnisse. Methoden und Maximen der Kryptologie. Springer Verlag, 3. Auflage, Heidelberg 2000.

[BCD01] Mark Baugher, Ran Canetti, Lakshminath Dondeti, “Group Key Management Architecture”, RFC 4046.

[BD94] M. Burmester and Y. Desmedt, A secure and efficient conference key distribution system. Eurocrypt’94, Springer LNCS, pp. 275-288.

[BD96] M. Burmester and Y. Desmedt, Efficient and secure conference key distribution. Cambridge Workshop on Security Protocols, Springer LNCS 1189, pp 119-129 (1996).

[BDG88] J. L. Balcázar, J. Díaz und J. Gabarró, Structural Complexity I. Springer Verlag 1988.

[BDL97] D. Boneh, R. A. DeMillo und R. J. Lipton, On the Importance of Checking Computations. Proc. Eurocrypt '97 (1997), 37-51.

[Beu96] A. Beutelspacher, Kryptologie. 5. Auflage, Verlag Vieweg, Wiesbaden 1996.

[Beu02] A. Beutelspacher, Kryptologie. 6. Auflage, Verlag Vieweg, Wiesbaden 2002.

[Beu09] A. Beutelspacher, Kryptologie. 9. Auflage, Vieweg+Teubner Verlag, Wiesbaden 2009.

[BGW01] N. Borisov, I. Goldberg und D. Wagner, Intercepting Mobile Communications: The Insecurity of 802.11. Mobicom 2001, http://www.isaac.cs.berkeley.edu/isaac/mobicom.pdf.

[Bie96] W. Bieser, Sachstand der gesetzlichen Regelung zur digitalen Signatur. In: Digitale Signaturen, P. Horster (Hrsg.), Vieweg Verlag, Wiesbaden 1996.

[Bih93] Eli Biham, On Modes of Operation. Proceedings of Fast Software Encryption 1, Cambridge Security Workshop, 1993, Springer LNCS 809.

[BIND9] Berkley Internet Name Domain, Version 9, http://www.isc.org/sw/bind .

[Ble98] D. Bleichenbacher "Chosen Ciphertext Attacks against Protocols Based on RSA Encryption Standard PKCS #1" in Advances in Cryptology --CRYPTO'98, LNCS vol. 1462, pages: 1--12, 1998. http://www.bell-labs.com/user/bleichen/bib.html

[BMS00] D. Balenson, D. McGrew, A. Sherman: "Key Management for Large Dynamic Groups: One-Way Function Trees and Amortized Initialization", Internet Draft, http://www.securemulticast.org/draft-balenson-groupkeymgmt-oft-00.txt.

[BP82] H. Beker und F. Piper, Cipher Systems. The Protection of Communication. Northwood, London 1982.

[Bra88] G. Brassard, Modern Cryptology. Springer LNCS 325.

[BRK95] A. Bartholomé, J. Rung und H. Kern: Zahlentheorie für Einsteiger. Verlag Vieweg, Braunschweig und Wiesbaden 1995.

[BRK10] A. Bartholomé, J. Rung und H. Kern: Zahlentheorie für Einsteiger. 7. Auflag, Vieweg+Teubner Verlag, Wiesbaden 2010.

[BS99] Alex Biryukov, Adi Shamir: Real Time Cryptanalysis of the Alleged A5/1 on a PC (1999). http://citeseer.ist.psu.edu/biryukov99real.html

[BSW01] A. Beutelspacher, J. Schwenk und K.-D. Wolfenstetter, Moderne Verfahren der Kryptographie. 4. Auflage 2001, Vieweg Verlag Wiesbaden.

[BSW04] A. Beutelspacher, J. Schwenk und K.-D. Wolfenstetter, Moderne Verfahren der Kryptographie. 5. Auflage 2004, Vieweg Verlag Wiesbaden.

[BSW10] A. Beutelspacher, J. Schwenk und K.-D. Wolfenstetter, Moderne Verfahren der Kryptographie. 7. Auflage 2010, Vieweg+Teubner Verlag Wiesbaden, 2010.

[Buc01] J. Buchmann, Einführung in die Kryptographie, 2., durchges. u. erw. Aufl., Springer-Verlag, 2001.

[BW98] C. Becker and U. Wille, Communication complexity of group key distribution. ACM Conference on Computer and Communication Security, November 1998.

[CBCATT] Moeller, B., "Security of CBC Ciphersuites in SSL/TLS: Problems and Countermeasures", http://www.openssl.org/~bodo/tls cbc.txt.

[CERT01] CERT® Advisory CA-2001-04 Unauthentic "Microsoft Corporation" Certificates. http://www.cert.org/advisories/CA-2001-04.html .

[CG399] Crypto-Gram March 15, 1999, http://www.schneier.com/crypto-gram-9903.html.

[COMP128] Chaos Computer Club e.V.: CCC klont D2 Kundenkarte. http://www.ccc.de/gsm/.

[DA99] T. Dierks, C. Allen: The TLS Protocol, Version 1.0 (RFC 2246).

[DeCSS] DeCSS Central, http://www.lemuria.org/DeCSS/main.html.

[DES77] FIPS 46, "Data encryption standard", Federal Information Processing Standards Publication 46, U.S. Department of Commerce/National Bureau of Standards, National Technical Information Service, Springfield, Virginia, 1977 (revised as FIPS 46-1:1988; FIPS 46-2:1993).

[DH76] W. Diffie und M. E. Hellman, New Directions in Cryptography. IEEE Transactions on Information Theory, 6, November 1976, 644-654.

[Dif92] W. Diffie, The first ten years of Public Key Cryptography. In: Contemporary Cryptology: The Science of Information Integrity, G. J. Simmons, ed., IEEE Press 1992, 65-134.

[DIVX] DivX Digest. http://www.divx-digest.com/help.html

[DK02] H. Delfs und H. Knebl, Introduction to Cryptography. Springer Verlag, Heidelberg 2002.

[Dob96b] H. Dobbertin, "Cryptanalysis of MD4", D. Gollmann, editor, Fast Software Encryption, Third International Workshop (LNCS 1039), 53–69, Springer-Verlag, 1996.

[Dob96] H. Dobbertin, Welche Hash-Funktionen sind für digitale Signaturen geeignet? In: Digitale Signaturen, P. Horster (Hrsg.), Vieweg Verlag, Wiesbaden 1996.

[Dob96a] H. Dobbertin, Cryptanalysis of MD5 Compress. http://citeseer.ist.psu.edu/dobbertin96cryptanalysis.html .

[DOW92] W. Diffie, P.C. van Oorschot and M. J. Wiener, Authentication and authenticated key exchanges. Designs, Codes and Cryptography, 2, 107-125 (1992)

[DRMDE] http://www.digital-rights-management.de/.

[DTD] Document Type Definition. http://www.w3.org/Consortium/siteindex.html#D.

[DVDRip] http://de.wikipedia.org/wiki/DVD-Rip

[EFF99] Cracking DES. Electronic Frontier Foundation. http://w2.eff.org/Privacy/Crypto/Crypto_misc/DESCracker/HTML/19980716_eff_descracker_pressrel.html

[ElG85] T. ElGamal, A Public Key Cryptosystem and a Signature Scheme based on Diskrete Logarithms. IEEE Trans. on Information Theory, Vol. IT-31 (1985), 469-472.

[Ethereal] Ethereal: Sniffing the glue that holds the Internet together. http://www.ethereal.com/. Projekt wird weitergeführt unter [Wireshark].

[FIPS91] FIPS PUB 186, Digital Signature Standard. Federal Information Processing Standard, National Institute of Standards and Technology, US Department of Commerce, Washington D. C. (1994).

[FKK96] Alan O. Freier, Philip Karlton, Paul C. Kocher: The SSL Protocol, Version 3.0. http://tools.ietf.org/html/draft-ietf-tls-ssl-version3-00.

[FMS01] S. Fluhrer, I. Mantin und A. Shamir, Weaknesses in Key Scheduling of RC4. Eight Annual Worshop on Selected Areas in Cryptography, August 2001. http://www.drizzle.com/~aboba/IEEE/rc4_ksaproc.pdf.

[FR94] W. Fumy und H. P. Ries, Kryptographie. Oldenbourg Verlag, 2. Auflage, München 1994.

[G04] Gieben, Miek: *DNSSEC: The Protocol, Deployment, and a Bit of Development.* Internet Protocol Journal Vol. 7 No. 2, June 2004, pp. 17-28.

[GJKS10] S. Gajek, M. Jensen, F. Kohlar, J. Schwenk: *Secure Bindings of SAML Assertions to TLS Sessions.* Proceedings of the Fifth International Conference on Availability, Reliability and Security (ARES), Krakow, Poland., February 2010

[GLS07] Sebastian Gajek, Lijun Liao und Jörg Schwenk: Signieren mit Chipkartensystemen in unsicheren Umgebungen - Homebanking mit Secure HBCI/FinTS. Datenschutz und Datensicherheit, 11/2007

[GP09] Ulrich Greveler und Christian Puls: Über den Aufwand, Malware auf einem privaten PC zu installieren - Wie einfach lassen sich Virenscanner und Personal Firewalls umgehen? 11. Deutscher IT-Sicherheitskongress: Sichere Wege in der vernetzen Welt, SecuMedia, Mai 2009. ISBN 978-3-922746-97-3

[GSSX09] 3.Sebastian Gajek, Jörg Schwenk, Michael Steiner and Chen Xuan. Risks of the CardSpace Protocol. In Proceedings of the 12th Information Security Conference (ISC'09), volume 5735 of LNCS, pages 278-294. Springer, 2009.

[HH99] Hugh Harney, Eric Harder: "Logical Key Hierarchy Protocol", Internet Draft, draft-harney-sparta-lkhp-sec-00.txt, March, 1999.

[Hill01] Joshua Hill: An Analysis of the RADIUS Authentication Protocol. http://www.untruth.org/~josh/security/radius/radius-auth.html

[His99] History of PGP. http://www.geocities.com/openpgp/history.htm

[HMP95] P. Horster, V. Michels und H. Petersen, Das Meta-ElGamal Signaturverfahren und seine Anwendungen. Proc. VIS'95, Vieweg Verlag, Wiesbaden 1995, 207-228.

[HMR96] H. Harney, C. Muckenhirn and T. Rivers, Group key management protocol (gkmp) architecture. IETF Draft, 1996.

[HN98] Johan Håstad, Mats Näslund: The Security of Individual RSA Bits. FOCS 1998:510-521.

[Hol03] John Holmblad, The Evolving Threats to the Availability and Security of the Domain Name Service. SANS Institute 2003, www.sans.org.

[Hor85] P. Horster, Kryptologie. BI-Verlag, Mannheim 1985.

[Hui00] C. Huitema, IPv6, die neue Generation. Addison-Wesley, München 2000.

[IDRM] Internet Digital Rights Management (IDRM), http://www.idrm.org/.

[IKEv2] Internet Key Exchange (IKEv2) Protocol. RFC 4306.

[IM02] Security in a Web Services World: A Proposed Architecture and Roadmap. A joint security whitepaper from IBM Corporation and Microsoft Corporation. April 7, 2002, Version 1.0. http://www-106.ibm.com/developerworks/webservices/library/ws-secmap/ oder http://msdn.microsoft.com/en-us/library/ms977312.aspx

[IMC] Internet Mail Consortium, http://www.imc.org.

[IPSec] IPSec Working Group (ipsec). http://www.ietf.org/html.charters/OLD/ipsec-charter.html

[ISO8824-1] Information Technology - Abstract Syntax Notation One (ASN.1): Specification of Basic Notation. { International Standard ITU-T Rec. X.680 (1997) j ISO/IEC 8824-1:1998.

http://www.itu.int/rec/recommendation.asp?type=folders&lang=e&parent=T-REC-X.680.

[ISO8825-1] Information technology - ASN.1 encoding rules: Specification of Basic Encoding Rules (BER), Canonical Encoding Rules (CER) and Distinguished Encoding Rules (DER). { International Standard ITU-T Rec. X.690 (1997) j ISO/IEC 8825-1:1998. http://www.itu.int/rec/recommendation.asp?type=folders&lang=e&parent=T-REC-X.690.

[ITW82] I. Ingemarsson, D. Tang and C. Wong, A conference key distribution system. IEEE Transactions on Information Theory 28/5, September 1982.

[Kaminski08] Dan Kaminski: This is the end of the cache as we know it. Black Hat 2008.

[KL07] Jonathan Katz and Yehuda Lindell, *Introduction to Modern Cryptography*. Chapman & Hall/CRC Press 2007.

[Kli05] Vlastimil Klima: Finding MD5 Collisions on a Notebook PC Using Multi-message Modifications, March 31, 2005, IACR ePrint archive, Report 2005/102, 3rd Int. Conference Security and Protection of Information 2005, Brno, Czech Republic, May 3 - 5, 2005.

[KPR03] Klima, V., Pokorny, O., Rosa, T., "Attacking RSA-based Sessions in SSL/TLS", http://eprint.iacr.org/2003/052/, March 2003.

[KNT91] John T. Kohl, B. Clifford Neuman, Theodore Y. Ts'o, The Evolution of the Kerberos Authentication Service. Proc. 1991 EurOpen Conference, Tromsø, Norway.

[KPT00] Yongdae Kim, Adrian Perrig und Gene Tsudik, Simple and Fault-Tolerant Key Agreement for Dynamic Collaborative Groups. Proc. Computer and Comm. Security, Athen 2000.

[KR00] Vlastimil Klíma und Tomáš Rosa: Attack on Private Signature Keys of the OpenPGP format, PGP TM programs and other applications compatible with OpenPGP, http://eprint.iacr.org/2002/076.pdf

[KR95] B. Kaliski and M. Robshaw, The Secure Use of RSA. CryptoBytes Vol. 1 No.3, RSA Laboratories, Autumn 1995.

[KR00] David P. Kormann and Aviel D. Rubin, Risks of the Passport Single Signon Protocol. Computer Networks, Elsevier Science Press, volume 33, pages 51-58, 2000.

[Kra86] E. Kranakis, Primality and Cryptography. Teubner Verlag, Stuttgart 1986.

[Kra96] Krawczyk, H., "SKEME: A Versatile Secure Key Exchange Mechanism for Internet", from IEEE Proceedings of the 1996 Symposium on Network and Distributed Systems Security.

[KSTW07] Karlof, C.; Shankar, U.; Tygar, J. D.; Wagner, D.: Dynamic pharming attacks and locked same-origin policies for web browsers, CCS '07: Proceedings of the 14th ACM conference on Computer and communications security, ACM, 2007, 58-71

[L99] L0pht Heavy Industries, Inc., L0phtcrack, 1999, http://www.atstake.com/products/lc/acrobat/atstake_lc5.pdf (nicht mehr verfügbar).

[Lan06] Langweg, H.: Malware attacks on electronic signatures revisited. Sicherheit 2006.Konferenzband der 3. Jahrestagung Fachbereich Sicherheit der Gesellschaft für Informatik S. 244–255.

[LS07] H. Langweg, J. Schwenk: Schutz von FinTS/HBCI-Clients gegenüber Malware. D-A-CH Sicherheit, 2007.

[Mat97] M. Matsui, New Block Encryption Algorithm MISTY. Proc. 4th Int. Workshop on Fast Software Encryption. LNCS 1267, S. 54-68, Springer Verlag 1997.

[Mer78] R.C. MERKLE, “Secure communications over insecure channels”, Communications of the ACM, 21 (1978), 294–299.

[MOV97] A. J. Menezes, P. C. van Oorschot und S. A. Vanstone, Handbook of Applied Cryptography. CRC Press, New York 1997.

[MOV01] A. J. Menezes, P. C. van Oorschot und S. A. Vanstone, Handbook of Applied Cryptography. 5. Auflage, CRC Press, New York 2001.

[MS01] A. Møller und M. I. Schwartzbach, DTD, XML Schema, and DSD. http://www.brics.dk/~amoeller/XML/schemas/.

[MS07] K.-H. B. Chris Masone and S. Smith. Wske: Web server key enabled cookies. In Proceedings of Usable Security 2007 (USEC 07), 2007.

[MS98] B. Schneier and Mudge, Cryptanalysis of Microsoft's Point-to-Point Tunneling Protocol (PPTP). Proceedings of the 5th ACM Conference on Communications and Computer Security, ACM Press, pp. 132-141. http://www.schneier.com/pptp.html)

[MSAC] Microsoft Authenticode http://msdn.microsoft.com/de-de/library/ms172240(VS.80).aspx

[MSEC] Multicast SECurity Group. http://www.ietf.org/html.charters/msec-charter.html

[Multicast] Deutsche MBONE Informationsseite. http://www.mbone.de/ (vorübergehend außer Betrieb, vgl. auch http://en.wikipedia.org/wiki/Mbone).

[NIST01] National Institute of Standards and Technology, Advanced Encryption Standard (AES). http://csrc.nist.gov/publications/fips/fips197/fips-197.pdf.

[NR96] K. Nyberg und R. Rueppel, Message Recovery for Signature Schemes Based on the Discrete Logarithm Problem. Designs, Codes and Cryptography, 7, 61-81 (1996).

[NS78] R. M. Needham und M. D. Schroeder, Using Encryption for Authentication in Large Networks of Computers. Comm. ACM Vol. 21 Nr. 12 (1978), 993-999.

[NSOS] Netscape Object Signing. http://docs.sun.com/source/816-6171-10/owp.htm.

[OASIS] Organization for the Advancement of Structured Information Standards. http://www.oasis-open.org

[O98] H. Orman, The OAKLEY key determination protocol. IETF RFC 2412, November 1998.

[OpenSSL] OpenSSL. http://www.openssl.org/.

[P99] A. Perrig. Efficient collaborative key management protocols for secure autonomous group communication. In CrypTEC '99, pages 192-202,1999.

[PCBTS01]Perrig, Canetti, Briscoe, Tygar, Song: “TESLA: Multicast Source Authentication Transform”, RFC 4082.

[PCT95] J. Benaloh, B. Lampson, D. Simon, T. Spies, B. Yee: The Private Communication Technology (PCT) Protocol. http://tools.ietf.org/html/draft-benaloh-pct-00.

[PGP] PGP™ Corporation. http://www.pgp.com.

[PGPdump] PGPdump Web Interface. http://www.pgpdump.net/.

[PGPi] PGP International Homepage, http://www.pgpi.org.

[PKCS] Public-Key Cryptography Standards. http://www.rsasecurity.com/rsalabs/pkcs/.

[PKIX] IETF Public-Key Infrastructure (X.509) (pkix) Working Group: http://www.ietf.org/html.charters/pkix-charter.html.

[PSM01] S. Pütz, R. Schmitz und T. Martin, Security Mechanisms in UMTS. Datenschutz und Datensicherheit 25 (2001).

[PTW07] Erik Tews, Ralf-Philipp Weinmann, und Andrei Pyshkin: Breaking 104 bit WEP in less than 60 seconds. http://eprint.iacr.org/2007/120.pdf

[PV01] J. Posegga und S. Vetter, Wireless Internet Security. Informatik Spektrum Band 24 Heft 6, Dezember 2001, S. 383-386.

[PW02] B. Pfitzmann und M. Waidner, BBAE – A General Protocol for Browser-based Attribute Exchange. IBM Research Report RZ 3455 (# 93800) (2002).

[RC4] RC4. http://www.wisdom.weizmann.ac.il/~itsik/RC4/rc4.html .

[RealDRM] Real Networks Digital Rights Management. http://docs.real.com/docs/drm/DRM_WP1.pdf.

[RFC NNNN] **http://www.ietf.org/rfc/rfcNNNN.txt**.

[RIPEMD] H. Dobbertin, A. Bosselaers, and B. Preneel, "RIPEMD-160: A strengthened version of RIPEMD", Fast Software Encryption, LNCS Vol 1039, pp. 71-82. http://www.esat.kuleuven.ac.be/~bosselae/ripemd160.html.

[RR04] Jothy Rosenberg und David Remy, Securing Web Services with WS Security. Sams Publishing, Indianapolis, USA, 2004.

[RSA] RSA Security. http://www.rsasecurity.com/.

[RSA78] R. Rivest, A. Shamir und L. Adleman, A Method for Obtaining Digital Signatures and Public Key Cryptosystems. Comm. ACM, Vol. 21, Nr. 2 (1978), 120-126.

[Rue86] R. Rueppel, Analysis and Design of Stream Ciphers. Springer Verlag Berlin 1986.

[S98] J. Schwenk, Verfahren zum Etablieren eines gemeinsamen kryptografischen Schlüssels für n Teilnehmer, Patentantrag DE 198 47 941 (1998).

[Sal90] A. Salomaa, Public-Key Cryptography. Springer Verlag Berlin Heidelberg 1990.

[SAML] Security Assertion Markup Language (SAML) 2.0. http://saml.xml.org/saml-specifications

[SaS95] K. Sakurai and H. Shizuya, Relationships among the Computational Powers of Breaking Discrete Log Cryptosystems. EUROCRYPT'95, Springer LNCS 921, pp.341-355.

[Sch96] B. Schneier, Angewandte Kryptographie. 5. Auflage, Addison-Wesley, Bonn 1996.

[Schn90] C. P. Schnorr, Efficient Identification and Signature Schemes for Smart Cards. CRYPTO ´89, Springer LNCS 435 (1990), 239-251.

[Schn96] B. Schneier, Angewandte Kryptographie. Addison-Wesley, Bonn 1996.

[Selfhtml] http://de.selfhtml.org/.

[Sen00] Ralf Senderek, Key-Experiments: How PGP Deals With Manipulated Keys. August 2000, http://senderek.de/security/key-experiments.html.

[SHA93] ANSI X9.30 (PART 2), "American National Standard for Financial Services – Public key cryptography using irreversible algorithms for the financial services industry – Part 2: The secure hash algorithm (SHA)", ASC X9 Secretariat – American Bankers Association, 1993. http://www.itl.nist.gov/fipspubs/fip180-1.htm.

[SHA02] Federal Information Processing Standards Publication 180-2. 2002 August 1. Announcing the SECURE HASH STANDARD http://csrc.nist.gov/publications/fips/fips180-2/fips180-2.pdf

[Sha07] Hovav Shacham. The geometry of innocent flesh on the bone: Return-into-libc without function calls (on the x86). In Sabrina De Capitani di Vimercati and Paul Syverson, editors, Proceedings of CCS 2007, pages 552–61. ACM Press, October 2007.

[SigG01] Gesetz über Rahmenbedingungen für elektronische Signaturen und zur Änderung weiterer Vorschriften. www.dud.de/dud/documents/sigg010214.pdf

[SigG97] Gesetz zur digitalen Signatur (Signaturgesetz - SigG). Bundesgesetzblatt I S. 1870, 1872 ; in der Version von 2001 unter http://www.gesetze-im-internet.de/sigg_2001/index.html verfügbar.

[SigV97] Verordnung zur digitalen Signatur (Signaturverordnung - SigV) http://www.ecombase.de/Verordnung-Digitale-Signatur-SIGV-2009.php; in der Version von 2001 unter http://www.gesetze-im-internet.de/sigv_2001/index.html .

[Sim92] G. J. Simmons (Hrsg.), Contemporary Cryptology. IEEE Press 1992.

[SKIP] A. Aziz, T. Markson und H. Prafullchandra: Simple Key Management for Internet Protocols (SKIP). http://www.skip-vpn.org/spec/SKIP.html (Link nicht mehr verfügbar).

[Sle01] Mark Slemko, Microsoft Passport to Trouble. http://alive.znep.com/~marcs/passport/.

[SM98] B. Schneier and Mudge, Cryptanalysis of Microsoft's Point-to-Point Tunneling Protocol (PPTP). Proceedings of the 5th ACM Conference on Communications and Computer Security, ACM Press, November 1998 http://www.schneier.com/paper-pptp.html .

[SMIME] S/MIME Mail Security (smime). http://www.ietf.org/html.charters/smime-charter.html .

[SMS01] J. Schwenk, T. Martin und R. Schaffelhofer, Tree based Key Agreement for Multicast. Proc. Communications and Multimedia Security 2001, Mai 2001, Darmstadt.

[SMUG] Secure Multicast Group. http://www.securemulticast.org/smug-index.htm .

[SMW99] B. Schneier, Mudge und D. Wagner, "Cryptanalysis of Microsoft's PPTP Authentication Extensions (MS-CHAPv2). Proc. of CQRE: International Exhibition and Congress on Secure Networking (1999). http://www.schneier.com/paper-pptpv2.html .

[SOAP] SOAP Version 1.2. http://www.w3.org/2002/ws/.

[SOAPSig] SOAP Security Extensions: Digital Signature. http://www.w3.org/TR/SOAP-dsig/.

[Som02] S. Somogyi, PGP is dead! Long live PGP? Maybe. ZDNet, 5.3.2002, http://zdnet.com.com/2100-1107-851515.html.

[Spi00] Der Spiegel, 11. Juni 2001. http://www.spiegel.de/spiegel/0,1518,138702,00.html.

[S-RTP] Secure Real Time Protocol. RFC 3711.

[SSL2] Kipp E.B. Hickman: The SSL Protocol (2.0). http://tools.ietf.org/html/draft-hickman-netscape-ssl-00; http://www.mozilla.org/projects/security/pki/nss/ssl/draft02.html.

[SSL3] Alan O. Freier, Philip Karlton, Paul C. Kocher, The SSL Protocol Version 3.0. Internet Draft, March 1996. http://tools.ietf.org/html/draft-ietf-tls-ssl-version3-00.

[SSLStrip] http://www.thoughtcrime.org/software/sslstrip/.

[Ste99] Frank A. Stevenson, Cryptanalysis of Contents Scrambling System. 8th November 1999. http://www.derfrosch.de/decss.html.

[Ste02] Joe Stewart, DNS Cache Poisoning – The Next Generation. http://www.lurhq.com/cachepoisoning.html.

[Sti95] D. R. Stinson, Cryptography. CRC Press Boca Raton, London, Tokyo 1995.

[STS92] W. Diffie, P.C. Van Oorschot, and M.J. Wiener, "Authentication and Authenticated Key Exchanges," in Designs, Codes and Cryptography, Kluwer Academic Publishers, 1992, pp. 107

[STW96] M. Steiner, G. Tsudik and M. Waidner, Diffie-Hellman key distribution extended to groups. ACM Conference on Computer and Communication Security, pp 31-37, March 1996.

[STW98] M. Steiner, G. Tsudik and M. Waidner, CLIQUES: A new approach to group key agreement. IEEE International Conference on Distributed Computing Systems, May 1998.

[Tan01] Andrew S. Tanenbaum, Modern Operating Systems (2nd ed.). Prentice Hall International, London 2001.

[Tan02] Andrew S. Tanenbaum, Computer Networks (4th ed.). Prentice Hall International, London 2002.

[TCG] Trusted Computing Group. http://www.trustedcomputinggroup.org.

[Tie01] Robert J. Tiess, Simple Sample DTD/XML 1.0 Generator, 2001. http://rtiess.tripod.com/dtdxml.htm (nicht mehr verfügbar).

[TLS] IETF Transport Layer Security (tls) working group, The TLS Protocol Version 1.0 (RFC2246). http://www.ietf.org/html.charters/tls-charter.html.

[TPG] Trusted Computing Group. https://www.trustedcomputinggroup.org

[UDDI] Universal Description, Discovery and Integration (UDDI). http://www.uddi.org.

[USPAT] United States Patent and Trademark Office. http://patft.uspto.gov/.

[VPNC] Virtual Private Network Consortium. http://www.vpnc.org/vpn-standards.html.

[W3C] WWW Consortium. http://www.w3.org.

[W3CDRM] W3C DRM 2001 Workshop Notes & Presentations. http://www.w3.org/2000/12/drm-ws/minutes/.

[WC02] WEPCrack. http://sourceforge.net/projects/wepcrack .

[Wireshark] http://www.wireshark.org/

[WSDL] Web Service Description Language 2.0. http://www.w3.org/2002/ws/.

[WSFed] Web Services Federation Language (WS-Federation), 08 July 2003, Updated 29 May 2007. http://www.ibm.com/developerworks/library/specification/ws-fed/

[WSSC] WS-SecureConversation 1.3. http://docs.oasis-open.org/ws-sx/ws-secureconversation/200512/ws-secureconversation-1.3-os.pdf

[WSSec] Web Services Security: SOAP Message Security 1.1 (WS-Security 2004). http://www.oasis-open.org/committees/download.php/16790/wss-v1.1-spec-os-SOAPMessageSecurity.pdf

[WSP] Web Services Policy 1.5 – Framework. http://www.w3.org/TR/2007/REC-ws-policy-20070904/

[WSSP] WS-SecurityPolicy 1.2. http://docs.oasis-open.org/ws-sx/ws-securitypolicy/200702/ws-securitypolicy-1.2-spec-os.pdf

[WSTr] WS-Trust 1.3. http://docs.oasis-open.org/ws-sx/ws-trust/200512/ws-trust-1.3-os.pdf

[X.500] ITU-T Recommendation X.500 (1997) | ISO/IEC 9594-1:1997, Information technology - Open Systems Interconnection - The Directory: Overview of concepts, models and services

[X.501] ITU-T Recommendation X.501 (1997) | ISO/IEC 9594-2:1997, Information technology - Open Systems Interconnection - The Directory: Models

[X.509] ITU-T Recommendation X.509 (1997) | ISO/IEC 9594-8:1997, Information technology - Open Systems Interconnection - The Directory: Authentication framework

[X.520] ITU-T Recommendation X.520 (1997) | ISO/IEC 9594-6:1997, Information technology - Open Systems Interconnection - The Directory: Selected attribute types.

[XML10] XML in 10 Points. http://www.w3.org/XML/1999/XML-in-10-points

[XMLCan] Canonical XML Version 1.0. http://www.w3.org/TR/2001/REC-xml-c14n-20010315.

[XMLEnc] XML Encryption WG. http://www.w3.org/Encryption/2001/

[XMLEnc2] XML Encryption Syntax and Processing. http://www.w3.org/TR/xmlenc-core/.

[XMLKey] XML Key Management WG. http://www.w3.org/2001/XKMS/.

[XMLPro] XML Protocol Comparisons. http://www.w3.org/2000/03/29-XML-protocol-matrix

[XMLSchema] XML Schema. http://www.w3.org/XML/Schema.

[XMLSig] XML Signature WG. http://www.w3.org/Signature/, https://www.ietf.org/html.charters/xmldsig-charter.html.

[Zal09] Michal Zalewski, Browser Security Handbook. http://code.google.com/p/browsersec/wiki/Main

Verwendete Abkürzungen:

FOCS: IEEE Symposium on the Foundations of Computer Science

IETF: Internet Engineering Task Force

JCSS: Journal of Computer and System Sciences

LNCS: Lecture Notes in Computer Science

STOC: ACM Symposium on the Theory of Computing

12 Index

MIX
Papier aus verantwortungsvollen Quellen
Paper from responsible sources
FSC® C105338

Printed by Books on Demand, Germany